中　外　物　理　学　精　品　书　系

本书出版得到"国家出版基金"资助

国家出版基金资助项目

中外物理学精品书系 · 前沿系列 4

量子色动力学引论

黄 涛 编著

北京大学出版社
PEKING UNIVERSITY PRESS

图书在版编目(CIP)数据

量子色动力学引论/黄涛编著. —北京:北京大学出版社,2011.1
(中外物理学精品书系)
ISBN 978-7-301-18186-7

Ⅰ. ①量…　Ⅱ. ①黄…　Ⅲ. ①量子力学-研究　Ⅳ. ①O413.1

中国版本图书馆 CIP 数据核字(2010)第 242892 号

书　　　名:量子色动力学引论
著作责任者:黄　涛　编著
责 任 编 辑:顾卫宇
标 准 书 号:ISBN 978-7-301-18186-7/O・0830
出 版 发 行:北京大学出版社
地　　　址:北京市海淀区成府路 205 号　100871
网　　　址:http://www.pup.cn
电　　　话:邮购部 62752015　发行部 62750672　编辑部 62752021
　　　　　　出版部 62754962
电 子 邮 箱:zpup@pup.pku.edu.cn
印　刷　者:北京中科印刷有限公司
经　销　者:新华书店
　　　　　　730 毫米×980 毫米　16 开本　19.75 印张　359 千字
　　　　　　2011 年 1 月第 1 版　2012 年 10 月第 2 次印刷
定　　　价:52.00 元

序 言

物理学是研究物质、能量以及它们之间相互作用的科学。她不仅是化学、生命、材料、信息、能源和环境等相关学科的基础，同时还是许多新兴学科和交叉学科的前沿。在科技发展日新月异和国际竞争日趋激烈的今天，物理学不仅囿于基础科学和技术应用研究的范畴，而且在社会发展与人类进步的历史进程中发挥着越来越关键的作用。

我们欣喜地看到，改革开放三十多年来，随着中国政治、经济、教育、文化等领域各项事业的持续稳定发展，我国物理学取得了跨越式的进步，做出了很多为世界瞩目的研究成果。今日的中国物理正在经历一个历史上少有的黄金时代。

在我国物理学科快速发展的背景下，近年来物理学相关书籍也呈现百花齐放的良好态势，在知识传承、学术交流、人才培养等方面发挥着无可替代的作用。从另一方面看，尽管国内各出版社相继推出了一些质量很高的物理教材和图书，但系统总结物理学各门类知识和发展，深入浅出地介绍其与现代科学技术之间的渊源，并针对不同层次的读者提供有价值的教材和研究参考，仍是我国科学传播与出版界面临的一个极富挑战性的课题。

为有力推动我国物理学研究、加快相关学科的建设与发展，特别是展现近年来中国物理学者的研究水平和成果，北京大学出版社在国家出版基金的支持下推出了《中外物理学精品书系》，试图对以上难题进行大胆的尝试和探索。该书系编委会集结了数十位来自内地和香港顶尖高校及科研院所的知名专家学者。他们都是目前该领域十分活跃的专家，确保了整套丛书的权威性和前瞻性。

这套书系内容丰富，涵盖面广，可读性强，其中既有对我国传统物理学发展的梳理和总结，也有对正在蓬勃发展的物理学前沿的全面展示；既引进和介绍了世界物理学研究的发展动态，也面向国际主流领域传播中国物理的优秀专著。可以说，《中外物理学精品书系》力图完整呈现近现代世界和中国物理科学发展的全貌，是一部目前国内为数不多的兼具学术价值和阅读乐趣的经典物理丛书。

《中外物理学精品书系》另一个突出特点是，在把西方物理的精华要义“请进来”的同时，也将我国近现代物理的优秀成果“送出去”。物理学科在世界范围内的重要性不言而喻，引进和翻译世界物理的经典著作和前沿动态，可以满足当前国内物理教学和科研工作的迫切需求。另一方面，改革开放几十年来，我国的物理学研究取得了长足发展，一大批具有较高学术价值的著作相继问世。这套丛书首次将一些中国物理学者的优秀论著以英文版的形式直接推向国际相关研究的主流领域，使世界对中国物理学的过去和现状有更多的深入了解，不仅充分展示出中国物理学研究和积累的“硬实力”，也向世界主动传播我国科技文化领域不断创新的“软实力”，对全面提升中国科学、教育和文化领域的国际形象起到重要的促进作用。

值得一提的是，《中外物理学精品书系》还对中国近现代物理学科的经典著作进行了全面收录。20 世纪以来，中国物理界诞生了很多经典作品，但当时大都分散出版，如今很多代表性的作品已经淹没在浩瀚的图书海洋中，读者们对这些论著也都是“只闻其声，未见其真”。该书系的编者们在这方面下了很大工夫，对中国物理学科不同时期、不同分支的经典著作进行了系统地整理和收录。这项工作具有非常重要的学术意义和社会价值，不仅可以很好地保护和传承我国物理学的经典文献，充分发挥其应有的传世育人的作用，更能使广大物理学人和青年学子切身体会我国物理学研究的发展脉络和优良传统，真正领悟到老一辈科学家严谨求实、追求卓越、博大精深的治学之美。

温家宝总理在 2006 年中国科学技术大会上指出，“加强基础研究是提升国家创新能力、积累智力资本的重要途径，是我国跻身世界科技强国的必要条件”。中国的发展在于创新，而基础研究正是一切创新的根本和源泉。我相信，这套《中外物理学精品书系》的出版，不仅可以使所有热爱和研究物理学的人们从中获取思维的启迪、智力的挑战和阅读的乐趣，也将进一步推动其它相关基础科学更好更快地发展，为我国今后的科技创新和社会进步做出应有的贡献。

《中外物理学精品书系》编委会　主任
中国科学院院士，北京大学教授
王恩哥
2010 年 5 月于燕园

内容简介

量子色动力学(Quantum Chromodynamics,简称 QCD)是 20 世纪 70 年代初发展起来的新理论,曾获得 2004 年诺贝尔物理学奖,它已成为强相互作用的基本理论。本书作为量子色动力学理论入门,内容包括量子色动力学理论基础及其应用。全书可以分为三部分:第一部分(第一、二章)叙述了量子色动力学建立前的重要物理实验事实,夸克模型、夸克-部分子模型、色自由度概念引入的实验基础和概述。第二部分(第三至六章)介绍了量子色动力学理论基础,包括非 Abel 规范场、路径积分量子化、正规化、重整化和重整化群方程。第三部分(后四章)介绍了量子色动力学理论对单举和遍举物理过程的应用,Bethe-Salpeter 波函数和强子分布振幅,量子色动力学求和规则和光锥求和规则。

本书一个最大的特点是后半部内容新,其中包括了作者多年来的部分研究成果。本书可以作为粒子物理和核物理领域的研究生的教材或参考书,也可供刚进入研究领域的博士生、青年教师和青年科研人员参考。

作者前言

量子色动力学(Quantum Chromodynamics,简称 QCD)自 1973 年建立以来,至今已经历了 37 年的检验和发展,已成为粒子物理中强相互作用的基本理论. 2004 年诺贝尔物理学奖颁发给创立量子色动力学理论的三位美国物理学家 D. J. Gross, H. D. Politzer 和 F. Wilczek. QCD 涉及的基础和专题内容很多,不是一本书能容纳的. 本书作为量子色动力学理论入门,包含的内容以量子色动力学理论基础为主,并应用到单举(inclusive)和遍举(exclusive)物理过程相关问题. 第一章引言中概述了强相互作用发展的历史和粒子物理中标准模型理论现状及其面临的挑战. 第二章是量子色动力学建立前的重要物理实验事实和色自由度概念的引入,这些重要的物理实验结果是夸克模型、夸克-部分子模型和引入色自由度概念的基础. 第三章到第六章叙述量子色动力学理论基础,包括非阿贝尔规范场、路径积分量子化、正规化和重整化. 第七章到第九章介绍了量子色动力学理论对物理过程的应用以及强子束缚态波函数. 最后一章介绍量子色动力学求和规则和光锥求和规则. 可以见到本书涉及的内容是初步的,并不全面,只能作为引论. 量子色动力学理论内容还有很多,如格点规范理论,手征微扰理论,重夸克对称性和重夸克有效理论(HQET),大 N_c 展开,新强子态(胶球、多夸克态、混杂态),微扰 QCD 的重求和技巧,QCD 相变,非相对论 QCD(NRQCD)理论,有限温度 QCD,强 CP 问题和真空以及各种唯象模型(口袋模型、势模型、Skyrme 模型)等,本书并未纳入,希望将来在另一本书中包括进去.

本书的部分内容曾作为 1984、1985 年的杭州"全国粒子物理暑期讲习班",1985 年北京"全国核物理暑期讲习班",2000 年北京大学举办的全国粒子物理和核物理暑期学校,2003 年北京大学举办的全国粒子物理研究生精品课程暑期学校,2008 年昆明理论物理西部讲习班,2009 年桂林理论物理西部讲习班的讲课稿. 正是这些讲习班激励我写完了这本书,希望此书的出版对粒子物理领域的研究生、青年教师和青年科研人员有所帮助.

在撰写本书过程中得到了很多老师和同学的帮助，郭新恒教授、王志刚教授、左芬博士、王伟博士等仔细阅读了我的书稿，提出了十分宝贵的意见和建议，吕才典研究员、李云德教授、吴慧芳研究员、毛鸿副教授、张振华、翁铭华同学以及历次讲习班听课的老师和同学都提出了很好的意见. 作者一并表示感谢.

北京大学出版社编辑和有关人员为本书出版付出了辛勤劳动，作者深表感谢. 作者也感谢北京大学物理学丛书的主编高崇寿教授和夏建白教授以及丛书编委们对我的鼓励和促进.

作者一直从事粒子物理理论研究，教学经验不足，本书肯定有不少不妥和错误之处，恳请老师和同学们提出宝贵意见.

中国科学院高能物理研究所

黄　涛

2010 年 5 月

目　　录

第一章 引　言

粒子物理学(或高能物理学)是探索微观世界中,物质结构最小组成成分和性质及其相互作用规律的前沿科学.同时粒子物理学在探索宇宙的起源和演化中也起了重要的作用.因此粒子物理学研究小到物质最深层次结构,大到宇宙的最前沿科学,是揭示物质、能量、时间、空间本质的最基本的科学.物质结构的研究已从早先的原子层次深入到夸克和轻子这一新层次.20 世纪 50 年代,随着高能加速器的发展,在加速器实验中发现了一大批直接参与强相互作用的粒子,它们的寿命极短.60 年代初自然界中已发现的基本粒子多达一百几十种,按照相互作用可以分为两类:一类是直接参与强相互作用的粒子,如质子、中子、π 介子、奇异粒子和一系列的共振态粒子等,统称为强子;另一类是不直接参与强相互作用,只直接参与电磁、弱相互作用的粒子,如电子、μ 子和中微子等,统称为轻子.高能物理实验进一步又揭示上百种强子并不"基本",是有内部结构的.质子、中子、π 介子等强子是由更小的夸克组成的,夸克被看成是物质结构的新层次.1964 年 M. Gell-Mann 和 Zweig 提出了夸克模型理论[1,2].当时已发现的强子都是由三种更基本的夸克(上夸克 u、下夸克 d 和奇异夸克 s)组成的,60 年代大量的高能物理实验证实了夸克的存在和夸克模型的成功.1974 年,丁肇中和 Richter[3,4]发现了第四种夸克——粲夸克 c,1977 年 Lederman 等[5]发现了底夸克 b,1995 年发现了顶夸克 t[6,7],加上前三种夸克共有 6 种夸克(u,d,s,c,b,t).这 6 种夸克及其反夸克就是构成所有数百种强子的"基本"单元.同时轻子的发现也达到了 6 种(电子、电子型中微子、μ 子、μ 型中微子、τ 轻子、τ 型中微子).这样夸克和轻子就是目前阶段我们所认识的物质结构的最深层次的最小组成成分.

夸克、轻子通过电磁相互作用、弱相互作用、强相互作用和引力等相互作用规律就构成了自然界万物奥妙无穷、千变万化的物理现象.引力相互作用强度最弱,目前实验能量下在微观世界可以忽略,而强相互作用最强,是理解微观世界基本组成分以及它们之间相互作用运动规律的关键.19 世纪末 Maxwell 成功地提出了电磁学理论,将原来分开的电学和磁学统一起来,预言了电磁波的存在,很快获得实验证实.20 世纪,电磁学规律已经对工业、农业、科学技术和军事产生了巨大的影响.1967 年,S. Weinberg 和 A. Salam 提出了电磁相互作用和弱相互作用统一理论,并预言了弱中性流的存在以及传递弱相互作用的中间 Bose 子的质量[8—10].1983 年 1 月和 6 月在欧洲核子研究中心(CERN)的超级质子同步加速器(SPS)上分别发现了带电的和中性的中间 Bose 子. 实验上测到的中间 Bose 子的质量与理论预言惊人地一致. 这一发现证实了弱电统一理论的成功，其意义可以与 Maxwell 电学和磁学统一理论的验证相比拟. 弱电统一理论与描述夸克之间强相互作用的 QCD 理论合在一起，统称为粒子物理学中的标准模型理论. 在标准模型中传递相互作用的媒介子分别是光子（传递电磁相互作用）、中间 Bose 子（传递弱相互作用）以及胶子（传递强相互作用）. 夸克、轻子以及传递相互作用的媒介子就是物质世界的基本单元，它们遵从的规律是标准模型理论. 标准模型理论是近半世纪以来探索物质结构研究的结晶，是 20 世纪最重要的成就之一. 上世纪 70 年代到世纪末，这一理论已经成功地经受了实验检验并继续发展. 这一成就可以与上世纪初的玻尔原子模型相比，而正是有了玻尔原子模型，才有 20 世纪 20 年代末量子力学理论的建立. 可以相信，标准模型理论的发展必将导致深层次新的动力学规律的发现和建立.

§1.1　从汤川介子交换理论到量子色动力学(QCD)

1932 年 J. Chadwick 发现了中子，接着 Heisenberg 和 Iwanenko 提出了原子核是由质子和中子构成的模型. 当时人们认为自然界中存在三种基本粒子：质子、中子、电子. 原子由原子核和绕核运转的电子组成，自然界万物就是由这三种基本粒子构成的. 然而，当时一个很大的困惑是质子和中子如何才能紧密结合在 10^{-13} cm 大小的原子核中，人们试图利用当时已知的电磁相互作用和弱相互作用来解释，但都不能自圆其说. 1935 年汤川（Yukawa）提出了质子和中子通过交换一种未知的介子（其质量介于质子和电子之间）形成原子核内很强的束缚力，这种介子称为 π 介子，其质量大约为 100—200 MeV，这种力与交换无质量光子的电磁力不同，是短程力，这就开创了强相互作用的历史. 一年后，C. Anderson 在宇宙线中发现了一种粒子，其质量为 105 MeV，后来知道这是只参与弱相互作用的 μ 子. 直到 1947 年，C. Powell 才发现了参与强相互作用的 π 介子. 汤川的强相互作用理论可以与电磁相互作用类比，所不同的是交换的 π 介子是有质量的. 在电磁相互作用中，相互作用强度以电荷 e 标记，而在强相互作用中，相互作用强度以 g 标记. 然而当人们将汤川理论与核力实验相比较时就发现有效相互作用强度远远大于 1，$\frac{g^2}{4\pi}\approx 14(\gg 1)$，这要比电磁相互作用 $\frac{e^2}{4\pi}=\frac{1}{137}$ 大很多，因此微扰理论不再适用，高阶项的贡献不仅不能忽略，而且使得整个微扰理论计算变得无意义.

显然，仅由质子、中子、π 介子描述的强相互作用理论描述已发现的一百多种强子是不完备的. 同时，在理论上放弃微扰论，而发展不依赖于微扰展开的 S 矩阵理论和公理化场论也有了相当的进展. 特别值得提出的是对称性理论的发展极为重要，20 世纪 60 年代初按 SU(3)对称性表示很好地对众多强子进行了分类，这种分类非常像原子按门捷列夫周期表分类. 加速器实验的发展还发现了质子不是点粒子，而是有一定大小内部结构的粒子. 所有这些实验结果都证实了描述强子内部结构的夸克模型，包括非相对论夸克模型、相对论性层子模型、相对论性夸克模型等. 这些模型都没有涉及强相互作用动力学规律，然而人们已在尝试以自由夸克量子场论去探讨强子唯象规律，例如 60 年代发展的流代数在当时就起了重要作用.

在夸克模型成功地将强子谱进行了分类并解释了大量的实验事实后不久，1967 年美国斯坦福直线加速器中心(SLAC)在电子打质子的深度非弹性散射实验中发现了标度无关性规律(scaling law). 1990 年诺贝尔物理学奖颁发给这一规律的发现者 J. Friedman, H. Kendall 和 R. Taylor. 首先是 J. Bjorken 认识到标度无关性规律意味着大动量迁移下电子是与质子内许多无相互作用的自由点粒子发生相互作用. R. Feynman 称质子内的这些点粒子为部分子(parton). 随后的实验和理论研究表明这些部分子就是价夸克和海夸克(夸克-反夸克对)，建立了所谓的夸克-部分子模型，很好地解释了当时的标度无关性实验现象，这个模型告诉人们在动量迁移足够大时，质子内的部分子具有渐近自由的现象.

在夸克模型成功的同时，人们为了解释统计性质问题引入了“色”自由度，即假定每种夸克除了味(u,d,s 以及后来发现的粲夸克 c、底夸克 b 和顶夸克 t)不同外还具有三种不同颜色(红 R、绿 G、蓝 B)，由此就可以做到在夸克模型里强子遵从相应的 Fermi 和 Bose 统计. 每一种夸克含有内部空间(色空间)自由度，即有三种不同的色，不同色夸克之间的强相互作用是通过传递带色的胶子而发生的. 轻子不直接参与强相互作用，没有内部色空间. 这种“色”自由度的引入立即获得了实验上的证实，例如 $\pi^0\to\gamma\gamma$ 衰变几率以及 e^+e^- 对撞中 R 值的测量，这里 R 是碰撞截面之比：

$$R=\frac{\sigma(e^+e^-\to 强子)}{\sigma(e^+e^-\to\mu^+\mu^-)},\tag{1.1}$$

其中 σ 是相应过程的碰撞截面. 一方面在夸克模型里 R 值可以直接计算：

$$R=N_c\sum_{i=1}^{N_f}Q_i^2=\begin{cases}\frac{2}{3}N_c, & 当\ N_f=3\quad (u,d,s),\\ \frac{10}{9}N_c, & 当\ N_f=4\quad (u,d,s,c),\\ \frac{11}{9}N_c, & 当\ N_f=5\quad (u,d,s,c,b),\end{cases}\tag{1.2}$$

其中 N_f 是夸克的“味”数，N_c 是夸克的“色”数，Q_i 是第 i 种夸克的电荷值. 另一方面实验上可以在正、负电子对撞机实验中精确地测量 R 值. 早期在 $Q^2<3\ \mathrm{GeV}^2$ 下的实验证实了“色”$N_c=3$，北京谱仪(BES)近几年来的实验都证实了这一结论.

实验上标度无关性规律的发现以及 Bjorken 在理论上所做的发展，意味着夸克之间很强的相互作用在大动量迁移下变弱，具有渐近自由的特点. 这些结果对粒子物理的影响是深远的，人们接着的问题是什么样的强相互作用理论具有渐近自由的特点？

电磁相互作用的基本理论是量子电动力学（QED），人们测量到的电荷$\left(\frac{e^2}{4\pi}=\frac{1}{137}\right)$是屏蔽以后的有效相互作用，即在小动量迁移（Thomson 极限）下确定的，在 QED 理论中以重整化图像来描述，随着动量迁移 Q^2 的增加，有效耦合常数（电荷 e）随之变化而增大. 这样一个行为由重整化理论中的 β 函数完全确定，在 QED 中 β 函数是正的，有效耦合常数随能量增加而增大，正、反电子对屏蔽电荷，当 Q^2 很大时，探测电荷的波长很短，直接探测到未被屏蔽的电荷，探测到的电荷量自然增大. 因此，QED 理论不具有上述渐近自由的特点，人们推测只有具有负 β 函数的量子场论才是给出渐近自由特点的强相互作用理论. 1972 年 Symanzik 和 't Hooft 在法国马赛的国际会议上注意到非 Abel 规范理论（QED 是 Abel 规范理论）有可能具有负 β 函数的性质. 普林斯顿大学的 D. J. Gross 小组和哈佛大学的 S. Coleman 小组研究了所有可能的量子场论，尝试发现什么样的理论可以具有渐近自由的性质. 1973 年春天，Gross 和他的学生 F. Wilczek 以及 H. D. Politzer（Coleman 的学生）分别在 *Physics Review Letter* 上发表了两篇划时代的论文[11,12]，提议了 SU(3) 色规范群下非 Abel 规范场论可以作为强相互作用的量子场论，其 β 函数是负的，具有反屏蔽性质，使得有效耦合常数 $\alpha_s(Q^2)$ 随着 Q^2 增大而减小，即渐近自由性质. 在这一场论中强相互作用的媒介子是无质量的胶子. 相比之下 QED 中媒介子是光子，它是电中性的，然而这里胶子不是色中性的，正是由于胶子带色荷，因此胶子之间有相互作用从而产生反屏蔽效应，决定了强相互作用的渐近自由性质. 这一性质的发现，导致建立了强相互作用量子场论——量子色动力学（QCD）理论. 2004 年诺贝尔物理学奖颁发给美国 D. J. Gross，H. D. Politzer 和 F. Wilczek 这三位科学家，以奖励他们在 1973 年发现了强相互作用的渐近自由性质，这一性质对认识自然界中强相互作用的本质极为重要.

QCD 理论的基本成分是夸克和胶子，它们被紧紧束缚在强子内部，不能被击出而到达自由的状态，只可能间接地由强子实验观测到它们的存在，例如三喷注的实验结果证实了强子内部存在胶子等. 由于实验上不能直接观察到夸克和胶子，对 QCD 的检验要远比 QED 和弱、电统一模型理论的检验困难得多. QCD 理论中除了夸克和胶子具有与 QED 中电子和光子类似的相互作用以外，胶子之间还存在三胶子和四胶子相互作用顶点. 正是这些顶点决定相互作用耦合强度 g_s 随着能量的增加而减小以及与 g_s 紧密相关的 β 函数为负值. 最终导致强相互作用的有效耦合常数 g_s 满足下列等式，

$$\alpha_s(Q^2) = \frac{g_s^2}{4\pi} = \frac{4\pi}{\beta_0 \ln \frac{Q^2}{\Lambda^2}}, \tag{1.3}$$

其中 $\beta_0 = -\left(\frac{2}{3}N_f - 11\right)$ 是单圈近似下的 β 函数值，N_f 是夸克的味数，Λ 是 QCD 标度参量. 从上式可以见到当能量 Q^2 趋于无穷大时，强相互作用耦合常数 $\alpha_s(Q^2)$ 趋于零，这意味着夸克之间的相互作用趋于零，式(1.3)定量地表达了强相互作用渐近自由的性质. 三十几年的实验充分地证实了反映渐近自由特点的表达式(1.3)的正确性(见图 1.1). 人们形象地将反映这一特点的耦合常数称为跑动耦合常数. QCD 渐近自由的特点经历了三十几年实验的检验和理论发展，QCD 理论已走向精密验证和发展的阶段.

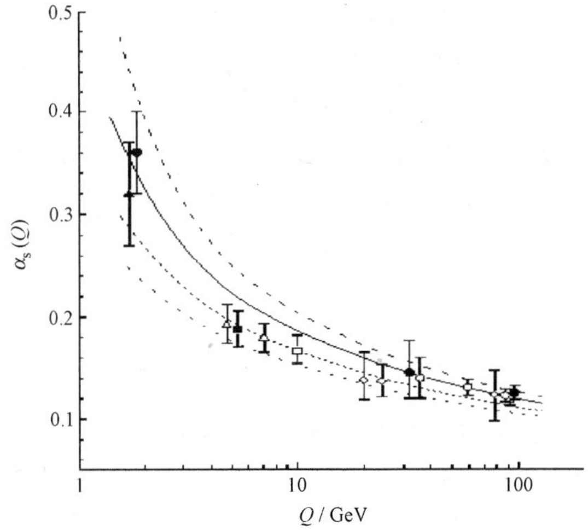

图 1.1 跑动耦合常数 $\alpha_s(Q)$ 随 Q^2 变化而改变. 其中实线和各条虚线是公式(1.3)中取 Λ 不同数值时相应的曲线. 一系列物理过程的实验点都证实了式(1.3)的正确性

QCD 的渐近自由特点使微扰理论获得了巨大的成功，然而微扰理论仅在高动量迁移下的物理过程中可以得到应用，对于低动量迁移的物理现象和强子结构，它无能为力. 自然界的六种夸克中前五种夸克(u,d,s,c,b)只存在于强子束缚态内部，而最重的顶夸克 t 产生以后寿命极短，很快衰变为底夸克 b. 从表达式(1.3)还可以见到跑动耦合常数 g_s 在能量 Q^2 变小时逐渐增大以至于达到无穷大，由此可以定性地理解为什么夸克在强子内部而不能以自由状态分离出来. 因为当两个夸克之间的距离增大时，夸克之间交换胶子的能量 Q^2 变小，跑动耦合常数变大，以至于耦合强度变为无穷大，这意味着夸克之间的相互作用随着分开的距离增加而增加，使得夸克和胶子永远束缚在强子内部，人们形象地称此物理现象为“夸克禁闭”.这正像橡皮筋一样,拉得愈长弹回的强度愈大,永远束缚在一起.物质结构在新层次下的物理图像与先前原子、原子核的层次完全不一样,已不是太阳系在微观世界的重复.这表明支配下一层次的新的物理规律决定了新的物理图像和观念.目前在QCD框架里,虽然定性地解释了夸克禁闭在强子内部的结构图像,但是要想定量地解释夸克禁闭疑难和强子结构图像仍是高能物理中一个重大的难题.格点规范理论正试图从QCD理论最终解决夸克禁闭这一难题.由于格点规范理论本质上是非微扰理论,其理论方法不依赖于相互作用的强弱,因此科学家们正努力获得强相互作用的全部解,而不仅是渐近自由解.渐近自由和夸克禁闭是QCD理论的两个重要特点,目前人们对夸克禁闭性质知之不多.夸克禁闭是由QCD的物理真空性质造成的.微扰QCD理论是建立在微扰真空的基础上,而QCD物理真空完全不同于微扰真空.在物理真空中真空不空,而是充满着夸克、反夸克对以及胶子,物质与真空中的夸克、反夸克对和胶子不断发生相互作用,构造出新的强子结构图像.因此揭示真空的本质将引向夸克禁闭疑难的解决.目前正在美国布鲁克海文进行的相对论重离子碰撞实验就是要从实验上揭示物理真空的性质.该实验力图在极端条件下将夸克和胶子从质子和中子中解放出来形成夸克-胶子等离子体相,也就是实现从夸克的禁闭相到退禁闭相的跃迁.只有完全掌握了渐近自由和夸克禁闭这两个特点,人们才能说对强相互作用有了深刻的理解.

§1.2 标准模型理论的检验和面临的挑战

目前描述物质结构的理论是标准模型理论,它包含相互关联的两部分:QCD和弱、电统一模型理论.

电磁相互作用和弱相互作用统一理论是1967年Weinberg和Salam提出的,此理论将电磁相互作用和弱相互作用统一在Glashow早年提出的模型中,并预言了弱中性流的存在以及传递弱相互作用的中间Bose子的质量.在弱电统一理论模型中,电磁相互作用和弱相互作用分别通过传递光子和中间Bose子而发生,它们可以用一种统一的量子规范场来描述,这一规范场与相互作用的夸克和轻子遵从规范不变的内部对称性.然而精确的规范不变性要求光子和中间Bose子是无质量的,而传递弱相互作用的中间Bose子质量肯定不为零.弱电统一理论模型引用了1960—1961年南部阳一郎(Yoichiro Nambu)提出的量子场论中对称性自发破缺机制[14],即在模型中引入Higgs场(标量场)的自作用形式以导致电弱对称性的自发破缺,由此机制使得中间Bose子获得质量,这一点得到了实验的证实.2008年度诺贝尔物理学奖授予了美国科学家南部阳一郎和两位日本科学家小林诚(Makoto Kobayashi)、益川敏英(Toshihide Maskawa).

对称性破缺最早是1956年李政道和杨振宁提出宇称(左右)对称性在弱相互作用下破缺,即宇称不守恒规律.这就打破了人们在历史上一贯以对称性守恒为物理学基本规律的观念.1964年人们又发现宇称(P)和电荷共轭(C)的联合(CP)也是对称性破缺的.因此,人们逐渐认识到对称性和它的破缺才是自然界中的基本规律.自然界中宇称(P)、电荷共轭(C)以及它们的联合(CP)并不守恒(如果自然界中CPT是守恒的,那么CP不守恒就意味着时间(T)反演不守恒).1964年实验上首先从K介子系统中发现宇称和电荷共轭联合(CP)不守恒.日本科学家小林诚、益川敏英在1973年提出对称性破缺的来源并预言了自然界至少存在三代夸克[13].最近B工厂的实验证实了B介子中存在CP不守恒现象.近年来关于中微子混合的实验结果也促使人们进一步探讨轻子系统中存在CP不守恒现象的可能性.关于CP不守恒的根源,从理论上推测,有可能是存在一种新的相互作用,也有可能是真空对称性自发破缺引起的.

在弱、电统一模型成功的同时预言了一种中性标量粒子的存在,称其为Higgs粒子.迄今大量实验支持电弱统一理论中的SU(2)×U(1)规范作用部分,但一直未找到Higgs粒子,目前实验确定Higgs粒子的质量限是大于114.3 GeV.这就成为近20年来粒子物理中的一个令人不解的谜——Higgs粒子在哪里?如果Higgs粒子不存在,那么对称性破缺的机制是什么?在欧洲核子研究中心(CERN)2009年开始运行的大型强子对撞机(LHC),历时10多年的投资达几十亿美元,其物理目标之一就是要回答对称性破缺的本质这一疑难.

在标准模型中,不仅中间Bose子的质量是通过对称性破缺获得的,而且夸克和轻子的质量也是通过引入Higgs场汤川耦合给出的.然而轻子和夸克的质量谱从电子伏特(eV)一直到180 GeV(1 GeV$=10^9$ eV),可以相差11个数量级,即使同一层次的夸克也从几MeV到180 GeV,相差上万倍,其质量的起源困扰着高能物理学家们.这样宽广的质量谱很可能反映了有更深层次的物质结构.

引入基本Higgs场给标准模型带来极大成功的同时,也存在理论本身的缺陷.这就是所谓的平庸性和不自然性问题.若假定标准模型适用于整个能量范围,则标准模型的高阶修正使得Higgs场的有效自作用强度实际为零,意味着不可能产生对称自发破缺.这称为此理论的平庸性.如果标准模型不能应用到整个能量区域,而是在某个能标Λ以下才适用(一个自然的Λ是引力变得重要时的Planck能标),则要求标准模型的参量准确到34位数才能得到符合实验的W Bose子质量.这种要求在物理学中是无法实现的,这称为此理论的不自然性.此外,标准模型中有19个可调参量.可见,标准模型并不是基本理论而是更深层次(新能标)动力学规律下的有效理论.

因此探索物质结构面临的两大挑战:对称性破缺的本质和夸克禁闭,标准模型理论需要发展和突破.

人们尝试了许多扩充和发展标准模型的新物理模型和理论.它们大致可分为两类不同的途径.第一类是设想新物理的能标在 1 TeV 附近.例如保留标准模型的现有结构,引入新对称性和新粒子来抵消 Higgs 场所带来的缺陷.弱电统一理论告诉我们,弱相互作用和电磁相互作用在能量远高于中间 Bose 子质量时,它们是统一的,在低能时弱电对称性自发破缺表现出两种不同的相互作用.人们很自然地要问,当能量更高时,弱电统一的相互作用与强相互作用是否会形成更大的统一理论?超对称大统一理论就是一种尝试,对称性破缺构成低能现实世界的不同类型的相互作用规律.最流行的是最小超对称模型(MSSM).此模型设想拉氏量具有超对称性(Fermi-Bose 对称性),因而每个现有的粒子都有一个与它自旋相差 1/2 的超对称伙伴;由 Higgs 的超对称伙伴来抵消标准模型的缺陷.目前实验上没有发现超对称伙伴,所以超对称伙伴只能很重,即超对称性是破缺的.这样标准模型缺陷的抵消就不是完全的.剩余缺陷必须小到不严重的程度此模型才可被接受.这就要求模型的能标约为 1 TeV.此外,这理论中有五个可观测的 Higgs 粒子,其中最轻的质量不超过 135 GeV.超对称理论试图将夸克、轻子以及传递四种相互作用的媒介子统一起来描述,虽然它具有很美丽的对称性形式,然而它预言了另一半尚未发现的超对称伴随子(如粒子物理学家猜测超对称中的中性伴随子很可能是宇宙中的暗物质),至今一个超对称伴随子也没有在实验中被发现,这是走向四种相互作用统一理论面临的最大的挑战.

另一类是 20 世纪 80 年代基于量子场论发展起来的超弦理论,能标大大超过 TeV,是在 Planck 标度(10^{19} GeV),将物质粒子描述为弦的各种不同振动模式,而量子引力可以自然地包含在超弦理论中.引力相互作用存在于自然界的万物之中,经典引力相互作用是由爱因斯坦的广义相对论来描述,引力场方程联系了时间、空间和物质.自 20 世纪 60 年代以来,人们尝试建立量子引力理论都遇到了无穷大的困难,通常量子场论中的重整化方法不能解决量子引力中出现的无穷大困难.引力子是传递引力相互作用的媒介子,它的自旋为 2,质量为零.引力场方程量子化的困难很可能不仅仅是数学上的困难,而需要对时间、空间、物质和能量观念的更新.弦理论提供了一个包含引力在内的四种相互作用的有限量子理论.超弦理论有五种,都是在 10 维时空中得到自洽的描述.近十多年来发展的 11 维时空中的 M 理论是以“对偶性”概念为核心对超弦的非微扰研究,它统一了这五种自洽的超弦理论,原来五种看起来基本结构很不相同的微扰弦理论是对偶的,非微扰等价的.值得注意的是超弦是在一个 10 维时空中的自洽理论,那么额外的 6 维时空与普通物质粒子的关系是什么?一个普遍的看法是额外的 6 维时空紧致化为 Planck 标度的一个很小的空间,大大超出于目前实验能量的范围,物质粒子实际所处的时空仍是 4 维时空. 那么很自然地要问，这紧致化的额外时空对物质粒子在 4 维时空中运动产生的物理效应是什么？如何观察？超弦理论的研究，在力图深入了解夸克禁闭现象、建立正确的量子引力理论、统一四种基本相互作用和发展近代数学需求的刺激下，沿着非微扰及大范围性质的研究方向，取得了一系列重要进展. 如 1994 年，Seiberg-Witten 关于 4 维时空超对称规范场论模型的非微扰研究取得了突破性进展. 他们充分应用对偶性及全纯性，证明了此模型具有禁闭性质，并对数学界 4 维流形微分结构的研究产生了极为轰动的影响. 又如 1996 年，在 M 理论及 D 膜技术的基础上成功地计算出了一类极端黑洞的熵，其结果与宏观上由热力学得出的著名的 Bekenstein、Hawking 熵结果一致，给出了黑洞物理学定量上一致的微观解释. 近年来发展起来的额外维空间理论将能标降到了 TeV 量级. 因此超弦理论的新发展有可能是与未来的高能加速器实验相结合，也可能与早期宇宙联系起来发展为弦宇宙学，为超弦理论的发展拓现出新的前景. 关于黑洞，爱因斯坦的引力理论预言由于引力的自作用，恒星的演化到了一定的时刻必然会塌缩. 这个理论允许空间中存在一些永远处于我们的视界（horizon）之外，甚至连光线也无法穿越过去的区域，这就是所谓的黑洞. 天体物理学的观测支持每个星系的中心可能存在巨大的黑洞，又如银河系中的天鹅座 X-1 的两颗恒星，其中之一无法用光学仪器观测，可能是一个黑洞. 人们相信正确的量子引力理论将对黑洞物理学的研究提供坚实的基础.

关键的问题仍然是实验的验证. 物理学毕竟是一门实验科学，只有经过实验检验的理论才是正确的理论. 揭示时间、空间、物质和能量本质的新理论也必须在新的实验结果推动下得以发展. 目前的实验结果一再表明粒子物理学中标准模型的成功，物理学家正期待着超高能加速器上的实验结果，特别是欧洲大强子对撞机（LHC）机器可能会揭示出超出于标准模型的新物理. 科学家们正在策划的超高能的直线对撞机（ILC）将对新的时空、物质和能量的新理论的发展起决定作用. 同时粒子物理学家也正在与宇宙学家和天体物理学家联手从天文观测和宇宙演化中发展新观念和新理论. 近年来天文观测中给出宇宙中物质成分：普通重子物质只占 4%，而 23%是非重子的暗物质，73%是暗能量. 暗能量是近年宇宙学研究的一个里程碑性的重大成果. 目前理论还不能揭示暗能量的真实本质，科学家们试图从真空结构和真空能量来解释，但目前的量子场论计算结果差之太远，受到了严重的挑战. 正在运行在美国布鲁克海文的 RIHC 有可能部分地揭示真空的性质. 同时，科学家们也在发展非加速器物理实验，并与天文观测相结合，探讨自然界的奥秘. 最新的发展使得粒子物理学、天文学和宇宙学交叉发展联手解决面临的难题，最终揭示超出标准模型的描述时间、空间、物质和能量本质的新的物理规律. 总之，我们需要更多跟得上时代发展的高能物理实验（包括加速器和非加速器装置）和天文观测装置，而且这些大科学工程的建立和运行需要国际间更多、更广泛的合作.

参考文献

[1] Gell-Mann M. Phys. Rev., 1962, 125: 1067; Phys. Lett., 1964, 8: 214.

[2] Zweig G. CERN-TH-412, 1964, 401.

[3] Aubert J J. et al (E598 Collaboration). Phys. Rev. Lett., 1974, 33: 1404.

[4] Augustin J E. et al (SLAC-SP-017 Collaboration). Phys. Rev. Lett., 1974, 33: 1406.

[5] Herb S W et al. Phys. Rev. Lett., 1977, 39: 252.

[6] Abe F et al (CDF Collaboration). Phys. Rev. Lett., 1995, 74: 2626.

[7] Abachi S et al (D0 Collaboration). Phys. Rev. Lett., 1995, 74: 2632.

[8] Glashow S. Nucl. Phys., 1961, 22: 579.

[9] Weinberg S. Phys. Rev. Lett., 1967, 19: 1264.

[10] Salam A. //Svartholm N. Elementary particle theory. Almquist and Forlag, Stockholm, 1968.

[11] Gross D J, Wilczek F. Phys. Rev. Lett., 1973, 30: 1343.

[12] Politzer H D. Phys. Rev. Lett., 1973, 30: 1346.

[13] Kobayashi M, Maskawa T. Prog. Theor. Phys., 1973, 49: 634.

[14] Nambu Y. Phys. Rev., 1960, 117: 648; Nambu Y., Jona-Lasinio G. Phys. Rev., 1961, 124: 246.

第二章　夸克-部分子模型

在引言中已简述了强相互作用理论发展的历史，强子是由夸克组成的物理图像是人们对微观物质结构认识的一个重要里程碑. 20 世纪 60 年代以前，质子、中子等强子都认为是点粒子，没有内部结构，它们遵从点粒子的量子理论——定域量子场论. 正是众多强子构成强子谱能按 SU(3) 群的不同表示分类产生了夸克模型，认识到强子是由下一层次的夸克组成的. 其实在 20 世纪 50 年代末由电子-质子的弹性散射实验就发现质子具有弹性形状因子，它们不是常数而是随电子能量增加而减小. 这一实验事实表明质子不是点粒子，而是有一定形状大小的粒子. 夸克模型很好地描述了强子的静态性质. 夸克模型提出后，无论北京基本粒子理论组提出的相对论协变的层子(straton)模型理论①，还是国际上基于夸克模型发展起来的各种模型理论，在处理涉及强相互作用的过程都遇到了极大的困难. 1967 年发现的标度无关性(scaling)现象及其此后发现的标度无关性破坏现象揭示了夸克之间相互作用性质，对建立 QCD 理论起到了关键性作用. 强子谱分类导致提出夸克模型和深一层次夸克成分. 标度无关性现象导致夸克-部分子模型，人们认识到质子内不仅是简单的三个组分夸克而是有无穷多点粒子成分. 标度无关性破坏现象使人们认识到强子内的夸克之间存在相互作用，它是产生标度无关性和破坏现象的根源. 这一章将简要介绍在建立 QCD 理论前期的这些重要物理图像.

§2.1　强子谱和夸克模型

粒子物理中粒子可以分为三类：强子，轻子和媒介子. 强子就是直接参与强相互作用的所有粒子的总称，目前有几百种之多，是粒子物理家族中最大的一类，例如质子、中子、π 介子等. 轻子包括 $e, \nu_e, \mu, \nu_\mu, \tau, \nu_\tau$ 以及它们的反粒子. 此外还有传递相互作用的媒介子：光子 γ、中间 Bose 子 $W^{\pm}$, Z 和胶子 g.

在众多的强子中，质子、中子、π 介子是最熟知的. 如果忽略质子和中子的微小质量差，它们除了电荷不同外其他性质都相同，特别是质子和中子在强相互作用下

① 相对论协变的层子模型理论是 1965—1966 年北京基本粒子理论组提出的. 它是基于强子具有内部结构的认识，认为强子是由下一层次的层子组成的，并以夸克为对象引入相对论性束缚态波函数描述强子参与的各种过程，而获得了一系列有兴趣的结果. 详细参见 1980 年朱洪元在广州会议上做的总结报告. (Proceedings of the 1980 Guangzhou Conference on Theoretical Particle Physics, 1980, Science Press, p. 4.)

的性质与它们是否带电无关.为了解释核力的电荷无关性,B. Cassen 和 E. U. Condon 于 1936 年引入了同位旋的概念[1],把质子和中子看成同一种粒子——核子 N 的两种不同状态.通常引入 SU(2)群来描写同位旋空间,SU(2)群的三个生成元就是同位旋算符 $T_i(i=1,2,3)$,T_3 标记同位旋矢量的第三分量.在基础表示中

$$T_i = \frac{1}{2}\tau_i \quad (i = 1,2,3), \tag{2.1}$$

其中 τ_i 是 Pauli 矩阵,

$$\tau_1 = \begin{bmatrix} 0 & 1 \\ 1 & 0 \end{bmatrix}, \quad \tau_2 = \begin{bmatrix} 0 & -\mathrm{i} \\ \mathrm{i} & 0 \end{bmatrix}, \quad \tau_3 = \begin{bmatrix} 1 & 0 \\ 0 & -1 \end{bmatrix}.$$

同位旋算符 T_i 满足角动量算符对易关系,

$$[T_i, T_j] = \mathrm{i}\varepsilon_{ijk} T_k.$$

这样核子的同位旋 $T=\frac{1}{2}$,它在同位旋空间 T_3 的两个本征态构成核子的二重态:质子($T_3=1/2$)和中子($T_3=-1/2$).

$$\mathrm{N} = \begin{bmatrix} \mathrm{p} \\ \mathrm{n} \end{bmatrix}, \quad T = \frac{1}{2}, \quad T_3 = \pm\frac{1}{2}.$$

而荷电和中性 π 介子构成同位旋的三重态

$$\pi = \begin{bmatrix} \pi_1 \\ \pi_2 \\ \pi_3 \end{bmatrix}, \quad T = 1,$$

$$\pi^{\pm} = \frac{1}{\sqrt{2}}(\pi_1 \mp \mathrm{i}\pi_2), \quad T_3 = \pm 1,$$

$$\pi^0 = \pi_3, \quad T_3 = 0.$$

无论是核子还是 π 介子它们满足电荷-同位旋关系

$$Q = \frac{B}{2} + T_3, \tag{2.2}$$

其中 B 为重子数,质子、中子等重子的重子数为+1,介子的重子数为零.

引入同位旋以后,核力的电荷无关性的性质通过 π-N 相互作用在同位旋空间转动不变性来描述.同位旋对称性包含着动力学内容,例如,由同位旋空间(SU(2)对称性)不变性导致的可重整化的 π-N 相互作用拉氏函数形式为

$$L = \mathrm{i}g_{\pi\mathrm{NN}}\bar{\psi}\gamma_5 \boldsymbol{\tau}\cdot\boldsymbol{\pi}\psi, \tag{2.3}$$

从而导致耦合常数之间的关系

$$g_{\pi^+\mathrm{pn}} = \sqrt{2}g_{\pi^0\mathrm{pp}} = -\sqrt{2}g_{\pi^0\mathrm{nn}}. \tag{2.4}$$

20 世纪 60 年代初,实验上发现了大量强子,其中相当一部分粒子的奇异量子数不为零,例如 $\mathrm{K}^{\pm}$,K^0,$\bar{\mathrm{K}}^0$,$\Sigma^{\pm}$,Σ^0,Λ,Ξ^0,Ξ^- 等.进一步将奇异粒子包含在内以

后，对称性显然不够，Gell-Mann 和西岛（Nishijima）[2,3]将（2.2）式推广为

$$Q = \frac{Y}{2} + T_3, \quad Y = B + S, \tag{2.5}$$

其中 Y 称之为超荷．这样很自然地将描述同位旋空间的 SU(2)对称性推广到包含奇异数的 SU(3)对称性．选择 SU(3)群的秩为 Y 和 T_3，以这两个好量子数对强子谱进行分类，在平面图上取横坐标为 T_3 纵坐标为 Y．人们惊奇地发现 20 世纪 60 年代初实验上发现的大量强子态可以按 SU(3)群表示分类[4,5]，介子可以填充在 SU(3)群的单态和八重态里，而重子则填充在八重态和十重态里（见图 2.1）．为了解释上述现象，1964 年 Gell-Mann 和 Zweig 引入三种夸克[5,6]，对应于 SU(3)群的基础表示的三个基，即

$$\mathrm{q} = \begin{bmatrix} \mathrm{u} \\ \mathrm{d} \\ \mathrm{s} \end{bmatrix}, \quad \text{其中}, \begin{array}{l} \mathrm{u}\text{：上(up) 夸克}, \\ \mathrm{d}\text{：下(down) 夸克}, \\ \mathrm{s}\text{：奇异(strange) 夸克}. \end{array}$$

而介子、重子按 SU(3)群表示分类可以理解为由三种不同夸克构成．例如，自旋为 0 的 8 个赝标介子和自旋为 1 的 8 个矢量介子分别填充在一个 8 维表示中，自旋为 1/2 的 8 个重子和自旋为 3/2 的 10 个重子分别填充在 8 维表示和 10 维表示中（见图 2.1）．当时 Ω 粒子尚未发现，SU(3)分类预言了 Ω 粒子的存在并预言了它的自旋为 3/2，奇异量子数为 −3，质量 $m_{\Omega^-} \cong 1670\ \mathrm{MeV}$．不久实验上发现了它[7]，并测得质量 $m_{\Omega^-} \cong 1672.45 \pm 0.29\ \mathrm{MeV}$，证实了 SU(3)分类的成功．实验上发现强子谱可以很好地按照 SU(3)群的表示分类．人们接受了对应于 SU(3)群的基础表示三个基的三种夸克，并构造了夸克模型、层子模型描述强子的结构．这三种夸克的性质如表 2.1 所示．

表 2.1　三种夸克的量子数

夸克	自旋	同位旋	重子数	S	T_3	Y	Q
u	1/2	1/2	1/3	0	1/2	1/3	2/3
d	1/2		1/3	0	−1/2	1/3	−1/3
s	1/2	0	1/3	−1	0	−2/3	−1/3
$\bar{\mathrm{u}}$	1/2	1/2	−1/3	0	−1/2	−1/3	−2/3
$\bar{\mathrm{d}}$	1/2		−1/3	0	1/2	−1/3	1/3
$\bar{\mathrm{s}}$	1/2	0	−1/3	1	0	2/3	1/3

夸克模型认为所有的介子和重子都是由这三种夸克和它们的反夸克组成的，这样可以得到强子正确的量子数．介子是由正、反夸克组成的，介子填充在 8 维表示和 1 维表示里（$(\mathrm{q}\bar{\mathrm{q}}) \sim 3 \times 3^* = 1 \oplus 8$），例如 π 介子，$\pi^+ = (\mathrm{u}\bar{\mathrm{d}})$，$\pi^- = (\bar{\mathrm{u}}\mathrm{d})$，$\pi^0 = \frac{1}{\sqrt{2}}(\mathrm{u}\bar{\mathrm{u}} - \mathrm{d}\bar{\mathrm{d}})$；重子是由三个夸克组成的，例如质子和中子 p＝(uud)，n＝(udd)等．

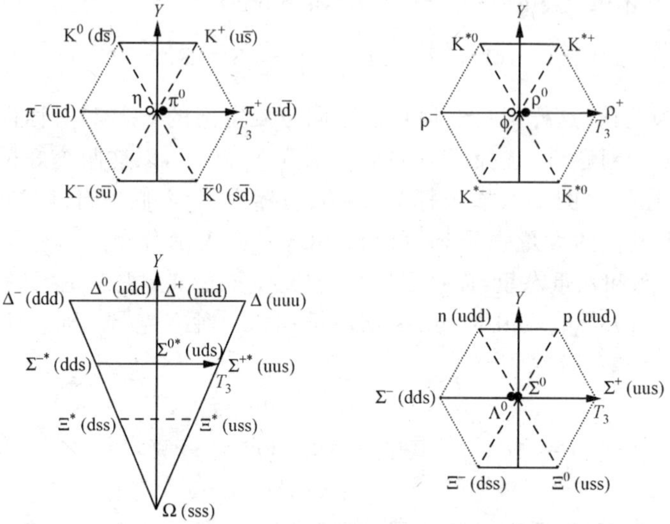

图 2.1　介子、重子按 SU(3)群表示分类，横坐标为 T_3，纵坐标为 Y

上面左图是自旋为 0 的 9 个赝标介子填充在 8 维表示和另一个单态 η^0 填充在 1 维表示中，上右图是自旋为 1 的 9 个赝矢量介子填充在 8 维表示和另一个单态 ω 填充在 1 维表示中，下面左图是自旋 3/2 的十个重子填充在 10 维表示中，下右图是自旋为 1/2 的 8 个重子填充在 8 维表示中.

实验观察到的强子谱很好地与夸克模型一致. 按照夸克模型，由正、反夸克构成的介子应具有自旋 $J=L+S$，其中 S 是两正反夸克组成的自旋，L 是两正反夸克的相对轨道角动量. 它们的宇称为 $P=(-)^{L+1}$，电荷共轭宇称 $C=(-)^{L+S}$. 由此可以给出夸克模型中介子谱 J^{PC} 量子数，分别列在表 2.2 中. 从此表可以看出 $J^{PC}=0^{--}$，0^{+-}，1^{-+}，…不可能由($q\bar{q}$)构成. 如果实验上发现这些状态的介子，它们可能是非($q\bar{q}$)组成的奇特(exotic)介子.

表 2.2　夸克模型中介子的 J^{PC} 量子数

L	0	0	1		2	
S	0	1	0	1	0	1
J^{PC}	0^{-+}	1^{--}	1^{+-}	0^{++}，1^{++}，2^{++}	2^{-+}	1^{--}，2^{--}，3^{--}

对于重子也有类似的情况，重子是由三个夸克组成的，填充在 8 维和 10 维表示里，

$$(qqq)\sim 1\oplus 8\oplus 8\oplus 10.$$

夸克模型给出的重子 J^P 见表 2.3.

表 2.3 夸克模型中 8 维表示重子量子数 J^P

$L=0$	$L=1$	$L=2$
$\frac{1}{2}^+,\frac{3}{2}^+$	$\frac{1}{2}^-,\frac{3}{2}^-,\frac{5}{2}^-$	$\frac{1}{2}^+,\frac{3}{2}^+,\frac{5}{2}^+,\frac{7}{2}^+$

除了轨道激发，还有径向激发. 目前实验上发现的低激发态粒子都可以很好地填充在 SU(3)群的表示中.

1974 年 11 月丁肇中和 Richter 在 3.1 GeV 附近发现了窄宽度 J/ψ 粒子[8,9]，这一粒子不能按 SU(3)群表示分类，填充不进由 u,d,s 三种夸克构成的夸克模型之中. 实际上它是由粲夸克(charm quark)c 和反粲夸克 $\bar{c}$ 组成的，它的质量要比 u,d,s 重得多. 实验上还发现了 J/ψ 家族，都是($c\bar{c}$)态的基态和激发态. 此后 1976 年发现了 Υ 粒子[10]及其家族，它们是底夸克 b 的束缚态($b\bar{b}$). 1995 年发现了最重的顶夸克 t[11,12]，由于它的寿命极短，很快衰变为底夸克 b，实验上观测不到($t\bar{t}$)强子. 迄今为止实验上发现了六种夸克，它们的流夸克质量分别为

$$m_u = 1.5—4.5\ \text{MeV}, \quad m_d = 5—8.5\ \text{MeV},$$
$$m_s = 80—155\ \text{MeV}, \quad m_c = 1.0—1.4\ \text{GeV},$$
$$m_b = 4.0—4.5\ \text{GeV}, \quad m_t = 174\ \text{GeV},$$

其中 u,d,s 为轻夸克，c,b,t 为重夸克. 由于 J/ψ($c\bar{c}$)和 Υ($b\bar{b}$)是由重夸克组成的，它们可以利用非相对论 Schrödinger 方程求解，当引入相互作用势为线性势和 Coulomb 势叠加以后，求解结果与实验上可观察谱相当好地一致.

1995 年发现了顶夸克以后，三种轻夸克和三种重夸克就成为自然界中组成物质成分的六种最小单元，它们都是自旋 1/2 的 Fermi 子. 所有自然界中的强子都是由这六种夸克和它们的反夸克组成的. 按它们的性质可以分为三组：

$$\begin{bmatrix} u \\ d \end{bmatrix}, \quad \begin{bmatrix} c \\ s \end{bmatrix}, \quad \begin{bmatrix} t \\ b \end{bmatrix},$$

其中 u,c,t 的电荷为 2/3，而 d,s,b 的电荷为 $-1/3$. 对这三组夸克通常称为标准模型中的三代夸克，与之相应地在 1975 年发现了第三代重轻子[13] τ，2000 年发现了 τ 中微子 ν_τ，三代夸克和三代轻子构成了物质结构深层次的最小组成成分，以后再详细讨论.

§2.2 色自由度的引入和实验证据

早在夸克模型刚建立时就发现其存在自旋-统计矛盾. 例如重子是由三个价夸克组成的，三个夸克的总波函数应由三部分组成

$$\psi(123) = \psi_{\text{space}}(123) \times \psi_{\text{spin}}(123) \times \psi_{\text{flavor}}(123), \tag{2.6}$$

其中 $\psi_{\text{space}}(123)$ 是三个夸克的空间波函数，$\psi_{\text{spin}}(123)$ 是三个夸克的自旋波函数，$\psi_{\text{flavor}}(123)$ 是三个夸克"味"的 SU(3)波函数，或者说是味空间的 SU(3)波函数(u,d,s 是三个基，称为三种不同的味). 味自由度的引入对于介子和重子分类是很重要的. 夸克是自旋为 1/2 的 Fermi 子，总波函数应满足 Fermi-Dirac 统计，即 $\psi(123)$ 的三个组成夸克中交换任意两个是反对称的. 然而在夸克模型中并不是这样，以 Δ^{++} 为例，它的自旋为 3/2，它由三个 u 夸克组成，处于基态(S 波)，空间波函数是对称的，

$$\Delta^{++} = (\mathrm{u}\uparrow \mathrm{u}\uparrow \mathrm{u}\uparrow).$$

三个夸克自旋向上显然在自旋空间是对称的，味空间是由同一种味 u 夸克组成，因而也是对称的. 这样，如果要求 Δ^{++} 的总波函数是反对称的，只有要求空间部分是反对称的，这是不可能的，因为基态波函数总是对称的. 还可以从另一个角度看空间波函数，实验上表明质子形状因子中没有节点存在，这意味着空间波函数不可能是反对称的，因此总的波函数只能是对称的，这就与 Fermi-Dirac 统计相矛盾.

为了解决这一矛盾有两种可能途径：一种是修改统计性质引入了三套夸克[14]或综合(para)统计[15]；另一种想法是引入了一个新的自由度"色"(color)(Gell-Mann，1972)[16]. 尽管空间、自旋、味空间是对称的，然而只要新引入的自由度"色"是反对称的，总的波函数就是反对称的. 设想每一种夸克携带三种颜色：红(Red)、绿(Green)、蓝(Blue)，

$$u_i, d_i, s_i \quad (i = 1,2,3 \text{ 分别表示 R,G,B}).$$

其重子波函数的色空间反对称性应由下式描述

$$\frac{1}{\sqrt{6}}\varepsilon_{ijk}u_i u_j u_k. \tag{2.7}$$

由于 ε_{ijk} 的反对称性质就保证了总的波函数的反对称性，例如

$$\Delta^{++} = \frac{1}{\sqrt{6}}\varepsilon_{ijk}u_i\uparrow u_j\uparrow u_k\uparrow.$$

对于介子来讲，在没有引入色自由度时就无自旋-统计矛盾. 在引入色自由度以后，仅需将色空间的所有色指标求和即可，

$$\frac{1}{\sqrt{3}}\bar{q}_i q_i = \frac{1}{\sqrt{3}}(\bar{q}_1 q_1 + \bar{q}_2 q_2 + \bar{q}_3 q_3). \tag{2.8}$$

可以见到，在引入新的色内部空间以后，自旋-统计的矛盾就自然解决.

然而单是为了这一困难而引入新的色空间，赋予每一种夸克三种颜色，这是缺乏说服力的. 问题在于要从实验上验证新的色空间是必需的. 下面以两个实验结果表明新的色空间具有实验上的根据.

(1) 正、负电子湮灭为强子($\mathrm{e}^+\mathrm{e}^- \to$ 强子)的截面 σ

正、负电子湮灭为强子的截面是通过产生正、反夸克对转变为强子($\mathrm{e}^+\mathrm{e}^- \to \mathrm{q}\bar{\mathrm{q}} \to$ 强子)，其 $\mathrm{e}^+\mathrm{e}^- \to \mathrm{q}\bar{\mathrm{q}}$ 的 Feynman 图非常类似于 $\mathrm{e}^+\mathrm{e}^- \to \mu^+\mu^-$ 过程(见图 2.2).

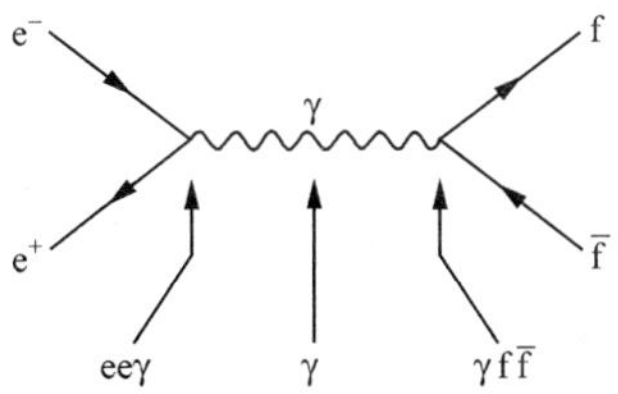

图 2.2　$e^+e^- \to f\bar{f}(f=\mu^-, q, \cdots)$过程的最低阶 Feynman 图

附录 C 中(C.8)式给出此过程的振幅、微分截面和总截面，

$$\langle p_1, p_2 \mid T \mid k_1, k_2 \rangle = e^2 \bar{u}_{s_1}(p_1)\gamma_\mu v_{s_2}(p_2)\frac{1}{q^2}\bar{v}_{\lambda_2}(k_2)\gamma^\mu u_{\lambda_1}(k_1),$$

$$\frac{d\sigma}{d\Omega} = \frac{\alpha^2}{4S}(1+\cos^2\theta),$$

$$\sigma = \frac{4\pi\alpha^2}{3S} = \sigma_0,$$

其中 θ 是质心系中出射 μ 子动量方向与入射电子方向的夹角，能量平方 $S=(k_1+k_2)^2=(p_1+p_2)^2$. 如果仅考虑最低阶 Feynman 图，直接从图 2.2 就可类似地计算 $e^+e^- \to q\bar{q}$ 过程，所不同之处是夸克的电荷($Q_i e$)，振幅旋量矩阵元 $\bar{u}_{s_1}(p_1)\gamma_\mu v_{s_2}(p_2)$ 换以夸克旋量，再考虑到夸克的颜色，对于味道为 i 的夸克有

$$\frac{d\sigma}{d\Omega} = N_c Q_i^2 \frac{\alpha^2}{4S}(1+\cos^2\theta),$$

$$\sigma = N_c Q_i^2 \frac{4\pi\alpha^2}{3S} = N_c Q_i^2 \sigma_0. \tag{2.9}$$

依照(1.1)式定义截面比 R 值并考虑到可能各种味夸克对 $\sigma(e^+e^- \to 强子)$ 的贡献应全部加起来得到(1.2)式 R 值，

$$R \equiv \frac{\sigma(e^+e^- \to 强子)}{\sigma(e^+e^- \to \mu^+\mu^-)} \cong N_c \sum_i^{N_f} Q_i^2, \tag{2.10}$$

其中 i 对所有味指标求和，Q_i 是在一给定能量所能产生的夸克电荷值. 如果限定能量在 3 GeV 以下，1 GeV 以上，正好有足够能量产生 u,d,s 夸克. 因此式(2.10)为

$$R \approx N_c \left\{ \left(\frac{2}{3}\right)^2 + \left(-\frac{1}{3}\right)^2 + \left(-\frac{1}{3}\right)^2 \right\} = \frac{2}{3}N_c.$$

实验上对 R 值的测量可以确定 N_c 值，实验上在 3 GeV 以下清楚地给出 $R\approx 2$，这就从实验上支持色的数目 $N_c=3$. 当能量在 3 GeV 以上，有足够能量产生 c 夸克、b 夸克，R 值将会阶梯上升(见图 2.3).

(2) $\pi^0 \to \gamma\gamma$ 衰变过程

这一衰变过程可以通过计算下列矩阵元得到

$$\langle \gamma(k_1\varepsilon_1)\gamma(k_2\varepsilon_2) \mid \pi^0(q) \rangle = i(2\pi)^4\delta^4(q-k_1-k_2)\varepsilon_1^\mu\varepsilon_2^\nu T_{\mu\nu}(k_1,k_2,q), \tag{2.11}$$

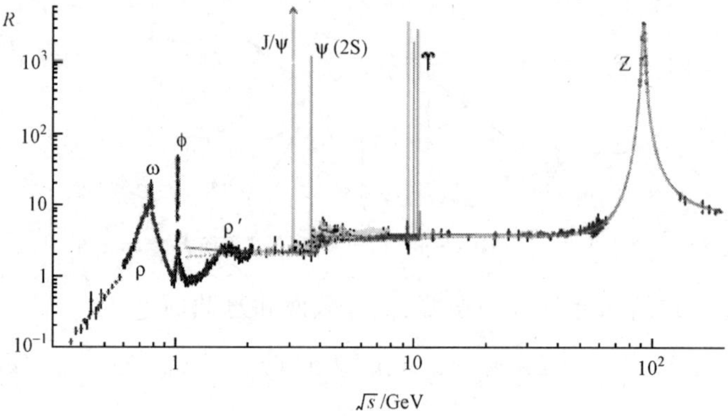

图 2.3　R 值的实验测量结果

其中 $\varepsilon_1^\mu,\varepsilon_2^\nu$ 分别是末态两个光子的极化矢量，$q=k_1+k_2\,(q^2=m_\pi^2,k_1^2=k_2^2=0)$，而 $T_{\mu\nu}$ 定义为

$$\begin{aligned}&T_{\mu\nu}(k_1,k_2,q^2=m_\pi^2)\\&\quad=e^2\lim_{q^2\to m_\pi^2}(q^2-m_\pi^2)\int\mathrm{d}^4x\mathrm{d}^4y\mathrm{e}^{\mathrm{i}k_1x+\mathrm{i}k_2y}\langle 0\mid T(J_\mu(x)J_\nu(y)\pi^0(0))\mid 0\rangle.\end{aligned}\tag{2.12}$$

另一方面考虑矩阵元 $\langle\gamma\gamma|\partial^\mu A_\mu^{(3)}|0\rangle$，其中 $A_\mu^{(i)}=\bar{\psi}\gamma_\mu\gamma_5T^i\psi$ 是轴矢流，它的散度具有 π^0 介子的量子数. 按 S 矩阵元约化公式将终态两个光子抽出来给出

$$\langle\gamma\gamma\mid\partial^\mu A_\mu^{(3)}\mid 0\rangle=\varepsilon_1^\mu\varepsilon_2^\nu e^2\int\mathrm{d}^4x\mathrm{d}^4y\mathrm{e}^{\mathrm{i}k_1x+\mathrm{i}k_2y}\langle 0\mid T(J_\mu(x)J_\nu(y)\partial^\rho A_\rho^{(3)})\mid 0\rangle,$$

其中 $J_\mu(x)=\bar{\psi}(x)\gamma_\mu\psi(x)$ 是电磁流，k_1,k_2 分别为两个光子动量，$k_1^2=k_2^2=0$，$\varepsilon_1^\mu,\varepsilon_2^\mu$ 分别是两个光子的极化矢量. 定义顶角函数

$$\Gamma_{\mu\nu}(k_1,k_2)=e^2\int\mathrm{d}^4x\mathrm{d}^4y\mathrm{e}^{\mathrm{i}k_1x+\mathrm{i}k_2y}\langle 0\mid T(J_\mu(x)J_\nu(y)\partial^\rho A_\rho^{(3)})\mid 0\rangle,$$

$$\langle\gamma\gamma\mid\partial^\mu A_\mu^{(3)}\mid 0\rangle=\varepsilon_1^\mu\varepsilon_2^\nu\Gamma_{\mu\nu}(k_1,k_2).\tag{2.13}$$

由于 $\partial^\mu A_\mu^{(3)}$ 具有 π^0 介子的量子数，因此其主要贡献来自于 π^0 介子的极点，即

$$\langle\gamma\gamma\mid\partial^\mu A_\mu^{(3)}\mid 0\rangle=\langle\gamma\gamma\mid\pi^0\rangle\langle\pi^0\mid\partial^\mu A_\mu^{(3)}\mid 0\rangle\frac{1}{q^2-m_\pi^2}+\cdots.\tag{2.14}$$

注意到由轴矢流部分守恒(PCAC)假定

$$\partial^\mu A_\mu^i=f_\pi m_\pi^2\pi^i,\tag{2.15}$$

可以给出矩阵元

$$\langle\pi^0\mid\partial^\mu A_\mu^{(3)}\mid 0\rangle=f_\pi m_\pi^2.\tag{2.16}$$

这样(2.12)式给出

$$T_{\mu\nu}=\lim_{q^2\to m_\pi^2}\frac{q^2-m_\pi^2}{f_\pi m_\pi^2}\Gamma_{\mu\nu}(k_1,k_2)\mid_{k_1^2=k_2^2=0}.\tag{2.17}$$

从(2.13)式可以见到对 $\pi^0\to\gamma\gamma$ 衰变振幅的计算归之于计算 $\Gamma_{\mu\nu}(k_1,k_2)$. 另一方面利用对易关系可以证明 Ward 恒等式

$$-\mathrm{i}q^{\rho}\Gamma_{\mu\nu\rho}(k_1,k_2)=\Gamma_{\mu\nu}(k_1,k_2),\tag{2.18}$$

其中

$$\Gamma_{\mu\nu\rho}(k_1,k_2)=e^2\int\mathrm{d}^4x\mathrm{d}^4y\mathrm{e}^{\mathrm{i}k_1x+\mathrm{i}k_2y}\langle 0\mid T(J_\mu(x)J_\nu(y)A_\rho^{(3)}(0))\mid 0\rangle.\tag{2.19}$$

由 Lorentz 协变性、规范不变性以及光子的 Bose 对称性可得

$$q^\rho\Gamma_{\mu\nu\rho}(k_1,k_2)=\varepsilon_{\mu\nu\rho\sigma}k_1^\rho k_2^\sigma\Gamma(q^2,k_1^2,k_2^2),\tag{2.20}$$

而

$$\Gamma(q^2,k_1^2,k_2^2)=A_1q^2+2k_1\cdot k_2A_2+2k_1^2A_3,\tag{2.21}$$

这意味着

$$\Gamma(0,0,0)=0,\tag{2.22}$$

即

$$\lim_{q^2\to 0}\Gamma_{\mu\nu}(0,0)=0.\tag{2.23}$$

再注意到 PCAC 近似有算符等式(2.15),在软 π 近似下可以令 $q^2\to 0$,这实际上意味着在 $|q^2|\leqslant m_\pi^2$ 时除了 π 介子极点外没有其他的贡献,因此 $(q^2-m_\pi^2)\Gamma_{\mu\nu}(k_1,k_2)$ 是缓变函数,令 $q^2\to 0$ 不改变极点计算结果,则有

$$T_{\mu\nu}\approx-\frac{1}{f_\pi}\lim_{q^2\to 0}\Gamma_{\mu\nu}(k_1,k_2)\mid_{k_1^2=k_2^2=0}.\tag{2.24}$$

将(2.23)与(2.24)联系起来就给出 $T_{\mu\nu}\approx 0$,即在 PCAC 近似下,$\pi\to\gamma\gamma$ 的衰变几率为零,这与实验事实不符.

产生上述矛盾的原因在于 π^0 介子是由夸克组成的 $\pi^0=\frac{1}{\sqrt{2}}(\mathrm{u}\bar{\mathrm{u}}-\mathrm{d}\bar{\mathrm{d}})$,$\Gamma_{\mu\nu\rho}$ 是一个轴矢流和两个电磁矢量流的 Green 函数,它除了 π 介子极点的贡献,还有包含夸克单圈三角图的贡献(见图 2.4),

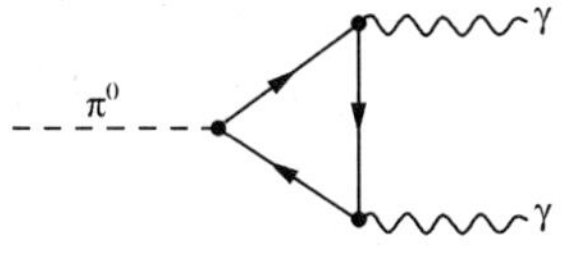

图 2.4　$\pi\to\gamma\gamma$ 过程夸克单圈三角图形贡献

这就是三角图反常,这样 Ward 等式(2.18)应修改为

$$-\mathrm{i}q^\rho\Gamma_{\mu\nu\rho}(k_1,k_2)=\Gamma_{\mu\nu}(k_1,k_2)-\mathrm{i}(2\pi^2)^{-1}e^2Sk_1^\rho k_2^\sigma\varepsilon_{\mu\nu\rho\sigma},\tag{2.25}$$

其中

$$S=\sum_i Q_i^2T_{3i},\tag{2.26}$$

T_{3i}是第 i 种夸克的同位旋第三分量. 考虑到包含三角图反常的(2.25)式以后，π^0 介子的衰变宽度为

$$\Gamma = \frac{1}{\tau^{-1}} = \frac{m_\pi^3}{64\pi} \mid M \mid^2, \quad M = \frac{1}{f_\pi} \frac{2\alpha}{\pi} S. \tag{2.27}$$

从(2.26)和 π^0 介子的夸克组成就可以得到

$$S = \begin{cases} \dfrac{1}{6}, & \text{当夸克没有携带“色”时,} \\ \dfrac{1}{2}, & \text{当夸克携有三种“色”时.} \end{cases} \tag{2.28}$$

实验上 $\Gamma(\pi^0 \to 2\gamma) = 7.48 \pm 0.33\ \mathrm{eV}$，由(2.27)和(2.28)式可以确定 $S=\dfrac{1}{2}$，如果夸克不带颜色，理论计算结果比实验值几乎要小一个数量级. 因此 $\pi^0 \to \gamma\gamma$ 衰变实验结果给出夸克有三种颜色的另一个重要证据.

上面提到考虑轴矢流到两个矢量流的反常图贡献，Ward 等式(2.18)修改为(2.25)式，实际上意味着轴矢流的散度应修改为

$$\partial^\mu A_\mu(x) = 2\mathrm{i}m\bar{\psi}(x)\gamma_5\psi(x) - \frac{1}{4\pi^2}\varepsilon_{\mu\nu\sigma\rho}F^{\mu\nu}F^{\sigma\rho}, \tag{2.29}$$

其中 m 是夸克质量，$F_{\mu\nu}$是电磁场张量，式(2.29)右边第二项是附加的反常项，这一项的存在就不会导致 $T_{\mu\nu} \approx 0$ 的结果. 此附加项是由重整化效应(夸克圈图)产生的，称为 Adler-Bardeen-Jackiw(ABJ)反常[17]. 顺便指出此反常项的存在与 Fermi 子质量无关，因而在无质量理论中也存在；此反常项的系数由夸克圈的三角图形确定，不受高阶辐射修正影响，即多于单圈的图形不贡献到反常项.

§2.3 深度非弹性散射过程运动学

夸克模型很好地解释了强子谱，组成强子的夸克或者是两个组分夸克(介子)，或者是三个组分夸克(重子). 1969 年 SLAC 的电子深度非弹性散射实验提示强子内部有很多类点的部分子(parton). 这一节首先讨论电子(或任一轻子)与核子的深度非弹性散射过程的运动学，下一节再讨论标度无关性(scaling)现象和部分子图像.

首先考察电子-质子弹性散射过程(图 2.5)，

$$\mathrm{e}(k) + \mathrm{p}(P) \to \mathrm{e}(k') + \mathrm{p}(P').$$

按照电磁相互作用，单光子交换图是主要的，电子是点粒子，电子的动量转移为

$$q = (k - k') = (P' - P),$$

$$q^2 = (k - k')^2 = k^2 + k'^2 - 2k\cdot k' = 2m^2 - 2k\cdot k', \tag{2.30}$$

其中 m 是电子的质量. 在单光子近似下，图 2.5 左边电子的顶角可以分出来，为

$$e\bar{u}(k', s')\gamma^\mu u(k, s),$$

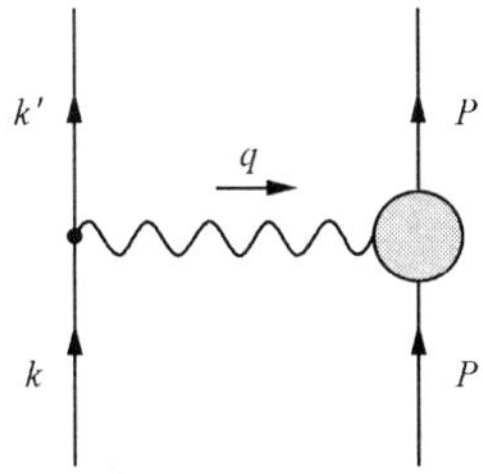

图 2.5 电子-质子弹性散射最低阶图形,其中阴影圆圈代表质子弹性形状因子

那么 e-p 弹性散射过程的矩阵元为

$$T(\mathrm{ep}\to\mathrm{ep})=\bar{u}(k',s')\gamma^{\mu}u(k,s)\frac{-e^2}{q^2}\bar{u}(P',r')\Gamma_{\mu}u(P,r). \tag{2.31}$$

其中 s 和 s' 分别是初态和终态电子的自旋指标,r 和 r' 分别是初态和终态质子的自旋指标.(2.31)式的后一部分是单光子和质子的顶角,由于质子有内部结构而非单纯的点粒子,按照 Lorentz 协变性分析一般地有

$$\begin{aligned}J_{\mu}&=\bar{u}(P',r')\Gamma_{\mu}u(P,r)\\&=\bar{u}(P',r')\left[F_1(q^2)\gamma_{\mu}+\kappa\frac{F_2(q^2)}{2M}\mathrm{i}\sigma_{\mu\nu}q^{\nu}\right]u(P,r),\end{aligned} \tag{2.32}$$

M 是质子质量,κ 是反常磁矩,$\kappa=1.793$.式(2.32)中的 $F_1(q^2)$ 和 $F_2(q^2)$ 是质子的电磁形状因子,描述了质子具有内部结构.如果质子是点粒子,$F_1(q^2)=1$,$\kappa=0$,式(2.32)就类似于电子-光子顶角.

现在计算 e-p 弹性散射截面.为了下一节讨论部分子模型的方便,首先考虑质子是点粒子的情况,对振幅(2.31)平方初态自旋求平均、并对终态自旋求和就可以得到

$$\frac{1}{4}\mid T(\mathrm{ep}\to\mathrm{ep})\mid^2=\frac{e^4}{q^4}L^{(\mathrm{e})}_{\mu\nu}L^{\mu\nu}_{(\mathrm{P})}, \tag{2.33}$$

其中

$$\begin{aligned}L^{(\mathrm{e})}_{\mu\nu}&=\frac{1}{4}\mathrm{tr}[(\not{k}+m)\gamma_{\mu}(\not{k}'+m)\gamma_{\nu}]\\&=[k'_{\mu}k_{\nu}+k_{\mu}k'_{\nu}-g_{\mu\nu}(k\cdot k'-m^2)]\\&=\left(k'_{\mu}k_{\nu}+k_{\mu}k'_{\nu}+\frac{q^2}{2}g_{\mu\nu}\right),\end{aligned} \tag{2.34}$$

$$L^{\mu\nu}_{(\mathrm{P})}=\mathrm{tr}[(\not{P}'+M)\gamma^{\mu}(\not{P}+M)\gamma^{\nu}]. \tag{2.35}$$

由此可给出 $\mathrm{e}(k)+\mathrm{p}(P)\to\mathrm{e}(k')+\mathrm{p}(P')$ 在终态 $\mathrm{d}^3k'\mathrm{d}^3P'$ 间隔内弹性散射截面(见附录(B.10)式)

$$\begin{aligned}\mathrm{d}\sigma=&\frac{1}{I}\frac{1}{4}\sum_{\lambda\lambda'\sigma\sigma'}(2\pi)^4\frac{\mathrm{d}^3k'}{(2\pi)^3 2k'_0}\frac{\mathrm{d}^3P'}{(2\pi)^3 2P'_0}\delta^4(k+P-k'-P')\\&\times|\langle k\lambda,P\sigma\mid T\mid k'\lambda',P'\sigma'\rangle|^2,\end{aligned} \tag{2.36}$$

其中 I 是流通量因子,在实验室系($\boldsymbol{P}=0$)中 $I|_{\text{lab}}=4M|\boldsymbol{k}||_{\text{lab}}\sim 4ME$,代入计算可得实验室系中质子是点粒子情况下的微分截面

$$\frac{\mathrm{d}\sigma}{\mathrm{d}\Omega}=\left(\frac{\mathrm{d}\sigma}{\mathrm{d}\Omega}\right)_{\text{Mott}}\frac{E'}{E}\left(1+\frac{Q^2}{2M^2}\tan^2\frac{\theta}{2}\right),\tag{2.37}$$

其中 θ 是实验室系中电子的散射角,Ω 为立体角,E 和 E' 分别是入射电子和出射电子的能量,$Q^2=-q^2$,$\left(\frac{\mathrm{d}\sigma}{\mathrm{d}\Omega}\right)_{\text{Mott}}$ 是相对论电子在 Coulomb 场中的散射截面,称为 Mott 截面,

$$\left(\frac{\mathrm{d}\sigma}{\mathrm{d}\Omega}\right)_{\text{Mott}}=\frac{4\alpha^2(E')^2}{Q^4}\cos^2\frac{\theta}{2}.\tag{2.38}$$

式(2.37)也可以记作

$$\frac{\mathrm{d}^2\sigma}{\mathrm{d}E'\mathrm{d}\Omega}=\left(\frac{\mathrm{d}\sigma}{\mathrm{d}\Omega}\right)_{\text{Mott}}\left(1+\frac{Q^2}{2M^2}\tan^2\frac{\theta}{2}\right)\delta\left(\nu-\frac{Q^2}{2M}\right),\tag{2.39}$$

其中变量 ν 定义为 $P\cdot q=M\nu$. 当取实验室系 $\boldsymbol{P}=0$ 时,$\nu=q_0=E-E'$,$E=k_0$ 和 $E'=k_0'$ 是实验室系中电子的入射能量和出射能量.(2.39)式在下一节引入部分子模型时是有用的.

如果质子有内部结构,$L_{(P)}^{\mu\nu}$ 应由(2.32)式确定,类似于(2.37)的计算可以获得

$$\frac{\mathrm{d}\sigma}{\mathrm{d}\Omega}=\left(\frac{\mathrm{d}\sigma}{\mathrm{d}\Omega}\right)_{\text{Mott}}\frac{E'}{E}\left[F_1^2+\frac{\kappa Q^2}{4M^2}F_2^2+\frac{Q^2}{2M^2}(F_1+\kappa F_2)^2\tan^2\frac{\theta}{2}\right].\tag{2.40}$$

在实验室系($\boldsymbol{P}=0$),方程(2.40)可记为

$$\frac{\mathrm{d}^2\sigma}{\mathrm{d}E'\mathrm{d}\Omega}=\frac{4\alpha^2(E')^2}{Q^4}\delta\left(\nu-\frac{Q^2}{2M}\right)\left[\cos^2\frac{\theta}{2}\left(\frac{G_{\mathrm{E}}^2+\dfrac{Q^2}{4M^2}G_{\mathrm{M}}^2}{1+\dfrac{Q^2}{4M^2}}\right)+\frac{Q^2G_{\mathrm{M}}^2}{2M^2}\sin^2\frac{\theta}{2}\right],\tag{2.41}$$

其中

$$G_{\mathrm{E}}(Q^2)=F_1(Q^2)-\frac{\kappa Q^2}{4M^2}F_2(Q^2),$$
$$G_{\mathrm{M}}(Q^2)=F_1(Q^2)+\kappa F_2(Q^2).\tag{2.42}$$

当 $G_{\mathrm{E}}=G_{\mathrm{M}}=1$ 即质子是点粒子时,(2.41)式就回到了(2.39)式.

现在讨论电子-质子深度非弹性散射情况,这是一个单举(inclusive)过程,实验上只观察终态电子而不测量其他强子态.

$$\mathrm{e}(k)+\mathrm{p}(P)\rightarrow\mathrm{e}(k')+\mathrm{X}(P_{\mathrm{X}}),$$

其中 X 代表所有可能的强子,它们的总动量为 P_{X}.

比较图 2.6 和图 2.5 可见两者不同之处在于光子-质子顶角,即对于图 2.6,(2.31)式后一部分不同且不具有(2.32)式的简单形式. 保持电磁流矩阵元,按附录

B 中(B.10)式类似的推导给出

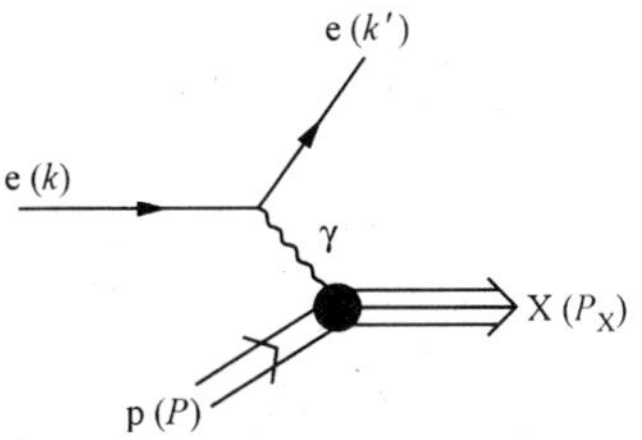

图 2.6　电子-质子深度非弹散射过程 $e(k)+p(P)\to e(k')+X(P_X)$

$$\frac{d^2\sigma}{dE'd\Omega}=\frac{\alpha^2}{Q^4}\frac{E'}{E}L^{(e)}_{\mu\nu}W^{\mu\nu},\tag{2.43}$$

其中

$$\begin{aligned}W^{\mu\nu}&=\frac{1}{4\pi}\sum_{X,\lambda}\langle P\lambda\mid J^\mu(0)\mid X\rangle\langle X\mid J^\nu(0)\mid P\lambda\rangle(2\pi)^4\delta^4(P_X-P-q)\\&=\frac{1}{4\pi}\sum_{\lambda}\int d^4x e^{iqx}\langle P\lambda\mid J^\mu(x)J^\nu(0)\mid P\lambda\rangle.\end{aligned}\tag{2.44}$$

(2.44)式中电磁流 $J^\mu(x)=\bar{\psi}(x)\gamma^\mu\psi(x)$，求和指标 λ 是对质子自旋求和，若定义

$$\langle P\mid O\mid P\rangle=\frac{1}{2}\sum_{\lambda}\langle P\lambda\mid O\mid P\lambda\rangle,\tag{2.45}$$

那么(2.44)式可以改写为

$$W^{\mu\nu}=\frac{1}{2\pi}\int d^4x e^{iqx}\langle P\mid J^\mu(x)J^\nu(0)\mid P\rangle.\tag{2.46}$$

这表明电子-质子深度非弹性散射过程的结构函数与电磁流算符乘积矩阵元的 Fourier 变换相关. 由相对论协变性分析给出 $W^{\mu\nu}$ 的一般形式依赖于由(P,q)独立变量组成的不变函数 W_i(对于中微子-质子深度非弹散射过程还有 W_3 项)，

$$\begin{aligned}W^{\mu\nu}=&W_1(q^2,\nu)g^{\mu\nu}+W_2(q^2,\nu)\frac{P^\mu P^\nu}{M^2}+W_4(q^2,\nu)\frac{q^\mu q^\nu}{M^2}\\&+W_5(q^2,\nu)\frac{1}{M^2}(P^\mu q^\nu+q^\mu P^\nu).\end{aligned}\tag{2.47}$$

再由规范不变性要求

$$q_\mu W^{\mu\nu}=0,\quad q_\nu W^{\mu\nu}=0,$$

导致

$$\begin{aligned}W_5(q^2,\nu)&=-W_2(q^2,\nu)(P\cdot q/q^2),\\W_4(q^2,\nu)&=W_2(q^2,\nu)\left(\frac{P\cdot q}{q^2}\right)^2-W_1(q^2,\nu)\frac{M^2}{q^2}.\end{aligned}\tag{2.48}$$

因此 $W^{\mu\nu}$ 的一般形式从四个不变函数减少到两个不变函数，W_1 和 W_2 称为质子的结构函数. 将(2.48)代入到(2.47)式可以得到

$$W^{\mu\nu}=W_1(q^2,\nu)\left(-g^{\mu\nu}+\frac{q^\mu q^\nu}{q^2}\right)$$
$$+W_2(q^2,\nu)\frac{1}{M^2}\left[\left(P^\mu-\frac{P\cdot q}{q^2}q^\mu\right)\left(P^\nu-\frac{P\cdot q}{q^2}q^\nu\right)\right], \tag{2.49}$$

式(2.43)中的 $L^{(e)}_{\mu\nu}$ 与弹性散射情况相同，由(2.34)，(2.43)和(2.49)式，经过运算就可以得到

$$L^{(e)}_{\mu\nu}W^{\mu\nu}=4W_1(q^2,\nu)k\cdot k'+\frac{W_2(q^2,\nu)}{M^2}(4P\cdot kP\cdot k'-2k\cdot k'M^2). \tag{2.50}$$

取实验室系($\boldsymbol{P}=0$)，将式(2.50)代入到(2.43)，微分截面就变成

$$\frac{d^2\sigma}{dE'd\Omega}=\frac{4\alpha^2(E')^2}{Q^4}\left[W_2(q^2,\nu)\cos^2\frac{\theta}{2}+2W_1(q^2,\nu)\sin^2\frac{\theta}{2}\right]$$
$$=\left(\frac{d\sigma}{d\Omega}\right)_{\text{Mott}}\left[W_2(q^2,\nu)+2W_1(q^2,\nu)\tan^2\frac{\theta}{2}\right], \tag{2.51}$$

其中 $\left(\frac{d\sigma}{d\Omega}\right)_{\text{Mott}}$ 由(2.38)式给出.

这一节最后讨论结构函数 W_1 和 W_2 与光吸收截面的联系. 光吸收截面与虚光子的弹性散射过程 $\gamma^*(q)+p(p)\to\gamma^*+p(p)$ 相关(图 2.7). 对于物理过程来讲 $q_0=E-E'>0$，可以证明在物理区域内有

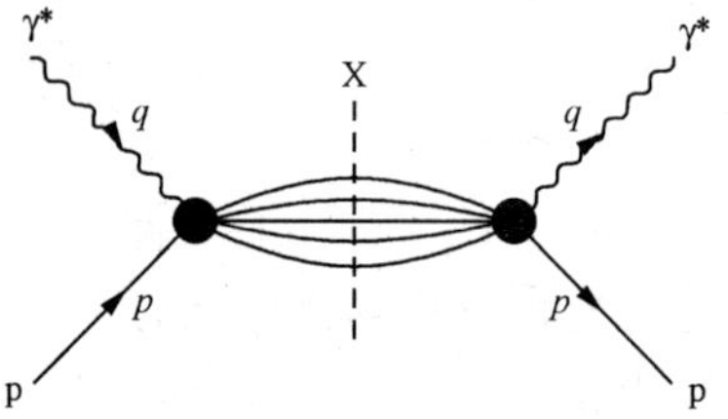

图 2.7 虚光子的弹性散射过程 $\gamma^*(q)+p(p)\to\gamma^*+p(p)$

$$\int d^4x e^{iqx}\langle P\mid J_\nu(0)J_\mu(x)\mid P\rangle$$
$$=\int d^4x e^{iqx}\sum_X\langle P\mid J_\nu(0)\mid X\rangle\langle X\mid J_\mu(x)\mid P\rangle$$
$$=\int d^4x e^{i(q-P+P_X)x}\sum_X\langle P\mid J_\nu(0)\mid X\rangle\langle X\mid J_\mu(0)\mid P\rangle$$
$$=\sum_X(2\pi)^4\delta^4(q-P+P_X)\langle P\mid J_\nu(0)\mid X\rangle\langle X\mid J_\mu(0)\mid P\rangle$$
$$=0. \tag{2.52}$$

在获得(2.52)式的最后一个等式时用到了物理区域内 $q-P+P_X\neq0$ 的条件. 因为如果有 $q=P-P_X$，那么 $(P-q)^2=P_X^2=W^2$ 或 $M^2+q^2-W^2=2Pq=2mq_0$(取实验室系 $\boldsymbol{P}=0$)，而在物理区域有 $W^2\geqslant M^2$，$q^2\leqslant0$，这就导致 $q_0<0$，这是不可能的. 因

此(2.46)式中的流算符乘积可以改写为流算符的编时乘积或对易关系,即

$$W^{\mu\nu} = \frac{1}{2\pi}\int \mathrm{d}^4 x \mathrm{e}^{\mathrm{i}qx} \langle P \mid [J^{\mu}(x), J^{\nu}(0)] \mid P \rangle, \tag{2.53}$$

按照因果律,对易关系在类空间隔下为零

$$[J^{\mu}(x), J^{\nu}(0)] = 0, \quad 当\ x^2 < 0, \tag{2.54}$$

这就意味着(2.53)式的积分的支集是 $x^2 \geqslant 0$.

按照 S 矩阵元约化公式,动量为 q,极化矢量为 ε_{μ} 的虚光子和质子的向前散射振幅正比于 $T^{\mu\nu}\varepsilon_{\mu}\varepsilon_{\nu}$,其中

$$T^{\mu\nu} = \mathrm{i}\int \mathrm{d}^4 x \mathrm{e}^{\mathrm{i}qx} \langle P \mid T(J^{\mu}(x) J^{\nu}(0)) \mid P \rangle. \tag{2.55}$$

对(2.55)式将 T 乘积展开求 $T^{\mu\nu}$ 的吸收部分,即在 q_0 平面上沿正实轴两边的不连续量,$\frac{1}{2\mathrm{i}}[T^{\mu\nu}(q_0 + \mathrm{i}\varepsilon) - T^{\mu\nu}(q_0 - \mathrm{i}\varepsilon)]$. 利用积分等式

$$\begin{aligned} \frac{1}{x \pm \mathrm{i}\varepsilon} &= \mathrm{P}\left(\frac{1}{x}\right) \mp \mathrm{i}\pi\delta(x), \\ \frac{1}{x - \mathrm{i}\varepsilon} - \frac{1}{x + \mathrm{i}\varepsilon} &= 2\pi\mathrm{i}\delta(x), \end{aligned} \tag{2.56}$$

式中 P 代表对积分取主值. (2.56)两式相减消去主值部分就可以得到它的不连续量,从而证明 $W^{\mu\nu}$ 就是 $T^{\mu\nu}$ 的虚部,

$$W^{\mu\nu} = \frac{1}{\pi}\mathrm{Im}T^{\mu\nu}. \tag{2.57}$$

再注意到光学定理,将向前散射振幅虚部与总截面联系起来就得到

$$\sigma_{\pm,0} = \frac{4\pi^2\alpha}{K}\varepsilon^{*\mu}_{\pm1,0} W_{\mu\nu}\varepsilon^{\nu}_{\pm1,0}, \tag{2.58}$$

其中极化矢量

$$\begin{aligned} \varepsilon_{\pm1} &= \mp\frac{1}{\sqrt{2}}(0, 1, \pm\mathrm{i}, 0), \\ \varepsilon_0 &= \frac{1}{\sqrt{Q^2}}(\sqrt{Q^2 + \nu^2}, 0, 0, \nu), \end{aligned} \tag{2.59}$$

K 为光子的入射流,可以取为

$$K = \nu - \frac{Q^2}{2M}. \tag{2.60}$$

定义光吸收横向截面和纵向截面

$$\sigma_{\mathrm{T}} \equiv \frac{1}{2}(\sigma_{+1} + \sigma_{-1}), \quad \sigma_{\mathrm{L}} = \sigma_0, \tag{2.61}$$

则有

$$W_1 = \frac{K}{4\pi^2\alpha}\sigma_{\mathrm{T}},$$

$$W_2 = \frac{K}{4\pi^2\alpha}(\sigma_T + \sigma_L)\frac{Q^2}{Q^2+\nu^2}. \tag{2.62}$$

定义 R 值为纵向光子截面 σ_L 与横向光子截面之比

$$R = \frac{\sigma_L}{\sigma_T} = \frac{W_2}{W_1}\left(1+\frac{\nu^2}{Q^2}\right) - 1, \tag{2.63}$$

对 R 值的测量将从实验上给出 W_2/W_1 的信息.

§2.4 标度无关性现象和部分子模型

1969 年 SLAC 关于电子-质子深度非弹性散射的实验结果表明,对于固定的 ω(或 x)

$$\omega = \frac{2M\nu}{Q^2}, \quad x = \frac{1}{\omega} = \frac{Q^2}{2M\nu}, \tag{2.64}$$

在 $Q^2 > 1\,\mathrm{GeV}^2$ 能区内结构函数 W_1 和 W_2 存在标度无关性(scaling)现象[17],即 W_1 和 νW_2 不再是 Q^2 和 ν 两个变量的函数,仅是它们的比值 $x = Q^2/2M\nu$(一个无量纲变量)的函数(图 2.8),

$$\begin{aligned} &MW_1(x,Q^2) \to F_1(x), \\ &\nu W_2(x,Q^2) \to F_2(x). \end{aligned} \tag{2.65}$$

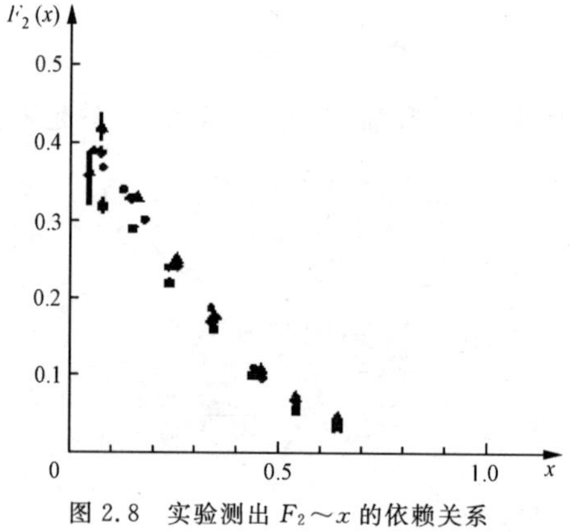

图 2.8 实验测出 $F_2 \sim x$ 的依赖关系

同时实验上还表明

$$\sigma_L \ll \sigma_T \quad (R \approx 0.15),$$

式(2.63)意味着存在一个近似的等式

$$F_2(x) = 2xF_1(x), \tag{2.66}$$

图 2.9 给出实验上对此等式符合的程度[18].

现在我们讨论(2.65)和(2.66)式实验结果的物理意义. 从(2.65)式可知结构函数 W_1 和 W_2 仅是 x 的函数,而与 Q^2 无关. x 是无量纲量,表明结构函数独立于

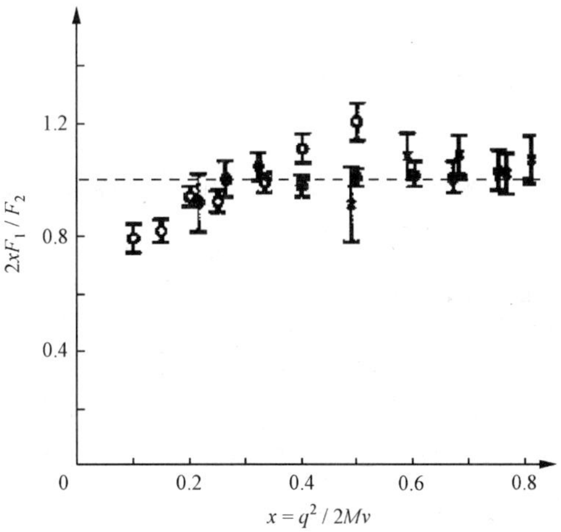

图 2.9　实验上测量 $2xF_1(x)/F_2(x)$对 x 的依赖关系

任何能量标度,这种现象称为标度无关性现象.从实验上可知标度无关性现象发生在 Q^2 从几个 GeV^2 到 20 GeV^2 区域,超过这一能量区域对标度无关性现象发生系统偏离.对标度无关性现象的解释导致部分子模型,对标度无关性现象偏离可以从 QCD 理论中夸克和胶子相互作用获得解释.

标度无关性现象如何导致部分子模型？注意到点粒子情况下的散射截面(2.39)式,对比到(2.51)式可知,对于一个电子与点粒子的弹性散射,其结构函数为

$$2MW_1^{\mathrm{el}}(\nu,Q^2)=\frac{Q^2}{2M}\delta\left(\nu-\frac{Q^2}{2M}\right)=\frac{Q^2}{2M\nu}\delta\left(1-\frac{Q^2}{2M\nu}\right),\tag{2.67}$$

$$\nu W_2^{\mathrm{el}}(\nu,Q^2)=\delta\left(1-\frac{Q^2}{2M\nu}\right).\tag{2.68}$$

(2.67)和(2.68)式表明当电子与一个点粒子发生弹性散射时,对结构函数的贡献 $2MW_1^{\mathrm{el}}$ 和 νW_2^{el} 只是$\frac{Q^2}{2M\nu}$的函数,即只是无量纲量 $x\left(=\frac{Q^2}{2M\nu}\right)$的函数.

实验上的标度无关性现象(2.65)式告诉我们,如果电子-质子的非弹性散射是由于电子与质子内部的许多类点成分发生不相干的弹性散射所引起的,那么标度无关性现象就自然发生[19].人们将这些类点成分称为部分子(parton)[20],如图 2.10.

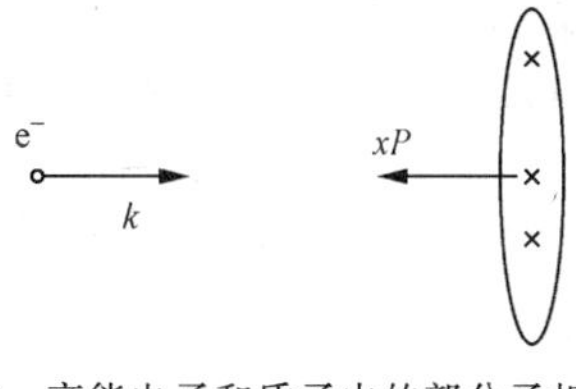

图 2.10　高能电子和质子内的部分子相互作用

这样，电子和质子内的点部分子相互作用发生弹性散射就成为电子-质子深度非弹散射的基本过程. 设无穷大动量系[21]质子内的每一个部分子的四动量 p 仅携带靶四动量 $P(\boldsymbol{P}\to\infty)$ 的一个分量 x，即

$$p_\mu = xP_\mu.$$

如果假定部分子的质量和横动量可忽略，则从电子和部分子不相干弹性散射基本过程对电子-质子非弹散射结构函数的贡献为

$$\nu W_2(\nu,Q^2) \to F_2(x) = \sum_i e_i^2 x f_i(x)\mathrm{d}x\delta\left(x-\frac{1}{\omega}\right), \tag{2.69}$$

其中 i 是对所有质子内的部分子求和，e_i 是第 i 个部分子的电荷，$f_i(x)\mathrm{d}x$ 是在质子内发现第 i 个部分子具有动量分量在 $x\to x+\mathrm{d}x$ 间隔内的几率. 设想部分子是自旋为 1/2 的点粒子，那么就可以计算电子和部分子的弹性散射截面，这就是(2.37)式，只是(2.37)式的部分子动量应为 xP.

定义变量 s,u,t，

$$\left.\begin{aligned} s &= (p+k)^2, \\ u &= (p-k')^2, \\ t &= (p-p')^2, \end{aligned}\right\} \tag{2.70}$$

三者之和为

$$s+u+t = M^2+W^2, \tag{2.71}$$

其中 W 是终态所有强子 X 的有效质量. 注意到(2.64)式，在忽略了电子质量和部分子的质量、横动量以后，电子-部分子弹性散射截面变为(图 2.11)

$$\left(\frac{\mathrm{d}^2\sigma}{\mathrm{d}t\mathrm{d}u}\right)_{\mathrm{e+parton}} = \frac{4\pi\alpha^2}{t^2}\,\frac{x}{2}\left(\frac{s^2u^2}{s^2}\right)\delta(s+t+u). \tag{2.72}$$

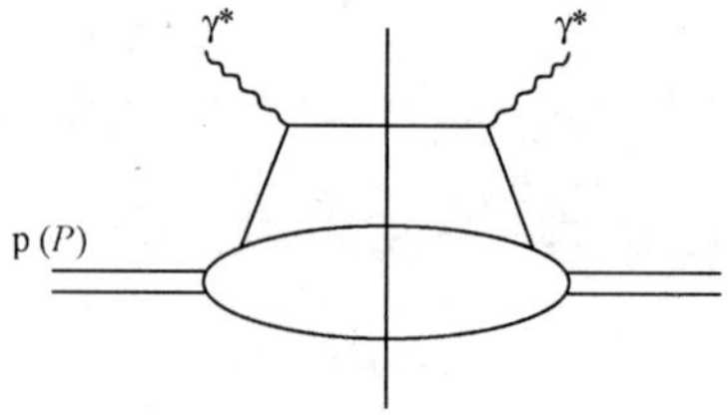

图 2.11 电子通过虚光子和质子内其部分子相互作用 Feynman 图

如果假定质子内所有部分子之间的相互作用可以忽略，即是准自由的，那么将所有电子、部分子(e+parton)的贡献加起来就给出电子-质子深度非弹散射下的截面

$$\left(\frac{\mathrm{d}^2\sigma}{\mathrm{d}t\mathrm{d}u}\right)_{\mathrm{ep\to eX}} = \frac{4\pi\alpha^2}{t^2}\,\frac{1}{2}\,\frac{s^2+u^2}{s^2}\int\mathrm{d}x\sum_i e_i^2 f_i(x)\,\frac{1}{s+u}\delta\left(x-\frac{1}{\omega}\right). \tag{2.73}$$

另一方面，电子-质子非弹截面可以利用结构函数表示，式(2.51)重写为

$$\left(\frac{d^2\sigma}{dtdu}\right)_{ep\to eX} = 2M\frac{u}{s}\frac{4\pi\alpha^2}{t^2}\left[\cos^2\frac{\theta}{2}W_2(q^2,\nu) + 2\sin^2\frac{\theta}{2}W_1(q^2,\nu)\right]$$

$$\left(\frac{d^2\sigma}{dQ^2d\nu} = \frac{\pi}{EE'}\frac{d^2\sigma}{d\Omega dE'}\right), \tag{2.74}$$

注意到在深度非弹性区域里，$s,t,u,W^2\to\infty$，我们有

$$\sin^2\frac{\theta}{2}\left(=\frac{Q^2}{4EE'}\right) = \frac{tM}{su},$$

$$\nu = \frac{s+u}{2M},$$

$$x \equiv \frac{Q^2}{2M\nu} = -\frac{t}{s+u}.$$

这样，方程(2.74)就变为

$$\left(\frac{d^2\sigma}{dtdu}\right)_{ep\to eX} = \frac{4\pi\alpha^2}{t^2}\frac{1}{2}\frac{1}{s^2(s+u)}[2xF_1(s+u)^2 - 2usF_2].$$

将此式与(2.73)相比就可得到部分子模型下质子的结构函数 $F_1(x)$和 $F_2(x)$

$$2xF_1(x) = F_2(x) = \sum_i e_i^2 x f_i(x) \quad \left(x\equiv\frac{1}{\omega}\right). \tag{2.75}$$

这意味着，如果部分子的自旋为$\frac{1}{2}$，就可以获得 $2xF_1(x)=F_2(x)$，此称为 Callan-Gross 关系式[22]，已获得实验上的支持，将此关系式代入到(2.63)式就给出 $R=\frac{\sigma_L}{\sigma_T}=0$，这些与电子相互作用的部分子是自旋为$\frac{1}{2}$的点粒子. 大家知道，夸克的自旋为$\frac{1}{2}$，人们很自然地假定质子内自旋为$\frac{1}{2}$的部分子就是夸克和反夸克. 这些自旋为$\frac{1}{2}$的部分子就是所有的价夸克和海夸克. 这就是所谓的夸克-部分子模型(quark-parton model).

§2.5 无穷大动量系中的部分子图像

Bjorken，Feynman 等人在无穷大动量系建立了强子内的部分子图像. 这一节将讨论部分子图像在无穷大动量系是如何建立的，质子沿 z 方向运动，当动量 $\boldsymbol{P}$ 趋于无穷大时，我们可以忽略它的横向动量 $\boldsymbol{P}_\perp$，因此质子的四动量

$$P_\mu = (\sqrt{P^2+M^2}, 0, P)$$

$$\xrightarrow{\boldsymbol{P}\to\infty}\left(P+\frac{M^2}{2P}, 0, P\right), \quad P = |P_z|.$$

在 $\boldsymbol{P}\to\infty$时，质子内的部分子的纵向动量为 xP，横向动量 $\boldsymbol{P}_\perp$，部分子的四动量为

$$P_\mu = ((x^2P^2 + \boldsymbol{P}_\perp^2 + m^2)^{\frac{1}{2}}, \boldsymbol{P}_\perp, xP)$$
$$\xrightarrow[x\neq 0]{P\to\infty} \left(xP + \frac{\boldsymbol{P}_\perp^2 + m^2}{2xP}, \boldsymbol{P}_\perp, xP\right).$$

由于部分子在质子内部,其横动量 $\boldsymbol{P}_\perp$ 是有限的($\sim R^{-1}$),R 是质子的半径,在 $\boldsymbol{P}\to\infty$时,部分子的横动量和质量 m 可以忽略,因此有

$$p_\mu = xP_\mu.$$

这就是在上一节中应用 s,u,t 运动学时所用到的关系式.

现在讨论无穷大动量系中变量 q^2 和 $P\cdot q$ 的表达式,它们应与 $\boldsymbol{P}\to\infty$无关.对于光子,设

$$\left.\begin{aligned} q_\mu &= (q_0, \boldsymbol{q}_\perp, q_3), \\ q^2 &= (q_0 - q_3)(q_0 + q_3) - \boldsymbol{q}_\perp^2, \\ P\cdot q \equiv M\nu &= P(q_0 - q_3) + \frac{M^2}{2P}q_0, \end{aligned}\right\} \tag{2.76}$$

要想使 $P\cdot q\equiv M\nu$ 与 $\boldsymbol{P}\to\infty$无关,从(2.76)式可以令

$$(q_0 - q_3) = \frac{A}{P}, \quad q_0 = BP, \tag{2.77}$$

这样

$$M\nu = A + \frac{1}{2}BM^2, \quad q^2 = A\left(2B - \frac{A}{P^2}\right) - \boldsymbol{q}_\perp^2,$$

其中 A 和 B 都是与 $\boldsymbol{P}\to\infty$无关的量,因此 $M\nu$ 与 q^2 也与 P 如何趋于无穷大无关.

实际上,满足式(2.77)中的 A 和 B 可以存在有无穷多的无穷大动量系的解.文献中经常用的有两类解:

(1) q_0 和 q_3 都具有 $P=|\boldsymbol{P}|$ 量级,

$$A = 0, \quad B = \frac{2\nu}{M}, \quad Q^2 = -q^2 = \boldsymbol{q}_\perp^2. \tag{2.78}$$

(2) q^0 和 q^3 小,$\sim\left(\frac{1}{P}\right)$,

$$A = M\nu, \quad B = \frac{2M\nu + q^2}{4P^2}, \quad Q^2 = -q^2 = \boldsymbol{q}_\perp^2 + o\left(\frac{1}{P^2}\right), \tag{2.79}$$

$$q_\mu = \left(\frac{2M\nu + q^2}{4P}, \boldsymbol{q}_\perp, \frac{q^2 - 2M\nu}{4P}\right). \tag{2.80}$$

(2.80)式描写的无穷大动量系与电子-质子的质心系相一致.在这样的参考系里,入射电子的能量也很高(近似地 $\boldsymbol{P}\to\infty$),这时光子与部分子相互作用时间极短.另一方面,质子内部的部分子之间的相互作用形成束缚态仅在质子大小量级的时空间隔内发生.显然,在光子与部分子作用的时间间隔内可以忽略部分子之间的相互作用,可以认为部分子在光子与它相互作用的时间间隔内是准自由的,因此电子是

与一个自由的部分子发生弹性散射.这就意味着光子对部分子的相互作用可以做不相干的脉冲近似,因而深度非弹散射过程的截面计算可以看作一系列电子-部分子(不相干)弹性过程截面的叠加.

这样一个部分子图像($\boldsymbol{P}\to\infty$)在老式微扰论(OFPT)里讨论有它的方便之处.在OFPT里,一个协变的Feynman图相应对所有可能时间次序图求和.以电子-电子散射过程为例(图2.12),每一个OFPT图并不是协变的,而是参考系相关的,所有的OFPT图相加后才是参考系无关的.在($\boldsymbol{P}\to\infty$)参考系里,OFPT中不是所有的图都有贡献,一部分图贡献是主要的,另一部图的贡献可能是$\sim\frac{1}{P^N}$,这样就会减少了计算量.

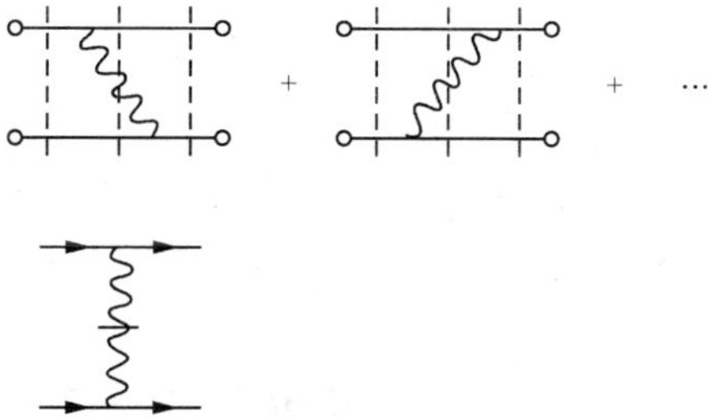

图2.12　在OFPT里电子-电子散射过程Feynman图

下面以$g\phi^3$理论中的顶角图为例,设一标量介子M,动量为$\boldsymbol{P}$,内含有两个部分子也是标量粒子,质量分别为m,λ,动量分别为P_1,P_2(见图2.13),

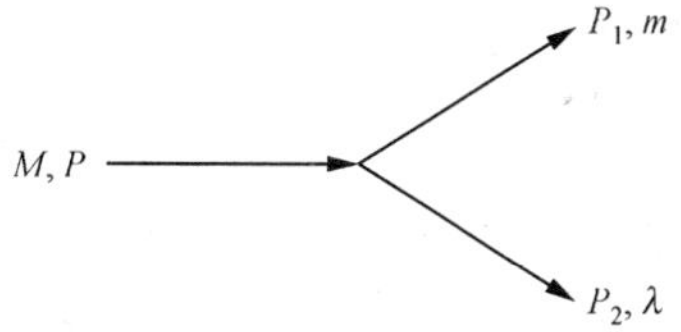

图2.13　一个标量粒子衰变为两个不同质量的标量粒子

$$P=\left(P+\frac{M^2}{2P},\boldsymbol{0}_\perp,P\right),$$

$$P_1=\left(|x|P+\frac{m^2+\boldsymbol{k}_\perp^2}{2|x|P},\boldsymbol{k}_\perp,xP\right),$$

$$P_2=\left(|1-x|P+\frac{\lambda^2+\boldsymbol{k}_\perp^2}{2|1-x|P},-\boldsymbol{k}_\perp,(1-x)P\right),$$

终态能量为

$$E_f=E_1+E_2=P(|x|+|1-x|)+\frac{1}{2P}\left(\frac{m^2+\boldsymbol{k}_\perp^2}{|x|}+\frac{\lambda^2+\boldsymbol{k}_\perp^2}{|1-x|}\right),$$

初终态能量差为

$$\Delta E = E - E_f = P(1 - |x| - |1-x|) + \frac{1}{2P}\left(M^2 - \frac{m^2 + \boldsymbol{k}_\perp^2}{|x|} - \frac{\lambda^2 + \boldsymbol{k}_\perp^2}{|1-x|}\right)$$

$$= \begin{cases} P(1 - |x| - |1-x|), & \text{当 } x < 0, x > 1, \\ \dfrac{1}{2P}\left(M^2 - \dfrac{m^2 + \boldsymbol{k}_\perp^2}{x} - \dfrac{\lambda^2 + \boldsymbol{k}_\perp^2}{1-x}\right), & \text{当 } 0 < x < 1. \end{cases}$$

在 OFPT 里,如此顶角的振幅 T 有

$$T \sim \frac{1}{E - E_f} \to 0, \quad \text{当 } x < 0, x > 1.$$

因此振幅 T 仅当 $0<x<1$ 时才不为零,这意味着在无穷大动量系里两个部分子的运动方向与质子 $\boldsymbol{P}$ 方向一致,任何向后运动的部分子的几率为零. 对于自旋为 1/2 的部分子情况,由于顶角有 γ_μ 的分量,除了分母以外,还应考虑分子是压低还是增加,需要细心处理.

从以上的讨论可见到部分子模型的成立中忽略了以下四种因素:

① 靶的质量效应;② 夸克质量效应;③ 部分子之间的相互作用;④ 部分子的 $\langle \boldsymbol{P}_\perp^2 \rangle$ 以及其他可能的质量标度.

§ 2.6 部分子分布函数和唯象

这一节讨论部分子分布函数[23]. 前面(2.69)式告诉我们质子结构函数依赖于部分子在质子内的几率 $f_i(x)\mathrm{d}x$. 在质子无穷大动量系里,令 $u(x)\mathrm{d}x$ 是 u 夸克在 $x \to x + \mathrm{d}x$ 间隔内的几率,$\bar{u}(x)\mathrm{d}x$ 是 ū 夸克在 $x \to x + \mathrm{d}x$ 间隔内的几率. 以此类推可以定义 $d(x), \bar{d}(x), s(x), \bar{s}(x), c(x), \bar{c}(x), b(x), \bar{b}(x)$ 等,称它们为相应部分子的分布函数.

以质子为例,质子内有两个价 u 夸克,一个价 d 夸克,按分布函数的定义,对质子内所有分布函数积分应给出价夸克数

$$\begin{aligned} 2 &= \int_0^1 \mathrm{d}x[u(x) - \bar{u}(x)], \\ 1 &= \int_0^1 \mathrm{d}x[d(x) - \bar{d}(x)], \end{aligned} \tag{2.81}$$

或者由(2.81)式的两个式子组合得到

$$\begin{aligned} 1 &= \int_0^1 \mathrm{d}x\left[\frac{2}{3}(u(x) - \bar{u}(x)) - \frac{1}{3}(d(x) - \bar{d}(x))\right], \\ 0 &= \int_0^1 \mathrm{d}x\left[\frac{2}{3}(d(x) - \bar{d}(x)) - \frac{1}{3}(u(x) - \bar{u}(x))\right]. \end{aligned} \tag{2.82}$$

(2.82)式的第二式相应于中子情况,电荷为零,第一式相应于质子情况,电荷为 1. 这是因为质子、中子是同位旋的二重态,u,d 夸克也是同位旋的二重态,因此中子

中的 u 夸克分布应与质子中的 d 夸克分布一样. 此外,在质子中还应有

$$
\begin{aligned}
0 &= \int_0^1 \mathrm{d}x[s(x) - \bar{s}(x)], \\
0 &= \int_0^1 \mathrm{d}x[c(x) - \bar{c}(x)],
\end{aligned}
\tag{2.83}
$$

其中 $u(x)$,$d(x)$,$s(x)$包含有价夸克以及海夸克(夸克-反夸克对)成分的分布函数.

上一节的(2.75)式已表明,关于自旋为 1/2 的部分子对于质子深度非弹性散射的电磁结构函数有

$$
2xF_1(x) = F_2(x) = \sum_i e_i x f_i(x),
$$

因此

$$
\frac{1}{x}F_2^{\mathrm{ep}}(x) = \frac{4}{9}[u(x) + \bar{u}(x)] + \frac{1}{9}[d(x) + \bar{d}(x)] + \frac{1}{9}[s(x) + \bar{s}(x)] + \cdots. \tag{2.84}
$$

记住(2.82)式,就可以从(2.84)式得到中子的结构函数

$$
\frac{1}{x}F_2^{\mathrm{en}}(x) = \frac{4}{9}[d(x) + \bar{d}(x)] + \frac{1}{9}[u(x) + \bar{u}(x)] + \frac{1}{9}[s(x) + \bar{s}(x)] + \cdots. \tag{2.85}
$$

由(2.84)和(2.85)立刻可以得到两者之比的上下限,

$$
\frac{1}{4} \leqslant \frac{F_2^{\mathrm{en}}(x)}{F_2^{\mathrm{ep}}(x)} \leqslant 4. \tag{2.86}
$$

的确实验数据都处于这一上、下限之内.

实际上每一种夸克分布函数 $q_i(x)(i=\mathrm{u,d,s,c,b})$总包含两部分之和,即价夸克 $q_i^{(\mathrm{v})}(x)$和海夸克 $q_i^{(\mathrm{s})}(x)$分布函数

$$
q_i(x) = q_i^{(\mathrm{v})}(x) + q_i^{(\mathrm{s})}(x). \tag{2.87}
$$

对于质子来讲,可以设定

$$
\begin{aligned}
&s_{\mathrm{v}}(x) = \bar{s}_{\mathrm{v}}(x) = \bar{u}_{\mathrm{v}}(x) = \bar{d}_{\mathrm{v}} = 0, \\
&u_{\mathrm{s}}(x) = \bar{u}_{\mathrm{s}}(x) = d_{\mathrm{s}}(x) = \bar{d}_{\mathrm{s}}(x) = s_{\mathrm{s}}(x) = \bar{s}_{\mathrm{s}}(x) = \frac{1}{6}S(x),
\end{aligned}
\tag{2.88}
$$

其中

$$
S(x) = u_{\mathrm{s}}(x) + d_{\mathrm{s}}(x) + \bar{u}_{\mathrm{s}}(x) + \bar{d}_{\mathrm{s}}(x) + s_{\mathrm{s}}(x) + \bar{s}_{\mathrm{s}}(x) \tag{2.89}
$$

是质子中所有海夸克的分布函数之和(不考虑重夸克的海夸克波函数). 定义质子中价夸克分布函数

$$
V(x) = u_{\mathrm{v}}(x) + d_{\mathrm{v}}(x), \tag{2.90}
$$

将(2.87)—(2.90)式代入到(2.84)和(2.85)式可以得到

$$
\frac{1}{x}(F_2^{\mathrm{ep}}(x) - F_2^{\mathrm{en}}(x)) = \frac{1}{3}(u_{\mathrm{v}}(x) - d_{\mathrm{v}}(x)), \tag{2.91}
$$

$$\frac{1}{x}(F_2^{ep}(x)+F_2^{en}(x))=\frac{5}{9}V(x)+\frac{4}{9}S(x). \tag{2.92}$$

实验上对 $F_2^{ep}(x)$和 $F_2^{en}(x)$的测量提供了分布函数 $u_v(x)$,$d_v(x)$和 $S(x)$的信息(见图 2.14).

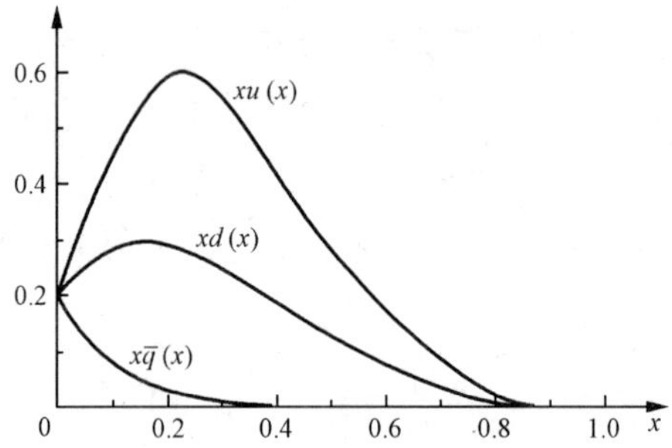

图 2.14 部分子分布函数的行为

对于质子内的部分子除了价夸克 $V(x)$和海夸克 $S(x)$以外,还有胶子.由于胶子为电中性,不与电子发生相互作用,但它在质子内也有一定的几率分布,设胶子的分布函数为 $g(x)$. x 是部分子的动量分量,除了夸克携带外,胶子也携带动量,即

$$\int_0^1 dx\Big[\sum_i x(q_i(x)+\bar{q}_i(x)+g(x))\Big]=1, \tag{2.93}$$

实验上测量的结果推出

$$\int_0^1 dx\Big[\sum_i x(q_i(x)+\bar{q}_i(x))\Big]\approx\frac{1}{2}, \tag{2.94}$$

这意味着质子内价夸克和海夸克所携带的动量仅是总动量的一半,而另一半的动量则为中性的胶子所携带.这是胶子在质子内存在的证据之一.

从方程(2.91)可见到质子和中子的结构函数之差只有价夸克的贡献,海夸克的贡献恰好相消.这样实验上对质子和中子结构函数的测量将提供价夸克的信息.对(2.91)式积分并借助于(2.81)式有

$$\int_0^1 \frac{dx}{x}(F_2^{ep}(x)-F_2^{en}(x))=\frac{1}{3}, \tag{2.95}$$

式(2.95)称为 Adler 求和规则[24].实验上也验证了此式.

实际上,对于结构函数还存在一系列的求和规则,这些求和规则还与中微子深度非弹性散射的结构函数相关.对于中微子深度非弹性散射来讲,由于弱作用过程中宇称不是一个守恒量,因此比电磁相互作用要多一个结构函数 $F_3(x)$.类似于电子-质子深度非弹性散射的推导可以获得中微子-质子深度非弹性散射的截面公式

$$\frac{d^2\sigma^\nu}{dx dy}=\frac{G^2S}{2\pi}\Big[F_2(x)(1-y)+F_1(x)xy^2+y\Big(1-\frac{y}{2}\Big)xF_3(x)\Big]. \tag{2.96}$$

(2.96)式是对于中微子成立的.如果是反中微子,(2.96)式右边加式中第三项前的+号变为−号.

由部分子分布函数的性质可以推出结构函数满足的一系列的求和规则[23].这里不作推导,只给出这些求和规则:

(1) Adler 求和规则

$$\int_0^1 \frac{\mathrm{d}x}{2x}(F_2^{\bar{\nu}\mathrm{p}} - F_2^{\nu\mathrm{p}}) = 1. \tag{2.97}$$

(2) Gross-Llewellyn Smith 求和规则[25]

$$\int_0^1 \mathrm{d}x(F_3^{\nu\mathrm{p}} + F_3^{\bar{\nu}\mathrm{p}}) = \int_0^1 \mathrm{d}x(F_3^{\nu\mathrm{n}} + F_3^{\bar{\nu}\mathrm{n}}) = -6. \tag{2.98}$$

(3) Llewellyn Smith 关系[26]

$$F_3^{\nu\mathrm{p}} - F_3^{\bar{\nu}\mathrm{p}} = 16(F_1^{\mathrm{ep}} - F_1^{\mathrm{en}}). \tag{2.99}$$

(4) 电、弱作用中结构函数关系

$$F_2^{\nu\mathrm{p}} + F_2^{\nu\mathrm{n}} \leqslant \frac{18}{5}(F_2^{\mathrm{ep}} + F_2^{\mathrm{en}}). \tag{2.100}$$

(5) 动量求和规则

$$\int_0^1 \mathrm{d}x\left[\frac{9}{2}(F_2^{\mathrm{ep}} + F_2^{\mathrm{en}}) - \frac{3}{4}(F_2^{\nu\mathrm{p}} + F_2^{\nu\mathrm{n}})\right] = 1 - \varepsilon, \tag{2.101}$$

此式等价于(2.94)式,其中的 $\varepsilon \approx \frac{1}{2}$.

参 考 文 献

[1] Cassen B, Condon E U. Phys. Rev., 1936, 20: 846.

[2] Gell-Mann M. Nuovo Cim. Supp., 1956, 4: 848.

[3] Nishijima K. Progress in Theoretical Physics, 1955, 13: 285.

[4] Ne'eman Y. Nucl. Phys., 1961, 26: 222.

[5] Gell-Mann M. Phys. Rev., 1962, 125: 1067; Phys. Lett., 1964, 8: 214.
Ne'eman Y, Gell-Mann M, eds. The Eightfold way. New York, Benjamin, 1964.

[6] Zweig G. CERN-TH-412, 1964: 401.

[7] Barnes V E et al. Phys. Rev. Lett., 1964, 12: 204.

[8] Aubert J J et al (E598 Collaboration). Phys. Rev. Lett., 1974, 33: 1404.

[9] Augustin J E et al (SLAC-SP-017 Collaboration). Phys. Rev. Lett., 1974, 33: 1406.

[10] Herb S W et al. Phys. Rev. Lett., 1977, 39: 252.

[11] Abe F et al (CDF Collaboration). Phys. Rev. Lett., 1995, 74: 2626.

[12] Abachi S et al (D0 Collaboration). Phys. Rev. Lett., 1995, 74: 2632.

[13] Perl M et al. Phys. Rev. Lett., 1975, 35: 1489.

[14] Han M Y, Nambu Y. Phys. Rev., 1965, 139.
刘耀阳. 原子能,1966,3:232.

[15] Greenberg O W. Phys. Rev. Lett., 1964, 13: 598.

[16] Gell-Mann M. Acta Phys. Austriaca Suppl., 1972, 9: 733;
Fritzsch H, Gell-Mann M//Jackson J D, Roberts A. Proc. XVI Int. on High Energy Physics. Fermilab, 1972, 2: 135.

[17] Adler S L. Phys. Rev., 1969, 177: 2426;
Bell S J, Jackiw R. Nuovo Cimento, 1969, 60A: 47;
Bardeen W A. Phys. Rev., 1969, 182: 1517.

[18] Bjorken J D Phys. Rev., 1967, 163: 1767;
Bjorken J D, Paschos E A. Phys. Rev., 1969, 185: 1975.

[19] Gilman F J. Phys. Rev., 1968, 167: 1365.

[20] Feynman R P. Phys Rev. Lett., 1969, 23: 1415.

[21] Drell S D, Levy D, Yan T M. Phys. Rev., 1969, 187: 2159.

[22] Callan C G, Gross D J. Phys. Rev. Lett., 1969, 22: 156.

[23] Close F E. An introduction to quarks and partons. Academic Press, 1979.

[24] Adler S L. Phys. Rev., 1966, 143: 1144.

[25] Gross D J, Llewellyn Smith C H. Nucl. Phys., 1969, B14: 337.

[26] Llewellyn Smith C H. Phys. Reports, 1974, 3C: 264.

第三章　规范原理和非 Abel 规范场

物理系统的对称性质，与系统内物理量的守恒律相联系. 例如时间-空间平移不变性对应于能量-动量守恒律，空间转动不变性对应于角动量守恒律. 因此对称性质在研究物理学基本规律中起了很重要的作用. 这一章主要讨论规范变换不变性，从电磁相互作用的规范变换不变性推广到非 Abel 规范情况而引入非 Abel 规范场. 规范原理首先是 Weyl 在 1918 年提出的，量子力学建立以后规范原理才得以发展. 量子力学波函数的相位变换 $\psi(\boldsymbol{x},t)\to e^{i\theta}\psi(\boldsymbol{x},t)$ 不改变物理可观察量，这种不变性对应于电荷守恒. 如果变换参量 θ 依赖于时空坐标，仍要求量子力学规律在此变换下不变就必然伴以规范场 $A_\mu(\boldsymbol{x},t)$ 的存在，从而导致带电粒子在电磁相互作用下遵从的 Maxwell 方程. 这样一个单参数的 U(1) 规范变换被杨振宁和 Mills 在 1954 年推广到 SU(2) 非 Abel 规范变换群. 非 Abel 规范变换不变性原理成为 1967 年建立的弱、电相互作用统一模型理论和 1973 年建立的 QCD 理论基础. QCD 理论已经成为强相互作用的基本理论. 这一章主要介绍规范不变性和非 Abel 规范场，在最后一节简要讨论 QCD 近似的手征对称性.

§3.1　对称性和守恒流

物理系统的对称性质在研究物理学基本规律中起了很重要的作用. 一个物理系统的拉氏函数密度 L 可以由系统的对称性质唯一确定下来，因而就决定了系统的运动方程和相互作用规律. 一般地讲，一个物理系统的拉氏函数密度 $L(\boldsymbol{x},t)$ 是场量 $\phi_j(x)(j=1,2,\cdots)$ 和场变量的微商 $\partial_\mu\phi_j(x)$ 的函数，

$$L(x) = L(\phi_j(x),\partial_\mu\phi_j(x)), \tag{3.1}$$

其中 $\phi_j(x)$ 是复场量，L 是 $\phi_j(x)$，$\phi_j^*(x)$，$\partial_\mu\phi_j(x)$ 和 $\partial_\mu\phi_j^*(x)$ 的函数且是厄米的. 总拉氏量为

$$L(t) = \int d^3xL(\phi_j(x),\partial_\mu\phi_j(x)), \tag{3.2}$$

此系统的作用量

$$S = \int L(t)dt = \int d^4xL(x), \tag{3.3}$$

设场量 $\phi_j(x)$ 作一个无穷小变换

$$\phi_j(x) \to \phi_j(x) + \delta\phi_j(x),$$
$$\phi_j^*(x) \to \phi_j^*(x) + \delta\phi_j^*(x), \tag{3.4}$$

由变分原理 $\delta S=0$ 并考虑边界条件可得运动方程,

$$\frac{\delta S}{\delta \phi} \equiv \frac{\partial L}{\partial \phi} - \frac{\partial}{\partial x_\mu} \frac{\partial L}{\partial(\partial^\mu \phi_j)} = 0. \tag{3.5}$$

如果拉氏函数 L 相对于某种对称性质具有不变性则导致相应的守恒流和守恒定律. 自然界中对称性有两类: 一类是时空对称性,另一类是内部对称性. 时空对称性是指改变物理事件时间和空间的变换性质, $x \to x'$, 例如 Lorentz 变换就是描述物理事件的时空坐标的变换. 时空平移、空间反射和时间反演等都属于此类时空对称性. 内部对称性是指不改变时空坐标的变换性质,例如自旋空间和同位旋空间的变换就是内部对称性,本章要讨论的规范变换也是此类内部对称性.

设想场量 $\phi_j(x)$ 经历一个相位变换,它不改变时空坐标,即

$$\phi_j(x) \to \phi_j'(x) = e^{-iq_j\theta}\phi_j(x),$$
$$\phi_j^*(x) \to \phi_j'^*(x) = e^{iq_j\theta}\phi_j^*(x), \tag{3.6}$$

其中 θ 是与 x 无关的实参量, q_j 是相应于场量 $\phi_j(x)$ 的电荷数. 变换(3.6)有一个特点,连续作两次变换的次序是可以交换的. 事实上所有满足(3.6)的变换构成一个变换群 U(1),这是一个一维的可对易群,即 Abel 群. $e^{-i\theta}$ 是幺正群 U(1)的表示, θ 是群 U(1)的参量. 变换(3.6)称为整体规范(global gauge)变换,或称为第一类规范变换. 显然, L 在整体规范变换(3.6)下是不变的,或者说它是相位无关的. 考虑变换(3.6)的无穷小变换 $\delta\theta$, 场量 $\phi_j(x)$ 作一相应的变换,

$$\delta\phi_j(x) = - i\delta\theta q_j \phi_j(x),$$
$$\delta\phi_j^*(x) = i\delta\theta q_j \phi_j^*(x), \tag{3.7}$$

L 是整体规范变换下是不变的,即 $\delta L=0$. 从而得到

$$\delta L = \frac{\delta L}{\delta \phi_j}\delta\phi_j + \frac{\delta L}{\delta(\partial_\mu \phi_j)}\delta(\partial_\mu \phi_j) = 0. \tag{3.8}$$

利用运动方程(3.5)进一步给出

$$- i\theta \frac{\partial}{\partial x^\mu}\left[\frac{\delta L}{\delta(\partial_\mu \phi_j)}\phi_j\right] = 0. \tag{3.9}$$

如果定义与整体规范变换相关的规范流

$$J^\mu \equiv iq_j \frac{\delta L}{\delta(\partial_\mu \phi_j)}\phi_j, \tag{3.10}$$

那么(3.9)式就给出流守恒条件,

$$\partial_\mu J^\mu = 0. \tag{3.11}$$

由此可以定义一个与时间无关的荷算符

$$Q \equiv \int d^3x J_0(\boldsymbol{x}, t). \tag{3.12}$$

从(3.11)式对时间微分可以很容易证明 Q 是不依赖于时间的物理量. 以电子和电磁场的电磁相互作用为例,系统的拉氏函数 L 为

$$L = \bar{\psi}[\mathrm{i}\gamma^{\mu}(\partial_{\mu} - \mathrm{i}eA_{\mu}) - m]\psi - \frac{1}{4}F^{\mu\nu}F_{\mu\nu}, \tag{3.13}$$

其中 $\psi_{\alpha}(\alpha=1,2,3,4)$ 是四分量的电子场,耦合常数 e 就是电荷. $F_{\mu\nu}$ 是电磁场张量,定义为

$$F_{\mu\nu} = \partial_{\mu}A_{\nu} - \partial_{\nu}A_{\mu}. \tag{3.14}$$

由(3.5)式可得到关于 ψ 和 A_{μ} 的运动方程,

$$\begin{aligned}&[\mathrm{i}\gamma^{\mu}(\partial_{\mu} - \mathrm{i}eA_{\mu}) - m]\psi = (\mathrm{i}\gamma^{\mu}D_{\mu} - m)\psi = 0,\\ &\partial^{\mu}F_{\mu\nu} = eJ_{\nu} = e\bar{\psi}\gamma_{\nu}\psi,\end{aligned} \tag{3.15}$$

其中 D_{μ} 是协变微商,定义为

$$D_{\mu} \equiv \partial_{\mu} - \mathrm{i}eA_{\mu}, \tag{3.16}$$

可以证明(3.13)式拉氏函数 L 在整体 U(1)规范变换

$$\begin{aligned}&\psi(x) \to \psi'(x) = \mathrm{e}^{\mathrm{i}\theta}\psi(x),\\ &\bar{\psi}(x) \to \bar{\psi}'(x) = \mathrm{e}^{-\mathrm{i}\theta}\bar{\psi}(x)\end{aligned} \tag{3.17}$$

下是不变的. 由于 θ 是常数,在(3.17)规范变换下 $D_{\mu}\psi \to \mathrm{e}^{\mathrm{i}\theta}D_{\mu}\psi$,容易见到拉氏函数密度 L 的规范不变性. 利用运动方程 $(\mathrm{i}\gamma^{\mu}D_{\mu} - m)\psi=0$ 不难证明由(3.15)第二式定义的流 $J_{\mu}(x)=\bar{\psi}(x)\gamma_{\mu}\psi(x)$ 是守恒流,满足流守恒方程

$$\partial^{\mu}J_{\mu} = 0.$$

上述规范变换不变性在物理上的直接对应就是守恒电流和电荷,θ 是与电荷 e 相应的规范变换参量,J_{μ} 和 Q 是电流和电荷. 拉氏函数具有在上述规范变换下不变的对称性意味着存在一个守恒流 J_{μ} 和守恒荷 Q. 这正是对称性和守恒流对应的 Noether 定理一般表述的特例. 类似也可以应用到粒子流、粒子数等.

这一节介绍的 Abel 整体规范变换有两个特点: 规范参量 θ 与 x 无关,规范变换是可对易的. 下面几节将讨论规范参量 θ 是 x 的函数以及规范变换是不可对易的情况,即所谓定域规范变换和非 Abel 规范变换群.

§3.2　规范不变性和电磁相互作用

上一节以电磁相互作用为例引入的整体规范变换群 U(1)的参量 θ 不依赖于时空坐标. 如果将变换参量 θ 定域化,即 θ 是 x 的函数,$\theta(x)$,相应的规范变换称为定域规范变换,又称为第二类规范变换. 那么在定域规范变换下理论将具有什么特点呢? 仍以 Abel 规范群 U(1)为例,其参量 θ 不是常数而是时空点 x 的函数,在群空间的转动变换可以在任何时空点独立地进行,即场量 ψ 作如下的规范变换

$$\psi(x) \to \psi'(x) = \mathrm{e}^{-\mathrm{i}q\theta(x)}\psi(x), \tag{3.18}$$

其中 q 是电荷，对于电子来讲 $q=-1$. 可以证明如果场量 A_μ 也作如下变换

$$A_\mu(x) \to A_\mu(x) + \frac{1}{e}\partial_\mu\theta(x), \tag{3.19}$$

那么相互作用拉氏函数(3.13)在变换(3.18)和(3.19)下仍旧是不变的. 事实上，由于 $\partial_\mu\theta \neq 0$，拉氏函数(3.13)中由规范变换(3.18)引起的变化

$$\begin{aligned}\bar{\psi}(x)\partial_\mu\psi(x) \to \bar{\psi}'(x)\partial_\mu\psi'(x) &= \bar{\psi}(x)\mathrm{e}^{\mathrm{i}q\theta(x)}\partial_\mu(\mathrm{e}^{-\mathrm{i}q\theta(x)}\psi(x)) \\ &= \bar{\psi}(x)\partial_\mu\psi(x) - \mathrm{i}q\bar{\psi}(x)(\partial_\mu\theta(x))\psi(x)\end{aligned}$$

为变换(3.19)引起 A_μ 场的变化所抵消. 因而有下列变换式

$$(\partial_\mu + \mathrm{i}qeA_\mu)\psi \to \mathrm{e}^{-\mathrm{i}q\theta}(\partial_\mu + \mathrm{i}qeA_\mu)\psi.$$

类似于(3.16)，如果定义协变微商

$$D_\mu \equiv \partial_\mu + \mathrm{i}qeA_\mu, \tag{3.20}$$

那么就可以将上述变换(3.18)和(3.19)写成

$$D_\mu\psi \to (D_\mu\psi)' = \mathrm{e}^{-\mathrm{i}q\theta(x)}D_\mu\psi, \tag{3.21}$$

此式正同于规范变换(3.18)的 U(1)变换规则. 而且通过直接计算可以证明反对称张量 $F_{\mu\nu}=\partial_\mu A_\nu-\partial_\nu A_\mu$ 在规范变换(3.19)下是不变的. 若将拉氏函数(3.13)改写为协变微商形式，

$$L = \bar{\psi}[\mathrm{i}\gamma^\mu(D_\mu - m)\psi] - \frac{1}{4}F^{\mu\nu}F_{\mu\nu}, \tag{3.13'}$$

显而易见，它在此 U(1)规范群变换(3.18)和(3.19)下是不变的. 协变微商 D_μ 满足下述关系式

$$[D_\mu, D_\nu] = \mathrm{i}qeF_{\mu\nu}. \tag{3.22}$$

反过来，如果只要求拉氏函数满足 Lorentz 不变性、时间反演和空间反射变换下不变以及可重整理论要求，那么(3.13)式还允许光子质量项 $-\frac{1}{2}m_\gamma^2A^\mu A_\mu$ 的存在. 显然此项在规范变换(3.19)下不是不变的. 进一步要求拉氏函数是规范变换(3.18)和(3.19)下不变的就不允许这一项存在. 因而电磁相互作用的规范不变性是与光子质量为零密切相关的，或者说规范不变性要求导致光子质量为零. 可以见到规范不变性在构造电磁相互作用拉氏量中起了重要作用：(1) 引入规范场 A_μ，以协变微商 D_μ 代替偏微商 ∂_μ；(2) 光子的质量项不出现. 因此，Lorentz 不变性、时间反演和空间反射变换下不变性、Abel 规范不变性以及可重整理论这几条原理在一起就完全决定了电磁作用拉氏函数形式(3.13). 由于光子不带电荷，拉氏函数形式(3.13)中纯电磁场部分是自由场，不存在电磁场本身的自相互作用.

从上面的讨论可以见到由规范变换引入的规范场 A_μ 并不直接是物理场量，物理场量是 $F_{\mu\nu}$. 电场 E_i 和磁场 B_i 是张量 $F_{\mu\nu}$ 的分量

$$E_i = F_{i0},$$

$$B_i = -\frac{1}{2}\varepsilon^{ijk}F_{jk}.$$

其中 $i,j,k=1,2,3$ 是空间坐标.(3.15)的第二式是 Maxwell 方程的相对论表述.规范变换式(3.19)也表明由规范场 A_μ 确定 $F_{\mu\nu}$ 不是唯一的,因为只要 θ 是四维 x 的实函数,A_μ 和 $A_\mu+e^{-1}\partial_\mu\theta$ 都给出同一个 $F_{\mu\nu}$.而且在自由电磁场情况下,(3.16)式的 Maxwell 方程可以等价于规范场 A_μ 满足下列两个方程

$$\begin{aligned}\Box A_\mu &= eJ_\mu,\\ \partial^\mu A_\mu &= 0.\end{aligned} \tag{3.23}$$

式(3.23)中第一式的符号"□"是达朗伯尔(d'Alembert)算符,$\Box=\partial^\mu\partial_\mu$.(3.23)式的第二式就是 Lorentz 条件.即使加上了 Lorentz 条件,对于同一的电场和磁场仍然可以存在(3.19)规范变换允许的不同的 A_μ 确定.其中 θ 满足方程 $\Box\theta(x)=0$.Lorentz 条件消去了规范变换自由度产生的任意性,我们也称它为规范固定条件.这种规范固定条件还有其他选取方式,如 Coulomb 规范,$\partial_i A_i=0$ $(i=1,2,3)$,又称为辐射规范.Lorentz 规范是协变的,又称为协变规范.Coulomb 规范是非协变的,它是物理规范,因为当选取 Coulomb 规范后,理论中只出现物理自由度.还有一些其他规范条件,将在以后的讨论中引入.

事实上以上讨论的 Abel 规范原理可以推广到非 Abel 情况,非 Abel 规范群中两次规范变换是不可对易的.这意味着规范群从 U(1)情况推广到 n 维 Lie 群 SU(n)情况.1954 年杨振宁和 Mills(Yang-Mills)最早讨论了非 Abel 情况,他们在质子、中子同位旋空间讨论了定域规范不变性,引入了规范场,从 U(1)规范群推广到 SU(2)规范群[1].Yang-Mills 规范场论在 1967 年在 SU(2)×U(1)群空间(弱同位旋和电磁规范变换空间)建立弱、电统一理论和 1973 年在夸克的 SU(3)色空间建立 QCD 理论中起了关键作用.正是这两个基本理论(弱、电统一理论和 QCD 理论)构成了极为成功的粒子物理标准模型理论,它描述了夸克和轻子层次的电磁相互作用、弱相互作用和强相互作用基本理论,经历了三四十年实验的检验,证实了标准模型理论获得巨大的成功.关于弱、电统一理论的描述、理论预言和实验的检验可参考有关专著.本书仅讨论 QCD,其规范群 G 为 SU(3).下一节我们具体取规范群为 SU(3)讨论,所有结果可以推广到任意 SU(n)群.

§3.3 非 Abel 规范场

为了方便起见,首先引入 SU(3)群的基本性质.SU(3)群是 Lie 群,它是行列式为 1 的幺正群,是单纯和紧致的.它有八个生成元 T^a $(a=1,2,\cdots,8)$,满足以下对易关系

$$[T^a, T^b] = \mathrm{i}f^{abc}T_c, \tag{3.24}$$

其中重复指标为求和,f^{abc} 是 SU(3)群的结构常数.由 T^a 张成的线性矢量空间在乘

法和加法运算下封闭构成 SU(3)群的 Lie 代数. f^{abc} 具有全反对称性质,即交换其中任意两个指标改变符号,

$$f^{abc} = -f^{bac},$$

且有下列 Jacobi 恒等式,

$$[T^a,[T^b,T^c]]+[T^b,[T^c,T^a]]+[T^c,[T^a,T^b]]=0. \tag{3.25}$$

将(3.24)式代入到(3.25)式可以得到结构常数 f^{abc} 满足的条件

$$f^{abd}f_{dce}+f^{bcd}f_{dae}+f^{cad}f_{dbe}=0. \tag{3.26}$$

一般地讲,Lie 代数有它任意维空间 R 的表示,在这些表示空间中的线性算符(群元素 g 的矩阵实现)满足(3.24)式的 Lie 代数对易关系. 这里介绍下面要用到的三种表示：正则表示、基础表示和伴随表示. SU(3)群的生成元在三维线性空间中就有它的矩阵表示,如八个 Gell-Mann 矩阵 $\lambda^a=2T^a$(见附录(D.8)式). SU(3)群的任何一个元素 g 都可以记成 Lie 代数中元素 T^a 的指数形式表示,

$$\{g\}=\{\exp(-\mathrm{i}T^a\theta_a)\}, \tag{3.27}$$

这种表示称为 SU(3)群的正则表示. Lie 代数表示中维数最小的称为基础表示. 另外由 Jacobi 恒等式(3.25)可知若对生成元 T^a 有

$$(T^a)^{bc}=-\mathrm{i}f^{abc}, \tag{3.28}$$

显然满足 Lie 代数对易关系. 由此得到的表示称为 SU(3)群的伴随表示. 将(3.28)式代入到(3.24)式就得到结构常数 f 满足的(3.26)式. 这是自然的,因为伴随表示的 Lie 代数就是由结构常数来表示的. 因此我们说一个场量属于伴随表示,就是指它在规范变换下变换性质由结构常数决定.

现在我们将 U(1)规范群不变的拉氏函数(3.13)推广到 SU(3)规范群不变的拉氏函数. 令 Fermi 子场 ψ 属于 SU(3)的基础表示,ψ 场有三个分量 ψ_i($i=1,2,3$ 相应于三种色夸克). 相应于(3.18)的 U 变换为

$$\psi_i(x)\to U_{ij}\psi_j(x),\quad U=\exp(-\mathrm{i}T^a\theta^a), \tag{3.29}$$

其中 θ^a 是 SU(3)群的参量,对于定域规范变换它是 x 的函数;如果是整体规范变换它是常参量. 类似地定义协变微商 D_μ,

$$D_\mu=\partial_\mu-\mathrm{i}gT^aA_\mu^a, \tag{3.30}$$

其中 A_μ^a 是相应于规范群 SU(3)引入的规范场,g 是相应于 U(1)群电荷的 SU(3)规范荷,它标记着 Fermi 子场 ψ 和规范场 A_μ^a 之间的相互作用强度. 对于非 Abel 规范场,若要求(3.25)式成立,规范场 A_μ^a 的规范变化就不能像 U(1)规范场变换(3.19)那么简单. 亦即要考查 Fermi 子场在规范变换(3.29)下引起的变化如何为规范场在新的规范变换下引起的变化所抵消. 可以证明在非 Abel 规范群下,若定义规范场的规范变换

$$T^aA_\mu^a\to U\Big(T^aA_\mu^a-\frac{\mathrm{i}}{g}U^{-1}\partial_\mu U\Big)U^{-1}, \tag{3.31}$$

恰好保证了 $\bar{\psi}(\mathrm{i}\gamma^\mu D_\mu - m)\psi$ 在规范变换(3.29)和(3.31)下是不变的. 至于(3.13)中第二项 $-\frac{1}{4}F^{\mu\nu}F_{\mu\nu}$，其中 $F^{\mu\nu}$ 按(3.14)定义在(3.31)规范变换下显然不是不变的. 为此必须修改拉氏函数中的动能项使之满足在(3.31)规范变换下不变. 换句话说，非 Abel 规范群下定义的 $F^{\mu\nu}$ 应该是规范变换下协变的，即

$$F^{\mu\nu} \to UF^{\mu\nu}U^{-1}. \tag{3.32}$$

注意到 $D_\mu \to UD_\mu U^{-1}$ 以及类似于(3.22)式的 SU(3)下 $D_\mu\psi$ 的变换性质，我们可选择 $[D^\mu, D^\nu]$ 来定义 $F^{\mu\nu}$ 来保证它在规范变换下协变性的要求. 由于

$$\begin{aligned}[D_\mu, D_\nu] &= -\mathrm{i}gT^a(\partial_\mu A_\nu^a - \partial_\nu A_\nu^a + gf^{abc}A_\nu^b A_\nu^c)\\ &= -\mathrm{i}gT^a F_{\mu\nu}^a,\end{aligned}$$

其中

$$F_{\mu\nu}^a \equiv \partial_\mu A_\nu^a - \partial_\nu A_\mu^a + gf^{abc}A_\mu^b A_\nu^c, \tag{3.33}$$

或者定义

$$A_\mu \equiv T^a A_\mu^a, \quad F_{\mu\nu} \equiv T^a F_{\mu\nu}^a,$$

那么(3.33)式可以改写为

$$F_{\mu\nu} = \partial_\mu A_\nu - \partial_\nu A_\mu - \mathrm{i}g[A_\mu, A_\nu]. \tag{3.33$'$}$$

可以证明由(3.33)式定义的 $F^{\mu\nu}$ 在非 Abel 规范变换下是协变的，即满足式(3.32). 这样按非 Abel 规范不变性原理建立的拉氏函数为

$$\begin{aligned}L &= \bar{\psi}(x)(\mathrm{i}\not{D} - m)\psi(x) - \frac{1}{2}\mathrm{tr}(F^{\mu\nu}F_{\mu\nu})\\ &= \bar{\psi}(x)(\mathrm{i}\not{D} - m)\psi(x) - \frac{1}{4}(F^{a,\mu\nu}F_{\mu\nu}^a),\end{aligned} \tag{3.34}$$

它从形式上完全类似于规范群为 U(1)的(3.13)式. 为了验证这样定义的拉氏函数在规范变换(3.29)和(3.31)下是不变的，可以考虑作一个无穷小变换，即参量 θ^a 是无穷小，规范变换 U 中只取线性项，

$$U = I - \mathrm{i}T^a\theta^a, \tag{3.35}$$

其中 I 是单位矩阵. 那么(3.29)和(3.31)无穷小规范变换就变成

$$\delta\psi_i = -\mathrm{i}T^a\theta^a, \tag{3.36a}$$

$$\delta A_\mu^a = f^{abc}\theta^b A_\mu^c - \frac{1}{g}\partial_\mu\theta^a, \tag{3.36b}$$

在获得上式时已用到了生成元 T^a 的对易关系式(3.24). 因此

$$\begin{aligned}\delta(\partial_\mu A_\nu^a - \partial_\nu A_\mu^a) &= \partial_\mu\delta A_\nu^a - \partial_\nu\delta A_\mu^a\\ &= f^{abc}\theta^b(\partial_\mu A_\nu^a - \partial_\nu A_\mu^a) + f^{abc}[(\partial_\mu\theta^b)A_\nu^c - (\partial_\nu\theta^b)A_\mu^c].\end{aligned} \tag{3.37}$$

另一方面，(3.33)式右边的第三项在无穷小变换下

$$\delta(gf^{abc}A_\mu^b A_\nu^c) = gf^{abc}[(\delta A_\mu^b)A_\nu^c + A_\mu^b(\delta A_\nu^c)]$$

$$= f^{abc}[g(f^{cde}A_\mu^b A_\nu^e + f^{bde}A_\nu^c A_\mu^e)\theta^d - A_\mu^b\partial_\nu\theta^c - A_\nu^c\partial_\mu\theta^b], \tag{3.38}$$

应用 Jacobi 恒等式(3.26)就可以得到

$$\delta(gf^{abc}A_\mu^b A_\nu^c) = f^{abc}(gf^{cde}A_\mu^d A_\nu^e - A_\mu^b\partial_\nu\theta^c - A_\nu^c\partial_\mu\theta^b). \tag{3.39}$$

从(3.38)和(3.39)式可以见到两式相加的结果正好将 $\partial\theta$ 的项相消，给出 $F^{\mu\nu}$ 在无穷小变换下的表达式，

$$\delta F_{\mu\nu} = f^{abc}\theta^b F_{\mu\nu}^c. \tag{3.40}$$

因此，考虑到 SU(3)群结构常数的全反对称性将导致 $F^{\mu\nu}F_{\mu\nu}$ 的无穷小变换为零

$$\begin{aligned}\delta(F^{a\mu\nu}F_{\mu\nu}^a) &= 2F^{a\mu\nu}\delta F_{\mu\nu}^a \\ &= 2f^{abc}\theta^b F_{\mu\nu}^a F^{c\mu\nu} = 0,\end{aligned} \tag{3.41}$$

这意味着规范场的动能项是规范变换下的不变量. 这就证明了拉氏函数在规范变换(3.29)和(3.31)的变换下是不变的. 从(3.36)可以见到当 θ 与 x 无关时，即整体规范变换下 A_μ 的变换性质由结构常数确定，A_μ 属于伴随表示. 式(3.40)表明即使在定域规范变换下 $F_{\mu\nu}$ 的变换性质由结构常数确定. 后面将见到正是基于拉氏函数定域规范不变性这一特点，人们才能证明理论的可重整性和自洽性.

值得强调指出，拉氏函数(3.34)式的一个重要特点是出现了规范场的自相互作用，它们来自于规范场动能项 $-\frac{1}{4}F^{a,\mu\nu}F_{\mu\nu}^a$ $(F_{\mu\nu}^a \equiv \partial_\mu A_\mu^a - \partial_\nu A_\mu^a + gf^{abc}A_\mu^b A_\nu^c)$. 其结果是拉氏函数中具有三个规范场和四个规范场的自相互作用项. 这一特点是非 Abel 规范场所特有的，在电磁相互作用中不存在规范场的自作用项. 正是规范场自作用项的存在使得非 Abel 规范场论中出现完全崭新的世界. 例如 QCD 中的渐近自由就是规范场自作用的必然结果，这将在第五章中讨论.

本节一开始就提到为了满足基础表示场量 ψ 定域规范变换下不变，引入了规范势，真正有物理意义的是场量 $F_{\mu\nu}$. 特别地，从 $F_{\mu\nu}$ 的定义(3.33)可以见到存在一类规范势使得

$$F_{\mu\nu} = 0, \tag{3.42}$$

即满足方程(3.42)的解

$$A_\mu = \frac{\mathrm{i}}{g}U^{-1}\partial_\mu U. \tag{3.43}$$

可以证明(3.43)和(3.42)互为充要条件. 我们称这一类解为纯规范势.

§3.4　夸克色自由度和胶子

上一节以 SU(3)规范群为例讨论了非 Abel 规范场一般性质. 这一节将具体引入夸克色自由度和夸克之间的相互作用，作为下一章介绍 QCD 理论的初步讨论.

1972 年 Gell-Mann[2] 提出色自由度的同时假定可观察的强子态是无色的，因

为实验上并未观察到带色的强子，亦即强子具有零色量子数（或称为白色的）. 在数学上描述夸克模型中无色量子数的强子态有两种可能性，对于介子和重子分别为

$$M \sim \bar{q}_i q_i,$$

$$B \sim \varepsilon_{ijk} q_i q_j q_k,$$

这里 $i,j,k=1,2,3$ 是夸克的色指标，求和是对所有颜色求和，M 和 B 都是无色量子数的强子态. 这就是说由三种色量子数作为基张开的色空间，在色空间内作任一变换 U 不会使强子态变出颜色来，而是变换到强子态自身. 设夸克场量 q_i（$i=1,2,3$ 是夸克的三种不同颜色）是 SU(3) 群的三个基，它的八个生成元 $T^a=\frac{\lambda^a}{2}$，λ^a（$a=1,2,\cdots,8$）是 Gell-Mann 矩阵，它们满足对易关系

$$[\lambda_a,\lambda_b] = 2\mathrm{i} f_{abc}\lambda_c, \tag{3.44}$$

其中 f_{abc} 是 SU(3) 群的结构常数，还有

$$\begin{aligned} \mathrm{tr}(\lambda_a) &= 0, \\ \mathrm{tr}(\lambda_a\lambda_b) &= 2\delta_{ab}. \end{aligned} \tag{3.45}$$

在 SU(3) 空间中作一变换 U

$$q_i \to q_i' \equiv U_{ij} q_j, \tag{3.46}$$

U 矩阵的幺正性保证了态矢的正交归一性，且行列式为 1，因此物理上的需求选择了 SU(3) 规范群. 三种色的夸克 q_i 属于规范群 SU(3) 的基础表示. 在变换（3.27）下显然有

$$\sum_i \bar{q}_i' q_i' = \sum_{ij} \bar{q}_i U_{ji}^* U_{jk} q_k = \sum_{i,j} \bar{q}_i U_{ji}^\dagger U_{jk} q_k = \sum_i \bar{q}_i q_i,$$

$$\sum_{i,j,k} \varepsilon_{ijk} q_i q_j q_k = \varepsilon_{ijk} U_{im} U_{jn} U_{kp} q_m q_n q_p = \varepsilon_{mnp} q_m q_n q_p,$$

即介子态和重子态在变换（3.46）下的确变回到自身. 对于那些在 U 变换下变为自身的态称为色单态（或无色态）. 所有强子态都是色单态.

当然以三种色为基的群，除了 SU(3) 群外，还可以选择 U(3) 和 SO(3) 群. 对于 U(3) 情况，差别在于矩阵的行列式不要求为 1，人们可能因子化出一个相位（因为 $U^\dagger U=1$）. 这种相位除了电荷以外就是重子数，实验上并没有观察到除了 SU(3) 以外的相位耦合（像 Coulomb 力一样的长程耦合），因此 U(3) 群被排除. 如果是 SO(3)，在这一模型里无法区分夸克和反夸克，这就是说介子态和双夸克态应该一样多，然而自然界中并没有观察到双夸克态，所以也应排除. 只有一个选择 SU(3) 群. 进而，实验上并未观察到带色量子数的强子，因此色群 SU(3) 是精确的对称性. 不像 SU(3) 味对称性是近似对称性.

这样就提出一个问题：为什么带色量子数的物质在实验上观察不到，实验上只观察到无色（色单态）的强子态. 这一问题显然依赖于夸克之间的相互作用力. 强相互作用的定域规范理论认为夸克之间的相互作用是通过规范场 Bose 子 A_μ^a 传递

的，SU(3)群有八个规范场 Bose 子，称为胶子，强子内部的基本自由度是夸克和胶子，它们之间的相互作用遵从 SU(3)色对称性，即在上述的色空间内的规范变换可以在任何时空点独立地进行，其相互作用在此变换下是不变的. 这就是 QCD 理论[3,4,5]. 其拉氏函数由(3.34)式来描述，

$$L = \bar{\psi}(x)(\mathrm{i}\not{D} - m)\psi(x) - \frac{1}{2}\mathrm{tr}(F^{\mu\nu}F_{\mu\nu}),$$

其中夸克场和规范场分别属于 SU(3)群的基础表示和伴随表示. (3.34)式中 m 是夸克质量矩阵(味空间). 当忽略 m 时，式(3.34)具有明显的手征对称性. 上述拉氏函数是在一种味夸克下写出的，若包括不同味($f=\mathrm{u,d,s,c,b,t}$)则仍要加上对味指标求和. 类似于电磁相互作用，我们可以定义色电场 E_i 和色磁场 B_i，

$$E_i^a = F_{i0}^a,$$

$$B_i^a = -\frac{1}{2}\varepsilon^{ijk}F_{jk}^a,$$

这里 $i,j,k=1,2,3$ 是空间坐标.

定性地讲，八个胶子分别对应于 SU(3)群的八个生成元 $T_a=\frac{1}{2}\lambda_a$，属于色八重态. 因此胶子是带色的，它们产生不同色夸克之间的转换，传递强相互作用(见图 3.1). 为了下面讨论胶子分量方便起见，这里明显地写出 SU(3)群的八个生成元 λ_a 的矩阵表示

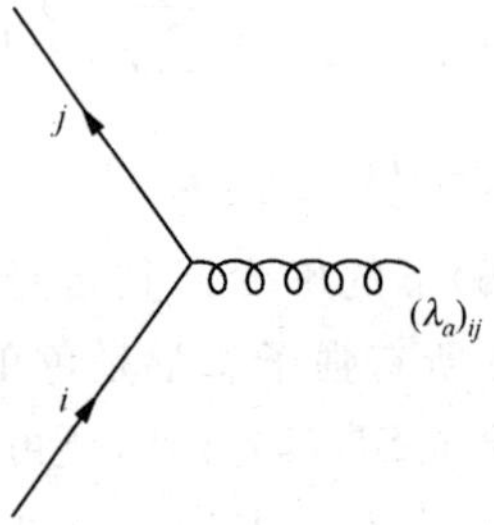

图 3.1　带色夸克与带色胶子相互作用顶角

$$\left.\begin{aligned}
&\lambda_1 = \begin{bmatrix}0&1&0\\1&0&0\\0&0&0\end{bmatrix},\quad \lambda_2 = \begin{bmatrix}0&-\mathrm{i}&0\\\mathrm{i}&0&0\\0&0&0\end{bmatrix},\quad \lambda_3 = \begin{bmatrix}1&0&0\\0&-1&0\\0&0&0\end{bmatrix},\\
&\lambda_4 = \begin{bmatrix}0&0&1\\0&0&0\\1&0&0\end{bmatrix},\quad \lambda_5 = \begin{bmatrix}0&0&-\mathrm{i}\\0&0&0\\\mathrm{i}&0&0\end{bmatrix},\quad \lambda_6 = \begin{bmatrix}0&0&0\\0&0&1\\0&1&0\end{bmatrix},\\
&\lambda_7 = \begin{bmatrix}0&0&0\\0&0&-\mathrm{i}\\0&\mathrm{i}&0\end{bmatrix},\quad \lambda_8 = \frac{1}{\sqrt{3}}\begin{bmatrix}1&0&0\\0&1&0\\0&0&-2\end{bmatrix},
\end{aligned}\right\}\quad (3.47)$$

形象地说以 R(红)、B(蓝)、G(绿)代表 1,2,3,则有 3×3 矩阵

$$\begin{bmatrix} R\bar{R} & R\bar{B} & R\bar{G} \\ B\bar{R} & B\bar{B} & B\bar{G} \\ G\bar{R} & G\bar{B} & G\bar{G} \end{bmatrix},$$

抽去迹

$$\frac{1}{\sqrt{3}}(R\bar{R}+B\bar{B}+G\bar{G}),$$

这八个胶子分别对应

$$g_1=B\bar{R},\quad g_2=G\bar{R},\quad g_3=R\bar{B},\quad g_4=R\bar{G},\quad g_5=G\bar{B},\quad g_6=B\bar{G},$$

$$g_7=\frac{R\bar{R}-B\bar{B}}{\sqrt{2}},\quad g_8=\frac{1}{\sqrt{6}}(R\bar{R}+B\bar{B}-2G\bar{G}),$$

其中

$$\left.\begin{aligned} &B\bar{R}=\frac{1}{2}(\lambda_1-\mathrm{i}\lambda_2),\cdots,\\ &\frac{R\bar{R}-B\bar{B}}{\sqrt{2}}=\frac{1}{\sqrt{2}}\lambda_3,\\ &\frac{1}{\sqrt{6}}(R\bar{R}+B\bar{B}-2G\bar{G})=\frac{1}{\sqrt{2}}\lambda_8.\end{aligned}\right\}\tag{3.48}$$

因此,夸克之间由于交换色八重态胶子产生颜色转换.以两个正夸克组成的态(q_Rq_R)为例(图 3.2),它们之间交换的胶子可能是 g_7 和 g_8,由 g_7 对此图贡献的色因子$\propto\frac{1}{\sqrt{2}}\cdot\frac{1}{\sqrt{2}}=\frac{1}{2}$,由 g_8 对此图贡献的色因子$\propto\frac{1}{\sqrt{6}}\cdot\frac{1}{\sqrt{6}}=\frac{1}{6}$,两者相加相互作用能正比于

$$\varepsilon\propto\left(\frac{1}{6}+\frac{1}{2}\right)=\frac{2}{3}>0,$$

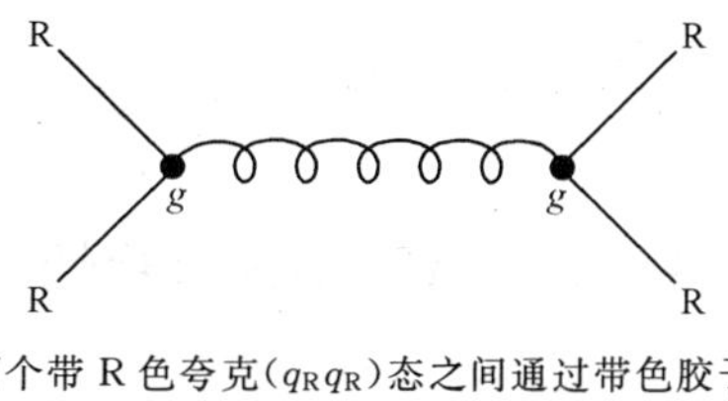

图 3.2 两个带 R 色夸克(q_Rq_R)态之间通过带色胶子相互作用

$\varepsilon>0$ 意味着是排斥力.如果正、反夸克态不是无色态,而是有色介子($q_R\bar{q}_G$),如图 3.3 所示,正、反夸克之间交换的胶子只能是相应于 g_8(色八重态)的胶子,胶子与 R 夸克相互作用顶点贡献$\frac{1}{\sqrt{6}}$,胶子与 G 夸克相互作用顶点贡献$-\frac{2}{\sqrt{6}}$,正、反夸克体系贡献一个因子(−1),那么相互作用能正比于

$$\varepsilon_8 \sim \left(\frac{1}{\sqrt{6}}\right)(-)\left(\frac{-2}{\sqrt{6}}\right)=\frac{1}{3}>0,$$

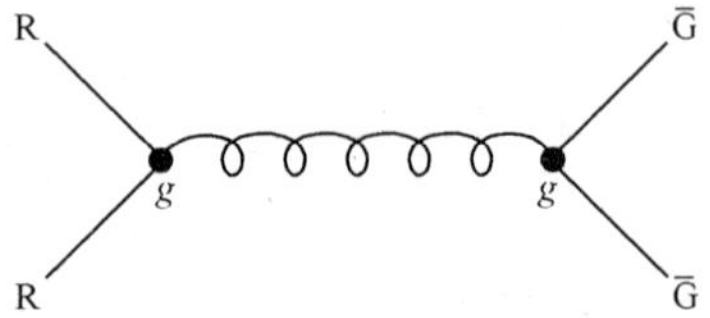

图 3.3　有色介子($q_R\bar{q}_G$)中带 R 色夸克与带 G 色反夸克之间通过带色胶子相互作用

$\varepsilon_8>0$ 意味着是排斥力、能量高. 然而如果是无色介子,若以($q_G\bar{q}_G$)成分为例,如图 3.4 所示,交换的胶子有三种 $\frac{1}{\sqrt{6}}(\text{R}\bar{\text{R}}+\text{B}\bar{\text{B}}-2\text{G}\bar{\text{G}})$,$\bar{\text{G}}\text{R}$,$\bar{\text{G}}\text{B}$,分别对应于生成三种不同的颜色(G,R,B)图形贡献,这样对色单态介子的贡献应是相应于三种胶子交换图形贡献之和,那么相互作用能正比于

$$\varepsilon_1 \propto \frac{-2}{\sqrt{6}}(-)\left(\frac{-2}{\sqrt{6}}\right)+(1)(-)(1)+(1)(-)(1)=-\frac{2}{3}-1-1,$$

即

$$\varepsilon_1=-\frac{8}{3}<0.$$

所以正、反夸克结合形成色单态时相互作用是吸引力,能量低. 这样定性地看出正、反夸克形成的束缚态都是色单态[6]. 对于三夸克 qqq 态也有类似的结果. 这是 SU(3)规范群不变性假定必然的结果.

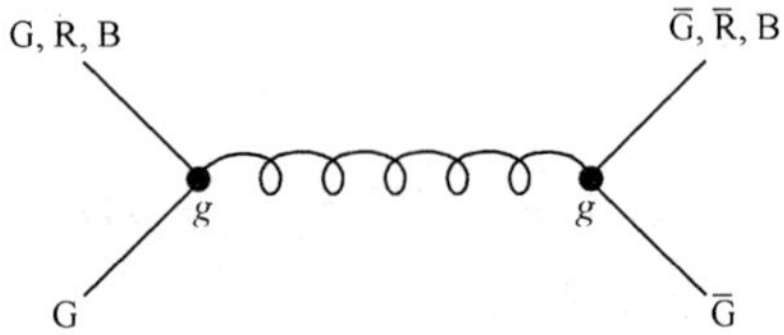

图 3.4　无色介子($q_G\bar{q}_G$)中带 G 色夸克与带 G 色反夸克之间通过带色胶子相互作用

§ 3.5　QCD 手征对称性

在 § 3.3 中由非 Abel 规范不变性引入了 QCD 拉氏函数(见(3.34)式),

$$L=\bar{\psi}(x)(\mathrm{i}\not{D}-m)\psi(x)-\frac{1}{2}\mathrm{tr}(F^{\mu\nu}F_{\mu\nu}),$$

式中 m 是夸克质量. 对于最轻的 u,d 夸克来讲,$m_u \sim m_d \sim 0$,如果忽略了轻夸克质量,QCD 拉氏函数变为

$$L = \bar{\psi}(x)\mathrm{i}\not{D}\psi(x) - \frac{1}{2}\mathrm{tr}(F^{\mu\nu}F_{\mu\nu}), \tag{3.49}$$

在仅考虑两种味夸克(u 和 d)的情况下，

$$\psi(x) = \begin{bmatrix} u(x) \\ d(x) \end{bmatrix}. \tag{3.50}$$

明显地拉氏函数(3.49)具有同位旋对称性，SU(2). 在质量为零的情况下，左手和右手是分离的，引入投影算符$\frac{1\pm\gamma_5}{2}$，定义

$$q_{\mathrm{R}} = \frac{1+\gamma_5}{2}q, \quad q_{\mathrm{L}} = \frac{1-\gamma_5}{2}q \quad (q = u, d),$$

$$\psi_{\mathrm{L,R}} \equiv \begin{bmatrix} u \\ d \end{bmatrix}_{\mathrm{L,R}}, \tag{3.51}$$

那么拉氏函数(3.49)的第一项即夸克部分在手征变换

$$\begin{aligned} \psi_{\mathrm{L}} &\rightarrow \exp(\mathrm{i}\theta_{\mathrm{L}}^{i} T_{i}^{\mathrm{L}})\psi_{\mathrm{L}}, \\ \psi_{\mathrm{R}} &\rightarrow \exp(\mathrm{i}\theta_{\mathrm{R}}^{i} T_{i}^{\mathrm{R}})\psi_{\mathrm{R}} \end{aligned} \tag{3.52}$$

下是不变的，其对称群为 $\mathrm{SU_L}(2)\times\mathrm{SU_R}(2)$，称之为手征对称性. 其中参数 θ_{L}^{i}，θ_{R}^{i} 是对称群的实参数，而 T_i^{L}，T_i^{R} 分别是手征对称群的生成元，它们在左手和右手夸克所属表示中的矩阵可以用 Pauli 矩阵 $\tau_i(i=1,2,3)$来表示，

$$T_a^{\mathrm{L}} = (1+\gamma_5)\frac{1}{2}\tau_a, \quad T_a^{\mathrm{R}} = (1-\gamma_5)\frac{1}{2}\tau_a, \tag{3.53}$$

显然手征对称群的生成元 T_i^{L}，T_i^{R} 满足下面的对易关系，

$$\left.\begin{aligned} [T_i^{\mathrm{L}}, T_j^{\mathrm{L}}] &= \mathrm{i}\varepsilon_{ijk}T_k^{\mathrm{L}}, \\ [T_i^{\mathrm{R}}, T_j^{\mathrm{R}}] &= \mathrm{i}\varepsilon_{ijk}T_k^{\mathrm{R}}, \\ [T_i^{\mathrm{L}}, T_j^{\mathrm{R}}] &= 0, \end{aligned}\right\} \tag{3.54}$$

各自构成封闭的代数，表明 $\mathrm{SU_L}(2)\times\mathrm{SU_R}(2)$确为 QCD 拉氏函数夸克部分的手征对称群，它是在忽略 u，d 夸克质量条件下得到的. 因此 QCD 拉氏函数中 u，d 夸克质量项称为手征对称性明显破缺项. 实际上

$$T_i^{\mathrm{L}} + T_i^{\mathrm{R}} = T_i \tag{3.55}$$

就是同位旋算符 $T_i = \frac{1}{2}\tau_i$. 由生成元 T_a 构成的 SU(2)同位旋对称群是手征对称群的子群.

从 QCD 拉氏函数夸克部分由 Noether 定理可以构成矢量和轴矢量守恒流

$$\begin{aligned} V_{\mu}^{i}(x) &= \bar{\psi}(x)\gamma_{\mu}T^{i}\psi(x), \\ A_{\mu}^{i}(x) &= \bar{\psi}(x)\gamma_{\mu}\gamma_5 T^{i}\psi(x), \end{aligned} \tag{3.56}$$

$$\partial^{\mu}V_{\mu}^{i}(x) = 0, \quad \partial^{\mu}A_{\mu}^{i}(x) = 0, \tag{3.57}$$

以及相应的守恒荷

$$Q^i = \mathrm{i}\int \mathrm{d}^3 x\bar{\psi}(x)\gamma^0 T^i\psi(x),$$
$$Q_5^i = \mathrm{i}\int \mathrm{d}^3 x\bar{\psi}(x)\gamma^0\gamma_5 T^i\psi(x). \tag{3.58}$$

如果定义组合

$$Q_{\mathrm{L}}^i = \frac{1}{2}(Q^i + Q_5^i),\quad Q_{\mathrm{R}}^i = \frac{1}{2}(Q^i - Q_5^i), \tag{3.59}$$

那么它们满足与(3.54)式相同的对易关系,

$$\left.\begin{aligned}[Q_{\mathrm{L}}^i, Q_{\mathrm{L}}^j] &= \mathrm{i}\varepsilon_{ijk}Q_{\mathrm{L}}^k,\\ [Q_{\mathrm{R}}^i, Q_{\mathrm{R}}^j] &= \mathrm{i}\varepsilon_{ijk}Q_{\mathrm{R}}^k,\\ [Q_{\mathrm{L}}^i, Q_{\mathrm{R}}^j] &= 0,\end{aligned}\right\} \tag{3.60}$$

它们是作用在夸克场量上手征对称群 $\mathrm{SU_L}(2)\times\mathrm{SU_R}(2)$的生成元.

上面讨论的情况可以扩展到包括奇异夸克 s 的三种轻味夸克,如果奇异夸克的质量也可近似地被忽略,QCD 拉氏函数中 ψ 由(3.50)改写为

$$\psi(x) = \begin{bmatrix} u(x) \\ d(x) \\ s(x) \end{bmatrix}, \tag{3.61}$$

所有上述讨论都成立,其中

$$T^i = \frac{1}{2}\tau^i \rightarrow \frac{1}{2}\lambda^i,$$

$\lambda^i(i=1,2,\cdots,8)$是 SU(3)群的八个生成元(见(3.47)式),相应的手征对称群为 $\mathrm{SU_L}(3)\times\mathrm{SU_R}(3)$. SU(3)同位旋和超荷对称群是手征对称群的子群. 实验上强子谱填充呈现了同位旋和超荷 SU(3)对称群,并不存在对应的宇称相反的强子谱伙伴. 这意味着手征对称群为 $\mathrm{SU_L}(3)\times\mathrm{SU_R}(3)$动力学破缺,为 SU(3)群. 理论上讲,Goldstone 定理给出这种对称性 $\mathrm{SU_L}(3)\times\mathrm{SU_R}(3)$动力学破缺的途径[7,8]. 1960 年南部(Nambo)首先认识到在某种相互作用形式下真空态可能不是唯一的,存在多个最低能量态,此时真空的对称性小于相互作用的对称性[7]. 按照南部-Goldstone 定理,当连续对称性产生自发破缺时,物理系统中一定会出现零质量的 Goldstone 粒子. Goldstone 粒子的数目取决于相互作用对称性的大小(G)和物理真空保留对称性大小(H)之差. QCD 拉氏量具有手征对称性,在仅考虑 u,d 夸克时 $\mathrm{SU_L}(2)\times\mathrm{SU_R}(2)$手征对称性破缺伴有零质量的 Goldstone 粒子是三个赝标量的 π 介子,这也是 π 介子质量轻的原因. 加上 s 夸克后 $\mathrm{SU_L}(3)\times\mathrm{SU_R}(3)$手征对称性破缺伴有零质量的 Goldstone 粒子是八个赝标量介子. 根本的原因在于 QCD 物理真空不同于微扰真空,由(3.58)式定义的荷 Q_5^i 作用在 QCD 物理真空上不为零. QCD 物理

真空的对称性小于 QCD 相互作用的对称性. 由于手征对称性的明显破缺项,u,d 夸克的质量很小,忽略它们是较好的近似,因此相应的手征对称性 $SU_L(2)\times SU_R(2)$ 近似要比 $SU_L(3)\times SU_R(3)$ 对称性好.

正如§2.2 指出,轴矢流仅在 $m_\pi^2=0$ 的情况下是守恒的,即(3.57)的第二式在物理上不成立,应代之以轴矢流部分守恒(PCAC)式. 这是 Goldstone 定理的结果,这意味着轴矢流守恒一定与零质量 π 介子(Goldstone 粒子)联系在一起. 物理上 π 介子质量不为零必然有相应的轴矢流部分守恒(PCAC).

参 考 文 献

[1] Yang C N, Mills R L. Phys. Rev., 1954, 96: 191.
[2] Gell-Mann M. Acta Phys. Austriaca Suppl., 1972, 9: 733.
[3] Gross D J, Wilczek F. Phys. Rev. Lett., 1973, 30: 1343.
[4] Politzer H D. Phys. Rev. Lett., 1973, 30: 1346.
[5] Coleman S, Gross D J. Phys. Rev. Lett., 1973, 31: 851.
[6] Field R D. Applications of perturbative QCD. Addison-Wesley Publishing Company, 1989.
[7] Nambo Y. Phys. Rev. Lett., 1960, 4: 380;
Nambo Y, Jona-Lasinio G. Phys. Rev., 1961, 122: 345; Phys. Rev., 1961, 124: 246.
[8] Goldstone J. Nuovo Cimento, 1961, 19: 154.

第四章　非 Abel 规范场量子化和 Feynman 规则

众所周知，早期量子场论中自旋为 0 的 Bose 场和自旋为 1/2 的 Fermi 场量子化一般都采用正则量子化方式. 然而对于自旋为 1 的电磁场由于 Lorentz 条件存在，正则量子化遇到了困难，人们采取的方法是通过对物理态的限制，绕过困难，而仍可应用正则量子化方法. 这一章讨论的杨-Mills 场(非 Abel 规范场)量子化难以绕过正则量子化遇到的困难，宜采用路径积分量子化方法. 本章介绍泛函积分方法量子化并应用到非 Abel 规范场，实现量子化保持协变性和规范不变性，特别地将讨论 QCD 理论，从而获得 QCD 微扰理论的 Feynman 规则. 此外还介绍非 Abel 情况下一种推广的规范变换——BRS 变换. 最后一节指出在轴规范下可采用正则量子化方法(但不具有协变形式)，并给出了相应微扰理论的 Feynman 规则.

§4.1　正则量子化的困难和泛函积分方法

拉氏函数(3.34)式表达了非 Abel 规范变换下不变的拉氏函数的一般形式. 其规范场部分

$$L=-\frac{1}{4}F_{\mu\nu}^{a}F^{a\mu\nu} \tag{4.1}$$

也定义了规范场的自相互作用，这不同于 Abel 规范场情况(如量子电动力学(QED)). 正是这种自相互作用(三规范场顶点和四规范场顶点)的存在，使得量子色动力学(QCD)理论不能按 QED 情况绕开正则量子化的困难，也正是这些自相互作用的存在导致 QCD 理论的一些重要特点.

首先回顾一下自由电磁场正则量子化的困难，困难产生的原因在于物理场量是 $F_{\mu\nu}$，而 Abel 规范场 A_μ 的引入是为了描述理论的规范不变性；这样困难基本上来源于规范场 A_μ 含非物理自由度. 正则量子化首先要定义 A_μ 的正则动量 $\pi_\mu=\frac{\partial L}{\partial \dot{A}^\mu}=-F_{0\mu}$，其中 $\dot{A}^\mu=\partial_0 A^\mu$. 显然正则动量 $\pi_0\equiv 0$，无法定义正则对易关系以实现正则量子化. 这是因为 A_μ 作为动力学场量，拉氏函数中不含 A_μ 的时间微商，因此与 A_0 相应的正则动量为零. 为此，人们选取规范固定条件消去非物理自由度，如取 Coulomb 规范消去非动力学场变量，使物理动力学场变量满足正则对易关系并实现量子化. 然而由于 Coulomb 规范条件不是协变的，因而量子化方案也不具有协变性，在计算物理过程中是不方便的. 为了保持理论的协变性，在 QED 中常选用

Lorentz 规范条件(3.23)的第二式，它是 Lorentz 不变的. 理论中动力学变量 A_μ 包含非物理自由度，Lorentz 规范条件使得电磁场量子化成为有约束条件的拉氏函数量子化，而此约束条件不是规范不变的. 人们处理这种有约束条件的拉氏函数量子化通常选取 Lagrange 乘子法，即取拉氏函数为

$$L = -\frac{1}{4}F^a_{\mu\nu}F^{a\mu\nu} - \frac{1}{2\alpha}(\partial^\mu A_\mu)^2, \tag{4.2}$$

附加的项是规范固定项，α 是规范参数. 由于这一项的存在，定义的正则动量 π_0 不再为零，而是

$$\pi_\mu = -F_{0\mu} - \frac{1}{\alpha}g_{0\mu}(\partial^\nu A_\nu),$$

因而就绕过了量子化困难. 然而附加项的存在使得拉氏函数不再是规范不变的. 物理结果应该是规范无关的，为了消除非物理态效应，在 QED 中对附加的 Lorentz 条件取物理态的平均值，即对于物理态 $|\psi\rangle$，算符等式 $\partial^\mu A_\mu=0$ 修改为

$$\langle\psi|\partial^\mu A_\mu|\psi\rangle = 0,$$

并采用不定度规方法实现正则量子化[1,2].

对于非 Abel 规范场，若采用正则量子化方法同样会遇到上述困难，人们曾尝试用类似 QED 的方法实现正则量子化，然而由于非 Abel 理论的非线性(存在三规范场、四规范场自相互作用)使得问题复杂化而不易实现. 在一些非协变的规范下，如 Coulomb 规范($\partial_i A^a_i=0$)、时性规范($A^0=0$)、光锥规范($A^+=A^0+A^3=0$)，可以实现正则量子化. 我们将在以后的章节中讨论. 但这些规范是非协变的，不能保持理论的协变性. 既能保持理论的规范不变性又能保持协变性、使得非 Abel 规范理论量子化的方法是 1967 年 Faddeev 和 Popov 提出的[3]，在路径积分量子化方法中实现的.

泛函积分(路径积分)量子化方法首先是由 Feynman 在量子力学体系中奠定了基础，将几率振幅表达为路径积分的形式[4]. 20 世纪 70 年代初，人们将泛函积分量子化方法应用到非 Abel 规范场量子化，对标准模型的建立起了很重要的作用，因为此方法可以方便地保持理论的 Lorentz 协变性、规范不变性和其他对称性质[5—11].

人们可以不困难地将非相对论有限自由度体系的泛函积分形式直接推广到相对论的无穷多自由度体系. 这里不打算从介绍量子力学的路径积分开始，而是直接讨论量子场论中的泛函积分表述. 为了简便起见，先以中性标量场体系为例. 设中性标量粒子质量为 m 的场量为 $\phi(x)$，其拉氏函数密度

$$L = \frac{1}{2}[\partial^\mu\phi(x)\partial_\mu\phi(x) - m^2\phi^2] - V(\phi), \tag{4.3}$$

其中 $V(\phi)$ 是相互作用势. 系统的作用量

$$S = \int d^4 x\, L(x). \tag{4.4}$$

为了直接将量子力学中的泛函积分形式推广到场论，首先将连续变量时间和空间变成分立形式，在有限体积 V 中将空间分割成 N 个小正方格，体积为 ε，$V=N\varepsilon$. 然后固定 V，取 $\varepsilon\to 0$ 和 $N\to\infty$ 极限，再取 $V\to\infty$ 就回到连续空间极限. 场量 $\phi(x)$ 定义在这些分立的小格子 ε 上，如图 4.1 所示，在初始时刻 t^{i}，$\phi_j^{\mathrm{i}}=\phi(t^{\mathrm{i}},x_j)$. 进一步再使时间 t 分成 M 个时间间隔，每一间隔为 δ，形成分立时间系列 $\{t^m\}$ $(m=0,1,2,\cdots,M)$. $t^{\mathrm{i}}=t^0$，$t^1=t^0+\delta$，$t^2=t^1+\delta$，$\cdots$，$t^{\mathrm{f}}=t^M=t^0+M\delta$. 当 $\delta\to 0$ 时，时间趋于连续极限.

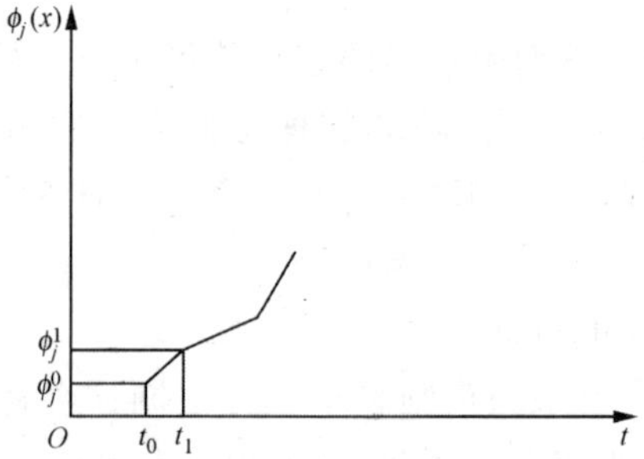

图 4.1　场量 $\phi(x)$ 定义在分立的间隔 ε 示意图

现在计算从初态 t_{i}，ϕ_{i} 到终态 t_{f}，ϕ_{f} 的跃迁矩阵元，

$$\langle \phi_{\mathrm{f}}, t_{\mathrm{f}} | \phi_{\mathrm{i}}, t_{\mathrm{i}} \rangle = \langle \phi_{\mathrm{f}} | U(t_{\mathrm{f}}, t_{\mathrm{i}}) | \phi_{\mathrm{i}} \rangle, \tag{4.5}$$

其中 $U(t_{\mathrm{f}},t_{\mathrm{i}})=\exp[-\mathrm{i}H(t_{\mathrm{f}}-t_{\mathrm{i}})]$. 当时间分成小间隔时，$U$ 矩阵就是一系列小间隔 U 矩阵 $\exp(-\mathrm{i}H\delta)$ 的乘积. 在固定某一时间间隔 t^m，空间第 j 个小方格上状态为 ϕ_j，存在完备性条件

$$\int d\phi_j^m \, |\phi_j^m, t^m\rangle\langle \phi_j^m, t^m| = 1. \tag{4.6}$$

这样，上述从初态到终态的跃迁元可以表达为

$$\begin{aligned}
\langle \phi_{\mathrm{f}}, t_{\mathrm{f}} | \phi_{\mathrm{i}}, t_{\mathrm{i}} \rangle &= \lim_{N\to\infty} \langle \phi_{\mathrm{f}1}, \phi_{\mathrm{f}2}, \cdots, \phi_{\mathrm{f}N}, t_{\mathrm{f}} | \phi_{\mathrm{i}1}, \phi_{\mathrm{i}2}, \cdots, \phi_{\mathrm{i}N}, t_{\mathrm{i}} \rangle \\
&= \lim_{N\to\infty} \int \prod_{j=1}^{N} \{ d\phi_j^M \cdots d\phi_j^1 \langle \phi_{\mathrm{f}j}, t_{\mathrm{f}} | \phi_j^M, t_M \rangle \\
&\quad \cdot \langle \phi_j^M, t_M | \phi_j^{M-1}, t_{M-1} \rangle \cdots \langle \phi_j^1, t_1 | \phi_{\mathrm{i}j}, t_{\mathrm{i}} \rangle \},
\end{aligned} \tag{4.7}$$

(4.7)式中的 lim 意义是取空间和时间的连续极限. 在获得(4.7)式时已对每个时刻用到(4.6)式. 现在的问题是计算(4.7)式中每一个小时间间隔 δ 内的 $\langle \phi_j^{m+1}, t_{m+1} | \phi_j^m, t_m \rangle$ $(m=1,2,\cdots,M)$，

$$\langle \phi_j^{m+1}, t_{m+1} | \phi_j^m, t_m \rangle = \langle \phi_j^{m+1}, t_m | \exp(-\mathrm{i}H\delta) | \phi_j^m, t_m \rangle, \tag{4.8}$$

注意到连续场论中 $H=\int d^3xH(x)$，则有

$$L=\int d^3xL(x)=\sum_j \varepsilon L_j, \tag{4.9}$$

$$H=\int d^3xH(x)=\sum_j \varepsilon H_j, \tag{4.10}$$

对于每一个小方格 ε，相应于 ϕ_j 的正则动量为

$$p_j=\frac{\partial L}{\partial \dot{\phi}_j}=\varepsilon\dot{\phi}_j=\varepsilon\pi_j. \tag{4.11}$$

式(4.9)中的 L_j 是 ϕ_j，$\dot{\phi}_j$ 和 ϕ_{j+1} 的函数，相应地，式(4.10)中 H_j 是 ϕ_j, π_j 和 ϕ_{j+1} 的函数；H_j 中之所以依赖于最邻近方格点是由于分立化以后微分变差分的缘故. 这样在一个小的时间间隔 δ 内跃迁矩阵元(4.8)可以表达为

$$\begin{aligned}\langle\phi_j^{m+1},t_{m+1}|\phi_j^m,t_m\rangle&=\langle\phi_j^{m+1},t_m|\exp(-\mathrm{i}H\delta)|\phi_j^m,t_m\rangle\\&=\int\frac{\varepsilon d\pi_j^m}{2\pi}\exp[\mathrm{i}\varepsilon\pi_j^m(\phi_j^{m+1}-\phi_j^m)-\mathrm{i}\varepsilon\delta H_j^m]\\&=\int\frac{\varepsilon d\pi_j^m}{2\pi}\exp\left\{\mathrm{i}\varepsilon\delta\left[\pi_j^m\frac{\phi_j^{m+1}-\phi_j^m}{\delta}-H_j^m\right]\right\},\end{aligned} \tag{4.12}$$

其中插入了完备集 $\int dp_j^m|p_j^m\rangle\langle p_j^m|$，这里 $|p_j^m\rangle$ 是动量算符本征态，而 $H_j^m=\langle p_j^m|H_j|p_j^m\rangle$，它是动量表象中的 Hamilton 密度. 将(4.7)式中每一个时间间隔的跃迁矩阵元都按(4.12)式表示插入就得到

$$\begin{aligned}\langle\phi_f,t_f|\phi_i,t_i\rangle=&\lim\int\prod_{j=1}^N\left(\prod_{m=1}^M d\phi_j^m\prod_{m'=0}^M\frac{\varepsilon d\pi_j^{m'}}{2\pi}\right)\\&\cdot\exp\left[\mathrm{i}\sum_{m=0}^M\delta\sum_{j=1}^N\varepsilon\left(\pi_j^m\frac{\phi_j^{m+1}-\phi_j^m}{\delta}-H_j^m\right)\right],\end{aligned} \tag{4.13}$$

同样这里极限符号是对时间和空间都取极限. 式(4.13)可以写成下面的泛函积分形式

$$\langle\phi_f,t_f|\phi_i,t_i\rangle=\int[d\phi]\left[\frac{\varepsilon d\pi}{2\pi}\right]\exp\left\{\mathrm{i}\int_{t_i}^{t_f}dt\int d^3x[\pi(x)\dot{\phi}(x)-H(x)]\right\}, \tag{4.14}$$

其中 $\int[d\phi]\left[\frac{\varepsilon d\pi}{2\pi}\right]$ 写成了紧致的形式，

$$[d\phi]\left[\frac{\varepsilon d\pi}{2\pi}\right]=\lim\prod_{m=1}^M d\phi_j^m\prod_{m=0}^M\frac{\varepsilon d\pi_j^m}{2\pi}, \tag{4.15}$$

注意到

$$H(x) = \pi(x)\dot{\phi}(x) - L(x)$$
$$= \frac{1}{2}\pi^2 + \frac{1}{2}(\nabla\phi)^2 + \frac{1}{2}m^2\phi^2 + V(\phi), \tag{4.16}$$

将(4.16)式代入到(4.13)式并对 $\pi(x)$ 作 Gauss 积分就得到

$$\langle \phi_{\rm f}, t_{\rm f} | \phi_{\rm i}, t_{\rm i} \rangle = C\int[{\rm d}\phi]\exp\left({\rm i}\int_{t_{\rm i}}^{t_{\rm f}}{\rm d}t\int{\rm d}^3 x L(x)\right) = C\int[{\rm d}\phi]\exp\left({\rm i}\int_{t_{\rm i}}^{t_{\rm f}}{\rm d}tL(t)\right), \tag{4.17}$$

其中 C 是一常数，此常数可以由 Gauss 积分

$$\int_{-\infty}^{\infty}{\rm d}p{\rm e}^{\pm {\rm i}p^2} = \sqrt{\pm\,{\rm i}\pi}$$

完全确定，由于它在理论计算中不重要这里只用 C 替代. 当 $t_{\rm i}\to-\infty$，$t_{\rm f}\to\infty$ 时，我们有

$$\langle \phi_{\rm f}, \infty | \phi_{\rm i}, -\infty \rangle = C\int[{\rm d}\phi]\exp({\rm i}S). \tag{4.18}$$

表达式(4.17)或(4.18)对于计算量子场论中任意 n 点 Green 函数是很重要的，下面可以证明量子场论中任意 n 点 Green 函数 $G_n(x_1, x_2, \cdots, x_\tau)$ 可以借助于 Gauss 积分表达为

$$G_n(x_1, x_2, \cdots, x_n) \equiv \langle 0 | T(\phi(x_1)\phi(x_2)\cdots\phi(x_n)) | 0 \rangle$$
$$= \frac{\int[{\rm d}\phi]\phi(x_1)\cdots\phi(x_n)\exp({\rm i}S)}{\int[{\rm d}\phi]\exp({\rm i}S)}. \tag{4.19}$$

为此首先计算跃迁矩阵元 $\langle \phi_{\rm f}, t_{\rm f} | \phi(x) | \phi_{\rm i}, t_{\rm i} \rangle$，$\phi(x) = \phi(t, x)$，其中 t 介于 $t_{\rm i}$ 和 $t_{\rm f}$ 之间，当 $t = t_m$ 时利用(4.7)式的分解可以将此矩阵元记为

$$\langle \phi_{\rm f}, t_{\rm f} | \phi(x) | \phi_{\rm i}, t_{\rm i} \rangle = \lim\int\Big(\prod_{jm}{\rm d}\phi_j^m\Big)\langle \phi_{{\rm f}j}, t_{\rm f} | \phi_j^M, t_M \rangle\cdots$$
$$\cdot \langle \phi_j^{m+1}, t_{m+1} | \phi(x) | \phi_j^m, t_m \rangle \cdots \langle \phi_j^1, t_1 | \phi_{{\rm i}j}, t_{\rm i} \rangle, \tag{4.20}$$

注意到 $\phi(x)|\phi_j^m, t_m\rangle = \phi_j^m|\phi_j^m, t_m\rangle$，代入到上式并重复推导(4.17)的步骤就可得到

$$\langle \phi_{\rm f}, t_{\rm f} | \phi(x) | \phi_{\rm i}, t_{\rm i} \rangle = C\int[{\rm d}\phi]\phi(x)\exp\left({\rm i}\int_{t_{\rm i}}^{t_{\rm f}}{\rm d}t\int{\rm d}^3 x L(x)\right), \tag{4.21}$$

类似的方法可以证明

$$\langle \phi_{\rm f}, t_{\rm f} | T(\phi(x_1)\phi(x_2)) | \phi_{\rm i}, t_{\rm i} \rangle$$
$$= C\int[{\rm d}\phi]\phi(x_1)\phi(x_2)\exp\left({\rm i}\int_{t_{\rm i}}^{t_{\rm f}}{\rm d}t\int{\rm d}^3 x L(x)\right), \tag{4.22}$$

其中编时乘积定义为

$$T(\phi(x_1)\phi(x_2)) = \theta(t_1 - t_2)\phi(x_1)\phi(x_2) + \theta(t_2 - t_1)\phi(x_2)\phi(x_1), \tag{4.23}$$

式(4.23)中的 $\theta(t)$ 是阶梯函数，

$$\theta(t)=\begin{cases}1, & \text{当 } t>0,\\ 0, & \text{当 } t<0.\end{cases}$$

进一步做类似的推导可以证明

$$\begin{aligned}&\langle\phi_{\mathrm{f}},t_{\mathrm{f}}|T(\phi(x_1)\phi(x_2)\cdots\phi(x_n))|\phi_{\mathrm{i}},t_{\mathrm{i}}\rangle\\ &=C\int[\mathrm{d}\phi]\phi(x_1)\phi(x_2)\cdots\phi(x_n)\exp\left(\mathrm{i}\int_{t_{\mathrm{i}}}^{t_{\mathrm{f}}}\mathrm{d}t\int\mathrm{d}^3xL(x)\right).\end{aligned}\tag{4.24}$$

以上的讨论对于任意的初态 $|\phi_{\mathrm{i}},t_{\mathrm{i}}\rangle$ 和终态 $|\phi_{\mathrm{f}},t_{\mathrm{f}}\rangle$ 都是成立的. 下面将讨论初态和终态都是基态，即真空态 $|0\rangle$，如何从(4.24)式抽出真空平均值的表达式，亦即证明 Green 函数满足(4.19)式. 在(4.24)式左边插入 Hamilton 量 H 的本征态 $|E_n\rangle$，$H|E_n\rangle=E_n|E_n\rangle$，

$$\begin{aligned}&\langle\phi_{\mathrm{f}},t_{\mathrm{f}}|T(\phi(x_1)\phi(x_2)\cdots\phi(x_n))|\phi_{\mathrm{i}},t_{\mathrm{i}}\rangle\\ &=\sum_{m,n}\langle\phi_{\mathrm{f}},t_{\mathrm{f}}|E_m\rangle\langle E_m|T(\phi(x_1)\phi(x_2)\cdots\phi(x_n))|E_n\rangle\langle E_n|\phi_{\mathrm{i}},t_{\mathrm{i}}\rangle\\ &=\sum_{m,n}\mathrm{e}^{\mathrm{i}E_nt_{\mathrm{i}}-\mathrm{i}E_mt_{\mathrm{f}}}\langle\phi_{\mathrm{f}}|E_m\rangle\langle E_m|T(\phi(x_1)\phi(x_2)\cdots\phi(x_n))|E_n\rangle\langle E_n|\phi_{\mathrm{i}}\rangle.\end{aligned}\tag{4.25}$$

为了抽出基态的贡献，令 $t_{\mathrm{i}}=\mathrm{i}T$，$t_{\mathrm{f}}=-\mathrm{i}T$ 和 $T\to\infty$，这意味着在时间 t 复平面上顺时针转动 90°. 表达式(4.25)的右边只有基态 $|E_0\rangle=|0\rangle$ 的贡献，即

$$\begin{aligned}&\langle\phi_{\mathrm{f}},t_{\mathrm{f}}|T(\phi(x_1)\phi(x_2)\cdots\phi(x_n))|\phi_{\mathrm{i}},t_{\mathrm{i}}\rangle\\ &\xrightarrow[T\to\infty]{}\langle\phi_{\mathrm{f}}|0\rangle\langle 0|T(\phi(x_1)\phi(x_2)\cdots\phi(x_n))|0\rangle\langle 0|\phi_{\mathrm{i}}\rangle,\end{aligned}\tag{4.26}$$

同样的方法应用到(4.17)的左边

$$\langle\phi_{\mathrm{f}},t_{\mathrm{f}}|\phi_{\mathrm{i}},t_{\mathrm{i}}\rangle\xrightarrow[T\to\infty]{}\langle\phi_{\mathrm{f}}|0\rangle\langle 0|\phi_{\mathrm{i}}\rangle,\tag{4.27}$$

这样，在 $T\to\infty$ 的情况下我们有下列等式，

$$\begin{aligned}&\langle 0|T(\phi(x_1)\phi(x_2)\cdots\phi(x_n))|0\rangle\\ &=\lim_{T\to\infty}\frac{\int[\mathrm{d}\phi]\phi(x_1)\cdots\phi(x_n)\exp\left(\mathrm{i}\int_{\mathrm{i}T}^{-\mathrm{i}T}\mathrm{d}tL(t)\right)}{\int[\mathrm{d}\phi]\exp\left(\mathrm{i}\int_{\mathrm{i}T}^{-\mathrm{i}T}\mathrm{d}tL(t)\right)}.\end{aligned}\tag{4.28}$$

只要在时间复平面上没有奇异性就可以将表达式(4.28)解析延拓回去，即反转 90°，这时(4.28)式就是(4.19)式，完成了(4.19)式的证明. 注意到在推导过程中并没有要求 ϕ_j，π_j 之间满足正则对易关系而获得了计算任意 Green 函数的表达式，这意味着量子场论中任一编时乘积算符的真空平均值都可以通过泛函积分(4.19)式来表达. 上述讨论是在中性标量场情况下得到的，也可以推广到复标量场或者有 n 个分量的标量场情况，也得到类似的表达式.

§4.2 生成泛函和微扰论

Schwinger 最早引入外源方法和对外源进行泛函微商的概念[12]，应用到上述中性标量场系统就可以将任意点的 Green 函数表达为生成泛函的泛函微商. 引入外源 $J(x)$，定义生成泛函

$$Z(J) = \int[\mathrm{d}\phi]\exp\left\{\mathrm{i}\int \mathrm{d}^4x(L+\phi J)\right\}. \tag{4.29}$$

当 $J=0$ 时 $Z(0)$ 就是(4.28)式中分母取 $T\to\infty$ 的情况，一般它是外源 J 的函数. 定义泛函微商

$$\frac{\delta Z(J(x))}{\delta J(y)} = \lim_{\varepsilon\to 0}\frac{Z(J(x)+\varepsilon\delta(x-y))-Z(J(x))}{\varepsilon}. \tag{4.30}$$

将(4.29)式代入到(4.30)式，对于中性标量场系统则有

$$\frac{\delta Z(J(x))}{\delta J(y)} = \mathrm{i}\int[\mathrm{d}\phi]\phi(y)\exp\left\{\mathrm{i}\int \mathrm{d}^4x(L+\phi J)\right\}, \tag{4.31}$$

依此很容易得到

$$\frac{\delta^n Z(J(x))}{\delta J(x_1)\cdots\delta J(x_n)} = \mathrm{i}^n\int[\mathrm{d}\phi]\phi(x_1)\cdots\phi(x_n)\exp\left\{\mathrm{i}\int \mathrm{d}^4x(L+\phi J)\right\}. \tag{4.32}$$

在(4.29)和(4.32)式中取 $J=0$ 并对比(4.19)式就可以得到用生成泛函的泛函微商表达的编时乘积的真空平均值

$$\langle 0|T(\phi(x_1)\cdots\phi(x_n))|0\rangle = \frac{(-\mathrm{i})^n}{Z(0)}\left.\frac{\delta^n Z(J)}{\delta J(x_1)\cdots\delta J(x_n)}\right|_{J=0}. \tag{4.33}$$

从(4.31)—(4.33)式可以见到生成泛函的确生成了所有连接的 Green 函数 $G_n(x_1,\cdots,x_n)$. 从(4.29)式对 $J(x)$ 做幂级数展开也可以将生成泛函写成 Green 函数 $G_n(x_1,\cdots,x_n)$ 的级数展开式，

$$\frac{Z(J)}{Z(0)} = \sum_n \frac{\mathrm{i}^n}{n!}\int \mathrm{d}x_1\cdots \mathrm{d}x_n\langle 0|T(\phi(x_1)\cdots\phi(x_n))|0\rangle J(x_1)\cdots J(x_n). \tag{4.34}$$

现在来讨论(4.3)式定义的中性标量场系统的 Feynman 规则和微扰论. 将(4.3)式中 $L(x)$ 定义为两部分之和，

$$L(x) = L_0(x) + L_{\mathrm{i}}(x), \tag{4.35}$$

其中 $L_0(x)$ 是自由相互作用拉氏量，$L_{\mathrm{i}}(x)$ 是相互作用拉氏量，

$$L_0(x) = \frac{1}{2}[\partial^\mu\phi(x)\partial_\mu\phi(x) - m^2\phi^2], \tag{4.36}$$

$$L_{\mathrm{i}}(x) = -V(\phi) = -\frac{1}{4!}\lambda\phi^4. \tag{4.37}$$

这里(4.37)式表示已取了 ϕ^4 理论作为例子. 按照(4.29)式写下生成泛函 $Z(J)$，

$$Z(J)=\int[\mathrm{d}\phi]\exp\left[\mathrm{i}\int\mathrm{d}^4x\left(\frac{1}{2}(\partial^\mu\phi\partial_\mu\phi-m^2\phi^2)-\frac{1}{4!}\lambda\phi^4+\phi J\right)\right] \tag{4.38}$$

和只含自由拉氏量的生成泛函 $Z_0(J)$，

$$Z_0(J)=\int[\mathrm{d}\phi]\exp\left[\mathrm{i}\int\mathrm{d}^4x\left(\frac{1}{2}(\partial^\mu\phi\partial_\mu\phi-m^2\phi^2)+\phi J\right)\right], \tag{4.39}$$

可以证明两个生成泛函满足下述关系式

$$Z(J)=\exp\left[-\mathrm{i}\int\mathrm{d}^4xV\left(\frac{\delta}{\mathrm{i}\delta J(x)}\right)\right]Z_0(J). \tag{4.40}$$

此式的证明是直接的，只需将(4.40)式右边的指数展开即可.(4.40)式对于任何形式的 $V(\phi)$ 皆成立.由此式也可得到一个 ϕ^4 理论的微扰展开式

$$Z(J)=\left\{1-\frac{\lambda}{4!}\int\mathrm{d}^4x\left(\frac{\delta}{\delta J(x)}\right)^4+\frac{1}{2}\left(\frac{\lambda}{4!}\right)^2\left(\int\mathrm{d}^4x\left(\frac{\delta}{\delta J(x)}\right)^4\right)^2+\cdots\right\}Z_0(J). \tag{4.41}$$

现在将(4.39)定义的 $Z_0(J)$ 写成一个明显的形式代入到(4.41)式.注意到自由拉氏量 $L_0(x)=\frac{1}{2}[\partial^\mu\phi(x)\partial_\mu\phi(x)-m^2\phi^2]$，对(4.39)式中第一项分部积分就可得到

$$Z_0(J)=\int[\mathrm{d}\phi]\exp\left\{\frac{-\mathrm{i}}{2}\int\mathrm{d}^4x\mathrm{d}^4y[\phi(x)K(x,y)\phi(y)]+\mathrm{i}\int\mathrm{d}^4x\phi(x)J(x)\right\}, \tag{4.42}$$

其中

$$K(x,y)=\delta^4(x-y)(\Box_y+m^2), \tag{4.43}$$

$$\Box=\partial^\mu\partial_\mu=g_{\mu\nu}\partial^\mu\partial^\nu=\frac{\partial^2}{\partial t^2}-\nabla^2. \tag{4.44}$$

进一步利用(4.42)式做出 $Z_0(J)$ 对 $\phi(x)$ 的积分，为此回到分立状况做类似的讨论，利用 Gauss 积分就得到

$$Z_0(J)=\exp\left\{\frac{\mathrm{i}}{2}\int\mathrm{d}^4x\mathrm{d}^4yJ(x)\Delta(x,y)J(y)\right\}, \tag{4.45}$$

其中 $\Delta(x,y)$ 是 $K(x,y)$ 的逆，即满足

$$\int\mathrm{d}^4zK(x,z)\Delta(z,y)=\delta^4(x-y), \tag{4.46}$$

将(4.43)式代入到(4.46)式并作 Fourier 变换就得到

$$\Delta(x,y)=-\int\frac{\mathrm{d}^4k}{(2\pi)^4}\frac{\mathrm{e}^{-\mathrm{i}k(x-y)}}{k^2-m^2+\mathrm{i}\varepsilon}, \tag{4.47}$$

(4.47)式分母中的 $(-\mathrm{i}\varepsilon)$ 是为了保证(4.42)式 Gauss 积分收敛性而引入的.将(4.45)式代入(4.33)式可以得到

$$\begin{aligned}G_2(x,y)&=\langle 0|T(\phi(x)\phi(y))|0\rangle\\&=\frac{(-\mathrm{i})^2}{Z_0(0)}\frac{\delta^2Z_0(J)}{\delta J(x)\delta J(y)}\bigg|_{J=0}=\mathrm{i}\Delta(x,y),\end{aligned} \tag{4.48}$$

这正是标量场量子化后的传播子.(4.45)式是自由场生成泛函的明显表达式,将它代入(4.41)式就可以得到相互作用为 ϕ^4 理论的微扰展开式(本书从略).

§4.3　非 Abel 规范场量子化

§4.1 已讨论了非 Abel 规范场按正则量子化遇到的困难,§4.2 以中性标量场为例介绍了泛函积分量子化.这一节应用泛函积分量子化到非 Abel 规范场.首先写下生成泛函 $Z(J)$,

$$Z(J)=\int[\mathrm{d}A]\exp\left\{\mathrm{i}\int\mathrm{d}^4x(L+AJ)\right\},\tag{4.49}$$

$$Z(0)=\int[\mathrm{d}A]\exp(\mathrm{i}S),$$

其中作用量 $S=\int\mathrm{d}^4xL(x)$,非 Abel 规范场拉氏函数 $L(x)=-\frac{1}{4}F^{a,\mu\nu}F^a_{\mu\nu}$.显然作用量 S 是在无穷小规范变换(3.36)下是不变的.由于下面要讨论到泛函积分测度的选择,将 $A^a_\mu(x)$ 明显地用规范参量 θ 标记为 $A^{(\theta)a}_\mu(x)$,即

$$A^a_\mu(x)\to A'^a_\mu(x)=A^{(\theta)a}_\mu(x)=A^a_\mu(x)+f^{abc}\theta^bA^c_\mu(x)-\frac{1}{g}\partial_\mu\theta^a,\tag{4.50}$$

这里参量 θ 描写了属于规范群 G 的所有 $U(\theta)$ 的变换.从一个固定的 $A^a_\mu(x)$ 由变换 $U(\theta)$ 获得的所有 $A^{(\theta)a}_\mu(x)$ 构成一个子集.式(4.49)中$[\mathrm{d}A]$在规范变换(4.50)下也是不变的,因为

$$\begin{aligned}[\mathrm{d}A]&=\prod_{\mu,a}[\mathrm{d}A^a_\mu],\\ [\mathrm{d}A']&=[\mathrm{d}A]\det\left(\frac{\partial A'}{\partial A}\right)=[\mathrm{d}A]\det(\delta^{ab}-f^{abc}\theta^c)\\ &=[\mathrm{d}A](1+O(\theta^2)),\end{aligned}\tag{4.51}$$

因此生成泛函 $Z(0)$ 也是规范不变的.然而 $Z(J)=\int[\mathrm{d}A]\exp\left\{\mathrm{i}\int\mathrm{d}^4x(L+AJ)\right\}$ 不是规范不变的,因为源项 AJ 是规范相关的.

现在讨论规范固定条件——例如前一章提到的 Lorentz 条件即(3.23)的第二式,如何引入到泛函积分.更一般地设规范固定条件为

$$G^\mu A^a_\mu=B^a\quad(a=1,2,\cdots,n),\tag{4.52}$$

当 $G^\mu=\partial^\mu$,$B^a=0$ 时,(4.52)式就是 Lorentz 条件.当 A^a_μ 按(4.50)式作变换,获得的上述子集中任一 $A^{(\theta)a}_\mu(x)$ 也满足条件(4.52),即

$$G^\mu A^{(\theta)a}_\mu(x)=B^a,\tag{4.53}$$

这样一个规范固定条件使得 θ 受到一定限制,例如 Lorentz 条件要求 θ 是方程

$\Box\theta=0$ 的解. 引入泛函 $\Delta_G[A]$使其满足下列等式,

$$\Delta_G[A]\int[\mathrm{d}g]\delta^n(G^\mu A_\mu^{(\theta)a}-B^a)=1, \tag{4.54}$$

其中 g 是维数为 n 的规范群 G 的元素,上式定义的泛函积分是在群 G 的群元素 g 上进行的;$[\mathrm{d}g]$是在群空间上泛函积分的不变测度,由于群 G 是紧致群,其不变测度具有左移和右移不变性质,即

$$[\mathrm{d}g]=[\mathrm{d}gg']=[\mathrm{d}g'g], \tag{4.55}$$

若以群参量 θ 来表示,不变测度

$$[\mathrm{d}g]=\prod_a[\mathrm{d}\theta^a]. \tag{4.56}$$

将(4.56)式代入到(4.54)式,可以将 $\Delta_G[A]$的逆表示为下列等式,

$$\frac{1}{\Delta_G[A]}=\int\prod_a\{[\mathrm{d}\theta^a]\delta(G^\mu A_\mu^{(\theta)a}-B^a)\}. \tag{4.54'}$$

进一步将证明由此定义的 $\Delta_G[A]$是规范不变的. 对 A_μ 作规范变换,$A_\mu^a(x)\to A_\mu^{(\theta)a}(x)$,上式变为

$$\begin{aligned}\frac{1}{\Delta_G[A^{(\theta)}]}&=\int\prod_a\{[\mathrm{d}\theta'^a]\delta(G^\mu A_\mu^{(\theta\theta')a}-B^a)\}\\&=\int\prod_a\{[\mathrm{d}(\theta\theta')^a]\delta(G^\mu A_\mu^{(\theta\theta')a}-B^a)\}\\&=\frac{1}{\Delta_G[A]}.\end{aligned} \tag{4.57}$$

由于(4.54)式右边为 1,可以将此等式插入到(4.49)式得到

$$Z(0)=\int[\mathrm{d}A]\prod_a[\mathrm{d}\theta^a]\Delta_G[A]\delta^n(G^\mu A^{(\theta)a}-B^a)\exp(\mathrm{i}S). \tag{4.58}$$

在(4.58)式中除了 δ 函数以外都是规范不变的,因此可以不需要特别标记 $A_\mu^{(\theta)a}(x)$,(4.58)式变为

$$Z(0)=\int[\mathrm{d}A][\mathrm{d}g]\Delta_G[A]\delta^n(G^\mu A^a-B^a)\exp(\mathrm{i}S). \tag{4.59}$$

由于被积函数与群空间不变测度$[\mathrm{d}g]$无关,可以交换积分次序在(4.59)式分出泛函积分 $\int[\mathrm{d}g]$,这是一个无穷大常数. 其实这一点在写下(4.49)时就已暗含了:当 A_μ 作规范变换,$A_\mu^a(x)\to A_\mu^{(\theta)a}(x)$,作用量 S 在所有 $A_\mu^{(\theta)a}(x)$的子集中是一个常数,因此当积分区域无穷大时其泛函积分是发散的. 现在找到了一个办法分出了无穷大常数,从而可以定义规范场的泛函积分

$$Z(0)=\int[\mathrm{d}A]\Delta_G[A]\delta^n(G^\mu A^a-B^a)\exp(\mathrm{i}S), \tag{4.60}$$

这相当于约定规范场的泛函积分的不变测度为 1. 这样引入外源后的生成泛函为

$$Z(J)=\int[\mathrm{d}A]\Delta_G[A]\prod_{a,x}\delta^n(G^\mu A^a-B^a)\exp\left\{\mathrm{i}\int\mathrm{d}^4x(L(x)+A_\mu^aJ^{a\mu})\right\}.\tag{4.61}$$

如果定义

$$(M_G(x,y))^{ab}=\frac{\delta(G^\mu A_\mu^{(\theta)a}(x))}{\delta\theta^b(y)},\tag{4.62}$$

由(4.54′)式可以解出 $\Delta_G[A]$的明显形式，

$$\Delta_G[A]=\det M_G.\tag{4.63}$$

将(4.63)式代入(4.61)式给出

$$Z(J)=\int[\mathrm{d}A]\det M_G\prod_{a,x}\delta^n(G^\mu A^a-B^a)\exp\left\{\mathrm{i}\int\mathrm{d}^4x(L(x)+A_\mu^aJ^{a\mu})\right\}.\tag{4.64}$$

注意到(4.64)式中 B^a是任意的，我们可以在泛函积分意义下对 $Z(J)$在 $B^a(x)$上选择合适的权重函数求平均. 在(4.64)式两边乘以权重函数

$$\exp\left\{-\frac{\mathrm{i}}{2\alpha}\int\mathrm{d}^4x(B^a(x))^2\right\},$$

并利用下面公式

$$\begin{aligned}&\int[\mathrm{d}B]\exp\left\{\frac{-\mathrm{i}}{2\alpha}\int\mathrm{d}^4x(B^a(x))^2\right\}\prod_{a,y}\delta(G^\mu A_\mu^a(y)-B^a(y))\\&=\exp\left\{\frac{-\mathrm{i}}{2\alpha}\int\mathrm{d}^4x(G^\mu A_\mu^a)^2\right\},\end{aligned}\tag{4.65}$$

就可以将(4.64)式改写为

$$Z(J)=\int[\mathrm{d}A]\det M_G\exp\left\{\mathrm{i}\int\mathrm{d}^4x\left(L(x)-\frac{1}{2\alpha}(G^\mu A_\mu^a)^2+A_\mu^aJ^{a\mu}\right)\right\},\tag{4.66}$$

其中 α 是规范固定参量. 这样式(4.66)将 δ 函数引入的规范固定条件(4.53)变为指数形式，与拉氏函数密度在一起，就与前面利用拉格朗日乘子法处理规范条件相类似(见(4.2)式). (4.66)式定义的生成泛函将成为我们讨论微扰展开的出发点，由此可计算任意 Green 函数.

在(4.66)式中仍有一个重要的因子 $\det M_G$ 未能认真分析，正是此因子的存在使得非 Abel 规范场正则量子化遇到困难. Faddeev 和 Popov 引入虚拟的鬼场使得 $\det M_G$ 指数化包含在 L_{eff}中，这将在第五节中叙述. 将(4.50)式代入定义(4.62)就可以得到 M_G的明显表达式

$$\begin{aligned}(M_G(x,y))^{ab}&=\frac{\delta(G^\mu A_\mu^{(\theta)a}(x))}{\delta\theta^b(y)}\\&=G^\mu\left(f^{abc}A_\mu^c-\frac{1}{g}\partial_\mu\delta^{ab}\right)\delta(x-y)\end{aligned}$$

$$=-\frac{1}{g}G^{\mu}(\delta^{ab}\partial_{\mu}-gf^{abc}A_{\mu}^{c})\delta^{4}(x-y), \tag{4.67}$$

对于 Lorentz 规范 $G^{\mu}=\partial^{\mu}$，代入就得到

$$(M_G(x,y))^{ab}=-\frac{1}{g}(\delta^{ab}\Box-gf^{abc}\partial^{\mu}A_{\mu}^{c})\delta^{4}(x-y). \tag{4.68}$$

类似地对于轴规范(包括光锥规范)$G^{\mu}=n^{\mu}$，我们有

$$(M_G(x,y))^{ab}=-\frac{1}{g}(\delta^{ab}n\cdot\partial-gf^{abc}n\cdot A^{c})\delta^{4}(x-y), \tag{4.69}$$

对于时性规范 $G^{\mu}=(1,0,0,0)$，我们有

$$(M_G(x,y))^{ab}=-\frac{1}{g}(\delta^{ab}\partial_{0}-gf^{abc}A_{0}^{c})\delta^{4}(x-y), \tag{4.70}$$

对于 Coulomb 规范 $G^{\mu}=(0,\nabla)$，我们有

$$(M_G(x,y))^{ab}=\frac{1}{g}(\delta^{ab}\nabla^{2}-gf^{abc}\nabla\cdot A^{c})\delta^{4}(x-y). \tag{4.71}$$

(4.68)—(4.71)式就是本书中常用的几种规范条件下 $M_G(x,y)$的明显表达式. 注意到在轴规范($n\cdot A^{c}=0$)和时性规范($A_0^c=0$)下，从(4.69)和(4.70)式可知 $M_G(x,y)$与非 Abel 群 G 的结构常数 f^{abc} 无关，因此 $\det M_G$就简化为一个常数，从而不存在正则量子化的困难，但不能保持协变性. 同样当 G 是 Abel 群，即 QED 情况，$f^{abc}=0$，也不存在正则量子化困难. 只有当 G 是非 Abel 群且取协变规范(Lorentz 规范)，正则量子化的困难才不能绕开，宜采取泛函积分量子化途径.

§ 4.4 Grassmann 代数和 Fermi 子场量

前三节中讨论了标量场和规范场的泛函积分量子化，在此方法中并不要求正则对易关系成立，场量是 c 数，它们是普通数，满足一般代数性质，例如两个场量 ϕ_i 和 ϕ_j 的乘积是可交换的或者说相互对易的，即 $\phi_i\phi_j=\phi_j\phi_i$. 然而对于 Fermi 子，场量 ψ 就不一样了，它具有反对易的性质，按照对标量场和规范场的讨论写下泛函积分，是不能反映反对易性质的. 为此，引入 Grassmann 代数，它与普通数不一样，两个数的交换会出现一个负号.

引入一组数 $\psi_i(i=1,2,\cdots,N)$，遵从下面的性质：

(1) 交换相邻两数出一负号

$$\psi_i\psi_j=-\psi_j\psi_i; \tag{4.72}$$

(2) 相邻两数相同时为零

$$\psi_i\psi_i=0; \tag{4.73}$$

(3) 与普通数可对易.

这样一组 N 个反对易的数集合称为 Grassmann 代数，其中每个 ψ_i 为 Grassmann

数. 人们可以选择一系列单项式

$$1,\ \psi_i,\ \psi_i\psi_j,\ \cdots,\ \psi_1\psi_2\cdots\psi_N \tag{4.74}$$

作为一组基,张开 Grassmann 代数的线性空间. 由于(4.73)式,这一组单项式的数目是有限的,总的单项式的数目就是这一线性空间的维数,

$$1+C_N^1+C_N^2+\cdots+C_N^N=2^N, \tag{4.75}$$

这是一个 2^N 维数的线性空间. 人们可以在这样的线性空间中定义各种代数运算. 当 $N\to\infty$, $\psi_i\to\psi(x)$ 描述 Fermi 场量,从而定义了 Fermi 场量的泛函积分.

以下定义 Grassmann 代数运算. 首先定义二维($N=1$)线性空间的微商,当 $N=1$ 时,$\psi\psi=0$,因而在此空间中 ψ 的任意函数 $f(\psi)$ 为

$$f(\psi)=c_1+c_2\psi, \tag{4.76}$$

那么 $f(\psi)$ 的微商

$$\frac{\partial}{\partial\psi}f(\psi)=c_2, \tag{4.77}$$

也可以定义右微商

$$f(\psi)\frac{\overleftarrow{\partial}}{\partial\psi}=c_2. \tag{4.78}$$

现在将微商定义推广到 N 为有限情况下的 2^N 维线性空间,考虑到 Grassmann 数的性质(4.72),乘积 $\psi_{i_1}\psi_{i_2}\cdots\psi_{i_k}$ 的左微商

$$\frac{\partial}{\partial\psi_j}(\psi_{i_1}\psi_{i_2}\cdots\psi_{i_k})=\begin{cases}(-1)^{l-1}\psi_{i_1}\psi_{i_2}\cdots(\psi_{i_l})\cdots\psi_{i_k}, & \text{如果 } i_l=j,\\ 0, & \text{如果乘积中不含 } \psi_j,\end{cases} \tag{4.79}$$

其中(ψ_{i_l})的意义是:当乘积中 ψ_{i_l} 就是 ψ_j,将它移到最左边时去掉,并贡献一个由于反对易性质产生的因子 $(-1)^{l-1}$. 类似地可以定义右微商

$$(\psi_{i_1}\psi_{i_2}\cdots\psi_{i_k})\frac{\overleftarrow{\partial}}{\partial\psi_j}=\begin{cases}(-1)^{k-l}\psi_{i_1}\psi_{i_2}\cdots(\psi_{i_l})\cdots\psi_{i_k}, & \text{如果 } i_l=j,\\ 0, & \text{如果乘积中不含 } \psi_j.\end{cases} \tag{4.80}$$

按照定义(4.79)式很容易得到下面两个二阶微商的等式:

$$\frac{\partial^2\boldsymbol{F}}{\partial\psi_i\partial\psi_j}=-\frac{\partial^2\boldsymbol{F}}{\partial\psi_j\partial\psi_i} \tag{4.81}$$

和

$$\frac{\partial^2\boldsymbol{F}}{\partial\psi_j^2}=0, \tag{4.82}$$

其中 $\boldsymbol{F}$ 是 Grassmann 代数中的任意函数.

下面定义积分运算规则

$$\int\mathrm{d}\psi_i=0, \tag{4.83}$$

$$\int d\psi_i \psi_j = \delta_{ij}, \tag{4.84}$$

其中 $d\psi$ 和 ψ 满足下面的反对易关系：

$$\{d\psi_i, \psi_j\} = 0, \quad \{d\psi_i, d\psi_j\} = 0. \tag{4.85}$$

有了上述定义和代数运算规则，人们就可以做复杂的代数运算. 首先定义 Grassmann 数集$\{\bar{\psi}_i\}(i=1,2,\cdots,N)$，它可以是$\{\psi_i\}$的复共轭，或者是另一组数集. 考虑下述积分

$$\begin{aligned} I &= \int d\psi_1 d\psi_2 \cdots d\psi_N d\bar{\psi}_1 d\bar{\psi}_2 \cdots d\bar{\psi}_N \exp(\bar{\psi}_i A_{ij} \psi_j) \\ &= \int \prod d\psi \prod d\bar{\psi} \exp(\bar{\psi}_i A_{ij} \psi_j), \end{aligned} \tag{4.86}$$

其中

$$\prod d\psi = \prod_{i=1}^{N} d\psi_i, \quad \prod d\bar{\psi} = \prod_{j=1}^{N} d\bar{\psi}_j. \tag{4.87}$$

被积函数 $\exp(\bar{\psi}_i A_{ij} \psi_j)$理解为指数展开，注意到 $\psi^2=0, \bar{\psi}^2=0$，指数展开式最高幂次为 N，即

$$\exp(\bar{\psi}_i A_{ij} \psi_j) = 1 + \bar{\psi}_i A_{ij} \psi_j + \cdots + \frac{1}{N!}(\bar{\psi}_i A_{ij} \psi_j)^N. \tag{4.88}$$

将(4.88)式代入到(4.86)式并注意到积分规则(4.83)和(4.84)可知只有(4.88)式中最后一项有贡献而得到积分

$$I = \int \prod d\psi \prod d\bar{\psi} \frac{1}{N!}(\bar{\psi}_i A_{ij} \psi_j)^N, \tag{4.89}$$

将(4.89)式中幂次展开并利用普通数 A 与 Grassmann 数对易以及 Grassmann 数之间反对易，将 ψ_i 和 $\bar{\psi}_j$ 按 $i,j=1,2,\cdots,N$ 排列就可以得到

$$\begin{aligned} (\bar{\psi}_i A_{ij} \psi_j)^N &= (-1)^{N(N-1)/2} \sum_{i_1 \cdots i_N, j_1 \cdots j_N} A_{i_1 j_1} \cdots A_{i_N j_N} \bar{\psi}_{i_1} \cdots \bar{\psi}_{i_N} \psi_{j_1} \cdots \psi_{j_N} \\ &= (-1)^{N(N-1)/2} \sum_{i_1 \cdots i_N, j_1 \cdots j_N} \varepsilon_{i_1 \cdots i_N} \varepsilon_{j_1 \cdots j_N} A_{i_1 j_1} \cdots A_{i_N j_N} \bar{\psi}_1 \cdots \bar{\psi}_N \psi_1 \cdots \psi_N, \end{aligned}$$

其中 $\varepsilon_{i_1 \cdots i_N}$ 是 N 阶全反对称张量. 由全反对称张量的性质可以化简上式为

$$(\bar{\psi}_i A_{ij} \psi)^N = (-1)^{N(N-1)/2} N! \sum_{j_1 \cdots j_N} \varepsilon_{j_1 \cdots j_N} A_{1 j_1} \cdots A_{N j_N} \bar{\psi}_1 \cdots \bar{\psi}_N \psi_1 \cdots \psi_N, \tag{4.90}$$

将(4.90)式代入(4.89)式，按规则(4.83)、(4.84)积分得到

$$\begin{aligned} I &= \int \prod d\psi \prod d\bar{\psi} \exp(\bar{\psi}_i A_{ij} \psi_j) \\ &= (-1)^{N(N-1)/2} \det A, \end{aligned} \tag{4.91}$$

其中矩阵 A 的行列式 $\det A$ 为

$$\det A = \sum_{j_1 \cdots j_N} \varepsilon_{j_1 \cdots j_N} A_{1 j_1} \cdots A_{N j_N}. \tag{4.92}$$

当 $N\to\infty$ 时过渡到连续极限，上述积分则表达为

$$\begin{aligned} I &= \int[\mathrm{d}\psi][\mathrm{d}\bar{\psi}]\exp\left[\int \mathrm{d}^4x\mathrm{d}^4y\,\bar{\psi}(x)A(x,y)\psi(y)\right] \\ &= \det A. \end{aligned} \tag{4.93}$$

上述等式仅差(4.91)式前面的正、负号. 从(4.93)式可以见到右边一个矩阵的行列式可以改写为一个指数函数的泛函积分，这在下一节中是很有用的.

现在可以利用 Grassmann 代数将上一节中(4.66)式定义的生成泛函扩充为包含 Fermi 子场，

$$\begin{aligned} Z(J,\eta,\bar{\eta}) &= \int[\mathrm{d}A][\mathrm{d}\psi][\mathrm{d}\bar{\psi}]\det M_G \\ &\cdot \exp\left\{\mathrm{i}\int \mathrm{d}^4x[L-(1/2\alpha)(G^\mu A_\mu^a)^2 + A_\mu^a J^{a\mu} + \bar{\psi}\eta + \bar{\eta}\psi]\right\}, \end{aligned} \tag{4.94}$$

其中 η 和 $\bar{\eta}$ 是 Fermi 子场 $\bar{\psi}$ 和 $\psi(\bar{\psi}=\psi^\dagger\gamma^0)$ 的外源，它满足 Grassmann 代数，亦即它们相互满足反对易关系. (4.94)式中的拉氏函数应为

$$L = -\frac{1}{4}F_{\mu\nu}^a F^{a\mu\nu} + \bar{\psi}(\mathrm{i}\gamma^\mu D_\mu - m)\psi, \tag{4.95}$$

其中右边第二项包含了所有夸克味道求和，而 m 是夸克的质量矩阵. 有了生成泛函(4.94)式，类似于(4.48)式可以定义 Fermi 子的两点 Green 函数

$$\langle 0|T(\psi_\alpha(x)\bar{\psi}_\beta(y))|0\rangle = \frac{(-\mathrm{i})^2}{Z[0,0,0]}\left.\frac{\delta^2 Z[J,\eta,\bar{\eta}]}{\delta\bar{\eta}_\alpha(x)\delta(-\eta_\beta(y))}\right|_{J=\bar{\eta}=\eta=0}. \tag{4.96}$$

§ 4.5 协变规范下 QCD 有效拉氏函数和 Feynman 规则

在上一节的(4.96)式给出了 QCD 理论的生成泛函，这一节将讨论协变规范下的 Feynman 规则. 协变规范，即规范固定条件 $G^\mu=\partial^\mu$，这时 M_G 由(4.68)式描述，$(M_G(x,y))^{ab} = -\frac{1}{g}(\delta^{ab}\Box - gf^{abc}\partial_\mu A_\mu^c)\delta^4(x-y)$. 在协变规范下可以保持 Feynman 规则和整个理论的协变性. 显然在协变规范下 M_G 依赖于规范场 A_μ，它的行列式 $\det M_G$ 不是常数. 将(4.96)式中的行列式按(4.93)式指数化处理以便合并到拉氏函数 L 中. 为此，Faddeev-Popov 引入满足 Grassmann 代数的虚构的复场 $C(x)$ 使得

$$\det M_G = \int[\mathrm{d}C][\mathrm{d}C^*]\exp\left\{-\mathrm{i}\int \mathrm{d}^4x\mathrm{d}^4y\,C^{a*}(x)(M_G(x,y))^{ab}C^b(y)\right\}, \tag{4.97}$$

对于协变规范 $M_G(x-y)$ 由(4.68)式描述，注意到

$$\partial^\mu D_\mu^{ab} = \delta^{ab}\Box - gf^{abc}\partial^\mu A_\mu^c,$$

并将它代入到(4.97)式进行分部积分就可得到

$$\int \mathrm{d}^4x\mathrm{d}^4y\,C^{a*}(x)(M_G(x,y))^{ab}C^b(y) = -\int \mathrm{d}^4x(\partial^\mu C^a(x))^* D_\mu^{ab}C(x). \tag{4.98}$$

将(4.98)式代入到(4.97)式后插入到(4.94)式得到全部指数化的生成泛函：

$$Z(J,\xi,\xi^*,\eta,\bar{\eta}) = \int [\mathrm{d}A][\mathrm{d}\psi][\mathrm{d}\bar{\psi}][\mathrm{d}C][\mathrm{d}C^*]$$

$$\cdot \exp\left\{\mathrm{i}\int \mathrm{d}^4 x (L_{\text{eff}} + AJ + C^*\xi + \xi^* C + \bar{\psi}\eta + \bar{\eta}\psi)\right\}, \tag{4.99}$$

其中 L_{eff} 是 QCD 有效拉氏函数，

$$L_{\text{eff}} = L_{\text{G}} + L_{\text{F}} + L_{\text{GF}} + L_{\text{FP}}. \tag{4.100}$$

(4.100)式中各项分别为规范场、Fermi 子场、规范固定项以及 Faddeev-Popov 鬼场项. 其形式分别为

$$L_{\text{G}} = -\frac{1}{4}F^a_{\mu\nu}F^{a\mu\nu}, \tag{4.101}$$

$$L_{\text{F}} = \bar{\psi}(\mathrm{i}\gamma^\mu D_\mu - m)\psi, \tag{4.102}$$

$$L_{\text{GF}} = -\frac{1}{2\alpha}(\partial^\mu A^a_\mu)^2, \tag{4.103}$$

$$L_{\text{FP}} = (\partial^\mu C^{a*})D^{ab}_\mu C^b. \tag{4.104}$$

在式(4.100)中的 $J,\eta,\bar{\eta},\xi,\xi^*$ 分别是 $A,\bar{\psi},\psi,C^*,C$ 的源函数. 而 $AJ,C^*\xi,\xi^*C$ 分别是 $A^a_\mu J^{a\mu},C^{a*}\xi^a,\xi^{a*}C^a(a=1,2,\cdots,8)$ 的缩写. ψ 是 SU(3) 规范群的基础表示，$\bar{\psi}=\psi^\dagger\gamma_0$. $\bar{\psi}(\mathrm{i}\gamma^\mu D_\mu - m)\psi$ 是 $\bar{\psi}^i(\mathrm{i}\gamma^\mu D^{ij}_\mu - m\delta_{ij})\psi^j$ 的缩写，D^{ij}_μ 是基础表示的协变微商. 方程(4.99)—(4.104)就是我们讨论协变规范下 QCD 有效拉氏函数和 Feynman 规则的基本出发点.

鬼场 $C(x)$ 满足 Grassmann 代数，它是复标量场，我们可以引入两个独立的实场 C^a_1 和 C^a_2 来描述，C^a_1 和 C^a_2 仍然满足 Grassmann 代数，它们自身的平方为零，即

$$(C^a_1)^2 = (C^a_2)^2 = 0. \tag{4.105}$$

令

$$C^a = (C^a_1 + \mathrm{i}C^a_2)/\sqrt{2}, \tag{4.106}$$

那么(4.104)式就可用此两个实场来表示

$$L_{\text{FP}} = (\partial^\mu C^{a*})D^{ab}_\mu C^b = \mathrm{i}(\partial^\mu C^a_1)D^{ab}_\mu C^b_2, \tag{4.107}$$

在写出最后一个等号时已忽略了全散度项.

为了讨论协变微扰论和 Feynman 规则，首先将式(4.100)—(4.104)中拉氏函数分为自由部分和相互作用部分：

$$L_{\text{eff}} = L^0_{\text{eff}} + L^{\text{I}}_{\text{eff}}, \tag{4.108}$$

其中 L^0_{eff} 包括 $L^0_{\text{G}},L^0_{\text{F}},L^0_{\text{FP}}$ 三部分，它们分别是由(4.101)、(4.102)和(4.104)式中与耦合常数 g 无关的部分组成，剩下与 g 有关的部分包含在相互作用拉氏函数 $L^{\text{I}}_{\text{eff}}$ 中. 亦即

$$L_{\text{eff}}^{0} = L_{\text{G}}^{0} + L_{\text{F}}^{0} + L_{\text{FP}}^{0}, \tag{4.109}$$

$$L_{\text{G}}^{0} = -\frac{1}{4}(\partial_{\mu}A_{\nu}^{a} - \partial_{\nu}A_{\mu}^{a})(\partial^{\mu}A^{a\nu} - \partial^{\nu}A^{a\mu}) - \frac{1}{2\alpha}(\partial^{\mu}A_{\mu}^{a})^{2}, \tag{4.110}$$

$$L_{\text{F}}^{0} = \bar{\psi}(\mathrm{i}\gamma^{\mu}\partial_{\mu} - m)\psi, \tag{4.111}$$

$$L_{\text{FP}}^{0} = (\partial^{\mu}C^{a*})(\partial_{\mu}C^{a}), \tag{4.112}$$

$$\begin{aligned} L_{\text{eff}}^{\text{I}} &= L_{\text{I}}(A^{a}, C^{a}, C^{a*}, \psi, \bar{\psi}) \\ &= -\frac{g}{2}f^{abc}(\partial_{\mu}A_{\nu}^{a} - \partial_{\nu}A_{\mu}^{a})A^{b\mu}A^{c\nu} - \frac{g^{2}}{4}f^{abc}f^{cde}A_{\mu}^{a}A_{\nu}^{b}A^{c\mu}A^{d\nu} \\ &\quad + g\bar{\psi}T^{a}\gamma^{\mu}\psi A_{\mu}^{a} - gf^{abc}(\partial^{\mu}C^{a*})C^{b}A_{\mu}^{c}, \end{aligned} \tag{4.113}$$

在(4.110)式中已包含了规范固定项. 至于鬼场项,其动能部分是无质量的 Bose 子具有的形式,它与规范场相互作用部分包含在(4.113)式中. 如此分割后有效拉氏量的相互作用部分全部包含在(4.113)式中,而与相互作用无关的部分包含在(4.109)式的自由部分中. 这样,我们就可以按 § 4.3 对 ϕ^4 理论曾用的办法定义自由场的生成泛函 $Z_0[J\cdots]$ 和整个系统的生成泛函 $Z[J\cdots]$,并类似于(4.39)—(4.41)式将 $Z[J\cdots]$ 用 $Z_0[J\cdots]$ 来表示.

相应于式(4.110)—(4.112)定义自由场生成泛函,

$$\begin{aligned} Z_0(J, \xi, \xi^{*} \eta, \bar{\eta}) = &\int [\mathrm{d}A][\mathrm{d}\psi][\mathrm{d}\bar{\psi}][\mathrm{d}C][\mathrm{d}C^{*}] \\ &\cdot \exp\left\{\mathrm{i}\int \mathrm{d}^{4}x(L_{\text{eff}}^{0} + AJ + C^{*}\xi + \xi^{*}C + \bar{\psi}\eta + \bar{\eta}\psi)\right\}, \end{aligned} \tag{4.114}$$

将(4.109)式代入到(4.114)式就可以得到

$$Z_0(J, \xi, \xi^{*} \eta, \bar{\eta}) = Z_0^{\text{G}}(J)Z_0^{\text{FP}}(\xi, \xi^{*})Z_0^{\text{F}}(\eta, \bar{\eta}), \tag{4.115}$$

其中

$$Z_0^{\text{G}}(J) = \int [\mathrm{d}A]\exp\left\{\mathrm{i}\int \mathrm{d}^{4}x(L_{\text{G}}^{0} + AJ)\right\}, \tag{4.116}$$

$$Z_0^{\text{FP}}(\xi, \xi^{*}) = \int [\mathrm{d}C][\mathrm{d}C^{*}]\exp\left\{\mathrm{i}\int \mathrm{d}^{4}x(L_{\text{FP}}^{0} + C^{*}\xi + \xi^{*}C)\right\}, \tag{4.117}$$

$$Z_0^{\text{F}}(\eta, \bar{\eta}) = \int [\mathrm{d}\psi][\mathrm{d}\bar{\psi}]\exp\left\{\mathrm{i}\int \mathrm{d}^{4}x(L_{\text{F}}^{0} + \bar{\psi}\eta + \bar{\eta}\psi)\right\}. \tag{4.118}$$

类似于(4.40)式将有相互作用的生成泛函(4.99)式用自由场的生成泛函表达,

$$\begin{aligned} Z(J, \xi, \xi^{*} \eta, \bar{\eta}) = &\exp\left\{\mathrm{i}\int \mathrm{d}^{4}xL_{\text{eff}}^{\text{I}}\left(\frac{\delta}{\mathrm{i}\delta J^{a\mu}}, \frac{\delta}{\mathrm{i}\delta\xi^{a*}}, \frac{\delta}{\mathrm{i}\delta(-\xi^{a})}, \frac{\delta}{\mathrm{i}\delta\bar{\eta}}, \frac{\delta}{\mathrm{i}\delta(-\eta)}\right)\right\} \\ &\cdot Z_0[J, \xi, \xi^{*}, \eta, \bar{\eta}], \end{aligned} \tag{4.119}$$

对此式的证明是直接的,只需做指数展开进行泛函微商即可. 这样就归结于计算 $Z_0(J, \xi, \xi^{*} \eta, \bar{\eta})$ 中的 $Z_0^{\text{G}}(J)$, $Z_0^{\text{FP}}(\xi, \xi^{*})$ 和 $Z_0^{\text{F}}(\eta, \bar{\eta})$. 类似于(4.42)式,对(4.119)式中的 L_{G}^{0} 项进行分部积分将它变换为

$$Z_0^{G}(J) = \int [\mathrm{d}A] \exp\left\{ \mathrm{i}\int \mathrm{d}^4 x \left(\frac{1}{2} A_\mu^a K^{ab\mu\nu} A_\nu^b + AJ \right) \right\}, \tag{4.120}$$

其中

$$K_{\mu\nu}^{ab} = \delta^{ab} \left(g_{\mu\nu} \Box - \left(1 - \frac{1}{\alpha} \right) \partial_\mu \partial_\nu \right). \tag{4.121}$$

同样在(4.118)和(4.119)式做分部积分可得

$$Z_0^{FP}(\xi, \xi^*) = \int [\mathrm{d}C][\mathrm{d}C^*] \exp\left\{ \mathrm{i}\int \mathrm{d}^4 x (C^{a*} K^{ab} C^b + C^* \xi + \xi^* C) \right\}, \tag{4.122}$$

$$Z_0^{F}(\eta, \bar{\eta}) = \int [\mathrm{d}\psi][\mathrm{d}\bar{\psi}] \exp\left\{ \mathrm{i}\int \mathrm{d}^4 x (\bar{\psi} R \psi + \bar{\psi}\eta + \bar{\eta}\psi) \right\}, \tag{4.123}$$

其中

$$K^{ab} = -\delta^{ab} \Box, \tag{4.124}$$

$$R = \mathrm{i}\gamma^\mu \partial_\mu - m. \tag{4.125}$$

进一步利用下列等式定义 $K_{\mu\nu}^{ab}$, K^{ab} 和 R 的逆函数 $D_{\mu\nu}^{ab}$, D^{ab} 和 S

$$\int \mathrm{d}^4 z K_{\mu\lambda}^{ac}(x-z) g^{\lambda\rho} D_{\rho\nu}^{cb}(z-y) = \delta^{ab} g_{\mu\nu} \delta^{(4)}(x-y), \tag{4.126}$$

$$\int \mathrm{d}^4 z K^{ac}(x-z) D^{cb}(z-y) = \delta^{ab} \delta^{(4)}(x-y), \tag{4.127}$$

$$\int \mathrm{d}^4 z R(x-z) S(z-y) = \delta^{(4)}(x-y), \tag{4.128}$$

求解此三个方程可得相应的逆函数

$$D_{\mu\nu}^{ab} = \delta^{ab} \int \frac{\mathrm{d}^4 k}{(2\pi)^4} \frac{\mathrm{e}^{-\mathrm{i}kx}}{k^2 + \mathrm{i}\varepsilon} \left(-g_{\mu\nu} + (1-\alpha) \frac{k_\mu k_\nu}{k^2} \right), \tag{4.129}$$

$$D^{ab}(x) = \delta^{ab} \int \frac{\mathrm{d}^4 k}{(2\pi)^4} \frac{1}{k^2 + \mathrm{i}\varepsilon} \mathrm{e}^{-\mathrm{i}kx}, \tag{4.130}$$

$$S(x) = \int \frac{\mathrm{d}^4 p}{(2\pi)^4} \frac{1}{\not{p} - m + \mathrm{i}\varepsilon} \mathrm{e}^{-\mathrm{i}px}. \tag{4.131}$$

这三个逆函数分别是胶子场、鬼场(Faddeev-Popov)和夸克场的传播子. 进一步在(4.116)—(4.118)式对 $A, C, C^*, \psi, \bar{\psi}$ 做泛函积分，与分立状况类似做讨论，利用 Gauss 积分就得到

$$Z_0^{G}(J) = \exp\left\{ \frac{-\mathrm{i}}{2} \int \mathrm{d}^4 x \mathrm{d}^4 y J^{a\mu}(x) D_{\mu\nu}^{ab}(x-y) J^{b\nu}(y) \right\}, \tag{4.132}$$

$$Z_0^{FP}(\xi, \xi^*) = \exp\left\{ -\mathrm{i}\int \mathrm{d}^4 x \mathrm{d}^4 y \xi^{a*}(x) D^{ab}(x-y) \xi^b(y) \right\}, \tag{4.133}$$

$$Z_0^{F}(\eta, \bar{\eta}) = \exp\left\{ -\mathrm{i}\int \mathrm{d}^4 x \mathrm{d}^4 y \bar{\eta}(x) S(x-y) \eta(y) \right\}. \tag{4.134}$$

在得到(4.132)—(4.134)式时已忽略了无关的常数. 类似于前面(4.48)式对两点 Green 函数定义有

$$\langle 0|T(A^a_\mu(x)A^b_\nu(y))|0\rangle = \frac{(-\mathrm{i})^2}{Z^G_0(0)}\frac{\delta^2 Z^G_0(J)}{\delta J^{a\mu}(x)\delta J^{b\nu}(y)}\bigg|_{J=0} = \mathrm{i}D^{ab}_{\mu\nu}(x,y), \tag{4.135}$$

$$\langle 0|T(C(x)C^*(y))|0\rangle = \frac{(-\mathrm{i})^2}{Z^{FP}_0(0,0)}\frac{\delta^2 Z^{FP}_0(\xi,\xi^*)}{\delta\xi^{a*}\delta(-\xi^b)}\bigg|_{\xi=\xi^*=0} = \mathrm{i}D^{ab}(x,y), \tag{4.136}$$

$$\langle 0|T(\psi(x)\bar{\psi}(y))|0\rangle = \frac{(-\mathrm{i})^2}{Z^F_0(0,0)}\frac{\delta^2 Z^F_0(\eta,\bar{\eta})}{\delta\bar{\eta}\delta(-\eta)}\bigg|_{\eta=\bar{\eta}=0} = \mathrm{i}S(x,y). \tag{4.137}$$

这三个两点 Green 函数是从自由场的生成泛函给出的，相应于三种自由场的传播子. 它们在动量空间的表达式分别为

$$D^{ab}_{\mu\nu}(k) = -\delta^{ab}\frac{d_{\mu\nu}(k)}{k^2}, \quad d_{\mu\nu}(k) = g_{\mu\nu} - (1-\alpha)\frac{k_\mu k_\nu}{k^2}, \tag{4.138}$$

$$D^{ab}(k) = \delta^{ab}\frac{1}{k^2}, \tag{4.139}$$

$$S(p) = \frac{1}{\not{p}-m}. \tag{4.140}$$

同样对于相互作用顶点可以通过(4.119)式对具有相互作用的生成泛函 $Z[J,\xi,\xi^*,\eta,\bar{\eta}]$展开求泛函微商得到，即

$$Z(J,\xi,\xi^*\,\eta,\bar{\eta}) = \left\{1+\mathrm{i}\int \mathrm{d}^4 x L^{\mathrm{I}}_{\mathrm{eff}}\left(\frac{\delta}{\mathrm{i}\delta J^{a\mu}},\frac{\delta}{\mathrm{i}\delta\xi^{a*}},\frac{\delta}{\mathrm{i}\delta(-\xi^a)},\frac{\delta}{\mathrm{i}\delta\bar{\eta}},\frac{\delta}{\mathrm{i}\delta(-\eta)}\right)\right\}$$
$$\cdot Z_0[J,\xi,\xi^*,\eta,\bar{\eta}], \tag{4.141}$$

将(4.113)式中相应的相互作用项代入上式就得到相应的顶角 Green 函数.

例如夸克-胶子-夸克最低阶顶角(见图 4.2)的三点 Green 函数为

$$\langle 0|T(\psi(x_1)\bar{\psi}(x_2)A^a_\mu(x_3))|0\rangle = gT^a\int\frac{\mathrm{d}^4 p_1}{(2\pi)^4}\frac{\mathrm{d}^4 p_2}{(2\pi)^4}\mathrm{e}^{\mathrm{i}(-p_1x_1+p_2x_2+kx_3)}$$
$$\times\frac{1}{\not{p}_1-m}\gamma^\nu\frac{1}{\not{p}_2-m}\frac{d_{\mu\nu}(k)}{k^2}, \tag{4.142}$$

其中 $k=p_1-p_2$.

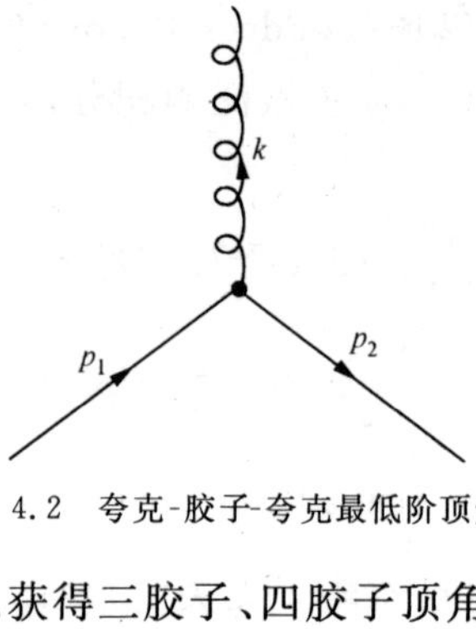

图 4.2　夸克-胶子-夸克最低阶顶角

类似地从(4.132)式可以获得三胶子、四胶子顶角的 Green 函数，如图 4.3，图 4.4 所示.

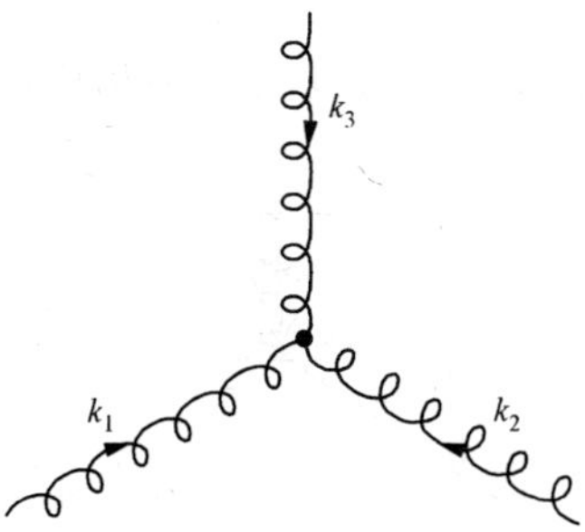

图 4.3 三胶子顶角

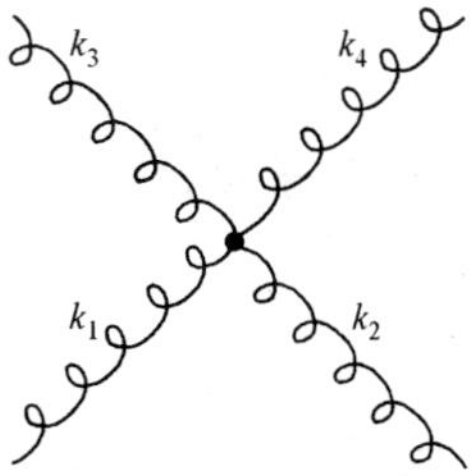

图 4.4 四胶子顶角

为了获得三胶子顶点 Green 函数，对(4.132)式外源做三次泛函微商并将 $D_{\mu\nu}(x_1-x_2)$的 Fourier 变换式代入即得

$$\langle 0|T(A_{\mu_1}^{a_1}(x_1)A_{\mu_2}^{a_2}(x_2)A_{\mu_3}^{a_3}(x_3)|0\rangle=-\mathrm{i}g\int\frac{\mathrm{d}^4k_1\mathrm{d}^4k_2}{(2\pi)^4(2\pi)^4}\mathrm{e}^{\mathrm{i}(k_1x_1+k_2x_2+k_3x_3)}\cdot\frac{d_{\mu_1\nu_1}(k_1)d_{\mu_2\nu_2}(k_2)d_{\mu_3\nu_3}(k_3)}{k_1^2k_2^2k_3^2}f^{a_1a_2a_3}V_{\nu_1\nu_2\nu_3}(k_1,k_2,k_3),\tag{4.143}$$

其中 $k_3=-(k_1+k_2)$和

$$V_{\nu_1\nu_2\nu_3}(k_1,k_2,k_3)=g_{\nu_1\nu_2}(k_1-k_2)_{\nu_3}+g_{\nu_2\nu_3}(k_2-k_3)_{\nu_1}+g_{\nu_3\nu_1}(k_3-k_1)_{\nu_2}.\tag{4.144}$$

利用类似的方法可以得到四胶子顶角 Green 函数，其结果为

$$\langle 0|T(A_{\mu_1}^{a_1}(x_1)A_{\mu_2}^{a_2}(x_2)A_{\mu_3}^{a_3}(x_3)A_{\mu_4}^{a_4}(x_4))|0\rangle=-\mathrm{i}g^2\int\frac{\mathrm{d}^4k_1\mathrm{d}^4k_2\mathrm{d}^4k_3}{(2\pi)^4\,(2\pi)^4\,(2\pi)^4}\cdot\mathrm{e}^{\mathrm{i}(k_1x_1+k_2x_2+k_3x_3+k_4x_4)}\frac{d_{\mu_1\nu_1}(k_1)d_{\mu_2\nu_2}(k_2)d_{\mu_3\nu_3}(k_3)d_{\mu_4\nu_4}(k_4)}{k_1^2k_2^2k_3^2k_4^2}W^{a_1a_2a_3a_4;\nu_1\nu_2\nu_3\nu_4},\tag{4.145}$$

其中

$$\begin{aligned}W_{\mu_1\mu_2\mu_3\mu_4}^{a_1a_2a_3a_4}=&g_{\mu_1\mu_2}g_{\mu_3\mu_4}(f^{a_1a_3a}f^{a_2a_4a}-f^{a_1a_4a}f^{a_3a_2a})\\&+g_{\mu_1\mu_3}g_{\mu_2\mu_4}(f^{a_1a_2a}f^{a_3a_4a}-f^{a_1a_4a}f^{a_2a_3a})\\&+g_{\mu_1\mu_4}g_{\mu_2\mu_3}(f^{a_1a_3a}f^{a_4a_2a}-f^{a_1a_2a}f^{a_3a_4a}).\end{aligned}\tag{4.146}$$

对于鬼粒子和胶子顶角 Green 函数，其结果为

$$\langle 0|T(\chi^{a_1*}(x_1)\chi^{a_2}(x_2)A_{\mu}^{a_3}(x_3))|0\rangle=-\mathrm{i}gf^{a_1a_2a_3}\int\frac{\mathrm{d}^4k_1\mathrm{d}^4k_2}{(2\pi)^4(2\pi)^4}\mathrm{e}^{\mathrm{i}(-k_1x_1+k_2x_2+k_3x_3)}\cdot\frac{d_{\mu\nu}(k_3)}{k_1^2k_2^2k_3^2}k_1^{\nu},\tag{4.147}$$

其中 $k_3=k_1-k_2$，而 k_1 是鬼场 χ^* 粒子的动量.

综合上面的讨论可以得到量子色动力学(QCD)微扰展开中相应的 Feynman 规则：

(1) 夸克-胶子顶角

$g\gamma_\mu(T^a)_{ij}$

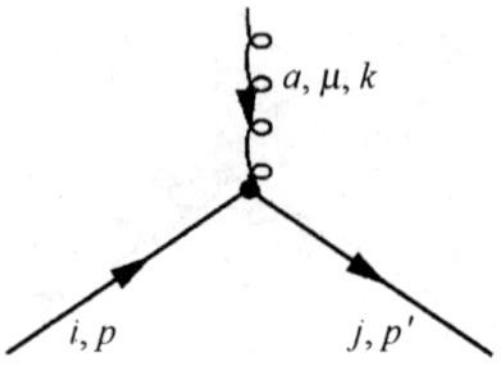

(2) 三胶子顶角

$\mathrm{i}gf^{abc}V_{\mu\nu\lambda}(k_1,k_2,k_3)$

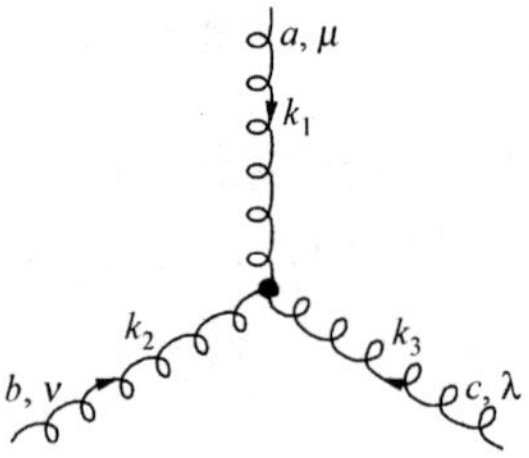

(3) 四胶子顶角

$-g^2W^{abcd}_{\mu\nu\lambda\sigma}$

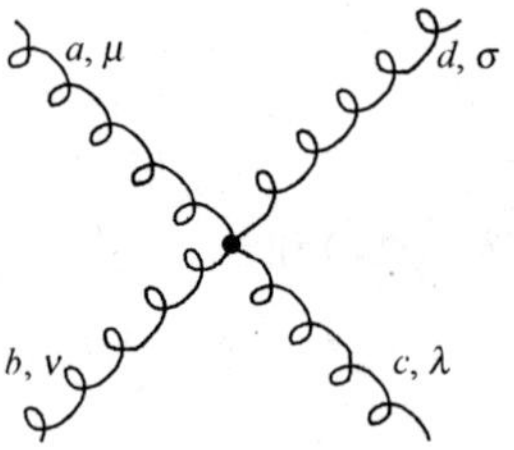

(4) 鬼-胶子顶角

$\mathrm{i}gf^{abc}k_\mu$

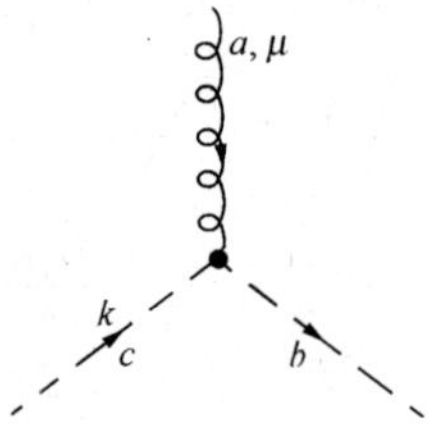

(5) 夸克传播子

$$S^{ij}(p)=\delta^{ij}\frac{1}{\not p-m}$$

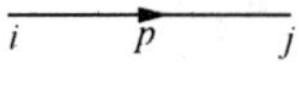

(6) 胶子传播子

$$D^{ab}_{\mu\nu}(k)=-\frac{\delta^{ab}d_{\mu\nu}(k^2)}{k^2+\mathrm{i}\varepsilon}$$

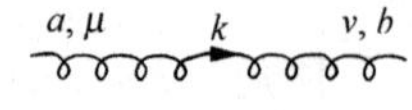

(7) 鬼场传播子

$$\frac{\delta^{ab}}{k^2+\mathrm{i}\varepsilon}$$

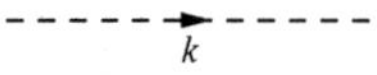

一共有四个顶角和三个传播子，所有鬼场出现在圈图内，由于 Grassmann 代数的结果，鬼场圈(例如见图 4.5)贡献一个负号. 四个顶角都具有普适的 g，且 g 与味无关. 这里三胶子顶角和四胶子顶角是 Abel 规范场中所没有的，这是因为胶子具有色荷的原因. 在 QED 中光子是中性的没有自相互作用. 下一章将见到三胶子和四胶子顶角的存在使得 QCD 不同于 QED，例如图 4.6 就是三胶子相互作用对胶子传播子的贡献，正是三胶子和四胶子自作用导致 QCD 的一个重要特点——渐近自由.

图 4.5 鬼场圈图对胶子传播子的贡献

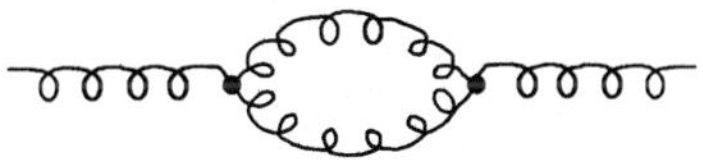

图 4.6 胶子传播子中三胶子相互作用顶点

§ 4.6 Becchi-Rouet-Stora(BRS)变换

为了讨论非 Abel 规范场有效拉氏函数 L_{eff}(见(4.100)式)的规范对称性，先观察一下 QED 情况中在协变规范下的拉氏函数，

$$L = \bar{\psi}(\mathrm{i}\not{D} - m) - \frac{1}{4}F_{\mu\nu}F^{\mu\nu} - \frac{1}{2\alpha}(\partial_\mu A^\mu)^2, \tag{4.148}$$

上式中最后一项是 QED 中规范固定项. 显然拉氏函数中前两项是在规范变换(3.18)和(3.19)下是不变的. 第三项是规范固定项，它在规范变换下不是不变的. 如果将规范变换写成无穷小变换，令

$$\theta(x) = \varepsilon\omega(x), \quad \varepsilon \text{ 是无穷小数}, \tag{4.149}$$

那么变换(3.18)和(3.19)记作

$$\begin{aligned} \psi(x) &\to \psi(x) - \mathrm{i}\varepsilon\omega(x)\psi(x), \\ A_\mu(x) &\to A_\mu(x) + \frac{\varepsilon}{e}\partial_\mu\omega(x). \end{aligned} \tag{4.150}$$

(4.148)式前两项在无穷小变换(4.150)下是不变的. 形式上如果将 $\omega(x)$ 看作一个无质量、无相互作用的场量，附加

$$L_\omega = -\frac{1}{2}(\partial_\mu\omega)(\partial^\mu\omega) \tag{4.151}$$

到拉氏函数(4.148)上，并约定 $\omega(x)$ 作相应的变换

$$\omega(x)\rightarrow\omega(x)-\frac{\varepsilon}{\alpha}\partial_\mu A^\mu(x),\tag{4.152}$$

那么总拉氏函数$(L+L_\omega)$在变换(4.150)和(4.152)下是不变的(这里已丢了一个全散度项).这就恢复了协变规范下 QED 拉氏函数的规范不变性.

现在考察非 Abel 规范场量子色动力学(QCD)情况.其拉氏函数由(4.100)式$L_{\rm eff}=L_{\rm G}+L_{\rm F}+L_{\rm GF}+L_{\rm FP}$来描述,显然拉氏函数的经典部分$L_{\rm cl}=L_{\rm G}+L_{\rm F}$是规范不变的,而$L_{\rm GF}+L_{\rm FP}$破坏规范不变性.因此拉氏函数的量子形式$L_{\rm eff}$就不再具有规范变换(3.35)和(3.36)下的规范不变性.从 QED 的讨论就可以见到既然在经典拉氏量上已附加了具有鬼场的$L_{\rm GF}+L_{\rm FP}$,那么如果考虑鬼场的变换就有可能恢复推广的规范不变性.注意到在无穷小变换下(3.35)和(3.36)式给出的$\delta\psi_i$和δA_μ^a的变化

$$\delta\psi_i=-{\rm i}T^a\theta^a\psi_i,\tag{4.153}$$

$$\delta A_\mu^a=f^{abc}\theta^bA_\mu^c-\frac{1}{g}\partial_\mu\theta^a=-\frac{1}{g}D_\mu^{ab}\theta^b,\tag{4.154}$$

Becchi,Rouet 和 Stora 发现[13]如果令

$$\theta^a(x)=-g\delta\lambda C_2^a(x),\tag{4.155}$$

其中$\delta\lambda$是无穷小的 Grassmann 数,即满足

$$\{\delta\lambda,C_2^a(x)\}=0,\tag{4.156}$$

且鬼场按下列方式变换

$$\delta C_1^a={\rm i}\delta\lambda\frac{1}{\alpha}\partial^\mu A_\mu^a,\tag{4.157}$$

$$\delta C_2^a=-\frac{1}{2}\delta\lambda gf^{abc}C_2^bC_2^c,\tag{4.158}$$

那么 QCD 有效拉氏函数$L_{\rm eff}$在变换(4.153),(4.154),(4.157)和(4.158)下是不变的.这个证明是直接的,由于变换(4.157)和(4.158)只涉及$L_{\rm eff}$中的后两项,$L_{\rm GF}+L_{\rm FP}$,只需证明这两项在此变换下不变即可.$L_{\rm GF}+L_{\rm FP}$在无穷小变换下的改变为

$$\delta(L_{\rm GF}+L_{\rm FP})=-\frac{1}{\alpha}(\partial^\mu A_\mu^a)(\partial^\nu\delta A_\nu^a)+{\rm i}(\partial^\mu\delta C_1^a)D_\mu^{ab}C_2^b+{\rm i}(\partial^\mu C_1^a)\delta(D_\mu^{ab}C_2^b),\tag{4.159}$$

其中

$$\begin{aligned}\delta(D_\mu^{ab}C_2^b)&=\delta((\delta^{ab}\partial_\mu-gf^{abc}A_\mu^c)C_2^b)\\&=\delta^{ab}\partial_\mu\delta C_2^b-gf^{abc}\delta\lambda(D_\mu^{cd}C_2^d)C_2^b-gf^{abc}A_\mu^c\delta C_2^b.\end{aligned}\tag{4.160}$$

将变换(4.157),(4.158)和等式(4.160)代入到(4.159)式就可以得到

$$\delta(L_{\rm GP}+L_{\rm FP})=-{\rm i}g(\partial^\mu C_1^a)A_\mu^e(f^{abe}\delta C_2^b+\delta\lambda gf^{abc}f^{cde}C_2^bC_2^d),\tag{4.161}$$

再将(4.158)式代入到(4.161)式的括号中

$$\delta(L_{\rm GP}+L_{\rm FP})=-{\rm i}g(\partial^\mu C_1^a)A_\mu^e\left(f^{abe}\left(-\frac{1}{2}\delta\lambda gf^{bcd}C_2^cC_2^d\right)+\delta\lambda gf^{abc}f^{cde}C_2^bC_2^d\right)$$

$$= -\mathrm{i}g(\partial^\mu C_1^a)A_\mu^e \delta\lambda \frac{g}{2}(f^{abc}f^{cde} + f^{adc}f^{ceb} + f^{aec}f^{cbd})C_2^b C_2^d$$

$$= 0, \tag{4.162}$$

在获得最后一个等式时已用到Jacobi恒等式(3.26). 因此量子化的总拉氏函数 L_{eff} 在变换(4.153),(4.154),(4.157)和(4.158)下是不变的,即

$$\delta L_{\text{eff}} = 0. \tag{4.163}$$

这意味着量子化的总拉氏函数 L_{eff} 具有一种新的对称性,称为Becchi-Rouet-Stora(BRS)对称性,其相应的变换(4.153),(4.154),(4.157)和(4.158)称为BRS变换,它包括了鬼场的变换. QCD的经典拉氏函数 L_{cl} 在规范变换(4.153)和(4.154)下是不变的,而QCD的量子拉氏函数 L_{eff} 是在包含鬼场变换的BRS变换下是不变的. 值得指出的I. V. Tyutin差不多同时独立地发现同样的变换[13],文献中也称BRS变换为BRST变换. BRS变换或BRST变换在以后推导QCD中广义的Ward-Takahashi等式和讨论重整化时是很有用的.

§4.7 QCD在光锥规范下正则量子化

首先选取光锥坐标,任一矢量 A^μ 记为

$$A^\mu = (A^+, A^-, \boldsymbol{A}_\perp), \tag{4.164}$$

其中

$$A^\pm = A^0 \pm A^3, \quad \boldsymbol{A}_\perp = (A_1, A_2), \tag{4.165}$$

两个矢量的标积为

$$A \cdot B = \frac{1}{2}(A^+ B^- + A^- B^+) - \boldsymbol{A}_\perp \cdot \boldsymbol{B}_\perp, \tag{4.166}$$

如果 $A=B$,则有 $A^2 = A^+ A^- - \boldsymbol{A}_\perp^2$.

前面提到规范场正则量子化的困难,然而在光锥坐标系中当取了光锥规范后(见(4.69)式),由于 $M_G(x,y)$ 与群的结构常数 f^{abc} 无关,这一困难就可以避免[14]. 为了方便起见,这里取一个味的夸克具有三种颜色的场量 ψ,其拉氏量

$$L = \bar{\psi}(x)(\mathrm{i}\not{D} - m)\psi(x) - \frac{1}{2}\mathrm{tr}(F^{\mu\nu}F_{\mu\nu}). \tag{4.167}$$

在一个给定的光锥时刻 $\tau = x^0 + x^3 = 0$,独立的动力学场量是 $\psi_+ = \Lambda_+\psi$ 和 $\boldsymbol{A}_\perp$,其中 $\Lambda_\pm = \frac{1}{2}\gamma^0\gamma^\pm$ 是投影算符($\Lambda_+\Lambda_- = 0, \Lambda_\pm^2 = \Lambda_\pm, \Lambda_+ + \Lambda_- = 1$). 独立的动力学场量的共轭变量是 $\psi_+^\dagger$ 和 $\partial^+ \boldsymbol{A}_\perp^i$ ($\partial^+ = \partial^0 + \partial^3$). 在光锥规范下

$$A^+ = A^0 + A^3 = 0. \tag{4.168}$$

对于那些不独立的场分量可以利用运动方程写出

$$\psi_- \equiv \Lambda_- \psi = \frac{1}{\mathrm{i}\partial^+}[\mathrm{i}\boldsymbol{D}_\perp \cdot \boldsymbol{\alpha}_\perp + \beta m]\psi_+$$

$$= \tilde{\psi}_- - \frac{1}{\mathrm{i}\partial^+} g\boldsymbol{A}_\perp \cdot \boldsymbol{\alpha}_\perp \psi_+, \tag{4.169}$$

$$\tilde{\psi}_- = \frac{1}{\mathrm{i}\partial^+}[\mathrm{i}\boldsymbol{\partial}_\perp \cdot \boldsymbol{\alpha}_\perp + \beta m]\psi_+, \tag{4.169'}$$

$$A_- = \frac{2}{\mathrm{i}\partial^+}\mathrm{i}\boldsymbol{\partial}_\perp \cdot \boldsymbol{A}_\perp + \frac{2g}{(\mathrm{i}\partial)^2}\{[\mathrm{i}\partial^+ \boldsymbol{A}_\perp^i, \boldsymbol{A}_\perp^i] + 2\psi_+^\dagger T^a \psi_+ T^a\}$$

$$\equiv \widetilde{A}^- + \frac{2g}{(\mathrm{i}\partial^+)^2}\{[\mathrm{i}\partial^+ \boldsymbol{A}_\perp^i, \boldsymbol{A}_\perp^i] + 2\psi_+^\dagger T^a \psi_+ T^a\}, \tag{4.170}$$

$$\widetilde{A}^- = \frac{2}{\mathrm{i}\partial^+}\mathrm{i}\boldsymbol{\partial}_\perp \cdot \boldsymbol{A}_\perp, \tag{4.170'}$$

其中 $\beta=\gamma^0$，$\boldsymbol{\alpha}_\perp=\gamma^0\boldsymbol{\gamma}_\perp$，$\boldsymbol{\partial}_\perp \cdot \boldsymbol{A}_\perp=\partial^1 A_1+\partial^2 A_2$.

在 $\tau=0$ 时刻将独立场量展开，从而定义产生和湮灭算符

$$\psi_+(x) = \int_{k^+>0} \frac{\mathrm{d}k^+ \mathrm{d}^2\boldsymbol{k}_\perp}{16\pi^3} \sum_\lambda \{b(k,\lambda)u_+(k,\lambda)\mathrm{e}^{-\mathrm{i}\boldsymbol{k}\cdot\boldsymbol{x}} + d^\dagger(k,\lambda)v_+(k,\lambda)\mathrm{e}^{\mathrm{i}\boldsymbol{k}\cdot\boldsymbol{x}}\}_{\tau=x^+=0}, \tag{4.171}$$

$$\boldsymbol{A}_\perp^i(x) = \int_{k^+>0} \frac{\mathrm{d}k^+ \mathrm{d}^2\boldsymbol{k}_\perp}{16\pi^3} \sum_\lambda \{a(k,\lambda)\boldsymbol{\varepsilon}_\perp^i(\lambda)\mathrm{e}^{-\mathrm{i}\boldsymbol{k}\cdot\boldsymbol{x}} + \text{复共轭项}\}_{\tau=x^+=0}, \tag{4.172}$$

由场量的正则对易关系

$$\{\psi_+(x), \psi_+^\dagger(y)\} = \Lambda_+ \delta^3(x-y),$$
$$[A^j(x), \partial^+ A^i(y)] = \delta^{ij}\delta^3(x-y), \tag{4.173}$$

可以给出产生和湮灭算符的对易关系

$$\{b(k,\lambda), b^\dagger(p,\lambda')\} = \{d(k,\lambda), d^\dagger(p,\lambda')\}$$
$$= [a(k,\lambda), a^\dagger(p,\lambda')]$$
$$= 16\pi^3 k^+ \delta^3(\boldsymbol{k}-\boldsymbol{p})\delta_{\lambda\lambda'}, \tag{4.174}$$
$$\{b,b\} = \{d,d\} = \cdots = 0,$$

其中 λ 是夸克和胶子的螺旋度，ε^μ 是胶子的极化矢量.

定义真空态 $|0\rangle$

$$b|0\rangle = d|0\rangle = 0, \tag{4.175}$$

从而由产生和湮灭算符定义一组 Fock 空间的基 $|n; k_i^+, \boldsymbol{k}_{\perp i}\rangle$，其中 $\boldsymbol{k}_{\perp i}$ 是第 i 个部分子（夸克和胶子）的横向动量，每个部分子都在质壳上，即 $k_i^2=m_i^2$ 或 $k_i^- = \dfrac{\boldsymbol{k}_{\perp i}^2+m_i^2}{k_i^+}$. 列出 Fock 空间的基：

$$
\begin{aligned}
&|0\rangle,\\
&|q\bar{q};\boldsymbol{k}_j,\lambda_j\rangle = b^+(\boldsymbol{k}_1,\lambda_1)d^+(\boldsymbol{k}_2,\lambda_2)|0\rangle,\\
&\vdots
\end{aligned}
\tag{4.176}
$$

式中 λ_j 是每个部分子(夸克或胶子)的螺旋度. Fock 基的归一化定义为 $\langle k|q\rangle = 2k^+(2\pi)^3\delta^3(\boldsymbol{k}-\boldsymbol{q})$. 应该说明的一点是这里定义的真空态忽略了非 Abel 规范场大距离结构的某些微妙的效应(例如瞬子等),固然这些效应将对真空产生深奥的影响,然而这里可以看作某种等效 Hamilton 量来描述,而给出一组 Fock 空间的基. 如果我们集中考虑短距离相互作用理论,可以假定不受这种结构的影响.

从(4.167)式拉氏函数 L 可以写出总 Hamilton 量的表达式

$$
H_{\mathrm{LC}} \equiv P^- = H_0 + V, \tag{4.177}
$$

这里自由 Hamilton 量

$$
\begin{aligned}
H_0 &= \int \mathrm{d}^3x\left\{\mathrm{tr}(\boldsymbol{\partial}_\perp^i \boldsymbol{A}_\perp^j\, \boldsymbol{\partial}_\perp^i \boldsymbol{A}_\perp^j) + \psi_+^+(\mathrm{i}\boldsymbol{\partial}_\perp\cdot\boldsymbol{\alpha}_\perp+\beta m)\frac{1}{\mathrm{i}\partial^+}(\mathrm{i}\boldsymbol{\partial}_\perp\cdot\boldsymbol{\alpha}_\perp+\beta m)\psi_+\right\}\\
&= \sum_{\lambda,\text{色}}\int\frac{\mathrm{d}k^+\,\mathrm{d}^2\boldsymbol{k}_\perp}{16\pi^3k^+}\left\{a^+(\boldsymbol{k},\lambda)a(\boldsymbol{k},\lambda)\frac{\boldsymbol{k}_\perp^2}{k^+} + b^+(\boldsymbol{k},\lambda)b(\boldsymbol{k},\lambda)\frac{\boldsymbol{k}_\perp^2+m^2}{k^+}\right.\\
&\quad\left. + d^+(\boldsymbol{k},\lambda)d(\boldsymbol{k},\lambda)\frac{\boldsymbol{k}_\perp^2+m^2}{k^+}\right\} + \text{常数},
\end{aligned}
\tag{4.178}
$$

相互作用

$$
\begin{aligned}
V = \int\mathrm{d}^3x&\left\{2g\,\mathrm{tr}(\mathrm{i}\partial^\mu\widetilde{A}^\nu[\widetilde{A}_\mu,\widetilde{A}_\nu]) - \frac{g^2}{2}\mathrm{tr}([\widetilde{A}^\mu,\widetilde{A}^\nu][\widetilde{A}_\mu,\widetilde{A}_\nu])\right.\\
&+ g\,\bar{\widetilde{\psi}}\widetilde{A}\widetilde{\psi} + g^2\,\mathrm{tr}\left([\mathrm{i}\partial^+\widetilde{A}^\mu,\widetilde{A}_\mu]\frac{1}{(\mathrm{i}\partial^+)^2}[\mathrm{i}\partial^+\widetilde{A}^\nu,\widetilde{A}_\nu]\right)\\
&+ g^2\,\bar{\widetilde{\psi}}\widetilde{A}\frac{\gamma^+}{2\mathrm{i}\partial^+}\widetilde{A}\widetilde{\psi} - g^2\,\bar{\widetilde{\psi}}\gamma^+\left(\frac{1}{(\mathrm{i}\partial^+)^2}[\mathrm{i}\partial^+\widetilde{A}^\mu,\widetilde{A}_\mu]\right)\widetilde{\psi}\\
&\left.+\frac{g^2}{2}\bar{\psi}\gamma^+T^a\psi\frac{1}{(\mathrm{i}\partial^+)^2}\bar{\psi}\gamma^+T^a\psi\right\},
\end{aligned}
\tag{4.179}
$$

其中 $\widetilde{\psi}=\widetilde{\psi}_- + \psi_+ (\to\psi$ 当 $g\to 0)$, $\widetilde{A}_\mu = (0,\widetilde{A}^-,\boldsymbol{A}_\perp^i)(\to A_\mu$ 当 $g\to 0)$. 式(4.179)中前三项就相应于三胶子、四胶子和夸克-胶子的相互作用顶点,后四项则是 τ 次序微扰论中所特有的瞬时相互作用项. 前面定义的 Fock 组态 $|n;k_i^+,\boldsymbol{k}_{\perp i}\rangle$ 显然是 H_0 的本征态,其本征值为

$$
H_0|n;k_i^+\boldsymbol{k}_{\perp i}\rangle = \sum_i^n\left(\frac{\boldsymbol{k}_\perp^2+m}{k^+}\right)_i|n;k_i^+\boldsymbol{k}_{\perp i}\rangle, \tag{4.180}
$$

它们不是 V 的本征态. 在 V 中前三项相应于三胶子、胶子-夸克顶角,后四项包含瞬时 Fermi 子和瞬时胶子传播子相互作用. 所有顶点保持三动量 $\boldsymbol{k}=(k^+,\boldsymbol{k}_\perp)$ 守恒. 除真空态外所有 Fock 组态有 $k^+>0$,因为每个组成的裸量子的 $k^+>0$. 因此,

Fock 空间真空态为 V 的本征态，也是总的光锥 Hamilton 量的本征态. 亦即除了真空态以外，它们都不是 QCD 总 Hamilton 量的本征态.

在定义了 Fock 空间的基(4.176)和总 Hamilton 量(4.177)以后我们可以讨论 τ 次序微扰论. 设初态为$|\mathrm{i}\rangle$，在 τ 时刻的终态为$|\mathrm{f}\rangle$，其几率振幅为

$$\langle \mathrm{f}|\frac{1}{\varepsilon - H_{\mathrm{LC}} + \mathrm{i}0_+}|\mathrm{i}\rangle = \langle \mathrm{f}|\frac{1}{\varepsilon - H_0 + \mathrm{i}0_+} + \frac{1}{\varepsilon - H_0 + \mathrm{i}0_+}V\frac{1}{\varepsilon - H_0 + \mathrm{i}0_+} + \frac{1}{\varepsilon - H_0 + \mathrm{i}0_+}V\frac{1}{\varepsilon - H_0 + \mathrm{i}0_+}V\frac{1}{\varepsilon - H_0 + \mathrm{i}0_+} + \cdots|\mathrm{i}\rangle, \tag{4.181}$$

如果将其中$\left(\frac{1}{\varepsilon - H_0}\right)$代之为 Fock 组态分解

$$\frac{1}{\varepsilon - H_0 + \mathrm{i}0_+} = \sum_{n,\lambda_i}\int\widetilde{\prod}\frac{\mathrm{d}k_i^+\mathrm{d}^2\boldsymbol{k}_{\perp i}}{16\pi^3 k_i^+}\frac{|n;k_i^+\lambda_i\rangle\langle n;k_i\lambda_i|}{\varepsilon - \sum_i\left(\frac{\boldsymbol{k}_{\perp i}^2 + m_i^2}{k_i^+}\right) + \mathrm{i}0_+}, \tag{4.182}$$

那么就可以得到微扰论规则. 其中 n 是对所有可能的中间态求和. 在计算中必须考虑所有可能的 τ 次序图. (4.181)式定义的参量 ε 标志着一个 Fock 组态远离能量壳的程度. 每一组态内的裸量子是处于质壳上，即

$$k_i^2 = m_i^2 \quad 或 \quad k_i^- = \frac{\boldsymbol{k}_{\perp i}^2 + m_i^2}{k_i^+}, \tag{4.183}$$

但它们是离能壳的，即 $\varepsilon_n = M^2 - \sum_i^n\left(\frac{\boldsymbol{k}_{\perp i}^2 + m_i^2}{k_i^+}\right) \neq 0$. 这里，我们采用了物理的光锥规范，$\eta\cdot A = A^+ = 0$. 选择光锥规范对于那些光锥为主的过程做微扰分析时比较简单. 此外，在这样一个规范下，既没有负度规 Bose 子态也不存在鬼态，因而将给出一组简单而有用的 Fock 空间的基. 这一组基正对应于强子中部分子组态，因此对于描述强子态是方便的.

具体计算中按照下述规则进行：

(1) 赋予每一条夸克或胶子线一个动量 $k^\mu = (k^+, k^-, \boldsymbol{k}_\perp)$，它们在质壳上，即 $k^2 = m^2$，或 $k^- = (\boldsymbol{k}_\perp^2 + m^2)/k^+$. 其中 k^+，$\boldsymbol{k}_\perp$ 在每个顶角是守恒的.

对于在壳的 Fermi 子旋量波函数，

$$\left.\begin{aligned}
u_\uparrow(k) &= \frac{1}{\sqrt{k^+}}(k^+ + \beta m + \boldsymbol{\alpha}_\perp\cdot\boldsymbol{k}_\perp)\chi(\uparrow),\\
u_\downarrow(k) &= \frac{1}{\sqrt{k^+}}(k^+ + \beta m + \boldsymbol{\alpha}_\perp\cdot\boldsymbol{k}_\perp)\chi(\downarrow),\\
v_\uparrow(k) &= \frac{1}{\sqrt{k^+}}(k^+ - \beta m + \boldsymbol{\alpha}_\perp\cdot\boldsymbol{k}_\perp)\chi(\downarrow),\\
v_\downarrow(k) &= \frac{1}{\sqrt{k^+}}(k^+ - \beta m + \boldsymbol{\alpha}_\perp\cdot\boldsymbol{k}_\perp)\chi(\uparrow),
\end{aligned}\right\} \tag{4.184}$$

其中

$$\chi(\uparrow)=\frac{1}{\sqrt{2}}\begin{bmatrix}1\\0\\1\\0\end{bmatrix},\quad \chi(\downarrow)=\frac{1}{\sqrt{2}}\begin{bmatrix}0\\1\\0\\-1\end{bmatrix}. \tag{4.185}$$

对于胶子线标记为极化矢量 ε^{μ}，

$$\varepsilon^{\mu}=\left(0,\frac{2\boldsymbol{\varepsilon}_{\perp}\cdot\boldsymbol{k}_{\perp}}{\boldsymbol{k}^{+}},\boldsymbol{\varepsilon}_{\perp}\right), \tag{4.186}$$

其中

$$\boldsymbol{\varepsilon}_{\perp}(\lambda=+)=-\frac{1}{\sqrt{2}}(1,\mathrm{i}),\quad \boldsymbol{\varepsilon}_{\perp}(\lambda=-)=\frac{1}{\sqrt{2}}(1,-\mathrm{i}). \tag{4.187}$$

(2) 每条内线含一个因子 $\theta(k^{+})/k^{+}$.

(3) 每个顶角含一个因子，标示如下：

	顶角	色因子
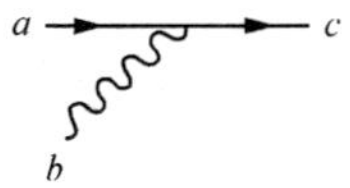	$g\bar{u}(c)\not\varepsilon_b u(a)$	T^{b}
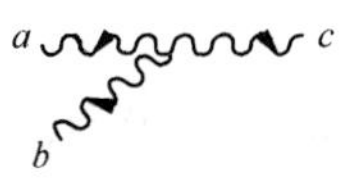	$g\{(p_a-p_b)\varepsilon_c^{*}\varepsilon_a\cdot\varepsilon_b$ ＋循环置换项}	$\mathrm{i}C^{abc}$
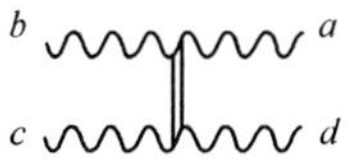	$g^{2}\{\varepsilon_b\cdot\varepsilon_c\varepsilon_a^{*}\cdot\varepsilon_d^{*}+\varepsilon_a^{*}\cdot\varepsilon_c\varepsilon_b\cdot\varepsilon_d^{*}\}$	$\mathrm{i}C^{abe}\mathrm{i}C^{cbe}$
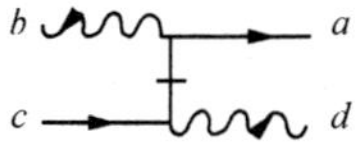	$g^{2}\bar{u}(a)\not\varepsilon_b\dfrac{\gamma^{+}}{2(p_c^{+}-p_d^{+})}\not\varepsilon_c^{*}U$	$T^{b}T^{d}$
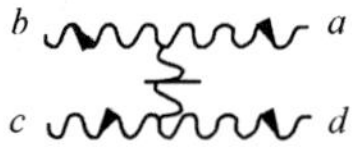	$g^{2}\varepsilon_a^{*}\cdot\varepsilon_b\dfrac{(p_a^{+}-p_b^{+})(p_c^{+}-p_d^{+})}{(p_c^{+}+p_b^{+})^{2}}\varepsilon_d^{*}\cdot\varepsilon_c$	$\mathrm{i}C^{abe}\mathrm{i}C^{cde}$
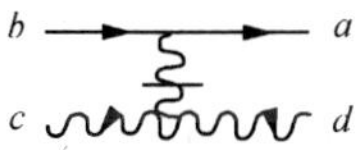	$g^{2}\bar{u}(a)\gamma^{+}u(b)\dfrac{(p_c^{+}-p_d^{+})}{(p_c^{+}+p_d^{+})^{2}}\varepsilon_d^{*}\cdot\varepsilon_c$	$\mathrm{i}C^{cde}T^{e}$
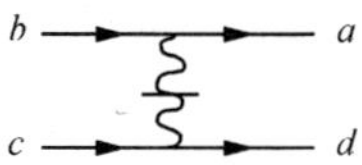	$g^{2}\dfrac{\bar{u}(a)\gamma^{+}u(b)\bar{u}(d)\gamma^{+}u(c)}{(p_c^{+}-p_d^{+})^{2}}$	$T^{e}T^{e}$

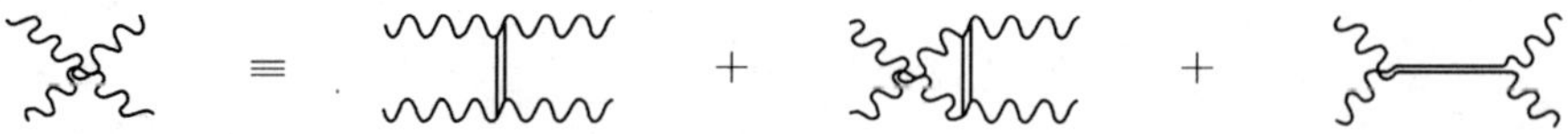

在顶角中入射粒子变为出射粒子时作下列变换，反之亦然，

$$u \leftrightarrow v, \quad \bar{u} \leftrightarrow -\bar{v}, \quad \varepsilon \leftrightarrow \varepsilon^{*}.$$

后四个顶点图相应于(4.179)式中四个瞬时相互作用项.

(4) 对于 τ 次序微扰论图的每个中间态，将有一个能量分母因子

$$\frac{1}{\varepsilon - \sum_{\text{中间态}} k^{-} + \mathrm{i}0_{+}}, \tag{4.188}$$

其中 ε 是入射的离壳能量，式中求和是对所有中间态求和.

(5) 对图中每个内线独立变量 k 积分 $\int \frac{\mathrm{d}k^{+}\ \mathrm{d}^{2}\boldsymbol{k}_{\perp}}{16\pi^{3}}$，对螺旋度和色指标求和.

(6) 对每个 Fermi 子圈图贡献一个(−1)因子.

参考文献

[1] Bleuler K. Hele. Phys. Acta., 1950, 23: 567.
[2] Gupta S N. Proc. Phys. Soc., 1950, AG3: 681.
[3] Faddeev L, Popov V N. Phys. Lett., 1967, B25: 29.
[4] Feynman R P. Rev. Mod. Phys., 1948, 20: 367; Acta Phys. Polonica, 1963, 24: 697.
[5] Abers E S, Lee B W. Phys. Report, 1973, 9C: 1.
[6] Gribov V N. Nucl. Phys., 1978, B139: 1.
[7] Ohnuki Y, Kashiwa T. Prog. Theor. Phys., 1978, 60: 548.
[8] Bjorken J B, Drell S D. Relativistic quantum fields. McGraw-Hill, 1965.
[9] Faddeev L D, Slavnov A A. Gauge fields. Addison-Wesley, 1988.
[10] Itzykson C, Zuber J-B. Quantum field theory. McGraw-Hill, 1980.
[11] Muta T. Foundation of quantum chromodynamics. World Scientific Publishing Company, 1998.
[12] Schwinger J. Particles, sources and fields. Addison-Wesley, 1973.
[13] Becchi C, Rouet A, Stora R. Phys. Lett., 1974, 52B: 344; Commun. Math. Phys., 1975, 42: 127.
Tyutin I V. Lebedev Institute Preprint, 1975.
[14] Lepage G P, Brodsky S J, Huang T, Mackenzie P B. Particles and fields//Capri A Z, Kamal A N. Proceedings of the Banff Summer Institute, Banff, Alberta. Plenum, New York, 1983, V2: 83.

第五章 QCD 理论的正规化和重整化

正像 QED 一样,QCD 中当计算圈图时,也会出现对应于量子场论微扰展开圈图发散积分.此类发散积分是由于动量空间中积分积到无穷大引起的,通常称为紫外发散.为了在 QCD 中有效地计算高阶圈图修正,必须对理论进行重整化以得到有限物理量.重整化是由两部分组成的:正规化和重整化.所谓正规化就是从一给定的 Feynman 图计算,正确定义发散积分并抽出无穷大的方法.这可以通过很多方法达到,这些方法大致可以分为三类:(1) 截断法[1,2].在动量空间中积分限不积到无穷大而代之以一个大的截断参量 Λ,或使空间、时间坐标分立化,其中有一个最小的格距 a(例如格点理论).(2) 增大被积函数分母的幂次使积分收敛,例如 Pauli-Villars 正规化和解析正规化[3,4].(3) 降低时空的维数.这是′t Hooft 和 Veltman 提出的维数正规化方法[5,6].这一方法的要点是将四维发散积分定义在 $D(=4-\varepsilon)$维空间计算,当 $\varepsilon\neq 0$ 时积分是收敛的;无穷大项作为$\frac{1}{\varepsilon},\frac{1}{\varepsilon^2},\cdots$极点出现.不管哪一种方法都要引入一个参量使发散积分收敛.然而只有维数正规化可以保持理论的规范不变性和 Lorentz 协变性,因此在 QCD 中我们应用维数正规化.重整化通常可以有两种等价的方式进行:(1) 以裸参量($g_0,\cdots$)计算各阶 Feynman 图,重新定义重整化参量,使得 Feynman 图所对应的发散积分表达式重新定义后获得有限的结果.这些重新定义的有限的重整化参量吸收了所有的发散积分,给出可观测的物理结果.(2) 以重整化参量($g,\cdots$)来计算 Feynman 图,其发散积分表达式利用某种减除方式挪去奇异性而获得有限的物理结果.这两种方式都可以使得微扰论能逐阶计算下去,给出有意义的物理可观测量.本书将采用后一种重整化方法.

§5.1 维数正规化

这里仅以夸克自能单圈图为例解释正规化[6−9],在前一章中(4.131)和(4.140)式已给出夸克自由场传播子,以下以 $S_0(p)$来标记(4.140)式,

$$S_0(p)=1/(\not p-m). \tag{5.1}$$

按照上面给出的 Feynman 规则可以计算单圈图(图 5.1)的贡献,

$$S_0(p)\Sigma_{ij}^{(2)}(p)S_0(p), \tag{5.2}$$

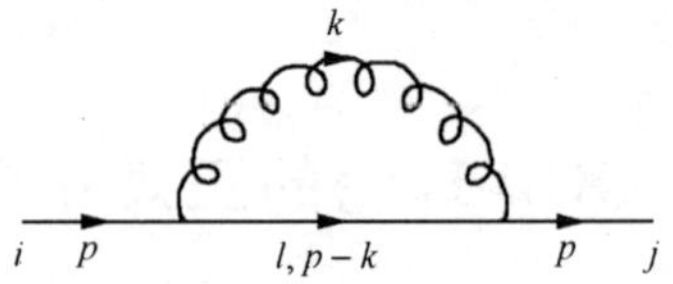

图 5.1　单圈图对夸克传播子的贡献

其中 $\Sigma_{ij}^{(2)}(p)$ 由下式给出

$$\begin{aligned}\Sigma_{ij}^{(2)}(p) &= \int \frac{\mathrm{d}^4 k}{(2\pi)^4 \mathrm{i}} g\gamma_\mu T_{il}^a \frac{\delta_{lm}}{m + \not{k} - \not{p}} g\gamma_\nu T_{mj}^b \frac{\delta_{ab}}{k^2} d^{\mu\nu}(k^2) \\ &= g^2 \delta_{ij} C_{\mathrm{F}} \int \frac{\mathrm{d}^4 k}{(2\pi)^4 \mathrm{i}} \gamma_\mu \frac{m - \not{k} + \not{p}}{k^2 (m^2 - (p-k)^2)} \gamma_\nu d^{\mu\nu}(k^2), \end{aligned} \tag{5.3}$$

这里 $i,j,l,m=1,2,3$ 是色指标. 在写出(5.3)第二步等式时已定义了色 SU(N)群因子

$$T_{il}^a \delta_{lm} \delta_{ab} T_{mj}^b = (T^a T^a)_{ij} = \delta_{ij} C_{\mathrm{F}}, \quad C_{\mathrm{F}} = \frac{N^2 - 1}{2N}, \tag{5.4}$$

对于 QCD, $C_{\mathrm{F}} = \frac{4}{3}(N=3)$. 显然(5.3)式积分是发散的, 为了简单起见取 Feynman 规范 $d_{\mu\nu}(k) = g_{\mu\nu}$ 和 $m=0$, 则有 $\Sigma_{ij}^{(2)}(p) = \delta_{ij}\Sigma^{(2)}(p)$,

$$\Sigma^{(2)}(p) = g^2 C_{\mathrm{F}} \int \frac{\mathrm{d}^4 k}{(2\pi)^4 \mathrm{i}} \gamma_\mu \frac{\not{k} - \not{p}}{k^2 (p-k)^2} \gamma^\mu. \tag{5.5}$$

对于四维积分, 当积分限为无穷大时积分(5.5)式是发散的, 第一项是线性发散, 第二项是对数发散. 实际上此积分是对数发散, 因为被积函数的对称性, 由积分变量的平移变换可证明线性发散部分为零. 然而从数学上讲, 由于积分(5.5)无定义, 不能对发散积分做变量代换, 否则会改变积分的性质而得到无意义的结果. 因此人们首先需要使用正规化定义发散积分.

现在将上述积分(5.5)式从四维时空延拓到 D 维空间

$$\Sigma^{(2)}(p) = g^2 C_{\mathrm{F}} \int \frac{\mathrm{d}^D k}{(2\pi)^D \mathrm{i}} \gamma_\mu \frac{\not{k} - \not{p}}{k^2 (p-k)^2} \gamma^\mu, \tag{5.6}$$

注意到在 D 维空间中 γ 矩阵代数性质仍保持不变, 具有下述性质:

$$\left.\begin{aligned} &(1)\ g_\mu^\mu = g_{\mu\nu} g^{\mu\nu} = D, \\ &(2)\ \{\gamma^\mu, \gamma^\nu\} = 2g^{\mu\nu}, \\ &(3)\ \gamma_\mu \gamma^\mu = D, \\ &(4)\ \gamma_\mu \gamma_\nu \gamma^\mu = (2-D)\gamma_\nu, \\ &(5)\ \mathrm{tr}(I) = 4, \\ &(6)\ \{\gamma_5, \gamma^\mu\} = 0. \end{aligned}\right\} \tag{5.7}$$

在(5.7)式的第(5)点是个约定, 因为最终要取 $D\to 4$. 在此约定下 γ 矩阵的迹为

$\mathrm{tr}(\gamma^\mu\gamma^\nu)=4g^{\mu\nu}$. 式(5.6)在 γ 矩阵收缩后变为

$$\Sigma^{(2)}(p) = g^2 C_{\mathrm{F}}(2-D)\int \frac{\mathrm{d}^D k}{(2\pi)^D \mathrm{i}} \frac{\not{k}-\not{p}}{k^2(p-k)^2}, \tag{5.8}$$

在 $D<3$ 情况下此积分是收敛的. 为了积出它的明显表达式,应用 Feynman 参量公式

$$\frac{1}{A^\alpha B^\beta} = \frac{\Gamma(\alpha+\beta)}{\Gamma(\alpha)\Gamma(\beta)}\int_0^1 \mathrm{d}x\mathrm{d}y \frac{x^{\alpha-1}y^{\beta-1}}{(xA+yB)^{\alpha+\beta}}\delta(1-x-y), \tag{5.9}$$

将积分(5.8)化为

$$\Sigma^{(2)}(p) = g^2 C_{\mathrm{F}}(2-D)\int \frac{\mathrm{d}^D k}{(2\pi)^D \mathrm{i}}(\not{k}-\not{p})\int_0^1 \frac{\mathrm{d}x}{[x(k-p)^2+(1-x)k^2]^2}, \tag{5.10}$$

由于此积分是收敛的,可以对它进行 x 和 k 积分次序交换和积分变量代换($k\to k-xp$),因此积分(5.10)变为

$$\Sigma^{(2)}(p) = -g^2 C_{\mathrm{F}}(2-D)\not{p}\int_0^1 \mathrm{d}x(1-x)\int \frac{\mathrm{d}^D k}{(2\pi)^D \mathrm{i}} \frac{1}{[k^2+x(1-x)p^2]^2}. \tag{5.11}$$

首先对 k 积分,注意到 $\mathrm{d}^D k=\mathrm{d}k_0\mathrm{d}k_1\cdots\mathrm{d}k_{D-1}$ 和 $k^2=k_0^2-k_1^2-\cdots-k_{D-1}^2$,因而对 k 的积分是在 Minkowski 空间进行,被积函数在 D 维空间不是解析的,其积分比较复杂. 考虑到对 k_0 积分被积函数是解析的,我们可以在 k_0 平面做 Wick 转动,从实轴转到虚轴(图 5.2),那么对 k 的积分就转变为在 Euclid 空间进行. 这是普通的 D 维空间积分. 令

$$k_0 \to k^D = -\mathrm{i}k^0, \quad k^D \text{ 是实数},$$

那么有

$$\mathrm{d}^D k = \mathrm{d}k^0\mathrm{d}k^1\cdots\mathrm{d}k^{D-1} \to \mathrm{i}\mathrm{d}^D k_{\mathrm{E}} = \mathrm{i}\mathrm{d}k^1\cdots\mathrm{d}k^D, \tag{5.12}$$

$$k^2 = (k^0)^2-(k^1)^2-\cdots-(k^{D-1})^2$$
$$\to -k_{\mathrm{E}}^2 = -(k^1)^2-\cdots-(k^D)^2 = -K^2, \quad K=|k_{\mathrm{E}}|. \tag{5.13}$$

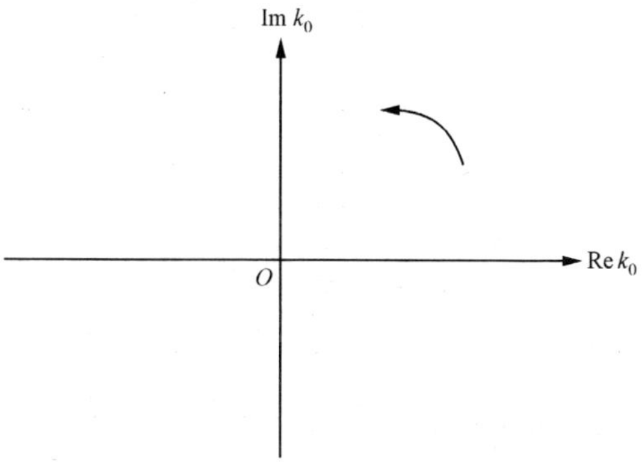

图 5.2 在 k_0 复平面从实轴转到虚轴

这样在 Wick 转动以后上述积分(5.11)就变为普通 Euclid 空间的 D 维积分

$$\Sigma^{(2)}(p) = -g^2 C_F(2-D)\not{p}\int_0^1 dx(1-x)\int \frac{d^D k_E}{(2\pi)^D}\frac{1}{[K^2+L]^2}, \tag{5.14}$$

其中

$$L = -x(1-x)p^2. \tag{5.15}$$

在 $p^2<0$(p 是类空矢量)情况下,积分(5.14)没有任何奇异性,很容易在 Euclid 空间做 D 维积分.引入 D 维空间多重积分极坐标,

$$d^D k_E = K^{D-1} dK d\Omega_D, \quad d\Omega_D = \prod_{l=1}^{D-1} \sin^{D-1-l}\theta_l d\theta_l, \quad \int d\Omega_D = \frac{2\pi^{D/2}}{\Gamma(D/2)}. \tag{5.16}$$

将(5.16)式代入到(5.14)式,再注意到 B(Beta)函数

$$B(p,q) = \int_0^\infty dt \frac{t^{p-1}}{(1+t)^{p+q}} \tag{5.17}$$

以及 B 函数和 Γ(Gamma)函数的关系

$$B(p,q) = \frac{\Gamma(p)\Gamma(q)}{\Gamma(p+q)},$$

计算可得

$$\int \frac{d^D k_E}{(2\pi)^D}\frac{1}{(K^2+L)^2} = \frac{B(D/2,2-D/2)}{(4\pi)^{D/2}\Gamma(D/2)}L^{D/2-2} = \frac{\Gamma(2-D/2)}{(4\pi)^{D/2}}L^{D/2-2}.$$

将此式和(5.15)式代入到(5.14)式可得

$$\Sigma^{(2)}(p) = -g^2 C_F(2-D)\not{p}\frac{\Gamma(2-D/2)}{(4\pi)^{D/2}}(-p^2)^{D/2-2} \cdot \int_0^1 dx x^{D/2-2}(1-x)^{D/2-1}. \tag{5.18}$$

利用 B 函数的另一表达式

$$B(p,q) = \int dx x^{p-1}(1-x)^{q-1},$$

就可将(5.18)式 x 积分化简为

$$\Sigma^{(2)}(p) = \frac{2C_F g^2}{(4\pi)^{D/2}}\not{p}\frac{\Gamma\left(2-\frac{D}{2}\right)}{(-p^2)^{2-D/2}}(D-1)B\left(\frac{D}{2},\frac{D}{2}\right), \tag{5.19}$$

此积分是在 $D<3$ 和 $p^2<0$ 的条件下获得的.我们需要将此积分对 D 和 p 作延拓至复平面.积分在延拓以后在 p^2 的复平面正实轴上有割线,当 $D=4$ 时积分发散.当 $D=4$ 时 $\Gamma\left(2-\frac{D}{2}\right)$ 是发散的.表达式(5.19)中已将所有奇异部分分离出来包含在 $\Gamma\left(2-\frac{D}{2}\right)$ 中,将 Γ 函数对 $\varepsilon\left(=\frac{4-D}{2}\right)$ 展开成极点形式,

$$\Gamma(\varepsilon) = \frac{1}{\varepsilon} - \gamma_{\mathrm{E}} + o(\varepsilon), \tag{5.20}$$

$$\mathrm{B}(N-\varepsilon, 1-\varepsilon) = \frac{1}{N}(1 + 2\varepsilon S_N - \varepsilon S_{N-1}) + O(\varepsilon^2), \tag{5.21}$$

其中

$$\left.\begin{aligned} S_N &= \sum_{j=1}^{N} \frac{1}{j}, \\ \gamma_{\mathrm{E}} &= 0.5772, \quad \text{为 Euler 常数.} \end{aligned}\right\} \tag{5.22}$$

在量子场论中通常以“质量量纲为 1”来描述[M]=1(即质量的次方为 1),亦记为 dim[M]=1. 由此 Fermi 子场的量纲为 3/2,规范场的量纲为 1,相互作用拉氏函数 $L(x)$的量纲为 4,其耦合常数 g 的量纲为 0,是无量纲量. 现在考虑 D 维时空情况,由于时间-空间维数为 D,四维时空无量纲的 g 在 D 维空间中就不再是无量纲的耦合常数. 在 D 维空间里,作用量 S 应保持无量纲量,由作用量定义

$$S = \int \mathrm{d}^D x L(x)$$

可知(以 dim 标记量纲)

$$\dim[L] = D, \quad \dim[\psi] = \frac{D-1}{2}, \quad \dim[A_\mu^a] = \frac{D-2}{2}, \tag{5.23}$$

因此应有

$$\dim[g] + 2\dim[\psi] + \dim[A_\mu^a] = D, \tag{5.24}$$

这就导致 g 的量纲为

$$\dim[g] = 2 - \frac{D}{2} = \varepsilon. \tag{5.25}$$

为了使它无量纲化,引入一量纲为 1 的标度参量 μ_0,对 g 作下列代换 $g = g_0\mu_0^\varepsilon$. 这里 g_0 是无量纲耦合常数,当 $\varepsilon \to 0$, $g_0 = g$. 注意到(5.20)和(5.21)式对 ε 展开(忽略 ε 及高次项)就得到

$$\Sigma^{(2)}(p) = \frac{g_0^2}{16\pi^2} C_{\mathrm{F}}\, \not{p} \left(\frac{1}{\varepsilon} - \ln\frac{-p^2}{\mu_0^2} + 1 + \ln 4\pi - \gamma_{\mathrm{E}} \right) + O(\varepsilon). \tag{5.26}$$

此式表达了解析延拓后的性质,括号中第一项是对数发散项($D=4$),而且在 D 维空间有确切的定义,第二项在 p^2 复平面上沿正实轴有割线.

此外,前面在获得(5.5)式时取了 Feynman 规范,即规范参量 $\alpha=1$. 当 $\alpha \neq 1$ 时,直接计算(5.3)式可以证明在 $m=0$ 的情况下(5.6)和(5.26)式修改为下列形式,

$$\Sigma^{(2)}(p) = \alpha \frac{2C_{\mathrm{F}} g^2}{(4\pi)^{D/2}} \not{p} \frac{\Gamma\left(2 - \frac{D}{2}\right)}{(-p^2)^{2-D/2}} (D-1) \mathrm{B}\left(\frac{D}{2}, \frac{D}{2}\right)$$

$$= \alpha \frac{g_0^2}{16\pi^2} C_F \not{p} \left(\frac{1}{\varepsilon} - \ln \frac{-p^2}{\mu_0^2} + 1 + \ln 4\pi - \gamma_E \right) + O(\varepsilon), \tag{5.27}$$

其中 α 是规范参量.

§5.2 重整化基本思想(单圈图)

这一节仍以上一节中夸克自能单圈图解释重整化的基本思想.(5.26)或(5.27)式就是讨论单圈图下重整化的基础.正像在QED中讨论重整化方案那样,正规化使得发散积分有了确切的定义,然后通过减除方案使得分离出来的所有发散部分通过重新定义质量和电荷而消除,最终微扰圈图计算只给出有限高阶修正结果.这也可以从另一个角度去理解,一开始就以重整化场量和重整化参量(g,…)来计算Feynman图,其发散积分表达式利用减除方式挪去奇异性而获得有限的物理结果.一旦减除方式被指定,重整化常数 Z 就可以被完全确定.

上一节讨论了夸克单圈自能图 $\Sigma^{(2)}(p)$,因此在忽略了高阶图的贡献情况下,

$$\Sigma(p) = \Sigma^{(2)}(p) + O(g^4).$$

在链式近似下夸克传播子可写作下面的展开形式(见图5.3)

$$\begin{aligned} S(p) = & S_0(p) + S_0(p)\Sigma(p)S_0(p) \\ & + S_0(p)\Sigma(p)S_0(p)\Sigma(p)S_0(p) + \cdots, \end{aligned}$$

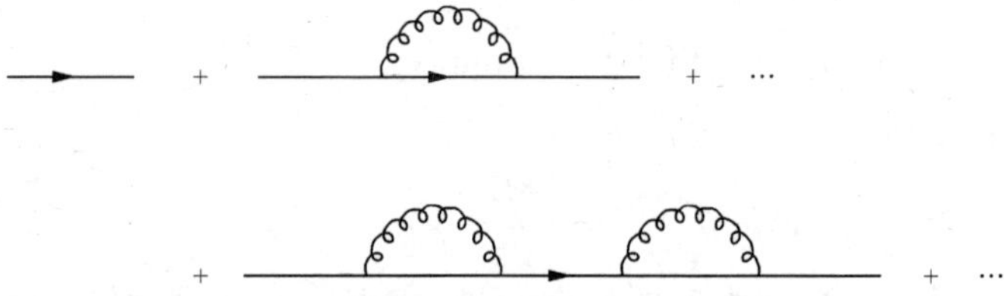

图5.3 链式近似下夸克传播子展开图示

或将此无穷级数收敛为(忽略夸克质量,$S_0(p)=1/\not{p}$)简单形式

$$S(p) = \frac{1}{\not{p}} \frac{1}{1+\sigma(p^2)}, \tag{5.28}$$

其中 $\sigma(p^2)$ 可从(5.27)式去掉 $\not{p}$ 得到,

$$\sigma(p^2) = -\frac{\alpha g_0^2}{16\pi^2} C_F \left[\frac{1}{\varepsilon} - \ln \frac{-p^2}{\mu_0^2} + 1 + \ln 4\pi - \gamma_E \right] + O(g_0^4). \tag{5.29}$$

(5.28)式表明无质量夸克传播子在单圈图修正以后仍是无质量夸克传播子.在 $\sigma(p^2)$ 中包含着发散积分(当 $\varepsilon \to 0$).

定义重整化的夸克场量和夸克传播子,

$$\psi_R = Z_2^{-1/2} \psi, \quad S_R(p) = Z_2^{-1} S(p), \tag{5.30}$$

其中 Z_2 是重整化常数,

$$S_R(p) = \frac{1}{\not p}\frac{1}{Z_2(1+\sigma(p^2))}. \tag{5.28'}$$

将 Z 按 g_0^2 幂次展开并在上式分母中仅保留 g_0^2 项而忽略高阶项,

$$Z_2 = 1 - z_2 + O(g_0^4),$$

$$Z_2(1+\sigma(p^2)) = 1+\sigma(p^2) - z_2 + O(g_0^4),$$

因而给出在保留 g_0^2 阶的重整化传播子 $S_R(p)$ 的表达式,

$$S_R(p) = \frac{1}{\not p}\frac{1}{(1+\sigma(p^2)-z_2)}. \tag{5.31}$$

它应是有限的,这意味着 z_2 中的发散部分应与 $\sigma(p^2)$ 中的发散部分相消,这就确定了 z_2 中的发散部分,但还不能确定它的有限部分. 通常为了确定 z_2 有下述几种减除方案(scheme).

(1) 固定动量点减除方案(MOM)[10—12]: 这一种减除方案是在动量空间里的某一点上定义重整化的传播子和顶角具有确定值. 例如可以选择任一动量点 μ,当 $p^2=-\mu^2$ 时,重整化的传播子 $S_R^{-1}(P)$ 在 $p^2=-\mu^2$ 点上有

$$S_R^{-1}(p) = \not p, \quad 当\ p^2 = -\mu^2(\mu^2>0). \tag{5.32}$$

由此重整化归一条件可以得到

$$z_2 = Z_2 - 1 = \sigma(p^2=-\mu^2) = -\frac{\alpha g_0^2}{16\pi^2}C_F\left[\frac{1}{\varepsilon} - \ln\frac{\mu^2}{\mu_0^2} + 1 + \ln 4\pi - \gamma_E\right],$$

$$Z_2 = 1 + \frac{\alpha g_0^2}{16\pi^2}C_F\left[\frac{1}{\varepsilon} - \ln\left(\frac{\mu^2}{\mu_0^2}\right) + 1 + \ln 4\pi - \gamma_E\right]. \tag{5.33a}$$

固定动量点减除方案就是选择 $p^2=-\mu^2$,以 $\sigma(p^2)$ 减去 $\sigma(-\mu^2)$,即

$$\sigma(p^2) - z_2 = \sigma(p^2) - \sigma(-\mu^2) = \frac{\alpha g_0^2}{16\pi^2}C_F\left[\ln\frac{-p^2}{\mu^2}\right],$$

由此而给出夸克传播子包括 $g_0^2(=g^2,\varepsilon\to 0)$ 阶修正的表达式为

$$S_R(p) = \frac{1}{\not p}\left(1 + \alpha\frac{g^2}{(4\pi)^2}C_F\ln\frac{-p^2}{\mu^2}\right)^{-1}. \tag{5.33b}$$

(2) 最小减除方案(MS): 在动量减除方案中,$\sigma(p^2)$ 中不仅减去了发散项 $\frac{1}{\varepsilon}$,而且减去了常数项,致使 Z_2 包含常数项比较复杂,这在计算重整化群参数和反常量纲时很不方便. 1973 年 't Hooft 提出一种最小减除方案[13],即减除时仅挪去那些发散项 $\frac{1}{\varepsilon}$. 例如在上面的例子中仅挪去 $\sigma(p^2)$ 中的发散项而得到

$$\sigma(p^2) - z_2 = -\frac{\alpha g^2}{16\pi^2}C_F\left[\ln\frac{-p^2}{\mu_0^2} - 1 - \ln 4\pi + \gamma_E\right]$$

以及

$$Z_2 = 1 + \frac{\alpha g_0^2}{16\pi^2}C_F\,\frac{1}{\varepsilon}. \tag{5.34a}$$

这样，Z_2 比较简单，$S_R(p)$ 要复杂一些，

$$S_R(p) = \frac{1}{\not p}\left[1 + \alpha\frac{g^2}{(4\pi)^2}C_F\left(\ln\frac{-p^2}{\mu_0^2} - 1 - \ln 4\pi + \gamma_E\right)\right]^{-1}. \quad (5.34b)$$

由于 Z_2 简单，便于计算重整化参量和反常量纲. 这里很自然要提出一个问题，不同的减除方案给出的 $S_R(p)$ 不一样，是否会影响物理结果？回答是否定的，不影响. 因为 $S_R(p)$ 依赖于减除方案，而物理量是由 $\Sigma_R^{(2)}$ 和其他依赖于减除方案的表达式组成的，相消的结果就给出不依赖于减除方案的物理量.

(3) 修正的最小减除方案($\overline{\text{MS}}$)：在式(5.34b)中$(\ln 4\pi - \gamma_E)$是 MS 减除方案所特有的常数项. 1978 年 Bardeen 等人提出引入一修正的最小减除方案($\overline{\text{MS}}$)[14]，在 $S_R(p)$ 中挪掉这一常数项，即

$$Z_2 = 1 + \frac{\alpha g_0^2}{16\pi^2}C_F\left(\frac{1}{\varepsilon} - \gamma_E + \ln 4\pi\right), \quad (5.35a)$$

$$S_R(p) = \frac{1}{\not p}\left[1 + \alpha\frac{g^2}{(4\pi)^2}C_F\left(\ln\frac{-p^2}{\mu_0^2} - 1\right)\right]^{-1}. \quad (5.35b)$$

这对于在计算双圈图修正中改善微扰级数收敛性是有好处的.

以上三种减除方案虽不同，但其共同点是从计算中挪去发散项而重新定义重整化的场量和参量. 所以重整化方案包括两部分：正规化和减除. 正规化是使发散积分有确切的定义，减除是消去理论的发散而获得确定有限的结果，为此引入合适的抵消项和自然的物理归一化条件是必要的.

比较(5.28)和(5.31)式可以见到重整化后的夸克传播子是将未重整化传播子中

$$\not p\sigma(p^2) \rightarrow \not p(\sigma(p^2) - z_2) = \not p(\sigma(p^2) - (Z_2 - 1)),$$

$\sigma(p^2)$中的发散项正好与$(Z_2 - 1)$中的发散项相消. 不同的减除方案只相差其中的常数如何定义. 仔细考察(5.28)式如何计算得到的，就可以见到(5.31)式也可以通过下述方式获得：(1) 将拉氏函数中场量和参量代之以重整化的场量和参量. (2) 在拉氏函数中附加抵消项的拉氏量，为了构造抵消项必须将发散积分正规化使得积分有意义，找出相应的抵消项附加到拉氏函数上. 如对于无质量夸克自能其抵消项为

$$(Z_2 - 1)\bar\psi_R \mathrm{i}\gamma^\mu\partial_\mu\psi_R. \quad (5.36)$$

(3) 抵消项的系数完全由加在 Green 函数上的归一化条件所确定，即对 Green 函数要求满足归一化条件不仅确定了抵消项的发散部分而且也确定了有限部分. 从这样带有抵消项的重整化拉氏函数出发计算，就自然获得了(5.31)式有限的结果. 对于可重整化理论这样的步骤还应证明不仅在微扰论的单圈图成立，而且对微扰论的所有阶成立. 这就是重整化的基本思想.

本节是以无质量夸克自能为例解释维数正规化和重整化并引入了抵消项(5.36)，对于 QCD 完全的拉氏函数还应引入相应于胶子自能、顶角、鬼粒子等相关的抵消项. 这将在下一节中逐一给出.

这一节对于无质量夸克介绍了三种减除方案，在 QED 中电子有质量，还有另

一种减除方案,即质壳减除方案.这种方式是将(5.32)式定义改为

$$S_{\mathrm{R}}^{-1}(p) = \not{p} - m, \quad \text{当 } p^2 = m^2, \tag{5.32'}$$

由此定义 $z_2=\sigma(m^2)$,这是量子电动力学(QED)中所用的方法.由于 QED 中存在 Thompson 极限来定义实验上的电荷 $\alpha=\dfrac{e^2}{4\pi}$,而在 QCD 中即使考虑到夸克质量不为零,由于存在非微扰效应而无法定义低能行为,人们也不能采用质壳减除方案.

本节以夸克自能为例在单圈近似下引入重整化常数 Z_2,重新定义重整化场量 ψ_{R},在拉氏量中附加抵消项 $(Z_2-1)\bar{\psi}_{\mathrm{R}}\mathrm{i}\gamma^\mu\partial_\mu\psi_{\mathrm{R}}$.同样地对于胶子、鬼场、顶角等做单圈图计算可以得到相应的重整化常数和抵消项.这里不一一计算,而是按此方法先引入重整化常数和相应的抵消项,然后在§5.4 再做具体计算,给出重整化常数和抵消发散后的有限结果.对于胶子自能计算需考虑图 5.4 中三种图形:胶子单圈修正,鬼场单圈修正和夸克单圈修正.如果将胶子单圈修正的三个图形加在一起以一个阴影圆圈表示,图 5.5 就给出链式近似下的胶子传播子展开式.通过单圈图计算,引入重整化常数 Z_3,而定义重整化场量 $A_{\mathrm{R}\mu}$.对于夸克-胶子顶角,其单圈修正见图 5.6,通过夸克-胶子顶角耦合常数 g 计算引入重整化常数 Z_g,定义重整化耦合常数 g_{R}.对于鬼场计算引入重整化常数 $\widetilde{Z}_3$,定义重整化场量 χ_{R}.

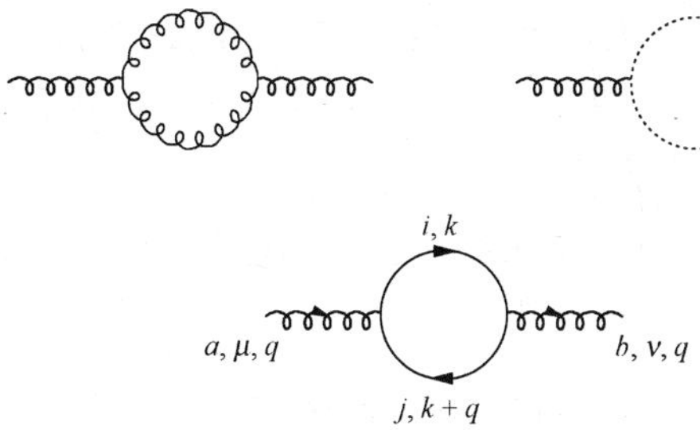

图 5.4　胶子传播子的单圈修正图

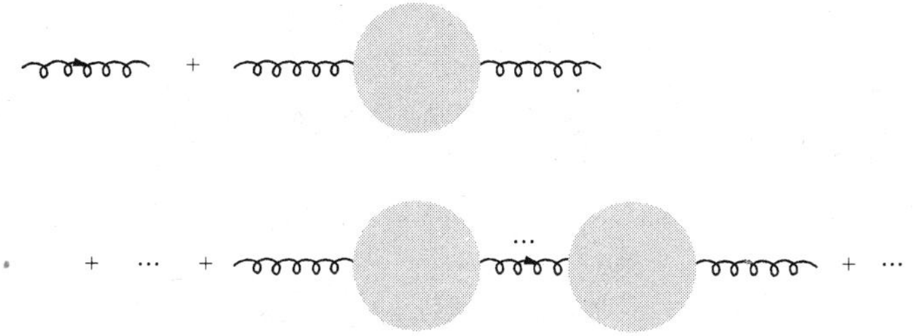

图 5.5　链式近似下胶子传播子展开图示

如果保持夸克质量项 m,还需引入重整化常数 Z_m,定义重整化质量 m_{R}.因此在 QCD 中我们将定义下述重整化场量和参量

$$\psi = Z_2^{1/2}\psi_{\mathrm{R}}, \quad A_\mu^a = Z_3^{1/2}A_{\mathrm{R}\mu}^a, \quad \chi_{1,2}^a = \widetilde{Z}_3^{1/2}\chi_{1,2\mathrm{R}}^a, \tag{5.37}$$

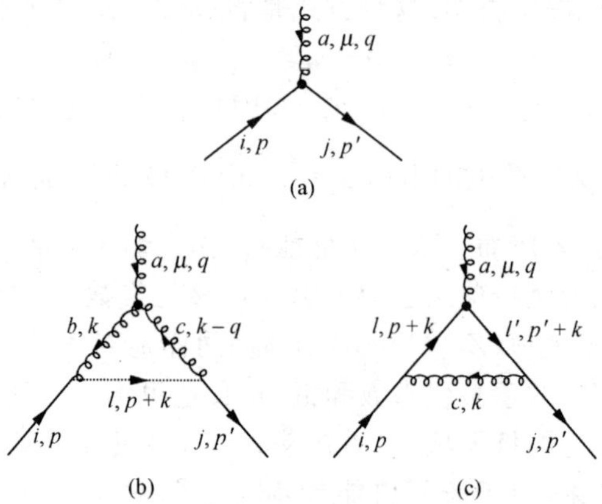

图 5.6 夸克-胶子顶角单圈修正图

$$g = Z_g g_R, \quad \alpha = Z_3 \alpha_R, \quad m = Z_m m_R, \tag{5.38}$$

这里选择了规范参量 α 的重整化常数与胶子的相同,这就使得规范固定项在重新定义后具有相同的形式. 这里引入了五个重整化常数,本节只给出了 Z_2,其余常数具体形式将在 §5.4 讨论.

按照前面提到的重整化后的结果可以将拉氏函数(4.108)—(4.113)中场量和参量代以重整化的场量和参量,并引入相应的抵消项 L_C,而得到新的拉氏函数,

$$L = L_{\text{eff}}^{\text{R0}} + L_{\text{eff}}^{\text{RI}} + L_C, \tag{5.39}$$

其中 $L_{\text{eff}}^{\text{R0}} + L_{\text{eff}}^{\text{RI}}$ 就是(4.108)—(4.113)式中将裸的场量和参量代以重整化的场量和参量,而引入的抵消项 L_C 由下式定义

$$\begin{aligned} L_C = &-(Z_3 - 1)\frac{1}{4}(\partial_\mu A^a_{R\nu} - \partial_\nu A^a_{R\mu})(\partial^\mu A^{a\nu}_R - \partial^\nu A^{a\mu}_R) \\ &+ (\widetilde{Z}_3 - 1)\mathrm{i}(\partial^\mu C^a_{1R})(\partial_\mu C^a_{2R}) + (Z_2 - 1)\bar{\psi}^i_R(\mathrm{i}\gamma^\mu\partial_\mu - m_R)\psi^i_R \\ &- (Z_2 Z_m - 1)m_R \bar{\psi}^i_R \psi^i_R \\ &- (Z_g Z_3^{3/2} - 1)\frac{1}{2} g_R f^{abc}(\partial_\mu A^a_{R\nu} - \partial_\nu A^a_{R\mu})A^{b\mu}_R A^{c\nu}_R \\ &- (Z_g^2 Z_3^2 - 1)\frac{1}{4} g_R^2 f^{abe} f^{cde} A^a_{R\mu} A^b_{R\nu} A^{c\mu}_R A^{d\nu}_R \\ &- (Z_g \widetilde{Z}_3 Z_3^{1/2} - 1)\mathrm{i} g_R f^{abc}(\partial^\mu C^a_{1R}) C^b_{2R} A^c_{R\mu} \\ &+ (Z_g Z_2 Z_3^{1/2} - 1) g_R \bar{\psi}^i_R T^a_{ij} \gamma^\mu \psi^j_R A^a_{R\mu}. \end{aligned} \tag{5.40}$$

这五个重整化常数 $Z_2, Z_3, \widetilde{Z}_3, Z_g, Z_m$ 的确定就像前面讨论夸克自能时确定 Z_2 一样消去圈图的发散部分. 而且不仅在单圈图下还要在含有高阶图中消去发散,使得整个理论自洽地得到有限的结果. 由于完成重整化的证明比较复杂,在本章 §5.8 只给出对微扰论所有阶重整化成立的直观性的解释,有兴趣的读者可以参考有关文献.

§ 5.3　表面发散度和可重整理论

本章 § 5.1 中讨论了夸克自能单圈修正图的贡献，这是一个发散积分，简单地数幂次可估出此积分的发散性质. 例如将(5.5)式中的积分动量放大 λ 倍并令 λ 趋于无穷，其积分趋于无穷的幂次就是此积分的发散行为. 显然积分 $\Sigma_{ij}^{(2)}(p)$ 在 $k\to\lambda k,\lambda\to\infty$ 时的行为

$$\Sigma_{ij}^{(2)}(p)=g^2C_{\mathrm{F}}\int\frac{\mathrm{d}^4k}{(2\pi)^4\mathrm{i}}\gamma_\mu\frac{\not k-\not p}{k^2(p-k)^2}\gamma^\mu\sim\int\mathrm{d}^4k\,\frac{k}{k^2k^2}\sim\lambda \tag{5.41}$$

表明它是线性发散积分. 然而经过认真计算知道，由于 Lorentz 协变性导致线性发散项消失，实质上它是一个对数发散积分. 对于简单地数幂次判断积分的发散性质的办法，可以通过引入表面发散度概念来表达. 从夸克自能单圈图修正的发散积分，可以见到由数幂次得到的发散积分的性质并不准确，正是这个原因称它为表面发散度.

这一节的讨论放在真实的四维空间里进行，推广到 D 维是直接的. 所谓给定一个 Feynman 图 G 的表面发散度，就是用一个共同因子 λ 同时放大所有内部动量 $k_i\to\lambda k_i$，然后令 λ 趋于无穷大，与图 G 相应的积分行为 $I_G\sim\lambda^{d(G)}$，其 λ 的幂次 $d(G)$ 称为图 G 的表面发散度(图 5.7).

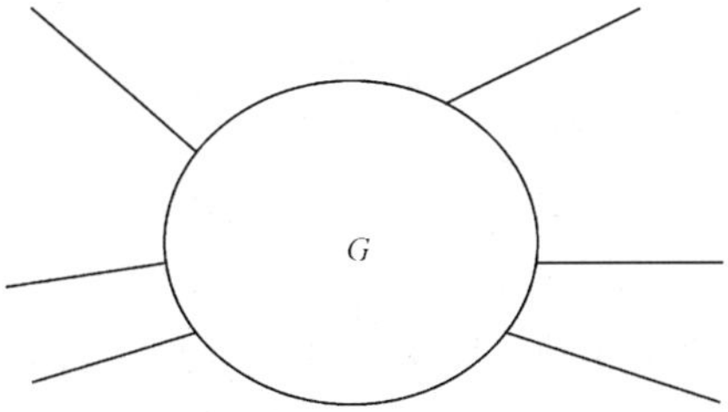

图 5.7　任一图 G 的表面发散度 $d(G)$

当表面发散度 $d(G)\geqslant 0$，即非负数时，积分是发散的. 当表面发散度 $d(G)<0$ 时，积分是收敛的. 然而即使整个图形的 $d(G)<0$，但也可能包含发散的子图形，此时积分是表面收敛的. 显然，表面发散度依赖于内线动量、顶角和圈图数.

以汤川型相互作用为例，此类相互作用拉氏函数由自旋为 $\frac{1}{2}$ 的 Fermi 子和自旋为 1 或 0 的媒介子构成. 设

n_{F}：图 G 内部 Fermi 子线的数目；

n_{B}：图 G 内部 Bose 子线的数目；

l：图 G 包含独立圈的数目；

V：图 G 包含顶角的数目.

它们贡献的幂次行为分别是：每条内部 Fermi 子传播子在大动量时具有 λ^{-1} 的行为，每条内部 Bose 子传播子在大动量时具有 λ^{-2} 的行为，每个圈动量积分 d^4k 贡献幂次行为 λ^4，而图 G 包含的每个顶角在相互作用拉氏函数相应项中含有场量微商时，贡献幂次行为 λ^{δ_V}，δ_V 就是作用在那些收缩后给出内部传播子的顶角 V 上的微商数. 这样由前面的定义可知图 G 的表面发散度为

$$d(G) = 4l + \Big(\sum_{\text{顶角}} \delta_V\Big) - n_F - 2n_B. \tag{5.42}$$

如果图 G 只是单圈图，若表面发散度 $d(G)<0$，其积分是有限的；若 $d(G)=0$，其积分是对数发散的；若 $d(G)>0$，其积分是幂次发散的. 然而对于高阶图，单靠表面发散度判断是不够的，因为尽管对某一高阶图 G 的表面发散度 $d(G)<0$，但它的子图 g 可能是发散的，因而图 G 仍然是发散的. 这在以后的讨论中会见到这种情形. 所以说一个图形 G 的表面发散度 $d(G)\geqslant 0$ 是此图形发散的必要条件而不是充分条件.

由此可见，有些图形虽然相应的表面发散度 $d(G)<0$，不能判断它一定是不发散的，因它可能包含着基本发散图形 g 为它的子图，使它仍然是发散的. 这就需要找出这些基本发散图形，对基本发散图形分析清楚了，就有助于解决理论中出现的发散困难. 为此，我们定义原始发散图形和非原始发散图形. 一个发散图形，在将它的任一条内线切断使之成为二条外线后，此图便成为一个不再发散的图形，则称此图形为原始发散图形. 否则称为非原始发散图形. 非原始发散图形一定可以分解或约化为原始发散图形. 原始发散图形也可以从矩阵元来定义，即在与这些图形相应的矩阵元中，如果令任何一个内部动量取一定数值而不对它进行积分，若得到的是收敛积分，那么与此积分相对应的图形称为原始发散图形.

收敛性定理[15] 如果对于所有可能的子图 $g\in G$ 有 $d(g)<0$，那么相应图 G 的 Feynman 积分是绝对收敛的(在 Euclid 空间里).

此定理不做证明了，读者可以在任何一本量子场论书中找到它的证明. 这里只作一点注解. 此定理的证明虽然是在 Euclid 空间做的，但注意到传播子包含一个虚部 $i\varepsilon$，在 Minkowski 空间和 Euclid 空间的收敛性就是等价的.

由拓扑关系式

$$l = n_B + n_F + 1 - V, \tag{5.43}$$

可以将(5.42)式记为

$$d(G) - 4 = 3n_F + 2n_B + \sum_{\text{顶角}} (\delta_V - 4), \tag{5.44}$$

在(5.44)式中 n_F 和 n_B 都是内线数目，不太方便，可以通过相互作用项性质和图的拓扑性质消去它们. 图 G 的任何一个顶角是由相互作用拉氏函数 $L(x)$ 确定，注意到作用量 $S=\int d^4xL(x)$ 是无量纲量，因此 $L(x)$ 的量纲应为 4，即 $[L(x)]=4$. 这样

相互作用耦合常数的量纲[g]为

$$[g] = d_V - 4, \tag{5.45}$$

其中 d_V 定义为相互作用项中除耦合常数以外的量纲，它完全由相互作用项中 Fermi 子数目 f 和 Bose 子数目 b 以及含时空微商数目 δ 而确定，

$$d_V = b + \frac{3}{2}f + \delta. \tag{5.46}$$

如果定义图 G 的外部 Fermi 子线数为 N_F 和外部 Bose 子线数为 N_B，图 G 的 V 个顶角总是与外线和内线相联，可以证明当消去内线 n_F 和 n_B 后(5.44)式变为

$$d(G) - 4 = \sum_{\text{顶角}} (d_V - 4) - N_B - \frac{3}{2}N_F, \tag{5.47}$$

其中 $r=(d_V-4)$标志相互作用项的发散指数，它小于零意味着相互作用耦合常数有一个正量纲，随着相互作用顶角数增加 g 的幂次也加大，为了保证总的量纲固定，相应地 Feynman 积分被积式的分母的动量幂次增加，其后果是被积式在大动量时愈来愈快地趋于零. 反之，它若大于零意味着相互作用耦合常数 g 有一个负量纲，随着微扰级数愈来愈高，其积分愈来愈发散. 当 $r=0$ 时，即 $d_V=4$，此时耦合常数 g 是无量纲，其发散图形不会随微扰级数升高而无限增加.

由于上述性质，人们可以将相互作用量子场论分为下述三类：

(1) 不可重整化理论. 一般情况下相互作用拉氏函数中包含多项相互作用项，如果至少有一项的 $d_V>4$，那么一个给定 Green 函数的表面发散度随着顶角数增加而增加，即随微扰级数的阶数增加而增加，因此不能通过消除有限发散图形重新定义耦合常数和质量参量而使理论的高阶计算获得物理意义. 这样的理论称为不可重整化理论. 例如四维时间-空间中四 Fermi 子相互作用项.

(2) 可重整化理论. 相互作用拉氏函数中所有相互作用项都有 $d_V\leqslant 0$，且至少有一项 $d_V=0$，那么理论中发散图形是有限的，人们可以通过重新定义耦合常数和质量参量使理论的高阶计算有物理意义. 这样的理论称为可重整化理论，也是最感兴趣的理论. 例如四维时间-空间中 QED 和 QCD.

(3) 超可重整化理论. 相互作用拉氏函数中仅有 $d_V<4$ 的相互作用项，其表面发散度随着微扰级数的阶数增加而减少，因而理论仅有有限数目的发散图形. 这样的理论称为超可重整化理论. 例如四维时间-空间中 ϕ^3 理论.

§ 5.4　QCD 完整的 Feynman 规则

§ 4.5 给出协变规范下 Feynman 规则是仅考虑最低阶树图时得到的，不完全. 一个完整的 Feynman 规则应包括圈图，并包含由(5.40)给出的抵消项的计算规则.

首先讨论 Fermi 子圈图和鬼场圈图的符号因子(－1). 按照(4.33)式，任意 Green 函数都可以通过对生成泛函的泛函微商得到. 考虑夸克圈图对胶子传播子的贡献(g^2 阶)，其生成泛函由(4.119)式展开到二级给出，贡献来自于两个夸克-胶子的相互作用顶角((4.113)式 $L_{\rm eff}^{\rm I}$ 等式右边的第三项，记作 $L_{\rm eff}^{\rm I(F)}$). 生成泛函 $Z(J,\xi,\xi^*\eta,\bar{\eta})$展开到二级项，

$$\frac{1}{2!}\left\{{\rm i}\int {\rm d}^4 x L_{\rm eff}^{\rm I(F)}\left(\frac{\delta}{{\rm i}\delta J^{a\mu}},\frac{\delta}{{\rm i}\delta\bar{\eta}},\frac{\delta}{{\rm i}\delta(-\eta)}\right)\right\}^2 Z_0[J,\xi,\xi^*,\eta,\bar{\eta}], \tag{5.48}$$

其中 $Z_0(J,\xi,\xi^*\eta,\bar{\eta})=Z_0^{\rm G}(J)Z_0^{\rm FP}(\xi,\xi^*)Z_0^{\rm F}(\eta,\bar{\eta})$(见(4.115)—(4.118)式)，只涉及 $Z_0^{\rm G}(J)$，$Z_0^{\rm F}(\eta,\bar{\eta})$部分. 注意到 Grassmann 数 η 和 $\bar{\eta}$ 的反对易特性，对于夸克和反夸克圈会多一个负号，对上式运算后得到

$$\begin{aligned}&\frac{1}{2!}\left\{{\rm i}\int {\rm d}^4 x L_{\rm eff}^{\rm I(F)}\left(\frac{\delta}{{\rm i}\delta J^{a\mu}},\frac{\delta}{{\rm i}\delta\bar{\eta}},\frac{\delta}{{\rm i}\delta(-\eta)}\right)\right\}^2 Z_0[J,\xi,\xi^*,\eta,\bar{\eta}]\\&=(-1)\frac{g^2}{2}\int {\rm d}x_1{\rm d}x_2{\rm d}y_1{\rm d}y_2\,{\rm tr}[T^a\gamma^\mu S(x_1-x_2)T^b\gamma^\nu S(x_2-x_1)]\\&\quad\cdot D_{\mu\lambda}^{ac}(x_1-y_1)D_{\nu\rho}^{bd}(x_2-y_2)J^{c\lambda}(y_1)J^{d\rho}(y_2),\end{aligned} \tag{5.49}$$

按照 Green 函数的定义(4.33)可从(5.49)式导出夸克-反夸克圈图对胶子传播子的贡献，

$$\begin{aligned}-{\rm i}G_{2\mu\nu}^{ab}(x,y)=&-(-1)g^2\int\frac{{\rm d}^4 k}{(2\pi)^4{\rm i}}{\rm e}^{-{\rm i}k(x-y)}\frac{d_{\mu\lambda}(k)}{k^2}\frac{d_{\nu\rho}(k)}{k^2}\\&\cdot\int\frac{{\rm d}^4 p}{(2\pi)^4{\rm i}}{\rm tr}\left(T^a\gamma^\lambda\frac{1}{\not p-m}T^b\gamma^\rho\frac{1}{\not p-\not k-m}\right).\end{aligned} \tag{5.50}$$

我们已经强调这个(－1)因子来自于 Grassmann 数的反对易性质，因此对于鬼粒子圈也同样有这样一个(－1)因子. 从 Feynman 规则上来讲，因子(－1)是与圈图积分相联系的，即对于 Fermi 子圈和鬼粒子图积分附加一个(－1)因子. 因此，对夸克圈图，相应的圈积分为 $-\int\frac{{\rm d}^4 p}{(2\pi)^4{\rm i}}\delta^{ij}\delta^{\alpha\beta}$；对鬼粒子圈图，相应的圈积分为 $-\int\frac{{\rm d}^4 k}{(2\pi)^4{\rm i}}\delta^{ab}$. 而对于胶子圈积分则无(－1)因子. 在圈积分中除了上述的符号因子外还需要考虑统计因子. 由于 Bose 子的统计性质，对于胶子圈图会出现对 Green 函数贡献的重复计算，必须消去由于这种全同性而出现的因子. 相应图 5.8(a)，(b)，(c)三个图形应附加三个不同因子

$$(\text{a})\ \frac{1}{2!};\quad(\text{b})\ \frac{1}{2!};\quad(\text{c})\ \frac{1}{3!}. \tag{5.51}$$

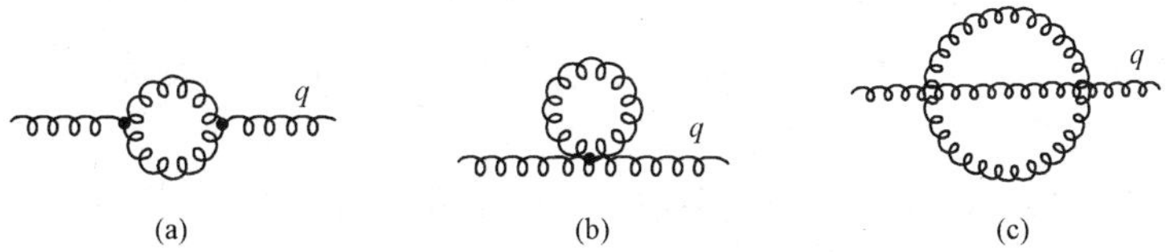

图 5.8 由于 Bose 子全同性质，胶子圈图中相应的三个图形中应附加：(a) $\frac{1}{2!}$；(b) $\frac{1}{2!}$；(c) $\frac{1}{3!}$

前面提到拉氏函数 $L=L_{\text{eff}}^{\text{R0}}+L_{\text{eff}}^{\text{RI}}+L_{\text{C}}$，其中抵消项 L_{C} 由(5.40)式给出. 为了给出它的 Feynman 规则，我们将(5.40)重写成下列形式

$$\begin{aligned}L_{\text{C}} =&(Z_3-1)\frac{1}{2}A_{\text{R}}^{a\mu}\delta_{ab}(g_{\mu\nu}\Box-\partial_\mu\partial_\nu)A_{\text{R}}^{b\nu}+(\widetilde{Z}_3-1)C_{1\text{R}}^{a}\delta_{ab}(-\text{i}\Box)C_{2\text{R}}^{b}\\&+(Z_2-1)\bar{\psi}_{\text{R}}^{i}(\text{i}\gamma^\mu\partial_\mu-m_{\text{R}})\psi_{\text{R}}^{i}-(Z_2Z_m-1)m_{\text{R}}\bar{\psi}_{\text{R}}^{i}\psi_{\text{R}}^{i}\\&-(Z_1-1)\frac{1}{2}g_{\text{R}}f^{abc}(\partial_\mu A_{\text{R}\nu}^{a}-\partial_\nu A_{\text{R}\mu}^{a})A_{\text{R}}^{b\mu}A_{\text{R}}^{c\nu}\\&-(Z_4-1)\frac{1}{4}g_{\text{R}}^{2}f^{abe}f^{cde}A_{\text{R}\mu}^{a}A_{\text{R}\nu}^{b}A_{\text{R}}^{c\mu}A_{\text{R}}^{d\nu}-(\widetilde{Z}_1-1)\text{i}g_{\text{R}}f^{abc}(\partial^\mu C_{1\text{R}}^{a})C_{2\text{R}}^{b}A_{\text{R}\mu}^{c}\\&+(Z_{1\text{F}}-1)g_{\text{R}}\bar{\psi}_{\text{R}}^{i}T_{ij}^{a}\gamma^\mu\psi_{\text{R}}^{j}A_{\text{R}\mu}^{a},\end{aligned}\tag{5.52}$$

在写出(5.52)式时已将全散度略去. 其中四个新的重整化常数 $Z_1,\widetilde{Z}_1,Z_4$ 和 $Z_{1\text{F}}$ 由下面的关系式给出

$$\left.\begin{aligned}&Z_1\equiv Z_gZ_3^{3/2},\quad \widetilde{Z}_1\equiv Z_g\widetilde{Z}_3Z_3^{1/2},\\&Z_4\equiv Z_g^2Z_3^2,\qquad Z_{1\text{F}}\equiv Z_gZ_2Z_3^{1/2},\\&g_{\text{R}}=Z_g^{-1}g.\end{aligned}\right\}\tag{5.53}$$

从(5.53)式可以见到这四个重整化常数之间存在下列关系，

$$\frac{Z_1}{Z_3}=\frac{\widetilde{Z}_1}{\widetilde{Z}_3}=\frac{Z_{1\text{F}}}{Z_2}=\frac{Z_4}{Z_1},\tag{5.54}$$

这个关系式表明这四个重整化常数不是独立的. 从前面的定义可以见到 Z_2 是夸克场的重整化常数，Z_3 是胶子场的重整化常数，Z_1 是三胶子顶角的重整化常数，Z_4 是四胶子顶角的重整化常数，$Z_{1\text{F}}$是夸克-胶子顶角的重整化常数，$\widetilde{Z}_3$ 是鬼粒子场的重整化常数，$\widetilde{Z}_1$ 是鬼粒子-胶子顶角的重整化常数. 在 QED 中只有 $Z_{1\text{F}}$，Z_2 和 Z_3，由规范不变性导出的 Ward 等式可以证明 $Z_{1\text{F}}=Z_2$，且电荷

$$e=Z_ee_{\text{R}}=Z_{1\text{F}}Z_2^{-1}Z_3^{-1/2}e_{\text{R}}=Z_3^{-1/2}e_{\text{R}}.\tag{5.55}$$

在 QCD 中除了夸克-胶子顶角外还有三胶子、四胶子、鬼粒子-胶子顶角，反映在抵消项(5.52)中引入的后四项是包含同一个 g_{R} 的相互作用项，相应有四个重整化常数 $Z_1,\widetilde{Z}_1,Z_4,Z_{1\text{F}}$相关到同一个重整化常数 Z_g，即(5.53)式. 也就是说这四种顶角

得到同一个 Z_g 时，才有(5.54)关系式成立，类似于 QED，这是由拉氏函数的规范不变性保证的.(5.54)式称为 Slavnov-Taylor 等式，正是此等式保证了重整化耦合常数 g_R 的普适性.

由(5.52)式可以直接写出抵消项所对应的 Feynman 规则(图 5.9).

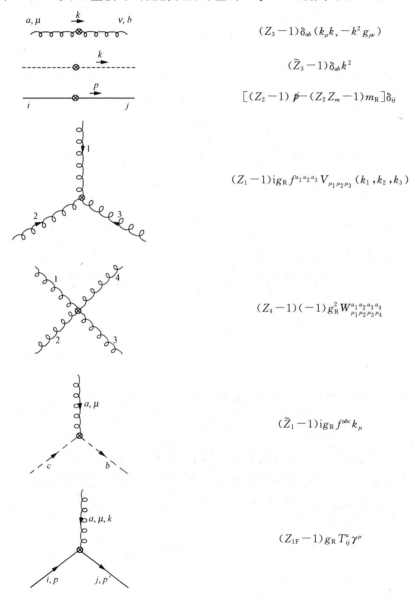

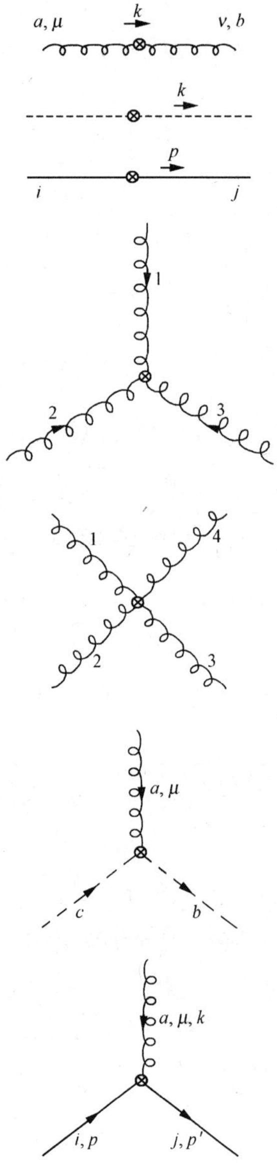

$$(Z_3-1)\delta_{ab}(k_\mu k_\nu-k^2 g_{\mu\nu})$$

$$(\tilde{Z}_3-1)\delta_{ab}k^2$$

$$[(Z_2-1)\not{p}-(Z_2 Z_m-1)m_R]\delta_{ij}$$

$$(Z_1-1)\mathrm{i}g_R f^{a_1a_2a_3}V_{\mu_1\mu_2\mu_3}(k_1,k_2,k_3)$$

$$(Z_4-1)(-1)g_R^2 W^{a_1a_2a_3a_4}_{\mu_1\mu_2\mu_3\mu_4}$$

$$(\tilde{Z}_1-1)\mathrm{i}g_R f^{abc}k_\mu$$

$$(Z_{1F}-1)g_R T^a_{ij}\gamma^\mu$$

图 5.9　抵消项(5.52)式各项所对应的 Feynman 图

这里给出的抵消项 Feynman 规则、圈图符号、统计因子以及 § 5.2 给出的树图下 Feynman 规则合在一起构成 QCD 中计算截腿 Green 函数的完整 Feynman 规则. 而其中重整化常数 Z_1, $\tilde{Z}_1$, Z_4, Z_{1F} 和 Z_m 或 Z_3, $\tilde{Z}_3$, Z_2, Z_g 和 Z_m 应在加入抵消项后由圈图计算消去发散项获得有限圈图修正后确定,我们将在下一节中给出所有重整化常数的计算结果,并进一步证明上面引入的抵消项(5.52)式足以在所有阶圈图的计算中消去所有发散积分.

以上的 Feynman 规则都是按截腿 Green 函数计算 Feynman 图形给出的,任何一个物理过程都有外线,在 QCD 里夸克和胶子虽然是被禁闭在强子内部,但大动量转移下渐近自由性质导致物理过程的 QCD 因子化定理,将微扰论不能计算的强子-部分子顶角分离开来而使得中间的硬过程成为微扰论可计算的. 中间硬过程的夸克、胶子外线是在壳粒子,即 $p^2=m^2$ 和 $k^2=0$,需要附加外线 Feynman 规则. 外线分为入射态(incoming)和出射态(outgoing)两类:

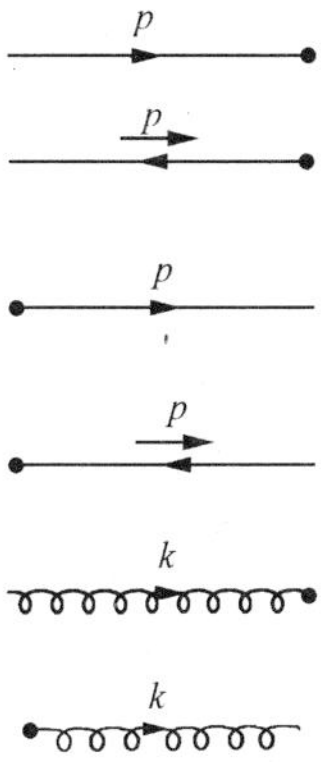

入射态夸克线 $u_\lambda(p)$

入射态反夸克线 $\bar{v}_\lambda(p)$

出射态夸克线 $\bar{u}_\lambda(p)$

出射态反夸克线 $v_\lambda(p)$

入射态胶子线 $\varepsilon_\lambda^\mu(k)$

出射态胶子线 $\varepsilon_\lambda^{\mu *}(k)$

其中 $\varepsilon_\lambda^\mu(k)$ 是胶子的极化矢量.

按照前面定义的表面发散度(5.42)式,在 D 维时空 QCD 情况下变为

$$d = D - N_B - \frac{3}{2}N_F, \tag{5.56}$$

其中 N_F 是夸克的外线数目,N_B 是 Bose 子外线数目. Bose 子外线包括胶子线和鬼粒子线. 注意到鬼粒子-胶子顶角中动量 k_μ 仅出现在 Feynman 图顶角中携带鬼粒子数向外飞出的鬼粒子线,因此与鬼粒子外线相邻的鬼粒子的内线的一半并不贡献到(5.42)的顶角因子 δ_V. 这就导致 N_B 不是简单的胶子外线数 N_G 和鬼粒子外线数 N_{FP} 的相加. 这样,我们应将(5.56)式中的 N_B 以 $\left(N_G+N_{FP}+\frac{1}{2}N_{FP}\right)$ 代替从而获得 QCD 理论中的表面发散度

$$d = D - N_G - \frac{3}{2}(N_{FP} + N_F). \tag{5.57}$$

在 $D=4$ 维时空情况下，由表面发散度 $d\geqslant 0$ 判断的发散图形有图 5.10 所示的八种表面发散度为非负的图形，其中黑圈表示包含单圈和更高圈图形的贡献.

(a) 真空极化图

$d=4$　$(N_G=N_{FP}=N_F=0)$

(b) 胶子自能图

$d=2$　$(N_G=2, N_{FP}=N_F=0)$

(c) 鬼粒子自能图

$d=1$　$(N_{FP}=2, N_G=N_F=0)$

(d) 夸克自能图

$d=1$　$(N_F=2, N_G=N_{FP}=0)$

(e) 三胶子顶角图

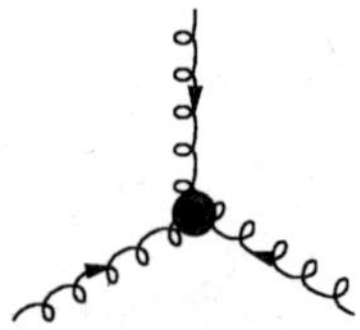

$d=1$　$(N_G=3, N_{FP}=N_F=0)$

(f) 四胶子顶角图

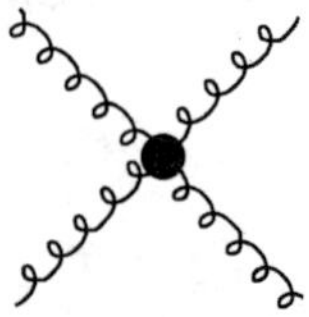

$d=0$　$(N_G=4, N_{FP}=N_F=0)$

(g) 夸克-胶子顶角图

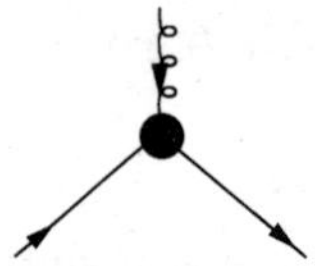

$d=0$　$(N_G=1, N_F=1, N_{FP}=0)$

(h) 鬼粒子-胶子顶角图

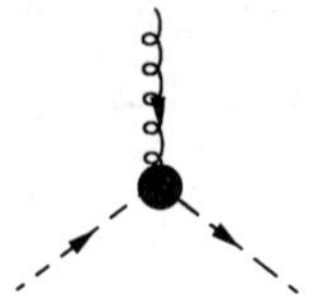

$d=0$　$(N_G=1, N_{FP}=2, N_F=0)$

图 5.10　连通图形中表面发散度为非负的发散图形：(a)—(h)

图 5.10 中图(a)是真空极化图,会被吸收到生成泛函的归一化中去.这八种发散图形中相应的单圈图形,是连通图形中全部原始发散图形.图(b)—(h)相应的七个原始发散图形,由于规范不变性和 Lorentz 协变性,其中的(b)、(c)、(d)并不是线性发散而是对数发散,这七个原始发散图形都是对数发散图形.再注意到这七个原始发散图形正好与七个抵消项相同,在拉氏函数中引入抵消项后恰好消去发散项,这正是可重整化理论所要求的.

§ 5.5　单圈图下重整化常数

§ 5.2 计算了单圈图下夸克传播子并由此计算了重整化常数 Z_2,且由式(5.34)给出夸克质量为零时在 MS 减除方案下 Z_2 的表达式.这一节将给出单圈图 MS 减除方案下其他重整化常数.

首先计算单圈图下胶子传播子从而给出重整化常数 Z_3 的表达式.单圈图下对于胶子自能的贡献 $\Pi_{\mu\nu}^{ab}$ 来自于下述五个图形:

(i) 胶子圈图(三胶子顶点)$\Pi_{G\mu\nu}^{ab}$

(ii) 胶子蝌蚪圈图(四胶子顶点)$\Pi_{T\mu\nu}^{ab}$

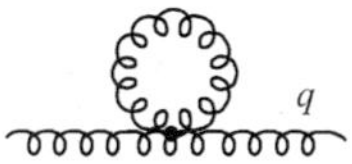

(iii) 鬼粒子圈图 $\Pi_{FP\mu\nu}^{ab}$

(iv) 夸克圈图 $\Pi_{F\mu\nu}^{ab}$

(v) 单圈图抵消项 $\Pi_{C\mu\nu}^{ab}$

现在分别计算单圈图下这五个图形对于胶子自能的贡献:

(i) 胶子圈图 $\Pi^{ab}_{G\mu\nu}$

$$\Pi^{ab}_{G\mu\nu}(k)=\frac{1}{2!}\int\frac{\mathrm{d}^Dq}{(2\pi)^D\mathrm{i}}\mathrm{i}g_{\mathrm{R}}f^{acd}V_{\mu\lambda\rho}(-k,q+k,-q)\frac{d^{\lambda\tau}(q+k)}{(q+k)^2}$$
$$\cdot\frac{d^{\rho\sigma}(q)}{q^2}\mathrm{i}g_{\mathrm{R}}f^{bdc}V_{\nu\sigma\tau}(k,q,-q-k)$$
$$=\frac{g_{\mathrm{R}}^2}{2}f^{acd}f^{bcd}\int\frac{\mathrm{d}^Dq}{(2\pi)^D\mathrm{i}}\frac{1}{q^2(q+k)^2}[A_{\mu\nu}+(1-\alpha_{\mathrm{R}})B_{\mu\nu}+(1-\alpha_{\mathrm{R}})^2C_{\mu\nu}],\tag{5.58}$$

其中

$$A_{\mu\nu}=(2q^2+2k\cdot q+5k^2)g_{\mu\nu}+(4D-6)q_\mu q_\nu$$
$$+(2D-3)(q_\mu k_\nu+q_\nu k_\mu)+(D-6)k_\mu k_\nu,\tag{5.59}$$

$$B_{\mu\nu}=-\frac{(q^2+2k\cdot q)^2}{q^2}g_{\mu\nu}+\frac{q^2+2k\cdot q-k^2}{q^2}q_\mu q_\nu+\frac{q^2+3k\cdot q}{q^2}(q_\mu k_\nu+q_\nu k_\mu)$$
$$-k_\mu k_\nu+(q\to q+k,k\to -k),\tag{5.60}$$

$$C_{\mu\nu}=(k^2q_\mu-k\cdot qk_\mu)(k^2q_\nu-k\cdot qk_\nu)/[q^2(q+k)^2],\tag{5.61}$$

注意到 $D=4-2\varepsilon$ 以及

$$f^{acd}f^{bcd}=\delta^{ab}C_{\mathrm{G}},\tag{5.62}$$

其中 $C_{\mathrm{G}}=N$，N 是规范群 SU(N)的阶数. 在对(5.58)式做 D 维积分以后可得

$$\Pi^{ab}_{G\mu\nu}(k)=\frac{g_{\mathrm{R}}^2}{2(4\pi)^{2-\varepsilon}}\delta^{ab}C_{\mathrm{G}}(-k^2)^{-\varepsilon}\frac{\Gamma(\varepsilon)\mathrm{B}(2-\varepsilon,2-\varepsilon)}{1-\varepsilon}$$
$$\cdot\{(19-12\varepsilon)k^2g_{\mu\nu}-2(11-7\varepsilon)k_\mu k_\nu$$
$$+(k^2g_{\mu\nu}-k_\mu k_\nu)(3-2\varepsilon)(1-\alpha_{\mathrm{R}})[2(1-4\varepsilon)+(1-\alpha_{\mathrm{R}})\varepsilon]\},\tag{5.63}$$

这是三胶子顶点单圈图对胶子自能的贡献，显然它不是规范不变的，只有将全部图形的贡献加在一起才能保证规范不变性.

(ii) 胶子蝌蚪圈图 $\Pi^{ab}_{T\mu\nu}$

$$\Pi^{ab}_{T\mu\nu}(k)=\frac{1}{2!}\int\frac{\mathrm{d}^Dq}{(2\pi)^D\mathrm{i}}(-g_{\mathrm{R}}^2W^{abcd}_{\mu\nu\lambda\rho})\delta_{cd}\frac{d^{\lambda\rho}(q)}{q^2}$$
$$=g_{\mathrm{R}}^2C_{\mathrm{G}}\delta_{ab}\int\frac{\mathrm{d}^Dq}{(2\pi)^D\mathrm{i}}\frac{1}{q^2}\left[-(D-1)g_{\mu\nu}+(1-\alpha_{\mathrm{R}})\left(g_{\mu\nu}-\frac{q_\mu q_\nu}{q^2}\right)\right]$$
$$=g_{\mathrm{R}}^2C_{\mathrm{G}}\delta_{ab}g_{\mu\nu}\frac{D-1}{D}(-D+1-\alpha_{\mathrm{R}})\int\frac{\mathrm{d}^Dq}{(2\pi)^D\mathrm{i}}\frac{1}{q^2}.\tag{5.64}$$

正像在附录 C 中讨论的，维数正规化下 D 维积分有

$$\int\frac{\mathrm{d}^Dq}{q^2}=0,\tag{5.65}$$

因此四胶子顶角单圈图对胶子自能的贡献为零，

$$\Pi^{ab}_{T\mu\nu}(k)=0.\tag{5.66}$$

注意在胶子无质量下有(5.65)式成立，在胶子有质量情况下贡献将不为零.

(iii) 鬼粒子圈图 $\Pi^{ab}_{\mathrm{FP}\mu\nu}$

$$\Pi^{ab}_{\mathrm{FP}\mu\nu}(k) = -\int \frac{\mathrm{d}^D q}{(2\pi)^D \mathrm{i}}(-\mathrm{i})g_{\mathrm{R}} f^{acd} q_\mu \frac{1}{(q+k)^2}(-\mathrm{i})g_{\mathrm{R}} f^{bdc}(q+k)_\nu \frac{1}{q^2}$$
$$= -g_{\mathrm{R}}^2 C_{\mathrm{G}} \delta_{ab} \int \frac{\mathrm{d}^D q}{(2\pi)^D \mathrm{i}} \frac{q_\mu (q+k)_\nu}{q^2 (q+k)^2}. \tag{5.67}$$

在对(5.67)式做 D 维积分以后变为

$$\Pi^{ab}_{\mathrm{FP}\mu\nu}(k) = \frac{g_{\mathrm{R}}^2}{2(4\pi)^{2-\varepsilon}} \delta_{ab} C_{\mathrm{G}} (-k^2)^{-\varepsilon} \frac{\Gamma(\varepsilon)\mathrm{B}(2-\varepsilon, 2-\varepsilon)}{1-\varepsilon}$$
$$\cdot [k^2 g_{\mu\nu} + 2(1-\varepsilon) k_\mu k_\nu], \tag{5.68}$$

从(5.68)可以见到它也不是规范不变的. 将(5.63)与(5.68)相加正好消去那些非规范不变的部分而给出规范不变的表达式,

$$\Pi^{ab}_{\mathrm{G}\mu\nu}(k) + \Pi^{ab}_{\mathrm{FP}\mu\nu}(k) = \frac{g_{\mathrm{R}}^2}{(4\pi)^{2-\varepsilon}} \delta_{ab} C_{\mathrm{G}} (-k^2)^{-\varepsilon} (k^2 g_{\mu\nu} - k_\mu k_\nu) \frac{\Gamma(\varepsilon)\mathrm{B}(2-\varepsilon, 2-\varepsilon)}{1-\varepsilon}$$
$$\cdot \Big[2(5-3\varepsilon) + (1-\alpha_{\mathrm{R}})(1-4\varepsilon)(3-2\varepsilon)$$
$$+ (1-\alpha_{\mathrm{R}})^2 \frac{\varepsilon}{2}(3-2\varepsilon) \Big]. \tag{5.69}$$

在(5.69)式中出现了一个共同因子$(k^2 g_{\mu\nu} - k_\mu k_\nu)$,就保证了规范不变性

$$k^\mu (k^2 g_{\mu\nu} - k_\mu k_\nu) = 0 \quad 或 \quad k^\nu (k^2 g_{\mu\nu} - k_\mu k_\nu) = 0. \tag{5.70}$$

(iv) 夸克圈图 $\Pi^{ab}_{\mathrm{F}\mu\nu}$

$$\Pi^{ab}_{\mathrm{F}\mu\nu}(k) = -N_{\mathrm{f}} \int \frac{\mathrm{d}^D p}{(2\pi)^D \mathrm{i}} \mathrm{tr}\left[g_{\mathrm{R}} \gamma_\mu T^a \frac{1}{\not p - \not k - m} g_{\mathrm{R}} \gamma_\nu T^b \frac{1}{\not p - m} \right], \tag{5.71}$$

其中 N_{f} 是贡献到夸克圈图的味数. 在式(5.71)中求迹既对旋量空间 γ_μ 又对 SU(N)空间中的产生子 T^a. 注意到 $\mathrm{tr}(T^a T^b) = T_{\mathrm{R}} \delta_{ab}$, $T_{\mathrm{R}} = \frac{1}{2}$,利用 Feynman 参量化和求迹公式可得

$$\Pi^{ab}_{\mathrm{F}\mu\nu}(k) = -4 g_{\mathrm{R}}^2 T_{\mathrm{R}} N_{\mathrm{f}} \delta_{ab} \int_0^1 \mathrm{d}x \int \frac{\mathrm{d}^D p}{(2\pi)^D \mathrm{i}} \frac{N_{\mu\nu}}{(-p^2 + K)^2}, \tag{5.72}$$

其中

$$N_{\mu\nu} = \left[m^2 + x(1-x)k^2 + \left(\frac{2}{D} - 1\right) p^2 \right] g_{\mu\nu} - 2x(1-x) k_\mu k_\nu, \tag{5.73}$$

$$K = m^2 - x(1-x)k^2. \tag{5.74}$$

对(5.72)式做 D 维积分后给出 $\Pi^{ab}_{\mathrm{F}\mu\nu}$ 的表达式

$$\Pi^{ab}_{\mathrm{F}\mu\nu}(k) = -\frac{8 g_{\mathrm{R}}^2}{(4\pi)^{2-\varepsilon}} \delta_{ab} T_{\mathrm{R}} N_{\mathrm{f}} \Gamma(\varepsilon) (k^2 g_{\mu\nu} - k_\mu k_\nu)$$
$$\cdot \int_0^1 \mathrm{d}x\, x(1-x) [m^2 - x(1-x)k^2]^{-\varepsilon}. \tag{5.75}$$

此表达式满足等式(5.70)，表明夸克圈图自身满足规范不变性.

(v) 单圈图抵消项 $\Pi^{ab}_{C\mu\nu}$

直接应用前面抵消项的 Feynman 规则给出对胶子自能图形的贡献

$$\Pi^{ab}_{C\mu\nu}(k) = -(Z_3 - 1)\delta_{ab}(k^2 g_{\mu\nu} - k_\mu k_\nu), \tag{5.76}$$

显然它也满足规范不变性.

将上述五个图形的贡献相加就得到单圈图下对胶子自能的贡献

$$\Pi^{ab}_{\mu\nu}(k) = \delta_{ab}(k_\mu k_\nu - k^2 g_{\mu\nu})\Pi(k^2), \tag{5.77}$$

其中 $\Pi(k^2)$ 为

$$\begin{aligned}\Pi(k^2) = &\frac{g_R^2}{(4\pi)^{2-\varepsilon}}(-k^2)^{-\varepsilon}\Gamma(\varepsilon)B(2-\varepsilon,2-\varepsilon)\\ &\cdot\left\{-\frac{C_G}{1-\varepsilon}\left[10-6\varepsilon+(1-\alpha_R)(3-2\varepsilon)\left(1-4\varepsilon+\frac{\varepsilon}{2}(1-\alpha_R)\right)\right]\right.\\ &\left.+\frac{8T_R N_f}{B(2-\varepsilon,2-\varepsilon)}\int_0^1 dx x(1-x)\left(x(1-x)-\frac{m^2}{k^2}\right)^{-\varepsilon}\right\}\\ &+Z_3-1.\end{aligned} \tag{5.78}$$

在(5.78)式中对小量 ε 做展开并略去 $O(\varepsilon)$ 项就可得到

$$\begin{aligned}\Pi(k^2) = &-\frac{g_r^2}{(4\pi)^2}C_G\left[\left(\frac{13}{6}-\frac{\alpha_R}{2}\right)\left(\frac{1}{\varepsilon}-\gamma-\ln\frac{-k^2}{4\pi\mu^2}\right)+\frac{31}{9}-(1-\alpha_R)+\frac{(1-\alpha_R)^2}{4}\right]\\ &+\frac{g_r^2}{(4\pi)^2}T_R N_f\frac{4}{3}\left[\frac{1}{\varepsilon}-\gamma-\ln\frac{-k^2}{4\pi\mu^2}-6\int_0^1 dx\, x(1-x)\ln\left(x(1-x)-\frac{m}{k^2}\right)\right]\\ &+Z_3-1,\end{aligned} \tag{5.79}$$

其中无量纲的重整化耦合常数 $g_r = g_R\mu^{-\varepsilon}$. 从(5.77)式可以见到由于规范不变性，胶子传播子出现一个规范不变的因子($k^2 g_{\mu\nu} - k_\mu k_\nu$)，它的量纲为 2，使得胶子传播子振幅 $\Pi^{ab}_{\mu\nu}$ 表面发散度 $d=2$ 降为对数发散 $\frac{1}{\varepsilon}$. 注意到重整化常数 Z_3 是由发散项决定的，在 MS 减除方案中将(5.79)式中 $\frac{1}{\varepsilon}$ 发散项抽出来($\varepsilon\to 0$)，剩下的是有限项(在 $\varepsilon\to 0$ 情况即四维时空下 $g_r\to g_R$)，

$$\Pi(k^2) = \frac{g_R^2}{(4\pi)^2}\left[\frac{4}{3}T_R N_f - \frac{1}{2}C_G\left(\frac{13}{3}-\alpha_R\right)\right]\frac{1}{\varepsilon} + Z_3 - 1 + \text{有限项}. \tag{5.80}$$

因此单圈图下胶子场的重整化常数(MS 减除方案)

$$Z_3 = 1 - \frac{g_R^2}{(4\pi)^2}\left[\frac{4}{3}T_R N_f - \frac{1}{2}C_G\left(\frac{13}{3}-\alpha_R\right)\right]\frac{1}{\varepsilon} + O(g_R^4). \tag{5.81}$$

胶子传播子振幅 $\Pi^{ab}_{\mu\nu}$ 的规范不变性结构(5.77)保证了无质量的胶子在辐射修正以后仍然是无质量的. 显然这样获得的发散常数是依赖于减除方案的，因而依赖于标

度参量 μ. 实际上发散项 $\frac{1}{\varepsilon}$ 就相当于通常正规化中的 $\ln\frac{\Lambda^2}{\mu^2}$，这里 Λ 就是紫外截断参量.

类似地可以计算鬼粒子传播子、三胶子顶角、鬼粒子-胶子顶角、夸克-胶子顶角、四胶子顶角的单圈图修正并获得相应的重整化常数，它们的结果直接列在下面：

(1) 鬼粒子传播子振幅和 $\widetilde{Z}_3$

$$\widetilde{\Pi}^{ab}(k)=\delta_{ab}k^2\left[-\frac{g_{\mathrm{R}}^2}{(4\pi)^2}C_{\mathrm{G}}\frac{3-\alpha_{\mathrm{R}}}{4}\frac{1}{\varepsilon}+\widetilde{Z}_3-1\right]+\text{有限项}, \tag{5.82}$$

$$\widetilde{Z}_3=1+\frac{g_{\mathrm{R}}^2}{(4\pi)^2}C_{\mathrm{G}}\frac{3-\alpha_{\mathrm{R}}}{4}\frac{1}{\varepsilon}+O(g_{\mathrm{R}}^4). \tag{5.83}$$

(2) 三胶子顶角振幅和 Z_1

$$\begin{aligned}\Lambda_{\mu\nu\lambda}^{abc}(k_1,k_2,k_3)=&-\mathrm{i}g_{\mathrm{R}}f^{abc}V_{\mu\nu\lambda}(k_1,k_2,k_3)\left[\frac{g_{\mathrm{R}}^2}{(4\pi)^2}\left(C_{\mathrm{G}}\left(-\frac{17}{12}+\frac{3\alpha_{\mathrm{R}}}{4}\right)\right.\right.\\&\left.\left.+\frac{4}{3}T_{\mathrm{R}}N_{\mathrm{f}}\right)\frac{1}{\varepsilon}+Z_1-1\right]+\text{有限项},\end{aligned} \tag{5.84}$$

$$Z_1=1-\frac{g_{\mathrm{R}}^2}{(4\pi)^2}\left[C_{\mathrm{G}}\left(-\frac{17}{12}+\frac{3\alpha_{\mathrm{R}}}{4}\right)+\frac{4}{3}T_{\mathrm{R}}N_{\mathrm{f}}\right]\frac{1}{\varepsilon}+O(g_{\mathrm{R}}^4). \tag{5.85}$$

(3) 鬼粒子-胶子顶角振幅和 $\widetilde{Z}_1$

$$\widetilde{\Lambda}_{\mu}^{abc}(k,p,p')=-\mathrm{i}g_{\mathrm{R}}f^{abc}p_{\mu}\left[\frac{g_{\mathrm{R}}^2}{(4\pi)^2}C_{\mathrm{G}}\frac{\alpha_{\mathrm{R}}}{2}\frac{1}{\varepsilon}+\widetilde{Z}_1-1\right]+\text{有限项}, \tag{5.86}$$

$$\widetilde{Z}_1=1-\frac{g_{\mathrm{R}}^2}{(4\pi)^2}C_{\mathrm{G}}\frac{\alpha_{\mathrm{R}}}{2}\frac{1}{\varepsilon}+O(g_{\mathrm{R}}^4). \tag{5.87}$$

(4) 夸克-胶子顶角振幅和 $Z_{1\mathrm{F}}$

$$\Lambda_{\mathrm{F}\mu}^{aij}(k,p,p')=g_{\mathrm{R}}\gamma_{\mu}T_{ij}^a\left[\frac{g_{\mathrm{R}}^2}{(4\pi)^2}\left(\frac{3+\alpha_{\mathrm{R}}}{4}C_{\mathrm{G}}+\alpha_{\mathrm{R}}C_{\mathrm{F}}\right)\frac{1}{\varepsilon}+Z_{1\mathrm{F}}-1\right]+\text{有限项}, \tag{5.88}$$

$$Z_{1\mathrm{F}}=1-\frac{g_{\mathrm{R}}^2}{(4\pi)^2}\left(\frac{3+\alpha_{\mathrm{R}}}{4}C_{\mathrm{G}}+\alpha_{\mathrm{R}}C_{\mathrm{F}}\right)\frac{1}{\varepsilon}+O(g_{\mathrm{R}}^4). \tag{5.89}$$

(5) 四胶子顶角振幅和 Z_4

$$\begin{aligned}\Lambda_{\mu_1\mu_2\mu_3\mu_4}^{a_1a_2a_3a_4}(k_1,k_2,k_3,k_4)=&-g_{\mathrm{R}}^2W_{\mu_1\mu_2\mu_3\mu_4}^{a_1a_2a_3a_4}\\&\cdot\left[\frac{g_{\mathrm{R}}^2}{(4\pi)^2}\left(\left(-\frac{2}{3}+\alpha_{\mathrm{R}}\right)C_{\mathrm{G}}+\frac{4}{3}T_{\mathrm{R}}N_{\mathrm{f}}\right)\frac{1}{\varepsilon}+Z_4-1\right]+\text{有限项},\end{aligned} \tag{5.90}$$

$$Z_4=1-\frac{g_{\mathrm{R}}^2}{(4\pi)^2}\left[\left(-\frac{2}{3}+\alpha_{\mathrm{R}}\right)C_{\mathrm{G}}+\frac{4}{3}T_{\mathrm{R}}N_{\mathrm{f}}\right]\frac{1}{\varepsilon}+O(g_{\mathrm{R}}^4), \tag{5.91}$$

其中 $\left(\sum_a T^aT^a\right)_{ij}=\delta_{ij}C_{\mathrm{F}}$.

至于在夸克无质量情况下的 Z_2，已由(5.34)式给出，在夸克有质量 m 的情况下，需考虑质量重整化，重复以前的计算可得夸克自能的表达式应修改为

$$\Sigma^{ij}(p)=\delta_{ij}[(Am_{\rm R}-B\not p)-(Z_2Z_m-1)m_{\rm R}+(Z_2-1)\not p]+\text{有限项}, \tag{5.92}$$

其中 A,B,Z_2 和 Z_m 分别为

$$A=-\frac{g_{\rm R}^2}{(4\pi)^2}C_{\rm F}(3+\alpha_{\rm R})\frac{1}{\varepsilon}+O(g_{\rm R}^4), \tag{5.93}$$

$$B=-\frac{g_{\rm R}^2}{(4\pi)^2}C_{\rm F}\alpha_{\rm R}\frac{1}{\varepsilon}+O(g_{\rm R}^4), \tag{5.94}$$

$$Z_2=1+B=1-\frac{g_{\rm R}^2}{(4\pi)^2}C_{\rm F}\alpha_{\rm R}\frac{1}{\varepsilon}+O(g_{\rm R}^4), \tag{5.95}$$

$$Z_m=1+A-B=1-\frac{3g_{\rm R}^2}{(4\pi)^2}C_{\rm F}\frac{1}{\varepsilon}+O(g_{\rm R}^4). \tag{5.96}$$

比较(5.34)和(5.95)式可以见到在夸克有质量的情况下 Z_2 不变，多出一个质量重整化常数 Z_m. 这是因为夸克自能(5.92)式包含两种类型的发散：质量型 $Am_{\rm R}$ 和动能型 $B\not p$，这就需要两个发散常数来抵消.

至此，我们已经在 MS 减除方案计算了上一节列出的七个单圈发散图形以及给出了七个发散常数，而且证明了当引入相应的抵消项以后的确可以消去发散部分而获得有限的修正. 这就证明了 QCD 在单圈图下是可重整的.

在结束此节以前再引申两点讨论.

从单圈图下发散常数表达式可以见到它们满足下面的关系式(见(5.54)式)

$$\frac{Z_1}{Z_3}=\frac{\widetilde{Z}_1}{\widetilde{Z}_3}=\frac{Z_{1\rm F}}{Z_2}=\frac{Z_4}{Z_1}=1-\frac{g_{\rm R}^2}{(4\pi)^2}C_{\rm G}\frac{3+\alpha_{\rm R}}{4}\frac{1}{\varepsilon}+O(g_{\rm R}^4), \tag{5.97}$$

它正是由规范不变性导致的 Slavnov-Taylor 等式. 实际上是规范不变性要求这些发散常数满足 Slavnov-Taylor 等式. 由于 QCD 拉氏函数在维数正规化过程保持规范不变的性质，因而在计算中自动地出现规范不变因子，由此定义的重整化常数也自动满足(5.97)式.

前面(5.53)和(5.54)式已指出不同发散图形所定义的 Z_g 应相同，即

$$\begin{aligned}Z_g&=Z_1Z_3^{-3/2}=\widetilde{Z}_1\widetilde{Z}_3^{-1}Z_3^{-1/2}=Z_{1\rm F}Z_2^{-1}Z_3^{-1/2}\\&=1-\frac{g_{\rm R}^2}{(4\pi)^2}\left(\frac{11}{6}C_{\rm G}-\frac{4}{6}T_{\rm R}N_{\rm f}\right)\frac{1}{\varepsilon}+O(g_{\rm R}^4),\end{aligned} \tag{5.98}$$

此式不依赖于具体规范. 实际上式(5.98)可以写成下式

$$Z_g=1-\frac{g_{\rm R}^2}{2(4\pi)^2}\beta_0\frac{1}{\varepsilon}+O(g_{\rm R}^4), \tag{5.99}$$

其中

$$\beta_0=\left(\frac{11}{3}C_G-\frac{4}{3}T_R N_f\right)=\left(11-\frac{2}{3}N_f\right), \tag{5.100}$$

就是下一节讨论的 $\beta(g)$ 函数在单圈图近似下的系数.

§5.6 单圈图近似 $\beta(g)$ 函数和渐近自由

由前面(5.38)式的定义 $g_R=Z_g^{-1}g$ 和上一节中无量纲化耦合常数 $g_r=\mu^{-\epsilon}g_R$ 可知

$$g_r=\mu^{-\epsilon}Z_g^{-1}g, \tag{5.101}$$

如果固定 g,则 g_r 是标度参量 μ 的函数 $g_r(\mu)$. 在上式两边对 μ 微分并定义 $\beta(g_r)$ 函数

$$\beta=\mu\frac{\partial g_r}{\partial\mu}\bigg|_g=-\varepsilon g_r-\frac{\mu}{Z_g}\frac{dZ_g}{d\mu}g_r, \tag{5.102}$$

将(5.99)式代入到(5.102)式就可以得到单圈图近似下的 $\beta(g_r)$ 函数

$$\begin{aligned}\beta(g_r)&=-\frac{1}{(4\pi)^2}\beta_0 g_r^3+O(g_r^5)\\&=-\frac{1}{(4\pi)^2}\left(\frac{11}{3}C_G-\frac{4}{3}T_R N_f\right)g_r^3+O(g_r^5)\\&=-\frac{1}{(4\pi)^2}\left(11-\frac{2}{3}N_f\right)g_r^3+O(g_r^5).\end{aligned} \tag{5.103}$$

类似于在 QED 中由电子-电子散射顶角定义有效电荷,在 QCD 考察夸克-夸克散射过程中夸克-胶子耦合常数 g_r(图 5.11 列出了所有单圈图形对夸克-夸克散射过程的贡献),可以见到 QCD 中单圈修正图形与 QED 中单圈修正图形所不同就在于 QCD 中多了三胶子和四胶子相互作用产生的圈图贡献. 正是这些三胶子和四胶子生成的圈图贡献使得(5.103)式右边出现一个负号. 对于任何一个大动量转移 $Q^2=-q^2$ 的物理过程,我们可以引入一个无量纲的标度参量 $\lambda\left(=\sqrt{\frac{\mu^2}{Q^2}}\right)$,在计及圈图修正以后有效耦合常数从 $g_r(\mu)\to\bar{g}(\mu,\lambda)$. 相应于(5.102)式,代之以标度 μ/λ 的微商

$$\frac{\mu}{\lambda}\frac{d\bar{g}}{d(\mu/\lambda)}=\beta(\bar{g}), \tag{5.104}$$

将变量 μ 代之以 λ,并定义

$$t=-\ln\lambda, \tag{5.105}$$

则可将(5.104)式改写为

$$\frac{d\bar{g}}{dt}=\beta(\bar{g}), \tag{5.106}$$

对此式积分可得

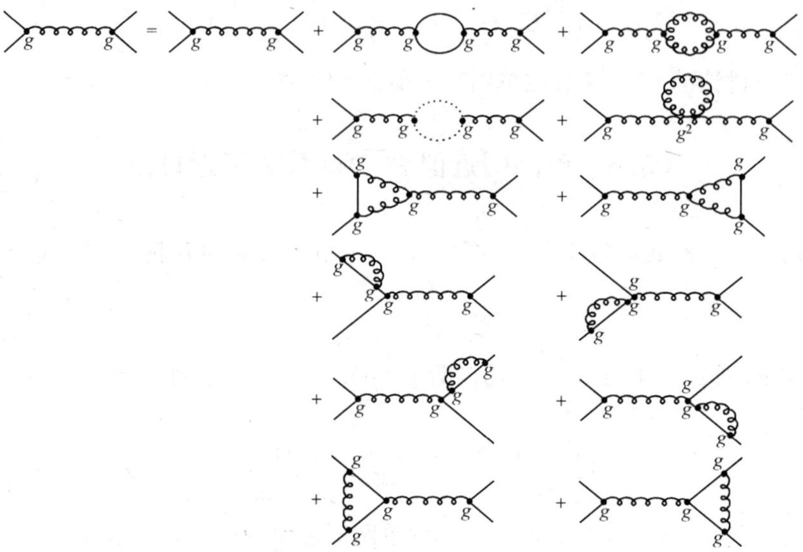

+高阶项 $O(g^4)\cdots$

图 5.11　在单圈近似下的各种修正图形对夸克-夸克散射过程的贡献

$$t=\int_{g_R}^{\bar{g}(t)}\frac{\mathrm{d}g'}{\beta(g')},\tag{5.107}$$

其中

$$\bar{g}(t=0)=g_r.\tag{5.108}$$

在单圈近似下将(5.103)式代入到(5.107)式积分可得

$$\bar{g}(t)^2=\frac{g_r^2}{1+\frac{2}{(4\pi)^2}\beta_0 g_r^2 t},\tag{5.109}$$

(5.109)式表明 $\bar{g}(t)\to 0$，当 $t\to\infty$. 式(5.109)也可以记作

$$\frac{1}{\bar{g}(t)^2}=\frac{1}{g_r^2}+\frac{2}{(4\pi)^2}\beta_0 t.\tag{5.110}$$

若定义有效耦合常数

$$\alpha_{\text{eff}}(t)=\frac{\bar{g}(t)^2}{4\pi},\tag{5.111}$$

那么(5.110)式变为

$$\frac{1}{\alpha_{\text{eff}}(t)}=\frac{1}{\alpha_s(\mu^2)}+\frac{2}{(4\pi)^2}\beta_0 t,\tag{5.112}$$

其中 $\alpha(t=0)=\frac{g_r^2}{4\pi}=\alpha_s(\mu^2)$，或者以(5.109)式记为

$$\alpha_{\mathrm{eff}}(t)=\frac{\alpha_{\mathrm{s}}(\mu^2)}{1+\alpha_{\mathrm{s}}(\mu^2)\dfrac{2\beta_0}{(4\pi)}t}. \tag{5.113}$$

注意到(5.105)式,可以将(5.113)式写成明显的 Q^2 依赖关系

$$\alpha_{\mathrm{eff}}^{\mathrm{s}}(Q^2)=\frac{\alpha(\mu^2)}{1+\alpha(\mu^2)\dfrac{\beta_0}{4\pi}\ln\dfrac{Q^2}{\mu^2}}, \tag{5.114}$$

其中系数 $\beta_0=\frac{11}{3}C_{\mathrm{G}}-\frac{4}{3}T_{\mathrm{R}}N_{\mathrm{f}}=11-\frac{2}{3}N_{\mathrm{f}}$(见(5.100)式). 可以见到当 $N_{\mathrm{f}}\leqslant 16$,即夸克的味数小于 16 时,总有恒正的 $\beta_0(\beta_0>0)$,就使得式(5.114)的分母中第二项恒为正,在 Q^2 增加时,分母增大,有效耦合常数减小,且有

$$\alpha_{\mathrm{eff}}(Q^2)\to 0,\quad 当\ Q^2\to\infty(t\to\infty), \tag{5.115}$$

式(5.115)意味着,当 Q^2 趋于无穷时,夸克和胶子之间的耦合(相互作用)渐近地减弱到无相互作用. 这就是 QCD 中的一个根本特点——渐近自由(asymptotic freedom). 这一特点告诉我们,在 QCD 里当 Q^2 增加时,耦合常数变小,可以应用微扰论;当 Q^2 减小成为低 Q^2 时,耦合常数变大,不能应用微扰论. 我们称它为跑动耦合常数. 这与 QED 正好相反,在 QED 中 β_0 是负的. 正是从 QCD 中低 Q^2 下耦合常数变大这一性质可以定性地理解强子内夸克和胶子的禁闭性质.

QCD 的渐近自由性质在物理上可以作如下的理解. 图 5.11 中,顶点修正和鬼粒子圈图修正对 β_0 的符号不起决定作用,主要是其中胶子传播子的三个圈图贡献决定 β_0 的符号(图 5.12).

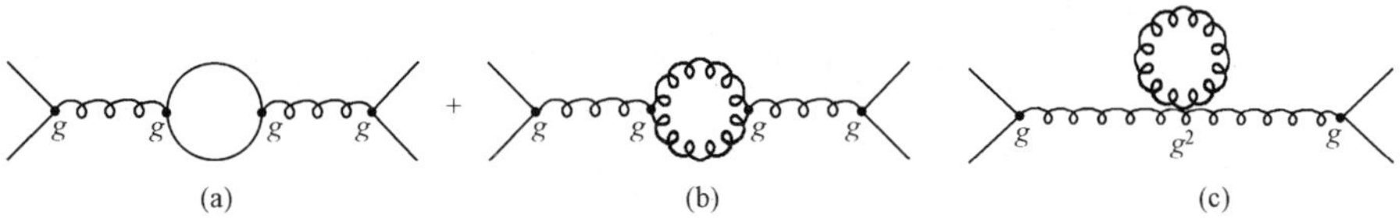

图 5.12 决定 β_0 符号的是三胶子和四胶子相互作用给出的(b)和(c)

图 5.12 圈图(a)是产生夸克、反夸克对,其效果与 QED 相同(参见(5.75)式),真空极化产生屏蔽效应,使得色荷减弱. 真空极化图(b)和(c)产生胶子圈,是三胶子和四胶子相互作用顶点的贡献(参见(5.63)和(5.64)式),图(b)和(c)的真空极化图产生反屏蔽效应,色荷可以向外辐射. 仅当胶子的 Q^2 增大时,波长变短,"探测"的胶子能"看"到越来越小的空间间隔,才"发现"小的色荷,即有效电荷变弱,因此呈现出 QCD 渐近自由的特点.

由于 g_{R} 依赖于重整化参量 μ^2,μ^2 是任意的,物理结果应不依赖于重整化参量 μ^2 的选择. 这意味着,选择不同减除点 μ^2,μ'^2,其物理可观察量 $\alpha_{\mathrm{eff}}^{\mathrm{s}}(Q^2)$ 应相同,即

(5.112)式导致不同 μ^2 的等式,

$$\frac{1}{\alpha_s(\mu^2)} - a\ln\left(\frac{Q^2}{\mu^2}\right) = \frac{1}{\alpha_s(\mu'^2)} - a\ln\left(\frac{Q^2}{\mu'^2}\right), \tag{5.116}$$

其中 $a = -\frac{2\beta_0}{(4\pi)^2}$,或者消去 Q^2,仅留下不同重整化点之间的关系,由此可定义普适的 Λ 参量,

$$\frac{1}{a\alpha_s(\mu^2)} + \ln\mu^2 = \frac{1}{a\alpha_s(\mu'^2)} + \ln\mu'^2 = \cdots = \ln\Lambda^2, \tag{5.117}$$

将式(5.117)代入到(5.114)式就可以得到

$$\alpha_{\text{eff}}(Q^2) = \alpha_s(Q^2) = \frac{4\pi}{\beta_0 \ln\frac{Q^2}{\Lambda^2}}. \tag{5.118}$$

由(5.117)式定义的参量 Λ 标志着所有不同重整化点的普适参量,它不依赖于重整化点 μ^2 的选择,这一对称性质就是下一章要讨论的重整化群. 所以 Λ 是 QCD 真正的物理参量,应由物理过程的实验数据来确定. 从(5.117)定义可得到

$$\Lambda^2 = \mu^2 \exp\left[\frac{-(4\pi)^2}{\beta_0 g^2(\mu^2)}\right], \tag{5.119}$$

因此,参量 Λ 是 QCD 理论所固有的能量标度. 当 $Q^2 \leqslant \Lambda^2$ 时,上述所有表达式不再成立.

以上所有结果都是在单圈图形修正下计算得到的,计算到双圈图形修正的结果是

$$\left.\begin{aligned}
\alpha_s(Q^2) &= \frac{4\pi}{\beta_0 \ln\frac{Q^2}{\Lambda^2}}\left[1 - \frac{\beta_1}{\beta_0^2}\frac{\ln\left(\ln\frac{Q^2}{\Lambda^2}\right)}{\ln\left(\frac{Q^2}{\Lambda^2}\right)}\right] + \cdots, \\
\beta_0 &= 11 - \frac{2N_f}{3}, \\
\beta_1 &= \frac{2}{3}(153 - 19N_f).
\end{aligned}\right\} \tag{5.120}$$

跑动耦合常数 $\alpha_s(Q^2)$ 中仅有的参量是 Λ,Λ 将由实验上物理过程来确定,从低能到高能所确定的 Λ 值是自洽的,其范围在

$$\Lambda = 200 \pm 100\ \text{MeV}, \tag{5.121}$$

而且在实验误差范围内,从几个 GeV^2 一直到 $Q^2 = M_Z^2$(M_Z 是中间 Bose 子 Z 的质量)都符合得比较好,如图 5.13,这是实验上对 QCD 理论的直接验证.

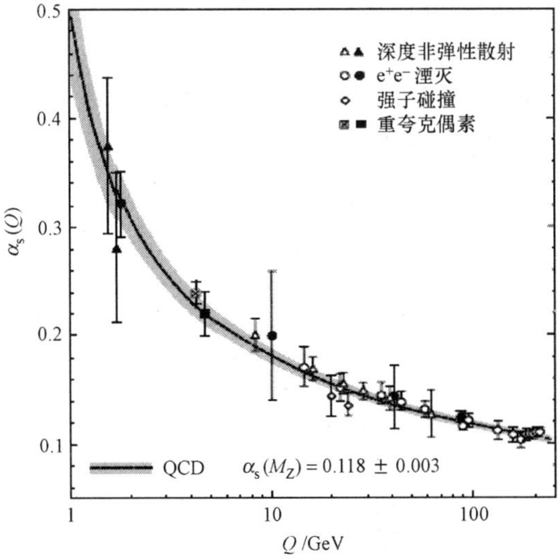

图 5.13 实验上从几个 GeV^2 一直到 $Q^2=M_Z^2$

对 QCD 理论的跑动耦合常数 $\alpha_s(Q^2)$ 直接验证. 图中阴影部分包括了理论计算中的不确定性.

§5.7 推广的 Ward-Takahashi 恒等式(Slavnov-Taylor 恒等式)

单圈图形计算给出关系式(5.97),表明七个重整化常数并不是独立的,这是因为 QCD 理论满足 SU(3)群规范不变性,受其约束而导致的. 正像在 QED 中 U(1)规范对称性导致电荷-电流守恒,由电流守恒可以证明 Fermi 子传播子与顶角之间存在 Ward-Takahashi 恒等式[16,17]. 这一等式保证了 Fermi 子重整化常数和顶角重整化常数相等,即 $Z_{1F}=Z_2$. 在非 Abel 规范群中同样由规范对称性导致推广的 Ward-Takahashi 恒等式. 这首先是由't Hooft 在 1971 年讨论非 Abel 规范场重整化时给出了部分的证明[18],尔后 Slavnov 和 Taylor 给出了完整的证明[19,20],所以此等式又称为 Slavnov-Taylor 恒等式. 类似于 Ward-Takahashi 恒等式在 QED 中证明重整化所起的作用一样,Slavnov-Taylor 恒等式的成立对于完成非 Abel 规范场的重整化的证明是极为重要的.

在非 Abel 规范群中推导相应的 Ward-Takahashi 恒等式要从 BRS 规范对称性出发. 在第四章第六节中讨论了非 Abel 规范群下的 BRS 变换, Becchi, Rouet 和 Stora 发现[25],如果考虑鬼场的变换就有可能恢复拉氏函数具有推广的规范不变性,这就对 Green 函数之间附加了约束条件和关联. 为此,重写 §4.7 的 BRS 变换(4.153),(4.154),(4.157)和(4.158)如下

$$
\left.\begin{aligned}
\delta\psi_i &= -\mathrm{i}T^a\theta^a\psi_i = \delta\lambda \mathrm{i}gT^aC_2^a\psi_i,\\
\delta A_\mu^a &= f^{abc}\theta^bA_\mu^c - \frac{1}{g}\partial_\mu\theta^a = -\frac{1}{g}D_\mu^{ab}\theta^b = \delta\lambda D_\mu^{ab}C_2^b,\\
\delta C_1^a &= \mathrm{i}\delta\lambda\,\frac{1}{\alpha}\partial^\mu A_\mu^a,\\
\delta C_2^a &= -\frac{1}{2}\delta\lambda g f^{abc}C_2^bC_2^c.
\end{aligned}\right\}\tag{5.122}
$$

拉氏函数在此规范变换下具有不变性.引入 BRS 变换的重整化形式,首先定义 Grassmann 数 $\delta\lambda$ 的重整化量 $\delta\lambda_{\mathrm{R}}$,

$$
\delta\lambda = Z_3^{1/2}\widetilde{Z}_3^{1/2}\delta\lambda_{\mathrm{R}},\tag{5.123}
$$

然后将相应的场变量用重整化的场变量代替就可以给出 BRS 变换的重整化形式,

$$
\left.\begin{aligned}
\delta\psi_{i\mathrm{R}} &= \delta\lambda_{\mathrm{R}}\mathrm{i}g_{\mathrm{R}}\widetilde{Z}_1T^aC_{2\mathrm{R}}^a\psi_i,\\
\delta A_{\mathrm{R}\mu}^a &= \delta\lambda_{\mathrm{R}}\widetilde{Z}_3D_\mu^{ab}C_{2\mathrm{R}}^b,\\
\delta C_{1\mathrm{R}}^a &= \delta\lambda_{\mathrm{R}}(\mathrm{i}/\alpha_{\mathrm{R}})\partial^\mu A_{\mathrm{R}\mu}^a,\\
\delta C_{2\mathrm{R}}^a &= \delta\lambda_{\mathrm{R}}(-1/2)g_{\mathrm{R}}f^{abc}\widetilde{Z}_1C_{2\mathrm{R}}^bC_{2\mathrm{R}}^c,
\end{aligned}\right\}\tag{5.124}
$$

其中

$$
D_\mu^{ab} = \delta^{ab}\partial_\mu - \frac{\widetilde{Z}_1}{\widetilde{Z}_3}g_{\mathrm{R}}f^{abc}A_{\mathrm{R}\mu}^c.\tag{5.125}
$$

类似地可以证明重整化后的有效拉氏量在 BRS 变换(5.124)下是不变的.为了简化起见,在下面的讨论中我们略去重整化指标“R”,从变换(5.122)出发证明 Slavnov-Taylor 恒等式.

Slavnov-Taylor 恒等式是从 BRS 对称性导出的 Green 函数之间的关系式.由(4.33)和(4.34)式可知所有连接的 Green 函数都可以通过生成泛函来确定,在讨论 Feynman 规则时我们已表明几个特殊的 Green 函数(传播子和顶角函数)是如何由生成泛函给出的.由(4.99)式写出生成泛函

$$
\begin{aligned}
Z(J,\xi,\xi^*,\eta,\bar{\eta}) = &\int[\mathrm{d}A][\mathrm{d}\psi][\mathrm{d}\bar{\psi}][\mathrm{d}C_1][\mathrm{d}C_2]\\
&\cdot\exp\left\{\mathrm{i}\int\mathrm{d}^4x(L_{\mathrm{eff}} + AJ + C_1\xi_1 + C_2\xi_2 + \bar{\psi}\eta + \bar{\eta}\psi)\right\},
\end{aligned}\tag{5.126}
$$

在上一章中已证明了 L_{eff} 在 BRS 变换下是不变的.容易见到在变换(5.122)下(5.126)的积分测度也是不变的,即

$$
[\mathrm{d}A][\mathrm{d}\psi][\mathrm{d}\bar{\psi}][\mathrm{d}C_1][\mathrm{d}C_2] = [\mathrm{d}A'][\mathrm{d}\psi'][\mathrm{d}\bar{\psi}'][\mathrm{d}C_1'][\mathrm{d}C_2'],\tag{5.127}
$$

其中带撇量是 BRS 变换后的场量,

$$
A\to A',\quad \psi\to\psi',\quad \bar{\psi}\to\bar{\psi}',\quad C_1\to C_1',\quad C_2\to C_2'.\tag{5.128}
$$

因此生成泛函 $Z(J,\xi,\xi^*,\eta,\bar{\eta})$ 在 BRS 变换下是不变的,即

$$Z(J,\xi,\xi^*,\eta,\bar{\eta})=\int[\mathrm{d}A'][\mathrm{d}\psi'][\mathrm{d}\bar{\psi}'][\mathrm{d}C_1'][\mathrm{d}C_2']$$
$$\cdot\exp\left\{\mathrm{i}\int\mathrm{d}^4x(L_{\mathrm{eff}}+A'J+C_1'\xi_1+C_2'\xi_2+\bar{\psi}'\eta+\bar{\eta}\psi')\right\}$$
$$=\int[\mathrm{d}A][\mathrm{d}\psi][\mathrm{d}\bar{\psi}][\mathrm{d}C_1][\mathrm{d}C_2]$$
$$\cdot\exp\left\{\mathrm{i}\int\mathrm{d}^4x(L_{\mathrm{eff}}+A'J+C_1'\xi_1+C_2'\xi_2+\bar{\psi}'\eta+\bar{\eta}\psi')\right\},\quad(5.129)$$

(5.129)式与(5.126)式是相同的. 这意味着由(5.126)式给出的 Green 函数和由(5.129)式给出的 Green 函数应是相同的. 设定域算符 $O_\mu^a(x)$,由此定义的 Green 函数在 BRS 变换下是不变的,

$$\langle 0|T[O_\mu^a(x)\cdots]|0\rangle=\langle 0|T[O_\mu'^a(x)\cdots]|0\rangle,\quad(5.130)$$

或者说在 BRS 对称性下导致下列等式

$$\delta\langle 0|T[O_\mu^a(x)\cdots]|0\rangle=0,\quad(5.131)$$

此等式称为 Green 函数的推广 Ward-Takahashi 恒等式. 应强调指出此恒等式仅当用了规范不变的正规化和减除方案的情况下才成立.

如果直接从生成泛函出发由(5.126)和(5.129)两式相等给出的等式是

$$\int[\mathrm{d}A][\mathrm{d}\psi][\mathrm{d}\bar{\psi}][\mathrm{d}C_1][\mathrm{d}C_2]\int\mathrm{d}^4x(\delta AJ+\delta C_1\xi_1+\delta C_2\xi_2+\delta\bar{\psi}\eta+\bar{\eta}\delta\psi)$$
$$\cdot\exp\left\{\mathrm{i}\int\mathrm{d}^4x(L_{\mathrm{eff}}+AJ+C_1\xi_1+C_2\xi_2+\bar{\psi}\eta+\bar{\eta}\psi)\right\}=0,\quad(5.132)$$

其中无穷小变换 $\delta A,\delta C_1,\delta C_2,\delta\psi$ 由(5.122)式给出,从(5.122)式可以见到在 δA, δC_2 和 $\delta\psi$ 中包括了三个复合算符 $D_\mu^{ab}C_2^b$, $(-1/2)gf^{abc}C_2^bC_2^c$ 和 $\mathrm{i}gT^aC_2^a\psi$. 原则上将(5.122)式代入就可得到生成泛函的约束方程,然而复合算符的存在使得它是一个非线性的约束方程因而复杂化. 一个方便的办法是引入与复合算符 $D_\mu^{ab}C_2^b$, $(-1/2)gf^{abc}C_2^bC_2^c$ 和 $\mathrm{i}gT^aC_2^a\psi$ 相应的附加源函数 $K^{a\mu}$, L^a 和 ω 使上述方程线性化. 在引入附加源函数以后,方程(5.126)中的源项修改为

$$\Sigma\equiv A_\mu^aJ^{a\mu}+C_1^a\xi_1^a+C_2^a\xi_2^a+\bar{\psi}\eta+\bar{\eta}\psi+K^{a\mu}D_\mu^{ab}C_2^b$$
$$-\frac{1}{2}gf^{abc}L^aC_2^bC_2^c+\mathrm{i}gC_2^a\bar{\omega}T^a\psi+\mathrm{i}gC_2^a\bar{\psi}T^a\omega,\quad(5.133)$$

其中 $K^{a\mu}$ 是 Grassmann 数. 注意到在(5.133)式中三个复合算符 $D_\mu^{ab}C_2^b$, $(-1/2)gf^{abc}C_2^bC_2^c$ 和 $\mathrm{i}gT^aC_2^a\psi$ 是相对应到 BRS 变换的 $\delta A,\delta C_2$ 和 $\delta\psi$ 中,而且假定源函数在 BRS 变换下是不改变的. 因此在 BRS 变换下源项 $\Sigma\to\Sigma+\delta\Sigma$,

$$\delta\Sigma=\delta A_\mu^aJ^{a\mu}+\delta C_1^a\xi_1^a+\delta C_2^a\xi_2^a+\delta\bar{\psi}\eta+\bar{\eta}\delta\psi,\quad(5.134)$$

从而可以将(5.132)式改写为包含源项 Σ 的形式

$$\int[\mathrm{d}A][\mathrm{d}\psi][\mathrm{d}\bar{\psi}][\mathrm{d}C_1][\mathrm{d}C_2]\int\mathrm{d}^4x(\delta AJ+\delta C_1\xi_1+\delta C_2\xi_2+\delta\bar{\psi}\eta+\bar{\eta}\delta\psi)$$

$$\cdot\exp\left\{\mathrm{i}\int\mathrm{d}^4x(L_{\mathrm{eff}}+\Sigma)\right\}=0. \tag{5.135}$$

如果定义

$$\langle F\rangle=\int[\mathrm{d}A][\mathrm{d}\psi][\mathrm{d}\bar{\psi}][\mathrm{d}C_1][\mathrm{d}C_2]F\exp\left\{\mathrm{i}\int\mathrm{d}^4x(L_{\mathrm{eff}}+\Sigma)\right\}, \tag{5.136}$$

那么(5.135)式就可以重写为

$$\int\mathrm{d}^4x\{\langle\delta A\rangle J+\langle\delta C_1\rangle\xi_1+\langle\delta C_2\rangle\xi_2+\langle\delta\bar{\psi}\rangle\eta+\bar{\eta}\langle\delta\psi\rangle\}=0, \tag{5.137}$$

注意到生成泛函已将源项修改为Σ，

$$Z(J,\xi,\xi^*,\eta,\bar{\eta})=\int[\mathrm{d}A][\mathrm{d}\psi][\mathrm{d}\bar{\psi}][\mathrm{d}C_1][\mathrm{d}C_2]\exp\left\{\mathrm{i}\int\mathrm{d}^4x(L_{\mathrm{eff}}+\Sigma)\right\},$$

那么就存在下列关系式

$$\left.\begin{aligned}&\delta\lambda\frac{\delta Z}{\delta K_\mu^a}=\mathrm{i}\langle\delta A^{a\mu}\rangle,\\&\delta\lambda\frac{\delta Z}{\delta L^a}=\mathrm{i}\langle\delta C_2^a\rangle,\\&\delta\lambda\frac{\delta Z}{\delta\omega}=\mathrm{i}\langle\delta\bar{\psi}\rangle,\\&\delta\lambda\frac{\delta Z}{\delta\bar{\omega}}=\mathrm{i}\langle\delta\psi\rangle,\end{aligned}\right\} \tag{5.138}$$

再将(5.138)式代入到(5.137)式就得到

$$\int\mathrm{d}^4x\left(\frac{\delta Z}{\delta K_\mu^a}J_\mu^a+\frac{\mathrm{i}}{\alpha}\partial_\mu\frac{\delta Z}{\delta J_\mu^a}\xi_1^a+\frac{\delta Z}{\delta L^a}\xi_2^a+\frac{\delta Z}{\delta\omega}\eta-\bar{\eta}\frac{\delta Z}{\delta\bar{\omega}}\right)=0, \tag{5.139}$$

此方程就是推广的 Ward-Takahashi 恒等式(或称为 Slavnov-Taylor 恒等式).

(5.139)式是用生成泛函来表述的，如果定义作用量W，

$$Z[J,\cdots]=\mathrm{e}^{\mathrm{i}W[J,\cdots]}, \tag{5.140}$$

对上式两边求泛函微商(为了简便起见，限定只有标量场$\phi(x)$和外源$J(x)$)就可以得到

$$\left.\frac{\delta^nW}{\delta J(x_1)\cdots\delta J(x_n)}\right|_{J=0}=-\frac{\mathrm{i}}{Z[0]}\left.\frac{\delta^nZ}{\delta J(x_1)\cdots\delta J(x_n)}\right|_{J=0}. \tag{5.141}$$

因此由(4.33)式定义的连接 Green 函数可以记为作用量$W[J]$的泛函微分，

$$G_n^{\mathrm{c}}(x_1,\cdots,x_n)=(-\mathrm{i})^{n-1}\left.\frac{\delta^nW[J]}{\delta J(x_1)\cdots\delta J(x_n)}\right|_{J=0}, \tag{5.142}$$

显然(5.139)式对生成泛函$W[J]$也成立.

为了讨论规范理论的可重整性，需要从正规 Green 函数出发，为此首先引入一

个新变量 $v(x)$，

$$v(x)=\frac{\delta W(J)}{\delta J(x)},\tag{5.143}$$

从(5.141)和(5.143)式得知 $v(x)$是有外源情况下 $\phi(x)$的真空平均值，它是 $J(x)$ 的函数，即

$$v(x)=\frac{\delta W(J)}{\delta J(x)}=\langle 0|\phi(x)|0\rangle|_J,\tag{5.144}$$

当外源 $J=0$ 时，在无自发破缺情况下(5.144)式右边为零，因此 $v(x)$为零. 进一步定义有效作用量

$$\Gamma[v]=W[J]-\int d^4xJ(x)v(x),\tag{5.145}$$

这意味着生成泛函 $W[J]\to\Gamma[v]$，即从(J,W)改变为(v,Γ). 由生成泛函可以定义正规 Green 函数 $G_n^p(x_1,\cdots x_n)$，

$$G_n^p(x_1,\cdots,x_n)=i\left.\frac{\delta^n\Gamma[v]}{\delta v(x_1)\cdots\delta v(x_n)}\right|_{v=0},\tag{5.146}$$

正规 Green 函数相应于正规 Feynman 图形，正规图形和非正规图形的概念可以由下述定义来区分：如果我们切割一个图形中某一条内线(夸克线或胶子线)就将此图形分解为不相连接的两个图形，那么这种图形就称为非正规图形；如果我们切割一个图形中任一条内线(夸克线或胶子线)都不能将此图形分解为不相连接的两个图形，那么这种图形就称为正规图形. §5.4 中讨论的七个原始发散图形都是正规图形，当然还有更复杂的高阶的正规图形. 正规图形所对应的正规 Green 函数是单粒子不可约的 Green 函数. 这里我们略去(5.146)式的证明. 基于(5.146)式也可以将 $\Gamma[v]$记作级数展开的形式，

$$\Gamma[v]=\sum_{n=0}^{\infty}\frac{-i}{n!}\int d^4x_1\cdots d^4x_nG_n^p(x_1,\cdots,x_n)v(x_1)\cdots v(x_n),\tag{5.147}$$

在 QCD 情况下，(5.145)式定义的有效作用量的完整表达式应为

$$\begin{aligned}\Gamma[v]&=\Gamma[v_A,v_{C_1},v_{C_2},v_\psi,v_{\bar\psi};K,L,\omega,\bar\omega]\\&=W[J,\xi_1,\xi_2,\eta,\bar\eta,K,L,\omega,\bar\omega]\\&\quad-\int d^4x(v_A^{a\mu}J_\mu^a+v_{C_1}^a\xi_1^a+v_{C_2}^a\xi_2^a+v_{\bar\psi}\eta+\bar\eta v_\psi),\end{aligned}\tag{5.148}$$

其中新变量 $v_A,v_{C_1},v_{C_2},v_\psi$ 和 $v_{\bar\psi}$ 定义如下：

$$v_A^{a\mu}=\frac{\delta W}{\delta J_\mu^a},\quad v_{C_{1,2}}^a=\frac{\delta W}{\delta\xi_{1,2}^a},\quad v_\psi=\frac{\delta W}{\delta\bar\eta},\quad v_{\bar\psi}=-\frac{\delta W}{\delta\eta}.\tag{5.149}$$

这样以生成泛函 Z 表达的 Slavnov-Taylor 恒等式(5.139)就可以用作用量 W 来表示，

$$\int d^4x\left[\frac{\delta\Gamma}{\delta K_\mu^a}\frac{\delta\Gamma}{\delta v_A^{a\mu}}+\frac{i}{\alpha}(\partial_\mu v_A^{a\mu})\frac{\delta\Gamma}{\delta v_{C_1}^a}+\frac{\delta\Gamma}{\delta L^a}\frac{\delta\Gamma}{\delta v_{C_2}^a}+\frac{\delta\Gamma}{\delta\omega}\frac{\delta\Gamma}{\delta v_\psi}+\frac{\delta\Gamma}{\delta v_\psi}\frac{\delta\Gamma}{\delta\bar\omega}\right]=0,\tag{5.150}$$

再利用鬼场方程得到的等式

$$\mathrm{i}\partial_\mu \frac{\delta\Gamma}{\delta K_\mu^a} = -\frac{\delta\Gamma}{\delta v_{C_1}^a}, \tag{5.151}$$

代入到(5.150)式获得

$$\int \mathrm{d}^4 x\left[\frac{\delta\Gamma}{\delta K_\mu^a}\left(\frac{\delta\Gamma}{\delta v_A^{a\mu}} - \frac{1}{\alpha}\partial_\mu\partial_\nu v_A^{a\nu}\right) + \frac{\delta\Gamma}{\delta L^a}\frac{\delta\Gamma}{\delta v_{C_2}^a} + \frac{\delta\Gamma}{\delta\omega}\frac{\delta\Gamma}{\delta v_\psi} + \frac{\delta\Gamma}{\delta v_{\bar\psi}}\frac{\delta\Gamma}{\delta\bar\omega}\right] = 0. \tag{5.152}$$

如果定义一个新的生成泛函

$$\widetilde{\Gamma} = \Gamma + \frac{1}{2\alpha}\int \mathrm{d}^4 x(\partial_\nu v_A^{a\nu})^2, \tag{5.153}$$

那么就可以将(5.152)式化简为以有效作用量 $\widetilde{\Gamma}$ 表达的推广的 Ward-Takahashi 恒等式，

$$\int \mathrm{d}^4 x\left[\frac{\delta\widetilde{\Gamma}}{\delta K_\mu^a}\frac{\delta\widetilde{\Gamma}}{\delta v_A^{a\mu}} + \frac{\delta\widetilde{\Gamma}}{\delta L^a}\frac{\delta\widetilde{\Gamma}}{\delta v_{C_2}^a} + \frac{\delta\widetilde{\Gamma}}{\delta\omega}\frac{\delta\widetilde{\Gamma}}{\delta v_\psi} + \frac{\delta\widetilde{\Gamma}}{\delta v_{\bar\psi}}\frac{\delta\widetilde{\Gamma}}{\delta\bar\omega}\right] = 0, \tag{5.154}$$

只要选择合适的 Green 函数就可以导出相应的(5.97)式中的各个关系式.

§5.8　QCD 理论的可重整性

§5.5 讨论了 QCD 单圈图重整化，见到所有单圈图发散积分(七个表面发散 Feynman 振幅)都可以通过引进相应的抵消项消去，而保留有限的修正项. 问题是能否在微扰论的所有高阶修正计算中通过引进这些抵消项以保持可重整性，这不是自明的.

在 QED 中单圈图的重整化有三个原始发散图形：电子自能图，光子自能图和顶角辐射修正图. 而 Ward-Takahashi 恒等式保证了光子传播子只有横向部分并给出了顶角图和自能图的关系式. 这三个原始发散图形满足：(1) 发散积分都可以协变地正规化分为发散部分和有限修正；(2) 其发散部分在引入抵消项后取适当的归一化可以唯一确定，使得拉氏函数中的参量就是物理上可观察的质量和电荷；(3) 当推广到所有阶微扰论时需要证明导致发散积分的图形只有有限个. 然而由单圈图重整化证明重整化对微扰论所有阶成立并不是直接自明的. 如果一个高阶图形可以约化为很多子图形，这些子图形都是原始发散图形，那么无需引入更多的抵消项就可以实现此发散图形的重整化. 原因在于如果考虑双圈图，则双圈图中除了可以约化为两个单圈图的一类图以外还存在一类图，称为巢状图和交缠图，它们不能约化为两个单圈图. 例如双圈图下电子自能和光子自能图形中有一类交缠发散图形(图 5.14)，它们不属于原始发散图形，又不能分解为两个原始发散图形. 对交缠发散图形的处理，Ward-Takahashi 恒等式起了很重要的作用. 在 QED 中最早系统研究重整化的是 Dyson(1949)[21]，1950 年 Ward 证明了自能图形与顶角图形的关系式. Ward 恒等式对证明重整化起了关键作用,因为交缠图主要发生在自能的高阶图形中. Ward 恒等式保证了理论的重整化步骤而获得了微扰论在所有阶下有限的结果.

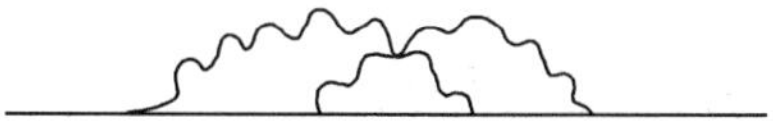

图 5.14 电子自能双圈图贡献中的交缠图

对于一般量子场论重整化的证明是很复杂的,这就是 BPHZ 减除方案. 这一方案最早是 1957 年由 Bogoliubov 和 Parasiuk 给出的[22],他们导出了发散 Feynman 积分减除的递推公式. 1966 年 Hepp 完成了重整化 Green 函数有限性证明[23]. 稍后 1970 年 Zimmerman 给出一个明显解[24]. BPHZ 减除方案系统地给出对任一 Feynman 图形的积分减除总体发散和子图发散的方法,而不依赖于图形对应的是否为交缠发散积分. 由于它的复杂性本节不作深入介绍. 本节只讨论如何应用推广的 Ward-Takahashi 恒等式解决非 Abel 规范场论可重整性的特殊问题.

关于非 Abel 规范场论可重整性的证明首先是由't Hooft 和 Veltman 在 1971—1972 年完成的[18]. 证明非 Abel 规范场论可重整性的困难在于：引进重整化抵消项以后的理论是否保持规范理论的结构? 因为前一章讨论 QCD Feynman 规则时就指出在线性协变规范条件下理论中出现了负度规的鬼粒子,它们出现在 Feynman 图的中间态中,使理论不明显地具有幺正性. 正是上一节讨论的推广的 Ward-Takahashi 恒等式保证了非 Abel 规范理论结构,从而保证了理论的幺正性质. 在§5.5 已计算了单圈图重整化常数并得到满足推广的 Ward-Takahashi 恒等式的关系式(5.97),完成了 QCD 单圈重整化. 需要证明的是在双圈图形以至于任意阶微扰论下都是可重整的,即逐阶证明理论的可重整性. 这一节不企图按此方法完成可重整性证明,只以较直观的方法从物理上说明推广的 Ward-Takahashi 恒等式可以保证 QCD 理论的可重整性[25—27].

§5.4 中指出 QCD 中有七类表面发散图形(其表面发散度 $d \geqslant 0$),分别列在下面：

夸克自能图	$\Sigma^{ij}(p)$
胶子自能图	$\Pi^{ab}_{\mu\nu}$
鬼粒子自能图	$\widetilde{\Pi}^{ab}(k)$
三胶子顶角修正图	$\Lambda^{abc}_{\mu\nu\lambda}$
鬼粒子-胶子顶角修正图	$\widetilde{\Lambda}^{abc}_{\mu}$
夸克-胶子顶角修正图	$\Lambda^{aij}_{\mathrm{F}\mu}$
四胶子顶角修正图	$\Lambda^{a_1 a_2 a_3 a_4}_{\mu_1 \mu_2 \mu_3 \mu_4}$

§5.5 已计算了单圈图对它们的贡献,其发散积分都是对数发散,并给出了相应的抵消项证明了单圈图下重整化. 上一节中我们已证明了由 BRS 变换不变性导

致了 Green 函数之间存在 Slavnov-Tayler 恒等式，由于这些恒等式的限制使得七类表面发散振幅并不都是独立的(单圈图下的结果见(5.97)式). 正像 QED 中的 Ward-Takahashi 恒等式给出光子传播子的横向性以及 Fermi 子传播子和顶角函数之间的关系导致的重整化常数 $Z_{1F}=Z_2$，在 QCD 里可以由上一节的 Slavnov-Tayler 恒等式给出：(1) 胶子自能振幅是纯横向的，因而仅需一个重整化常数 Z_3；(2) 在实行重整化步骤中七类表面发散振幅仅有四个是独立的，即如果选择其中任意四个按重整化重新定义，那么其他三个就自动有限. 这里可以选择 $\Sigma^{ij}(p)$，$\Pi^{ab}_{\mu\nu}$，$\widetilde{\Pi}^{ab}(k)$ 和 $\widetilde{\Lambda}^{abc}_{\mu}$ 或其他四个，相应的重整化常数为 $Z_2,Z_3,\widetilde{Z}_3$ 和 $\widetilde{Z}_1$. 在此选择下独立的重整化常数除了此四个以外还有质量重整化常数 Z_m. 这就是(5.54)式所包含的内容.

首先证明胶子自能振幅的横向性. 在上一节中由 Green 函数在 BRS 变换下不变性得到推广的 Ward-Takahashi 等式(5.131)，因此有下述关系式

$$\delta\langle 0|T[(\partial^\mu A^a_\mu(x))C^b_1(y)]|0\rangle=0, \qquad (5.155)$$

将变分算符分别作用于上式中两个算符就给出

$$\langle 0|T[\delta(\partial^\mu A^a_\mu(x))C^b_1(y)]|0\rangle+\langle 0|T[(\partial^\mu A^a_\mu(x))\delta C^b_1(y)]|0\rangle=0. \qquad (5.156)$$

将(5.124)和(5.125)式代入到上式的第一项

$$\delta(\partial^\mu A^a_\mu(x))=\partial^\mu(\delta A^a_\mu(x))=\delta\lambda[\widetilde{Z}_3\Box C^a_2-\widetilde{Z}_1 g f^{abc}\partial^\mu(C^b_2A^c_\mu)]=0, \qquad (5.157)$$

写下(5.157)式的最后等于零是由于鬼场 C^a_2 的运动方程. 因此方程(5.156)就变为

$$\langle 0|T[(\partial^\mu A^a_\mu(x))\delta C^b_1(y)]|0\rangle=0, \qquad (5.158)$$

将(5.124)中 $\delta C^b_1(y)$ 代入到上式，并注意到 T 乘积中 $\theta(x_0-y_0)$，有下列等式

$$\frac{\mathrm{d}}{\mathrm{d}x_0}\theta(x_0-y_0)=\delta(x_0-y_0), \qquad (5.159)$$

那么(5.158)式意味着

$$\frac{\partial}{\partial x_\mu}\langle 0|T\left[A^a_\mu(x)\frac{\partial}{\partial y_\nu}A^b_\nu(y)\right]|0\rangle-\delta(x_0-y_0)\langle 0|\left[A^a_0(x),\frac{\partial}{\partial y_\nu}A^b_\nu(y)\right]|0\rangle=0. \qquad (5.160)$$

在计算了上式中左边第二项等时对易关系以后就得到一个重要等式

$$\frac{\mathrm{i}}{\alpha}\frac{\partial}{\partial x_\mu}\frac{\partial}{\partial y_\nu}\langle 0|T[A^a_\mu(x)A^b_\nu(y)]|0\rangle=\delta_{ab}\delta^4(x-y), \qquad (5.161)$$

注意到(5.161)式左边就是胶子完全传播子的微商，定义它的 Fourier 变换 $\widetilde{D}^{ab}_{\mu\nu}(k)$，

$$\mathrm{i}\langle 0|T[A^a_\mu(x)A^b_\nu(y)]|0\rangle=-\int\frac{\mathrm{d}^4k}{(2\pi)^4}\mathrm{e}^{-\mathrm{i}k\cdot(x-y)}\widetilde{D}^{ab}_{\mu\nu}(k), \qquad (5.162)$$

将此式代入到(5.161)式就得到它在动量空间的等式

$$k^{\mu}k^{\nu}\widetilde{D}^{ab}_{\mu\nu}(k) = -\alpha\delta_{ab}. \tag{5.163}$$

此等式就是推广的 Ward-Takahashi 等式(5.131)应用到胶子场算符(5.157)后获得的具体表达式,有时也称它为推广的 Ward-Takahashi 等式.满足式(5.163)的胶子完全传播子的一般解为

$$\widetilde{D}^{ab}_{\mu\nu}(k) = -\frac{\delta^{ab}}{k^2}\left[\frac{g_{\mu\nu} - k_{\mu}k_{\nu}/k^2}{F(k^2)} + \alpha\frac{k_{\mu}k_{\nu}}{k^2}\right], \tag{5.164}$$

注意到当 $F(k^2)=1$ 时就是自由胶子传播子

$$\widetilde{D}^{ab}_{0\mu\nu}(k) = -\frac{\delta^{ab}}{k^2}\left[(g_{\mu\nu} - k_{\mu}k_{\nu}/k^2) + \alpha\frac{k_{\mu}k_{\nu}}{k^2}\right], \tag{5.165}$$

那么 $F(k^2)-1$ 就表达了高阶修正图的贡献,或者说高阶图修正对胶子完全传播子的纵向部分没有贡献,只修正物理的横向部分.这一结论对保证 S 矩阵元的幺正性是很重要的.为了更清楚地表达(5.164)式,写出胶子完全传播子 $\widetilde{D}^{ab}_{\mu\nu}(k)$ 与胶子自能部分 $\Pi^{ab}_{\mu\nu}(k)$ 的关系式

$$\widetilde{D}^{ab}_{\mu\nu}(k) = \widetilde{D}^{ab}_{0\mu\nu}(k) + \widetilde{D}^{ac}_{0\mu\rho}(k)\Pi^{cd,\rho\sigma}\widetilde{D}^{db}_{0\sigma\nu}(k) + \cdots, \tag{5.166}$$

将(5.166)式代入到(5.163)式就得到胶子自能部分满足的方程

$$k^{\mu}k^{\nu}\Pi^{ab}_{\mu\nu}(k) = 0, \tag{5.167}$$

或称它为胶子自能部分的推广的 Ward-Takahashi 恒等式.由此给出

$$\Pi^{ab}_{\mu\nu}(k) = \delta_{ab}(k_{\mu}k_{\nu} - k^2 g_{\mu\nu})\Pi(k^2) \tag{5.168}$$

和胶子完全传播子 $\widetilde{D}^{ab}_{\mu\nu}(k)$ 的表达式,

$$\widetilde{D}^{ab}_{\mu\nu}(k) = -\frac{\delta^{ab}}{k^2}\left[\frac{g_{\mu\nu} - k_{\mu}k_{\nu}/k^2}{1+\Pi(k^2)} + \alpha\frac{k_{\mu}k_{\nu}}{k^2}\right]. \tag{5.169}$$

因此,对胶子传播子的高阶修正其结果如同单圈图下讨论过的一样仅一个重整化常数 Z_3 就可重整,而且规范参量 α 的重整化按(5.38)式定义是一致的,即 $\alpha_R = Z_3^{-1}\alpha$.考虑到高阶修正后的重整化的胶子完全传播子是未重整化的胶子传播子倍乘以 Z_3^{-1}.这样在高阶修正中仅有胶子传播子中物理部分有贡献.

§5.5 给出的单圈图单整化常数满足推广的 Ward-Takahashi 恒等式的关系式(5.97),仅有四个独立常数.对于一般任意阶微扰论下七类发散振幅仅有四类是独立的证明本书省略,有兴趣的读者可以阅读有关文献.这样如果选择其中任意四个按重整化重新定义,那么其他三个就自动有限.这里可以选择 $\Sigma^{ij}(p)$,$\Pi^{ab}_{\mu\nu}$,$\widetilde{\Pi}^{ab}(k)$ 和 $\widetilde{\Lambda}^{abc}_{\mu}$ 或其他四个,相应的重整化常数为 Z_2,Z_3,$\widetilde{Z}_3$ 和 $\widetilde{Z}_1$.

在分析了 QCD 中发散图形的特殊性以后就可以应用前面提到的 BPHZ[22—24] 递推公式到这四个独立的发散图形证明微扰论逐阶下理论的可重整性.其证明可参见文献[7—9].

参考文献

[1] Jauch J M, Rohrlich F. The theory of photons and electrons. Addison-Wesley, 1955.
[2] 朱洪元. 量子场论. 北京：科学出版社，1960.
[3] Pauli W, Villars F. Rev. Mod. Phys., 1949, 21: 434.
[4] Bjorken J B, Drell S D. Relativistic quantum fields. McGraw-Hill, 1965.
[5] 't Hooft G, Veltman M J G. Nucl. Phys., 1972, B44: 189.
[6] Leibbrandt G. Rev. Mod. Phys., 1975, 47: 849.
[7] Itzykson C, Zuber J-B. Quantum field theory. McGraw-Hill, 1980.
[8] Muta T. Foundation of quantum chromodynamics. World Scientific, 1998.
[9] 戴元本. 相互作用的规范理论. 北京：科学出版社，1987.
[10] Celmaster W, Gonsalves R J. Phys. Rev. Lett., 1979, 42: 1435.
[11] Celmaster W, Gonsalves R J. Phys. Rev., 1979, D20: 1420.
[12] Barbieri R, Caneschi L, Curci G, d'Emilio E. Phys. Lett., 1979, 81B: 207.
[13] 't Hooft G. Nucl. Phys., 1973, B61: 455.
[14] Bardeen W A, Buras A J, Duke D W, Muta T. Phys. Rev., 1978, D18: 3998.
[15] Weinberg S. Phys. Rev., 1960, 118: 838.
[16] Ward J C. Phys. Rev., 1950, 78: 1824.
[17] Takahashi Y. Nuovo Cim., 1957, 6: 371.
[18] 't Hooft G. Nucl. Phys., 1971, B33: 173;
't Hooft G, Veltman M J G. Nucl. Phys., 1972, B50: 318.
[19] Slavnov A A. Theor. Math. Phys., 1972, 10.
[20] Taylor J C. Nucl. Phys., 1971, B33: 436.
[21] Dyson F J. Phys. Rev., 1949, 75: 486; Phys. Rev., 1949, 75: 1736.
[22] Bogoliubov N N, Parasiuk O S. Acta Math., 1957, 97: 227.
[23] Hepp K. Comm. Math. Phys., 1966, 2: 301.
[24] Zimmerman W. //Deser S, Grisaru M, Pendieton H. Lectures on elementary particles and quantum field theory. MIT press, Cambrige, 1970: 395.
[25] Becchi C, Rouet A, Stora R. Ann. Phys., 1976, 98: 287.
[26] Brandt R A. Nucl. Phys., 1976, B116: 413.
[27] Collins J C. Renormalization. Cambridge Univ. Press, 1984.

第六章　重整化群方程及其一般解

§5.6 讨论 QCD 渐近自由性质，从计算结果不依赖于重整化点的选择而获得有效耦合常数的表达式，这是重整化群理论应用到夸克-胶子顶角定义的耦合常数高阶修正的一个典型例子. 早在 1954 年 Gell-Mann 和 Low 在 QED 中讨论了光子传播子的大动量行为与可重整性之间的关系得到了 Gell-Mann-Low 方程[1,2]，尔后人们推广到其他 Green 函数和其他可重整化场论. 基于电子-质子深度非弹散射中标度无关性现象的发现，1970 年 Callan 和 Symanzik 分别发表文章从 Green 函数的大动量行为与可重整性之间的关系讨论了标度无关性现象，这就是 Callan-Symanzik 方程[3,4]. 这一章我们将利用可重整化理论的重整化群方程，表明如何将微扰的各阶领头对数贡献求和，给出一般解.

§6.1　重整化标度和重整化群

为了解释重整化群的基本想法，这里以无质量 Bose 子 ϕ^4 理论为例，其拉氏函数为(见(4.36)和(4.37)式，这里标记 ϕ 为重整化前的裸场量)

$$L=\frac{1}{2}(\partial_\mu\phi)(\partial^\mu\phi)-\frac{\lambda}{4!}\phi^4, \tag{6.1}$$

这是一个可重整化理论. 引入抵消项 δL，使得

$$L+\delta L=\frac{1}{2}Z_3(\partial_\mu\phi_R)(\partial^\mu\phi_R)-Z_1\frac{\lambda_R}{4!}\phi_R^4, \tag{6.2}$$

其中 Z_1 和 Z_3 是重整化常数，λ 是物理耦合常数，ϕ_R 是重整化场量. 它们与裸场量 ϕ 和裸耦合常数 λ 的关系为

$$\phi=Z_3^{\frac{1}{2}}\phi_R,\quad \lambda=Z_\lambda\lambda_R,\quad Z_\lambda=Z_3^{-2}Z_1, \tag{6.3}$$

那么将(6.3)式代入到(6.2)式就得到(6.1)式 $\frac{1}{2}(\partial_\mu\phi)(\partial^\mu\phi)-\frac{\lambda}{4!}\phi^4$.

然而上述过程中存在一个问题，如何定义物理耦合常数？一般地通过四点 Green 函数来定义，即

$$\Gamma(p_1,p_2,p_3,p_4)=-\lambda(p_i^2), \tag{6.4}$$

其中 p_1,p_2,p_3,p_4 是四条外线的动量. 由于拉氏函数 L 是无质量的 ϕ^4 理论，我们不能选择 $p_i^2=0$ 来定义耦合常数，因为这时将出现红外发散困难，正像 §5.2 讨论的一样，选择标度参量 μ^2，定义

$$\Gamma_{\mathrm{R}}^{(4)}(p_i^2=-\mu^2)=-\lambda_{\mathrm{R}}(\mu^2),\tag{6.5}$$

对于任意 n 条外线截腿的不可约振幅

$$\Gamma_{\mathrm{R}}^{(n)}(p_i,\lambda_{\mathrm{R}},\mu)\quad(i=1,2,\cdots,n),$$

它与裸振幅的关系是

$$\Gamma_{\mathrm{R}}^{(n)}(p_i,\lambda_{\mathrm{R}},\mu)=Z_3^{n/2}\Gamma_{\mathrm{u}}^{(n)}(p_i,\lambda,\Lambda),\tag{6.6}$$

其中 Λ 为紫外截断参量.(6.6)式右边是未重整化量,左边是重整化的振幅.重整化前的参量是 λ 和 Λ,重整化后的参量是 λ_{R} 和 μ^2. Z_3 和 Z_1 是 λ_{R} 和 μ 的无量纲函数,$\Gamma_{\mathrm{u}}^{n}(p_i,\lambda,\Lambda)$应与 μ 无关.这样由(6.6)式,未截外线腿时有等式

$$\Gamma_{\mathrm{u}}^{(n)}\phi^n=\Gamma_{\mathrm{u}}^{(n)}Z_3^{n/2}\phi_{\mathrm{R}}^n=\Gamma_{\mathrm{R}}^{(n)}\phi_{\mathrm{R}}^n$$

成立.从式(6.6)知当保持 λ 和 Λ 固定对等式两边微分应有

$$\mu\frac{\partial}{\partial\mu}[Z_3^{-\frac{n}{2}}\Gamma_{\mathrm{R}}^{(n)}(p_i,\lambda_{\mathrm{R}},\mu)]=\mu\frac{\partial}{\partial\mu}\Gamma_{\mathrm{u}}^{(n)}(p_i,\lambda,\Lambda)=0,$$

等式左边方括号中除了对 μ 明显依赖外还要考虑 λ_{R},Z_3 对 μ 的依赖,微商后整理最终导致下述微分方程

$$\left(\mu\frac{\partial}{\partial\mu}+\beta\frac{\partial}{\partial\lambda_{\mathrm{R}}}-n\gamma\right)\Gamma_{\mathrm{R}}^{(n)}(p_i,\lambda_{\mathrm{R}},\mu)=0,\tag{6.7}$$

其中

$$\beta(\lambda_{\mathrm{R}})=\mu\frac{\partial}{\partial\mu}\lambda_{\mathrm{R}}\bigg|_{\lambda,\Lambda\text{固定}},\tag{6.8}$$

$$\gamma=\frac{1}{2}\mu\frac{\partial}{\partial\mu}\ln Z_3\bigg|_{\lambda,\Lambda\text{固定}},\tag{6.9}$$

γ 称为 ϕ 场的反常量纲.方程(6.7)称为重整化群方程,物理意义是:振幅 $\Gamma_{\mathrm{R}}^{(n)}(p_i,\lambda_{\mathrm{R}},\mu)$由于 μ 的选择随 μ 的变化由 λ_{R} 的改变来补偿使得方程(6.7)成立.下面将解释重整化群的概念.

将上述标量场情况下的重整化群方程的推导应用到含 Fermi 子的汤川型相互作用情况也可以获得相应的重整化群方程.定义截腿的单粒子不可约振幅 Γ(具有 n_A 条外 Bose 子线和 n_Ψ 条外 Fermi 子线),

$$\Gamma_{\mathrm{R}}^{(n_A,n_\psi)}(p,g_{\mathrm{R}},\mu)=Z_3^{n_A}Z_2^{n_\psi}\Gamma_{\mathrm{u}}^{(n_A,n_\psi)}(p_i,g,\Lambda),\tag{6.10}$$

其中

$$g_{\mathrm{R}}=Z_g^{-1}g,\tag{6.11}$$

方程(6.10)中 Z_3 和 Z_2 是 g 和$\dfrac{\Lambda}{\mu}$的函数. g_{R},Z_3 和 Z_2 都将由重整化振幅来定义

$$\begin{aligned}g_{\mathrm{R}}&=\Gamma_{\mathrm{R}}^{(1,2)}(0,p,-p)\,|_{p^2=-\mu^2}\\&=Z_3^{1/2}Z_2\Gamma_{\mathrm{u}}^{(1,2)}(0,p,-p)\,|_{p^2=-\mu^2},\end{aligned}\tag{6.12}$$

$$Z_3\Gamma_{\mathrm{u}}^{(2,0)}=\Gamma_{\mathrm{r}}^{(2,0)}\,|_{p^2=-\mu^2},\tag{6.13}$$

$$Z_2\Gamma_{\mathrm{u}}^{(0,2)}=\Gamma_{\mathrm{R}}^{(0,2)}\big|_{p^2=-\mu^2}. \tag{6.14}$$

现在做类似于(6.7)式的推导就可以得到

$$\left[\mu\frac{\partial}{\partial\mu}+\beta(g_{\mathrm{R}})\frac{\partial}{\partial g_{\mathrm{R}}}-n_A\gamma_A(g_{\mathrm{R}})-n_\psi\gamma_\psi(g_{\mathrm{R}})\right]\Gamma_{\mathrm{R}}^{(n_A,n_\psi)}(p_i,g_{\mathrm{R}},\mu)=0, \tag{6.15}$$

其中

$$\left.\begin{aligned}\beta(g_{\mathrm{R}})&=\lim_{\Lambda\to\infty}\mu\frac{\partial}{\partial\mu}g_{\mathrm{R}}\left(g,\frac{\Lambda}{\mu}\right),\\ \gamma_j(g_{\mathrm{R}})&=\frac{1}{2}\lim_{\Lambda\to\infty}\mu\frac{1}{Z_j}\frac{\partial}{\partial\mu}Z_j\left(g,\frac{\Lambda}{\mu}\right),\quad j=3,2.\end{aligned}\right\} \tag{6.16}$$

从 β 和 γ 函数的定义可以见到它们是理论本身所固有的函数，与所讨论的具体 Green 函数无关. 同样重整化群方程(6.15)包含着明显的物理意义，μ 的任何小的变化总伴随着 g_{R} 和外场量重整化常数 Z_j 的适当变化，其总的效果是任何一个物理量 Γ 保持不变.

以上方程(6.7)和(6.15)都是在无质量情况下获得的. 在有质量情况下需在(6.1)式中增加质量项 $-m^2\phi^2$，并且引入定义质量重整化常数

$$m_{\mathrm{R}}=Z_m^{-1/2}m, \tag{6.17}$$

上述两方程也要做相应的修改，需要加上一项

$$-\gamma_m m_{\mathrm{R}}\frac{\partial}{\partial m_{\mathrm{R}}},$$

其中

$$\gamma_m=\frac{\mu}{Z_m^{1/2}}\frac{\mathrm{d}Z_m^{1/2}}{\mathrm{d}\mu}. \tag{6.18}$$

正像前一章讨论重整化时指出的，重整化耦合常数 g_{R} 和质量 m_{R} 的定义都依赖于减除步骤中所选择的重整化标度 μ，标度 μ 是任意的，不同标度 μ 下定义的重整化耦合常数 g_{R} 和质量 m_{R} 应相互关联. §5.6 中曾指出人们可以选择不同减除点 μ^2,μ'^2，但物理可观察量应相同，并由此定义物理上有效耦合常数 $\alpha_{\mathrm{eff}}^s(Q^2)$ 相同导致 QCD 真正的物理参量 Λ，这就是应用重整化群方程给出的一个物理解.

现在从普遍意义下引入重整化群的概念. 为此将(6.11)和(6.17)式对 μ 的依赖性明显写出[5]，

$$g_{\mathrm{R}}(\mu)=Z_g(\mu)^{-1}g, \tag{6.19}$$

$$m_{\mathrm{R}}(\mu)=Z_m(\mu)^{-1/2}m, \tag{6.20}$$

由(6.19)和(6.20)式显然有不同标度 μ 下定义的重整化耦合常数 g_{R} 和质量 m_{R} 之间的关系式

$$g_{\mathrm{R}}(\mu')=z_g(\mu',\mu)g_{\mathrm{R}}(\mu), \tag{6.21}$$

$$m_{\mathrm{R}}(\mu')=z_m(\mu',\mu)m_{\mathrm{R}}(\mu), \tag{6.22}$$

其中有限重整化常数 $z_g(\mu',\mu)$ 和 $z_m(\mu',\mu)$ 如下给出

$$z_g(\mu',\mu)=Z_g(\mu)/Z_g(\mu'),\tag{6.23}$$

$$z_m(\mu',\mu)=[Z_m(\mu)/Z_m(\mu')]^{\frac{1}{2}}.\tag{6.24}$$

仔细考察(6.21)和(6.22)式就可以发现 $z_g(\mu',\mu)$ 和 $z_m(\mu',\mu)$ 定义了一组随着重整化标度 μ 变化的变换 $\{z_g(\mu',\mu)\}$ 和 $\{z_m(\mu',\mu)\}$. 可以证明它们满足群的性质，称为重整化群. 首先具有单位元素

$$z_i(\mu,\mu)=1\quad(i=g,m)\tag{6.25}$$

在集合之内. 其次在集合内可以定义乘法

$$z_i(\mu'',\mu')z_i(\mu',\mu),$$

这正代表标度 $\mu\to\mu'\to\mu''$ 作系列变换，由定义(6.23)和(6.24)式可知乘积为

$$z_i(\mu'',\mu')z_i(\mu',\mu)=z_i(\mu'',\mu)\quad(i=g,m),\tag{6.26}$$

这里 $z_i(\mu'',\mu)$ 是标度 $\mu\to\mu''$ 相应的 g_{r} 和 m_{r} 所对应的有限重整化常数，也处于集合之内. 进而还可以在此集合内定义逆元素 $z_i^{-1}(\mu',\mu)$,

$$z_i^{-1}(\mu',\mu)=z_i(\mu,\mu').\tag{6.27}$$

显然此集合构成群，而且是可交换群(Abel 群)，称为重整化群. 前面的(6.6)式按 $\mu\to\mu'$ 变换满足(由于在本章后几节中 λ 有扩大动量标度的用处，这里已将耦合常数 λ 记为 g)

$$Z_3(\mu)^{-n/2}\Gamma^{(n)}(p_i,g_{\mathrm{R}}(\mu),\mu)=Z_3(\mu')^{-n/2}\Gamma^{(n)}(p_i,g(\mu'),\mu'),$$

或者

$$\Gamma^{(n)}(p_i,g_{\mathrm{R}}(\mu'),\mu')=z^{(n)}(\mu',\mu)\Gamma^{(n)}(p_i,g_{\mathrm{R}}(\mu),\mu),\tag{6.28}$$

其中

$$z_n(\mu',\mu)=[Z_3(\mu')/Z_3(\mu)]^{\frac{n}{2}},\tag{6.29}$$

构成重整化群. 不难将上述讨论推广到 QCD 理论，QCD 中任何 Green 函数的重整化变换也构成重整化群. 从上面的讨论可以见到对于一个可重整化理论，由重整化标度 μ 选择不同而导致重整化群的存在，由此产生理论的一般性质并不依赖于微扰论逐阶计算.

§6.2 重整化群方程

从上一节的讨论可知重整化标度 μ 的改变导致相应物理参量和 Green 函数的变换生成重整化群. 由于重整化群的存在使得理论具有一系列的性质并可应用到具体物理过程. 这一节着重讨论重整化群方程，§5.2 中可以见到重整化标度 μ 的引入是与减除方案(scheme)分不开的. 在 Gell-Mann-Low 方程中取了物理质量是固定的常数，与重整化标度 μ 无关. 而在 Callan-Symanzik 方程中取了物理质量，但

重整化点取为在质壳 $p_i^2=m_R^2$. 它们都不是在 MS 减除方案中讨论的，不同减除方案获得的重整化群方程的形式也略有不同.

首先，将 ϕ^4 理论中(6.6)和(6.7)式推广到质量不为零情况下的重整化群方程，考虑到(6.17)和(6.18)式，并定义含质量的重整化的振幅与未重整化的振幅关系(为了简便起见以下省略了重整化振幅下指标 R)

$$\Gamma^{(n)}(p_i,g_R,m_R,\mu)=Z_3^{n/2}\Gamma_u^{(n)}(p_i,g,m,\Lambda), \tag{6.30}$$

注意到未重整化的振幅 $\Gamma_u^{(n)}(p_i,g,m,\Lambda)$ 与重整化标度 μ 无关，因此

$$\frac{d}{d\mu}\Gamma_u^{(n)}(p_i,g,m,\Lambda)\bigg|_{g,m}=0. \tag{6.31}$$

将(6.30)式代入到(6.31)式就得到

$$\frac{d}{d\mu}\left[Z_3^{-n/2}\Gamma^{(n)}(p_i,g_R,m_R,\mu)\right]\bigg|_{g,m}=0, \tag{6.32}$$

将(6.32)式微分展开给出

$$\frac{\partial Z_3^{-n/2}}{\partial\mu}\bigg|_{g,m}\Gamma^{(n)}+Z_3^{-n/2}\left(\frac{\partial}{\partial\mu}+\frac{\partial g_R}{\partial\mu}\frac{\partial}{\partial g_R}+\frac{\partial m_R}{\partial\mu}\frac{\partial}{\partial m_R}\right)\Gamma^{(n)}\bigg|_{g,m}=0. \tag{6.33}$$

如果定义 β,γ_m 和 γ,

$$\beta=\mu\frac{\partial g_R}{\partial\mu}\bigg|_{g,m}, \tag{6.34}$$

$$\gamma_m=-\frac{\mu}{m_R}\frac{\partial m_R}{\partial\mu}\bigg|_{g,m}, \tag{6.35}$$

$$\gamma=\frac{\mu}{2Z_3}\frac{\partial Z_3}{\partial\mu}\bigg|_{g,m}, \tag{6.36}$$

方程(6.33)就可以重写为

$$\left(\mu\frac{\partial}{\partial\mu}+\beta\frac{\partial}{\partial g_R}-\gamma_m m_R\frac{\partial}{\partial m_R}-n\gamma\right)\Gamma^{(n)}\bigg|_{g,m}=0. \tag{6.37}$$

此式意味着 $\Gamma^{(n)}(p_i,g_R,m_R,\mu)$ 随 μ 的变化将由它随 g_R 和 m_R 的变化而补偿. 类似的讨论知在 MS 减除方案中也有 γ 仅依赖于 g_R 的性质，即

$$\gamma=\gamma(g_R). \tag{6.38}$$

方程(6.37)称为重整化群方程. 重整化群函数 $\beta(g_R)$，$\gamma_m(g_R)$ 和 $\gamma(g_R)$ 是理论本身所固有的函数，与所讨论的具体 Green 函数无关. 其中 $\beta(g_R)$ 的重要作用在§5.6 讨论渐近自由时已经见到，$\gamma(g_R)$ 是场量的反常量纲，这将在下一节详细讨论.

现在考虑 QCD 中在 MS 减除方案中重整化群方程，在此减除方案中定义的重整化常数不明显依赖于减除点 μ，但 $g_r(\mu)$ 是 μ 的函数. 将§5.6 中(5.102)式重写为

$$\mu\frac{\mathrm{d}g_{\mathrm{r}}}{\mathrm{d}\mu}=\beta,\quad \beta=-\varepsilon g_{\mathrm{r}}-\frac{\mu}{Z_g}\frac{\mathrm{d}Z_g}{\mathrm{d}\mu}g_{\mathrm{r}}.\tag{6.39}$$

此方程也可从直接对 $g_{\mathrm{r}}=\mu^{-\varepsilon}g_{\mathrm{R}}=\mu^{-\varepsilon}Z_g^{-1}g$ 微分获得，只需注意到裸耦合常数 g 与 μ 无关以及定义(5.101)即可. 换句话说方程(6.39)是重整化群变换(6.21)的无穷小形式. 当考虑到有质量理论时，注意到在维数正规化时不改变质量量纲，即 $m_{\mathrm{R}}=m_{\mathrm{r}}$，类似地有下述方程成立，

$$\mu\frac{\mathrm{d}m_{\mathrm{r}}}{\mathrm{d}\mu}=-m_{\mathrm{r}}\gamma_m,\quad \gamma_m=\frac{\mu}{Z_m^{1/2}}\frac{\mathrm{d}Z_m^{1/2}}{\mathrm{d}\mu},\tag{6.40}$$

同样方程(6.40)是重整化群变换(6.22)的无穷小形式. 一般地讲 β 和 γ_m 是 μ，g_{r} 和 m_{r} 的函数. 然而由于在 MS 减除方案里重整化常数不明显地依赖于 μ，仅通过 g_{r} 和 m_{r} 依赖于 μ，而且从量纲上考虑也不依赖于 m_{r}，因此，在 MS 减除方案里 β 和 γ_m 仅是 g_{r} 的函数，

$$\beta=\beta(g_{\mathrm{r}}),\tag{6.41}$$

$$\gamma_m=\gamma_m(g_{\mathrm{r}}).\tag{6.42}$$

(6.39)—(6.42)式就是't Hooft 在 1973 年导出的重整化群方程[6,7]. 由于在 MS 减除方案里 β 和 γ_m 仅是 g_{r} 的函数，$\beta(g_{\mathrm{r}})$ 和 $\gamma_m(g_{\mathrm{r}})$ 所遵从的方程是退耦的，可以相互独立求解. §5.6 就给出单圈近似下方程(6.30)的解，描述了 QCD 渐近自由性质.

注意到 QCD 拉氏函数(5.39)和抵消项(5.40)以及重整化和裸的场量、参量之间关系式(5.37)、(5.38)，物理参量多了一个规范参量 α_{R}：

$$g_{\mathrm{r}}=\mu^{-\varepsilon}g_{\mathrm{R}},\quad g=Z_g g_{\mathrm{R}},\quad m=Z_m m_{\mathrm{R}},\quad \alpha=Z_3\alpha_{\mathrm{R}},$$

类似地规范参量 α_{R} 不依赖于正规化参量 ε，因此也有 $\alpha_{\mathrm{r}}=\alpha_{\mathrm{R}}$. 重整化群函数不仅依赖于 g_{r}，而且依赖于 α_{r}，即函数形式为 $\beta(g_{\mathrm{r}},\alpha_{\mathrm{r}})$，$\gamma_m(g_{\mathrm{r}},\alpha_{\mathrm{r}})$，$\gamma_\psi(g_{\mathrm{r}},\alpha_{\mathrm{r}})$，$\gamma_A(g_{\mathrm{r}},\alpha_{\mathrm{r}})$. 由于外线夸克场和胶子场的重整化常数分别是 Z_2 和 Z_3，因此重整化函数 γ 也不同，分别记为 $\gamma_\psi(g_{\mathrm{r}},\alpha_{\mathrm{r}})$，$\gamma_A(g_{\mathrm{r}},\alpha_{\mathrm{r}})$，相应于夸克场和胶子场的反常量纲. 在 MS 减除方案中 QCD 理论 Green 函数的重整化群方程应写成下列形式

$$\Big[\mu\frac{\partial}{\partial\mu}+\beta(g_{\mathrm{r}},\alpha_{\mathrm{r}})\frac{\partial}{\partial g_{\mathrm{r}}}-\gamma_m(g_{\mathrm{r}},\alpha_{\mathrm{r}})m_{\mathrm{r}}\frac{\partial}{\partial m_{\mathrm{r}}}$$
$$+\delta(g_{\mathrm{r}},\alpha_{\mathrm{r}})\frac{\partial}{\partial\alpha_{\mathrm{r}}}-n_A\gamma_A(g_{\mathrm{r}},\alpha_{\mathrm{r}})-n_\psi\gamma_\psi(g_{\mathrm{r}},\alpha_{\mathrm{r}})\Big]\Gamma^{(n)}\Big|_{g,m}=0,\tag{6.43}$$

其中重整化群函数 β，γ_m，γ_A，γ_ψ 和 δ 的定义如下：

$$\beta(g_{\mathrm{r}},\alpha_{\mathrm{r}})=\mu\frac{\partial g_{\mathrm{r}}}{\partial\mu}\Big|_{g,m,\alpha},\tag{6.44}$$

$$\gamma_m(g_{\mathrm{r}},\alpha_{\mathrm{r}})=-\frac{\mu}{m_{\mathrm{r}}}\frac{\partial m_{\mathrm{r}}}{\partial\mu}\Big|_{g,m,\alpha},\tag{6.45}$$

$$\gamma_A(g_r,\alpha_r) = \frac{\mu}{2Z_3}\frac{\partial Z_3}{\partial \mu}\bigg|_{g,m,\alpha}, \tag{6.46}$$

$$\gamma_\psi(g_r,\alpha_r) = \frac{\mu}{2Z_2}\frac{\partial Z_2}{\partial \mu}\bigg|_{g,m,\alpha}, \tag{6.47}$$

$$\delta(g_r,\alpha_r) = \mu\frac{\partial \alpha_r}{\partial \mu}\bigg|_{g,m,\alpha} = -2\alpha_r\gamma_A(g_r,\alpha_r). \tag{6.48}$$

一般地讲，所有重整化群函数 $\beta,\gamma_m,\gamma_A,\gamma_\psi$ 和 δ 是规范相关的，仅在 MS 减除方案中由于重整化常数 Z_g 和 Z_m 的特点，β 和 γ_m 是规范无关的函数. 不同减除方案里给出的重整化群方程也不同，上面(6.43)式是在 MS 减除方案下得到的，George 和 Politzer 在离壳重整化减除方案里也得到了 George-Politzer 方程，有兴趣的读者可参见文献[8].

§6.3 重整化群方程的一般解

上一节讨论了 ϕ^4 理论和 QCD 理论中的重整化群方程(6.37)和(6.43)，它们给出了动量固定时 Green 函数 Γ 随 μ 变化的行为，同时这一方程中 μ 值也确定了理论中动量的标度. 因此，反过来重整化群方程所确定的 Γ 也包含了当 μ 固定时 Γ 如何依赖于动量 p_i 的信息. 为了见到这一点，仍然以无质量 ϕ^4 理论中(6.37)式为例首先使 Γ 无量纲化，设 $\Gamma^{(n)}$ 的正则量纲为 $d_{\Gamma^{(n)}}$ 并使所有动量 p_i 扩大一个标度 λ，即 $p_i\to\lambda p_i$，那么(为简便起见略去了质量项)

$$\Gamma^{(n)}(\lambda p_i,g_R,\mu) = \mu^{d_{\Gamma^{(n)}}} f(\lambda^2 p_i\cdot p_j/\mu^2,g_R), \tag{6.49}$$

或者

$$f(\lambda^2 p_i\cdot p_j/\mu^2,g_R) = \mu^{-d_{\Gamma^{(n)}}}\Gamma^{(n)}(\lambda p_i,g_R,\mu), \tag{6.49'}$$

其中 f 是无量纲函数. 下面将见到这种标度不变性的行为如何被正规化和重整化所破坏. 引入变量 $t=\ln\lambda$，由于 $\Gamma^{(n)}$ 具有一般形式(6.49)，在(6.49′)两边对 μ 微商且将左边代换为对 λ 微商就得到一个等式

$$\left(\frac{\partial}{\partial t}+\mu\frac{\partial}{\partial \mu}-d_{\Gamma^{(n)}}\right)\Gamma^{(n)}(\lambda p_i,g_R,\mu) = 0. \tag{6.50}$$

将(6.37)式与(6.50)式相减就给出另一种形式重整化群方程(略去质量项)

$$\left[-\frac{\partial}{\partial t}+\beta(g_R)\frac{\partial}{\partial g_R}+d_{\Gamma^{(n)}}-n\gamma\right]\Gamma^{(n)}(\lambda p_i,g_R,\mu) = 0, \tag{6.51}$$

这个方程与(6.37)不同，它直接表示了 Green 函数在动量扩大 λ 倍以后的影响. 当应用到具体过程中时外线动量做了一个标度变换离开质壳，使得 s,t,u 都扩大了 λ^2 倍. 例如深度非弹散射中 Q^2 明显地离开质壳.

首先对方程(6.51)作下述几点讨论，然后再讨论它的一般解. 方程(6.51)表明：

(1) 如果去掉所有相互作用，即 $\beta=\gamma=0$，那么方程(6.51)的解为

$$\Gamma^{(n)} \approx \lambda^{d_{\Gamma^{(n)}}},$$

这表明,Green 函数具有直观的正则量纲的标度不变性在无质量理论中是成立的.

(2) 如果 $\beta=0,\gamma\neq0$,方程(6.51)的解为

$$\Gamma^{(n)}\approx\lambda^{d_{\Gamma^{(n)}}-n\gamma},\tag{6.52}$$

这表明标度不变性仍然成立,但正则量纲 $d_{\Gamma^{(n)}}$ 应修改为$(d_{\Gamma^{(n)}}-n\gamma)$,这就是称 γ 为反常量纲的原因.

(3) 如果 $\beta\neq0,\gamma\neq0$,无质量理论的标度不变性被破坏,破坏这种标度不变性的原因就在于相互作用量子场论的发散与重整化.重整化群方程给出了这种标度不变性的破缺.

为了解方程(6.51),首先将它写成一个简单的形式

$$\left[-\frac{\partial}{\partial t}+\beta(g_{\mathrm{R}})\frac{\partial}{\partial g_{\mathrm{R}}}+\gamma_d(g_{\mathrm{R}})\right]\Gamma^{(n)}(\lambda p,g_{\mathrm{R}})=0,\tag{6.53}$$

其中

$$\gamma_d(g_{\mathrm{R}})=d_{\Gamma^{(n)}}-n\gamma(g_{\mathrm{R}}).\tag{6.54}$$

由于 $\gamma_d(g_{\mathrm{R}})$与 t 无关,分离变量,先求出下列齐次方程的解

$$\left(-\frac{\partial}{\partial t}+\beta(g_{\mathrm{R}})\frac{\partial}{\partial g_{\mathrm{R}}}\right)\Phi=0,\tag{6.55}$$

方程(6.55)中 Φ 的一般形式为

$$\Phi=\Phi(\overline{g}(g_{\mathrm{R}},t)),\tag{6.56}$$

其中 $\overline{g}$ 满足普通微分方程

$$\frac{\mathrm{d}}{\mathrm{d}t}\overline{g}(g_{\mathrm{R}},t)=\beta(\overline{g}),\tag{6.57}$$

并附有初始条件

$$\overline{g}(g_{\mathrm{R}},t=0)=g_{\mathrm{R}}.\tag{6.58}$$

现在来证明解(6.56)确实满足方程(6.55).为了讨论的方便起见,暂时略去 g_{R} 的下标,简记 g 以代替 g_{R}.注意到具有不同边界条件 g 的解 $\overline{g}$ 相当于 t 从原点作平移(见图 6.1),即

$$\overline{g}(g+\delta g,t)=\overline{g}(g,t+\delta t),$$

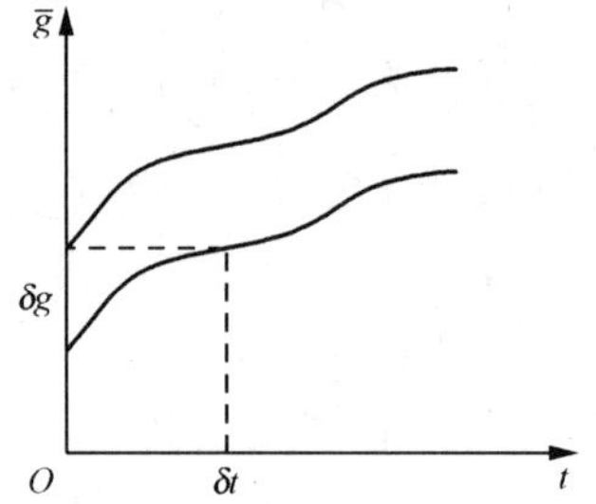

图 6.1　图示 $\overline{g}$ 随 t 的变化

可在上式两边减去 $\bar{g}(g,t)$就给出

$$\frac{\partial\bar{g}}{\partial g}\delta g=\frac{\partial\bar{g}}{\partial t}\delta t,$$

再由方程(6.57)知 $\delta g=\beta(g)\delta t$,因此我们有

$$\frac{\partial\bar{g}}{\partial t}=\beta(g)\frac{\partial\bar{g}}{\partial g},$$

将此式代入到(6.55)式的左边

$$\left(-\frac{\partial}{\partial t}+\beta(g)\frac{\partial}{\partial g}\right)\Phi=\left(-\frac{\partial\bar{g}}{\partial t}+\beta(g)\frac{\partial\bar{g}}{\partial g}\right)\frac{\partial\Phi(\bar{g})}{\partial\bar{g}}=0, \tag{6.59}$$

这就验证了方程(6.55)式成立. 由齐次方程(6.55)的解(6.56)就很容易得到非齐次方程(6.53)的一般解形式:

$$\Gamma^{(n)}(\lambda p,g,\mu)=\Gamma^{(n)}(p,\bar{g}(t),\mu)\times\exp\left(\int_0^t\gamma_d[\bar{g}(t')]\mathrm{d}t'\right) \tag{6.60}$$

$$=\Gamma^{(n)}(p,\bar{g}(t),\mu)\exp\left(\int_g^{\bar{g}}\frac{\gamma_d(g')}{\beta(g')}\mathrm{d}g'\right). \tag{6.61}$$

下一章将见到方程(6.61)和(6.60)是解释深度非弹散射中标度不变性破坏现象的基本方程. 方程(6.57)描述了有效耦合常数 $\bar{g}$ 随 t 的变化行为,而方程(6.60)则描述了任意点 Green 函数在大 λ 时的行为,它明显地依赖于有效耦合常数 $\bar{g}$ 和反常量纲 $\gamma(\bar{g})$. 方程(6.60)中的指数唯一地被 $\beta(\bar{g})$和 $\gamma(\bar{g})$所确定. 当 $\bar{g}$ 小时, $\beta(\bar{g})$和 $\gamma(\bar{g})$可在最低阶图的计算下确定,然后指数因子就将所有阶中包含主导对数项的渐近级数求和,这就大大改进了微扰论计算结果,给出了一种对所有阶领头对数贡献求和的方法.

以上讨论是在无质量情况下得到的,在质量不为零时需要解的方程是(6.41),多出一个质量项. (6.49)—(6.51)式将作如下变化(同样省去了下标 R)

$$\Gamma^{(n)}(\lambda p_i,g,m,\mu)=\mu^{d_{\Gamma^{(n)}}}f\left(\lambda^2p_i\cdot p_j/\mu^2,g,\frac{m}{\mu}\right), \tag{6.62}$$

$$\left(\frac{\partial}{\partial t}+\mu\frac{\partial}{\partial\mu}+m\frac{\partial}{\partial m}-d_{\Gamma^{(n)}}\right)\Gamma^{(n)}(\lambda p_i,g,m,\mu)=0, \tag{6.63}$$

$$\left[-\frac{\partial}{\partial t}+\beta(g)\frac{\partial}{\partial g}-(1+\gamma_m(g))m\frac{\partial}{\partial m}+d_{\Gamma^{(n)}}-n\gamma\right]\Gamma^{(n)}(\lambda p_i,g,m,\mu)=0, \tag{6.64}$$

此方程相应的一般解为

$$\Gamma^{(n)}(\lambda p,g,m,\mu)=\Gamma^{(n)}(p,\bar{g}(t),\bar{m}(t),\mu)\times\exp\left(\int_0^t\gamma_d[\bar{g}(t')]\mathrm{d}t'\right) \tag{6.65}$$

$$=\Gamma^{(n)}(p,\bar{g}(t),\bar{m}(t),\mu)\exp\left(\int_g^{\bar{g}}\frac{\gamma_d(g')}{\beta(g')}\mathrm{d}g'\right), \tag{6.66}$$

其中 $\overline{m}$ 定义为下列方程的解，

$$\frac{1}{\overline{m}}\frac{\mathrm{d}\overline{m}}{\mathrm{d}t}=-1-\gamma_m(\overline{g}),\tag{6.67}$$

并附有初始条件

$$\overline{m}(t=0)=m.\tag{6.68}$$

求解(6.67)和(6.68)式可得

$$\overline{m}(t)=m\exp\left[-\int_0^t \mathrm{d}t'(1+\gamma_m(\overline{g}(t')))\right].\tag{6.69}$$

§5.6 中已给出的(5.107)式

$$t=\int_g^{\overline{g}(t)}\frac{\mathrm{d}g'}{\beta(g')},$$

就是(6.57)和(6.58)的解. 注意到(6.54)式定义，可以将(6.65)式写成另一种明显的形式，

$$\Gamma^{(n)}(\lambda p,g,m,\mu)=\Gamma^{(n)}(p,\overline{g}(t),\overline{m}(t),\mu)\times\exp\left[d_{\Gamma^{(n)}}t-n\int_0^t\gamma(\overline{g}(t'))\mathrm{d}t'\right],\tag{6.70}$$

其中 $t=\ln\lambda$. 式(6.70)对于讨论 Green 函数的大动量行为是很方便的，因为(6.70)式的右边将 Green 函数对 t 的行为通过函数 $\overline{g}(t)$, $\overline{m}(t)$ 和 $\gamma(\overline{g}(t))$ 表达出来，而函数 $\overline{g}(t)$, $\overline{m}(t)$ 和 $\gamma(\overline{g}(t))$ 将由理论中的重整化群函数 $\beta(g_{\mathrm{R}})$, $\gamma_m(g_{\mathrm{R}})$ 和 $\gamma(g_{\mathrm{R}})$ 来确定，因此可以利用微扰论逐阶进行计算. 例如在 QCD 中(见§5.6)就表明在单圈图近似下计算出的 β 函数，由(5.107)式就可确定 $\overline{g}(t)$(见(5.109)式).

§6.4　重整化群固定点和渐近自由

上一节讨论了重整化群方程的一般解，其行为完全由重整化群函数决定. 本节分析 QCD 中 $\beta(g)$ 函数和渐近自由. 在§5.6 中曾给出单圈图近似下 $\beta(g_{\mathrm{r}})=-\frac{1}{(4\pi)^2}\beta_0 g_{\mathrm{r}}^3+O(g_{\mathrm{r}}^5)$(见(5.103)式)，如果超出于单圈图将有下面的微扰展开

$$\beta(g_{\mathrm{r}})=-\frac{1}{(4\pi)^2}\beta_0 g_{\mathrm{r}}^3-\frac{1}{(4\pi)^4}\beta_1 g_{\mathrm{r}}^5-\frac{1}{(4\pi)^6}\beta_2 g_{\mathrm{r}}^7+O(g_{\mathrm{r}}^9),\tag{6.71}$$

其中 β_0, β_1 和 β_2 分别由单圈图、双圈图[9-11]和三圈图计算给出，这里只列出计算的结果，

$$\beta_0=11-\frac{2}{3}N_{\mathrm{f}},\tag{6.72}$$

$$\beta_1=102-\frac{38}{3}N_{\mathrm{f}},\tag{6.73}$$

$$\beta_2 = \frac{2857}{2} - \frac{5033}{18}N_f + \frac{325}{54}N_f^2. \tag{6.74}$$

在单圈图近似下仅有 β_0，代入到积分形式(5.107)给出

$$[\bar{g}(t)]^2 = \frac{g_r^2}{1+\frac{2}{(4\pi)^2}\beta_0 g_r^2 t}, \tag{5.109}$$

此式明显地表达了 QCD 渐近自由性质，即当 $t\to\infty$，$\bar{g}(t)\to 0$. 当进一步考虑高圈图影响时将(6.71)式代入积分形式可得

$$t = \int_{g_r}^{\bar{g}(t)} \frac{dg'}{\beta(g')} = -\frac{(4\pi)^2}{2}\int_{g_r^2}^{\bar{g}^2} \frac{d\lambda}{\lambda} \frac{1}{\beta_0 + \frac{1}{(4\pi)^2}\beta_1\lambda + \frac{1}{(4\pi)^4}\beta_2\lambda^2 + O(\lambda^3)}. \tag{6.75}$$

如果仅考虑双圈图，对(6.75)式积分就可得

$$t = \frac{(4\pi)^2}{2\beta_0}\left[\frac{1}{\bar{g}^2} - \frac{1}{g_r^2}\right] + \frac{\beta_1}{2\beta_0^2}\ln\frac{\bar{g}^2(\beta_0 + \beta_1 g_r^2/(4\pi)^2)}{g_r^2(\beta_0 + \beta_1\bar{g}^2/(4\pi)^2)}, \tag{6.76}$$

或者

$$\frac{(4\pi)^2}{\beta_0\bar{g}^2} + \frac{\beta_1}{\beta_0^2}\ln\frac{\beta_0\bar{g}^2}{1+\beta_1\bar{g}^2/\beta_0(4\pi)^2} = \frac{(4\pi)^2}{\beta_0 g_r^2} + \frac{\beta_1}{\beta_0^2}\ln\frac{\beta_0 g_r^2}{1+\beta_1 g_r^2/\beta_0(4\pi)^2} + 2t. \tag{6.77}$$

按照(5.110)和(5.118)式的讨论，引入参量 Λ 定义

$$\frac{(4\pi)^2}{\beta_0\bar{g}^2} + \frac{\beta_1}{\beta_0^2}\ln\frac{\beta_0\bar{g}^2}{1+\beta_1\bar{g}^2/\beta_0(4\pi)^2} = \ln\frac{Q^2}{\Lambda^2}, \tag{6.78}$$

就可以得到(5.120)式

$$\alpha_s(Q^2) = \frac{\bar{g}^2}{4\pi} = \frac{4\pi}{\beta_0\ln\frac{Q^2}{\Lambda^2}}\left[1 - \frac{\beta_1}{\beta_0^2}\frac{\ln\left(\ln\frac{Q^2}{\Lambda}\right)}{\ln\left(\frac{Q^2}{\Lambda^2}\right)}\right] + \cdots, \tag{6.79}$$

相应地 QCD 参量 Λ 与重整化标度 μ 有下述关系

$$\Lambda^2 = \mu^2\left[\frac{1+\beta_1 g_r^2/\beta_0(4\pi)^2}{\beta_0 g_r^2/(4\pi)^2}\right]^{\beta_1/\beta_0^2}\exp\left[-\frac{(4\pi)^2}{\beta_0 g_r^2}\right]. \tag{6.80}$$

从单圈图结果(5.109)可以看出 QCD 渐近自由性质的关键是 $\beta_0>0$，即(见(5.100)式)

$$\beta_0 = \frac{11}{3}C_G - \frac{4}{3}T_R N_f = 11 - \frac{2}{3}N_f > 0, \tag{6.81}$$

其中 $C_G=N$(N 是规范群 SU(N)的阶数)，$\mathrm{tr}[T^a T^b]=\delta_{ab}T_R\left(\text{对于 SU(3)}, T_R=\frac{1}{2}\right)$，$N_f$ 是夸克味的数目. 当 $N_f=0$ 时，只有纯规范场，总有 $\beta_0>0$，这是由非 Abel 规范场

的自作用决定的，一定有渐近自由性质. 由于夸克参与规范场相互作用，则 $N_f \neq 0$，而抵消纯规范场的正定性，削弱理论的渐近自由性质；当 $N_f > 16$ 时 β_0 将变为负值，理论将不再具有渐近自由的性质. 实际上，在 1973 年前已分析了，除了非 Abel 规范场之外的各种类型量子场论都不具有渐近自由性质[12].

对于 QED，规范群是 Abel 的，光子之间没有自作用，这时 $\beta(g)$ 函数展开中的第一项的系数完全由 Fermi 子圈图形决定，因此 $\beta(g)$ 为正，即

$$\beta(\bar{g}) = b\bar{g}^3 + O(\bar{g}^5), \tag{6.82}$$

其中 $b>0$（在非 Abel 情况下 $b<0$），由此而得到的跑动耦合常数为

$$\bar{g}(t)^2 = \frac{g_r^2}{1 - 2bg_r^2 t}. \tag{6.83}$$

从此表达式可以见到，当 $t = 1/2bg_r^2$ 时存在一个极点，耦合常数变为无穷大，这时微扰论不再适用. 这是自然的，因为当动量很大时相应的距离小，其电荷的屏蔽效应小，有效电荷就变大. 这一极点首先是 Landau 发现的，被称为 Landau 极点. 注意到(6.83)式是在微扰论可用的情况下推出的，因此极点的存在表明了所用方法的不自洽性，也表明 QED 微扰论仅在 $t \ll (2bg_r^2)^{-1}$ 时适用.

比较 QED 和 QCD 两个例子告诉我们，$\beta(g)$ 函数的行为对于确定跑动耦合常数 $\bar{g}(t)$ 的性质是非常重要的. 现在我们对 $\beta(g)$ 函数做一般的讨论. $\beta(g)$ 是由相互作用决定的，显然在微扰论里应用 $\beta(0)=0$，作微扰展开假定有一般形式

$$\beta(g) = bg^n + O(g^{n+1}), \quad n \geqslant 1, \tag{6.84}$$

由(6.57)式知跑动耦合常数 $\bar{g}(t)$ 随 t 的变化受 $\beta(\bar{g})$ 函数控制，即在 $\beta(\bar{g})>0$ 区域 $\bar{g}(t)$ 随 t 增大而增大，在 $\beta(\bar{g})<0$ 区域 $\bar{g}(t)$ 随 t 增大而减小. 当 $\bar{g}(t)$ 随 t 的变化到某一点 g_f 时 $\beta(g_f)=0$，$\bar{g}(t)$ 趋于稳定不动，称 g_f 为重整化群固定点. 显然 $g_f=0$ 就是一个固定点. 由于 t 代表动量的变化，定义 $t\to\infty$ 为紫外极限，$t\to-\infty$ 为红外极限. 在紫外极限下 $\bar{g}(t)$ 的极限值 g_f 为紫外固定点，在红外极限下 g_f 为红外固定点. 如图 6.2 所示 g_f 是紫外固定点. 对于 QCD $g_f=0$ 是紫外固定点，对于 QED $g_f=0$ 是红外固定点. 如果 $\beta(\bar{g})$ 除了 $\bar{g}=0$ 点以外没有其他零点，且是负的，那么 $\beta(\bar{g})$ 随 $\bar{g}$ 单调下降，$g_f=0$ 是紫外固定点(图 6.3(a))，当 $t\to\infty$ 时 $\bar{g}(t)\to 0$（称为渐近自由理论），微扰论在大动量下可以合法地被应用. 如果 $\beta(\bar{g})$ 除了 $\bar{g}=0$ 点以外没有其他零点，且是正的，那么 $\beta(\bar{g})$ 随 $\bar{g}$ 单调上升(图 6.3(b))，$g_f=0$ 是红外固定点，此理论在紫外极限下不是渐近自由理论. ϕ^4 理论和 Yukawa 理论都不是渐近自由理论，只有 Yang-Mills 理论具有渐近自由性质[13]. 此外在非四维时空内 ϕ_6^3 理论具有渐近自由性质.

以上讨论是固定点仅是零点情况下做的，然而在较复杂的情况下有可能在非零处还有一个固定点 $\bar{g}=g_f$，这时跑动耦合常数 $\bar{g}(t)$ 随 t 的变化与 $\beta(\bar{g})$ 函数在

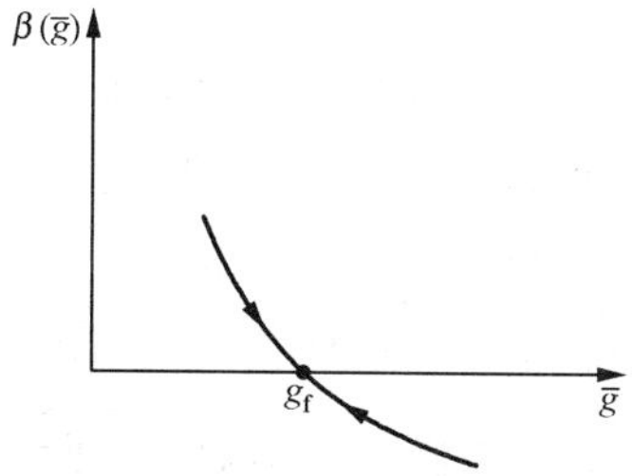

图 6.2　紫外固定点

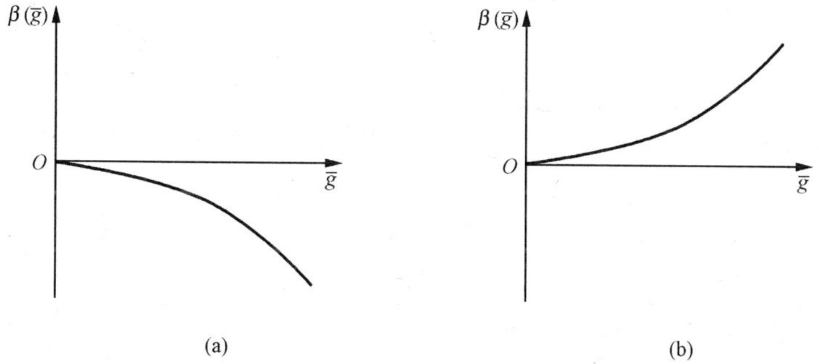

图 6.3　(a) $\beta(\bar{g})$除了 $\bar{g}=0$ 点以外没有其他零点，且随 $\bar{g}$ 单调下降

(b) $\beta(\bar{g})$除了 $\bar{g}=0$ 点以外没有其他零点，且随 $\bar{g}$ 单调上升

$\bar{g}=g_f$点处的梯度有关，如果 $\beta'(g_f)<0(\beta'(\bar{g})=\mathrm{d}\beta/\mathrm{d}\bar{g})$，则有紫外固定点(图 6.4(a))

$$\bar{g}(t)\to g_f,\quad 当\ t\to\infty; \tag{6.85}$$

如果 $\beta'(g_f)>0$，则有红外固定点(图 6.4(b))

$$\bar{g}(t)\to g_f,\quad 当\ t\to-\infty. \tag{6.86}$$

零点可以视作 $g_f=0$ 的特殊情况.

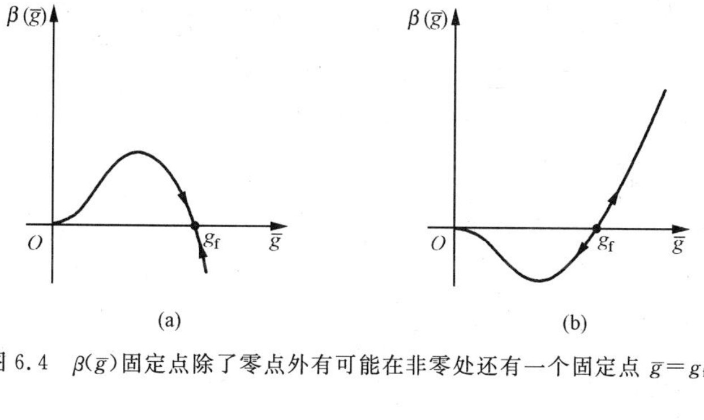

图 6.4　$\beta(\bar{g})$固定点除了零点外有可能在非零处还有一个固定点 $\bar{g}=g_f$

重整化群固定点性质对于 Green 函数的渐近行为是很重要的. 因为(6.70)式表明 Green 函数的行为除了第一项由它的幂次量纲 d_Γ 决定外,还由它的反常量纲 $\gamma(\bar{g}(t))$ 以及 $\bar{g}(t)$ 的行为来确定. 当 $t\to\infty$ 时,如果存在一个紫外固定点 $\bar{g}(t)\to g_{\mathrm{f}}$,那么积分

$$\int_0^t \mathrm{d}t'\gamma(\bar{g}(t')) \to \gamma(g_{\mathrm{f}})t, \quad 当\ t\to\infty, \tag{6.87}$$

代入到(6.70)式就给出 Green 函数在 $t\to\infty$ 时的渐近行为

$$\begin{aligned}\Gamma^{(n)}(\lambda p, g, m, \mu) &\to \Gamma^{(n)}(p, g_{\mathrm{f}}, 0, \mu)\times\exp(d_{\Gamma^{(n)}} - n\gamma(g_{\mathrm{f}}))t \\ &= \Gamma^{(n)}(p, g_{\mathrm{f}}, 0, \mu)(\mathrm{e}^t)^{(d_{\Gamma^{(n)}} - n\gamma(g_{\mathrm{f}}))},\end{aligned} \tag{6.88}$$

这里已经取了 $\bar{m}(t\to\infty)=0$. 此式明显地表明渐近行为已经偏离了正则的幂次量纲 $\Gamma^{(n)}\approx\lambda^{d_{\Gamma^{(n)}}}$,或者说破坏了标度不变性. 其量纲应修改为 $d_{\Gamma^{(n)}}-n\gamma(g_{\mathrm{f}})$,由此称 γ 为反常量纲. 所以 Green 函数的渐近行为由幂次量纲和固定点反常量纲之差来决定.

现在讨论紫外固定点 $g_{\mathrm{f}}=0$ 情况,这时 $\beta(0)=0, \gamma(0)=0$,前面提到在最低阶近似下 $\beta(\bar{g})$ 按(5.103)式和 $\bar{g}(t)$ 按(5.107)式确定,即当 $t\to\infty$ 时 $\bar{g}(t)\to 0$. 对于这样一个渐近自由理论,微扰论可以合理地被应用. (6.88)式告诉我们由于 $\gamma(0)=0$,Green 函数的渐近行为基本上由正则幂次量纲决定,即基本上回到了标度不变性. 具体来讲,Green 函数的渐近行为还依赖于反常量纲 $\gamma(\bar{g})$ 的具体形式,对它作微扰展开,

$$\gamma(\bar{g}) = \gamma_0\bar{g}^2 + O(\bar{g}^4), \tag{6.89}$$

其中 γ_0 可由(6.40)定义计算得到. 将(6.89)和(5.107)式代入到(6.70)式就得到

$$\Gamma^{(n)}(\lambda p, g, m, \mu) \to \Gamma^{(n)}(p, g_{\mathrm{f}}, 0, \mu)(\mathrm{e}^t)^{(d_{\Gamma^{(n)}} - n\gamma(g_{\mathrm{f}}))}\left(\frac{2\beta_0 g^2 t}{(4\pi)^2}\right)^{-(4\pi)^2 n\gamma_0/2\beta_0}, \tag{6.90}$$

此式表明 Green 函数的渐近行为基本上是正则幂次量纲的自由场论的行为,但多了一个对数修正因子,这对于下一章讨论深度非弹中标度无关性破坏是有意义的. 对于 $\gamma(\bar{g})$ 的双圈图计算可参阅文献[14,15].

现在补充说明一点,我们为什么在(6.88)和(6.90)式中简单地取了 $\bar{m}(t\to\infty)=0$,因为当 $t\to\infty$ 时存在紫外固定点,从(6.69)式给出跑动质量

$$\bar{m}(t) = m\exp\left[-\int_0^t \mathrm{d}t'(1+\gamma_m(\bar{g}(t'))\right] \to m\mathrm{e}^{-(1+\gamma_m(g_{\mathrm{f}}))t}, \tag{6.91}$$

在渐近自由理论里可以对 $\gamma_m(\bar{g})$ 作微扰展开,

$$\gamma_m(\bar{g}) = \gamma_{m0}\bar{g}^2 + O(\bar{g}^4), \tag{6.92}$$

将(6.92)式代入到(6.69)式并考虑到 $\bar{g}(t)$ 表达式(5.107)就可以得到在紫外极限下 $t\to\infty$,

$$\overline{m}(t) \to m\mathrm{e}^{-t}\left(\frac{2\beta_0 g^2 t}{(4\pi)^2}\right)^{-(4\pi)^2\gamma_{m0}/2\beta_0} \to 0, \tag{6.93}$$

即可忽略跑动质量效应.

在 QCD 里 $t\to\infty$ 时 $g_{\mathrm{f}}=0$ 是紫外固定点,其单圈近似下跑动耦合常数由(5.107)式来描述,是渐近自由理论.反过来当 t 为负值即在大距离情况下,跑动耦合常数将变大,这时微扰论不再适用,也无法计算理论的 $\beta(g)$ 函数,且不能知道 $t\to-\infty$ 是否为理论的红外固定点.只能肯定一条,即 QCD 的红外行为是非微扰的强耦合问题.因此非 Abel 规范场的大距离行为必须寻找非微扰理论解决,格点规范理论就是这样一种理论.其他计及非微扰效应的理论有低能 QCD 的手征微扰论,各种唯象模型(夸克模型、势模型、口袋模型以及 Skymion 模型等)理论以及 QCD 求和规则方法等.

§ 6.5　QCD 重整化群函数和 Λ_{QCD} 参量

§ 6.2 中(6.44)—(6.48)式给出 QCD 中重整化群函数 $\beta,\gamma_m,\gamma_A,\gamma_\psi$ 和 δ 的定义,§ 5.5 给出单圈图近似下重整化常数的计算结果,为讨论方便起见,重新罗列如下:

$$Z_1 = 1-\frac{g_{\mathrm{R}}^2}{(4\pi)^2}\left[C_{\mathrm{G}}\left(-\frac{17}{12}+\frac{3\alpha_{\mathrm{R}}}{4}\right)+\frac{4}{3}T_{\mathrm{R}}N_{\mathrm{f}}\right]\frac{1}{\varepsilon}+O(g_{\mathrm{R}}^4),$$

$$Z_2 = 1-\frac{g_{\mathrm{R}}^2}{(4\pi)^2}C_{\mathrm{F}}\alpha_{\mathrm{R}}\frac{1}{\varepsilon}+O(g_{\mathrm{R}}^4),$$

$$Z_3 = 1-\frac{g_{\mathrm{R}}^2}{(4\pi)^2}\left[\frac{4}{3}T_{\mathrm{R}}N_{\mathrm{f}}-\frac{1}{2}C_{\mathrm{G}}\left(\frac{13}{3}-\alpha_{\mathrm{R}}\right)\right]\frac{1}{\varepsilon}+O(g_{\mathrm{R}}^4),$$

$$Z_4 = 1-\frac{g_{\mathrm{R}}^2}{(4\pi)^2}\left[\left(-\frac{2}{3}+\alpha_{\mathrm{R}}\right)C_{\mathrm{G}}+\frac{4}{3}T_{\mathrm{R}}N_{\mathrm{f}}\right]\frac{1}{\varepsilon}+O(g_{\mathrm{R}}^4),$$

$$\widetilde{Z}_1 = 1-\frac{g_{\mathrm{R}}^2}{(4\pi)^2}C_{\mathrm{G}}\frac{\alpha_{\mathrm{R}}}{2}\frac{1}{\varepsilon}+O(g_{\mathrm{R}}^4),$$

$$\widetilde{Z}_3 = 1+\frac{g_{\mathrm{R}}^2}{(4\pi)^2}C_{\mathrm{G}}\frac{3-\alpha_{\mathrm{R}}}{4}\frac{1}{\varepsilon}+O(g_{\mathrm{R}}^4),$$

$$Z_{1\mathrm{F}} = 1-\frac{g_{\mathrm{R}}^2}{(4\pi)^2}\left(\frac{3+\alpha_{\mathrm{R}}}{4}C_{\mathrm{G}}+\alpha_{\mathrm{R}}C_{\mathrm{F}}\right)\frac{1}{\varepsilon}+O(g_{\mathrm{R}}^4),$$

$$\begin{aligned}Z_g &= Z_1 Z_3^{-3/2} = \widetilde{Z}_1\widetilde{Z}_3^{-1}Z_3^{-1/2} = Z_{1\mathrm{F}}Z_2^{-1}Z_3^{-1/2}\\ &= 1-\frac{g_{\mathrm{R}}^2}{(4\pi)^2}\left(\frac{11}{6}C_{\mathrm{G}}-\frac{2}{3}T_{\mathrm{R}}N_{\mathrm{f}}\right)\frac{1}{\varepsilon}+O(g_{\mathrm{R}}^4),\end{aligned}$$

$$Z_m = 1 - \frac{3g_R^2}{(4\pi)^2} C_F \frac{1}{\varepsilon} + O(g_R^4),$$

这些重整化常数并不是独立的，它们满足关系式(5.97)或(5.54). 这些式中重整化规范参量 $\alpha_R = Z_3^{-1}\alpha$. 将这些重整化常数结果直接代入到(6.44)—(6.48)式就可得到 QCD 中单圈图近似下重整化群函数，

$$\beta(g_R) = -\frac{1}{(4\pi)^2} \frac{11C_G - 4T_R N_f}{3} g_R^3 + O(g_R^5), \tag{6.94}$$

$$\gamma_m(g_R) = \frac{6}{(4\pi)^2} C_F g_R^2 + O(g_R^4), \tag{6.95}$$

$$\gamma_F(g_R, \alpha_R) = \frac{1}{(4\pi)^2} C_F \alpha_R g_R^2 + O(g_R^4), \tag{6.96}$$

$$\gamma_G(g_R, \alpha_R) = -\frac{1}{(4\pi)^2} \left[\frac{1}{2} C_G \left(\frac{13}{3} - \alpha_R\right) - \frac{4}{3} T_R N_f\right] g_R^2 + O(g_R^4), \tag{6.97}$$

$$\delta(g_R, \alpha_R) = \frac{1}{(4\pi)^2} \left[C_G \left(\frac{13}{3} - \alpha_R\right) - \frac{8}{3} T_R N_f\right] \alpha_R g_R^2 + O(g_R^4), \tag{6.98}$$

这些重整化群函数是在 MS 减除方案中给出的，一个明显的方便之处是 $\beta(g_R)$ 和 $\gamma_m(g_R)$ 与规范选择无关，而且当取 Landau 规范(规范参量 $\alpha_R = 0$)时，$\gamma_F = 0$，$\delta = 0$.

关于 Landau 规范再补充一点说明如下. 类似于讨论跑动耦合常数 $\bar{g}(t)$，也可以通过定义

$$\frac{\mathrm{d}\bar{\alpha}(t)}{\mathrm{d}t} = \delta(\bar{g}, \bar{\alpha}) \tag{6.99}$$

研究跑动规范参量的行为. 在单圈图近似下(6.98)和(6.99)式表明当

$$13C_G - 8T_R N_f < 0 \quad (\text{或 } N_f > 10)$$

时 Landau 规范是 $\bar{\alpha}(t)$ 的紫外固定点. 将(6.98)式和 $\bar{g}(t)$ 的解(5.107)代入到微分方程(6.99)可得到 $\bar{\alpha}(t)$ 的解

$$\bar{\alpha}(t) = \frac{a\alpha_R}{\alpha_R + (a - \alpha_R)(1 + 2bg_R^2 t)^c}, \tag{6.100}$$

其中常数 a, b, c 的定义如下：

$$a = \frac{13}{3} - \frac{8T_R N_f}{3C_G}, \tag{6.101}$$

$$b = \frac{\beta_0}{(4\pi)^2}, \tag{6.102}$$

$$c = -\frac{13C_G - 8T_R N_f}{22C_G - 8T_R N_f}. \tag{6.103}$$

方程(6.100)表明当 $c > 0$ 时，$\bar{\alpha}(t)$ 随 $t \to \infty$ 而趋于零. 条件 $c > 0$ 相应于 $13C_G - 8T_R N_f < 0$，结合渐近自由条件给出

$$10 < N_f < 16. \tag{6.104}$$

重整化群方程依赖于减除方案. 前面的讨论是在最小减除方案(MS)中进行的,在这一方案中的优点是所有重整化常数计算结果不依赖于重整化标度 μ,同样对修正的最小减除方案($\overline{\rm MS}$)也成立. 显然在不同重整化减除方案中所得到的重整化群方程也不同. 尽管减除方案不同得到的重整化群方程不同,但重整化群方程解给出的 Green 函数的渐近行为是相同的.

很自然要问由(5.118)或(6.78)式定义的 Λ 是否依赖于减除方案,回答是肯定的,参量 Λ 依赖于减除方案. 上一节的讨论已告诉我们,在 QCD 中通过唯一的具有质量量纲的参量 Λ 来代替了无量纲参量耦合常数 g,并定义了跑动耦合常数 $\alpha_{\rm s}(t)=\bar{g}^2(t)/4\pi$. 任何一个物理量都可以按 $\alpha_{\rm s}(Q^2)$展开,逐阶计算. 如果可以计算到微扰论的所有阶并求和给出物理量,则其结果不依赖于减除方案. 然而遗憾的是目前只能计算到有限阶,那么计算结果一定依赖某一减除方案中 Λ 的选择.

例如,下一章将见到深度非弹性散射过程中计算非单态矩 $M_n(Q^2)$,将它按 $\alpha_{\rm s}(Q^2)$展开

$$M_n(Q^2)=A_n\left(\frac{\alpha_{\rm s}}{4\pi}\right)^{\gamma_0^n/2\beta_0}\left[1+C_1^n\left(\frac{\alpha_{\rm s}}{4\pi}\right)+\cdots\right], \tag{6.105}$$

设想 Λ 参量改变,$\Lambda\to\Lambda'$,令 $\Lambda=K\Lambda'$,上述表达式方括号中的第一项不变,第二项

$$C_1^n\to C_1^{n'}=C_1^n+\gamma_0^n\cdot\ln K. \tag{6.106}$$

由于 Λ 的变化,$\alpha_{\rm s}$ 也相应地变化

$$\alpha_{\rm s}\to\alpha_{\rm s}'=\alpha_{\rm s}-\left(\frac{\beta_0}{2\pi}\ln K\right)\alpha_{\rm s}^2+\cdots, \tag{6.107}$$

这是由于计算双圈图时选择重整化方案的任意性引起的. 在 MS 减除方案里,

$$C_1^{n({\rm MS})}=C_1^n+\frac{1}{2}\gamma_0^n(\ln 4\pi-\gamma_{\rm E}), \tag{6.108}$$

上式中多出的一项,即第二项,是 MS 减除方案所特有的常数项. 1978 年 Bardeen 等人提出引入一修正的最小减除方案($\overline{\rm MS}$)挪掉这一常数项,即

$$C_1^{n(\overline{\rm MS})}=C_1^{n({\rm MS})}-\frac{1}{2}\gamma_0^n(\ln 4\pi-\gamma_{\rm E}), \tag{6.109}$$

这仅相当于改变参数 Λ,即令

$$K=\exp\left[-\frac{1}{2}(\ln 4\pi-\gamma_{\rm E})\right], \tag{6.110}$$

即相应的跑动耦合常数

$$\alpha_{(\overline{\rm MS})}=\alpha_{\rm MS}+\frac{\beta_0}{2\pi}(\ln 4\pi-\gamma_{\rm E})\alpha_{\rm MS}^2+\cdots. \tag{6.111}$$

这意味着在$\overline{\rm MS}$方案里,α 值增加了,系数 C_1^n 值减小了,改进了微扰级数的收敛性. 1979 年 Celmaster 和 Gensalves 为了改进收敛性提出了动量减除方案. 他们重新定义耦合常数,使之包含部分高阶修正,使得

$$C_1^{n(\mathrm{MOM})} = C_1^{n(\overline{\mathrm{MS}})} - \frac{1}{2}\gamma_0^n[3.55 - (\ln 4\pi - \gamma_E)]. \tag{6.112}$$

以上这三种减除方案所相应的 Λ 定义不同,其相互关系如下:

$$\begin{aligned} \Lambda_{\overline{\mathrm{MS}}} &= \Lambda_{\mathrm{MS}} \exp\left[\frac{1}{2}(\ln 4\pi - \gamma_E)\right] = 2.66\Lambda_{\mathrm{MS}}, \\ \Lambda_{\mathrm{MOM}} &= 2.16\Lambda_{\overline{\mathrm{MS}}}. \end{aligned} \tag{6.113}$$

参考文献

[1] Stueckelberg E C G, Peterman A. Helv. Phys. Acta, 1953, 26: 449.
[2] Gell-Mann M, Low F E. Phys. Rev., 1954, 95: 1300.
[3] Callan C G. Phys. Rev., 1970, D2: 1541.
[4] Symanzik K. Comm. Math. Phys., 1970, 18: 227.
[5] Eriksson K E. Nuovo Cim., 1963, 30: 1423.
[6] 't Hooft G. Nucl. Phys., 1973, B61: 455.
[7] Weinberg S. Phys. Rev., 1973, D8: 3497.
[8] Georgi H, Politzer H D. Phys. Rev., 1976, D14: 1829.
[9] Jones D R T. Nucl. Phys., 1974, B75: 531.
[10] Caswell W E. Phys. Rev. Lett., 1974, 33: 244.
[11] Muta T. Foundation of quantum chromodynamics. 2nd ed. World Scientific, 1998.
[12] 例如 Zee A. Phys. Rev., 1973, D7: 3630.
[13] Coleman S, Gross D J. Phys. Rev. Lett., 1973, 31: 851.
[14] Tarrach R. Nucl. Phys., 1981, B183: 384.
[15] Nachtmann O, Wetzel W. Nucl. Phys., 1981, B187: 333.

第七章　微扰 QCD 应用举例

自 1973 年奠定微扰 QCD 基础以来，人们一直应用它到各类过程，经受了三十多年的实验检验，取得了很大的成功. 本章和下一章将举例介绍微扰 QCD 应用到正、负电子湮灭过程，单举(inclusive)和遍举(exclusive)各类过程领头阶下的理论计算和实验检验的情况. 所谓单举过程是指实验上只观测终态某一或某一对粒子而不测量其余粒子的过程，如电子-质子深度非弹性散射过程等. 所谓遍举过程是指实验上对终态所有粒子都测量的过程，如强子的电磁形状因子等. 这一章以正、负电子湮灭过程总截面，电子-质子深度非弹性散射过程，强子-强子碰撞中 Drell-Yan 过程以及正、负电子碰撞过程中喷注现象等经典例子，讨论微扰 QCD 如何应用到具体物理过程.

§7.1　正、负电子湮灭为强子过程

正、负电子湮灭为强子过程是最简单的物理过程，因为它的一个顶点是电磁顶角，可以很好地用 QED 来描述，另一个顶点与强相互作用相关. 如果以 X 代表各种可能的强子，这一过程可以由下列方式表示(见图 7.1)，

$$e^+(k_2) + e^-(k_1) \to X,$$

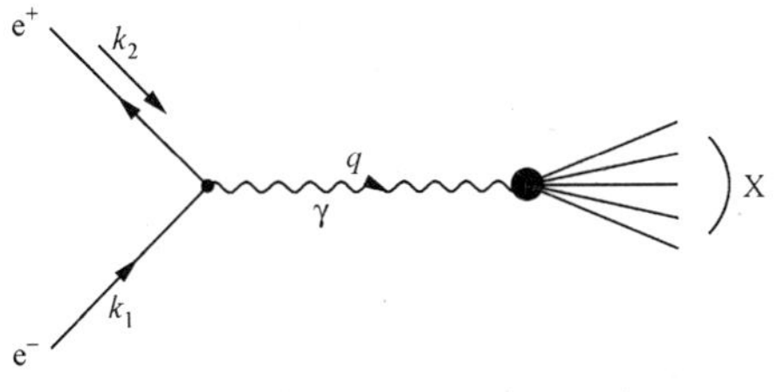

图 7.1　单光子近似下 $e^+(k_2)+e^-(k_1)\to$强子(X) Feynman 图

在最低阶近似下，正、负电子湮灭为单光子再转变为强子终态，其 Feynman 振幅为

$$\langle X|T|e^+e^-\rangle = \bar{v}_{\lambda_2}(k_2)e\gamma^\mu u_{\lambda_1}(k_1)\frac{-e^2}{q^2}\langle X|J_\mu(0)|0\rangle, \tag{7.1}$$

其中 $u_{\lambda_1}(k_1)$是动量为 k_1、自旋为 λ_1的电子旋量波函数，$\bar{v}_{\lambda_2}(k_2)$是动量 k_2、自旋为 λ_2的正电子旋量波函数，$J_\mu(x)$是电磁流算符. 定义

$$\begin{aligned} q &= k_1 + k_2, \\ S &= q^2 = (k_1+k_2)^2, \end{aligned} \tag{7.2}$$

由(7.1)式可以计算正、负电子湮灭为强子过程的总截面，对正负电子初态自旋求平均和对终态所有可能强子态求和就得到总截面

$$\sigma = \frac{1}{2S}\frac{1}{4}\sum_{\lambda_1,\lambda_2}\sum_{X}(2\pi)^4\delta^4(P_X - q)|\langle X|T|e^+e^-\rangle|^2. \tag{7.3}$$

将(7.1)式代入到(7.3)式并直接做求迹运算化简得到

$$\sigma = \frac{e^4}{2S^3}l^{\mu\nu}w_{\mu\nu}, \tag{7.4}$$

其中 $l^{\mu\nu}$ 是纯轻子顶角

$$l^{\mu\nu} = k_1^\mu k_2^\nu + k_1^\nu k_2^\mu - \frac{1}{2}q^2 g^{\mu\nu}, \tag{7.5}$$

$w_{\mu\nu}$ 是与终态强子相关顶角的平方，

$$\begin{aligned} w_{\mu\nu} &= \sum_X (2\pi)^4\delta^4(P_X - q)\langle 0|J_\mu(0)|X\rangle\langle X|J_\nu(0)|0\rangle \\ &= \int d^4x e^{iqx}\langle 0|J_\mu(x)J_\nu(0)|0\rangle. \end{aligned} \tag{7.6}$$

在获得(7.6)式时已用到了 Hilbert 空间完备性和时-空平移不变性，或者说在(7.6)式中插入 $\sum_X |X\rangle\langle X| = 1$ 并利用 $\langle 0|J_\mu(x)|X\rangle = e^{-iP_Xx}\langle 0|J_\mu(0)|X\rangle$ 代入积分可得到验证. 注意到对正、负电子湮灭物理过程来讲，$q_0 > 0$，那么

$$\int d^4x e^{iqx}\langle 0|J_\nu(0)J_\mu(x)|0\rangle = \sum_X (2\pi)^4\delta^4(P_X + q)\langle 0|J_\nu(0)|X\rangle\langle X|J_\mu(0)|0\rangle = 0,$$

因此将(7.6)式的流乘积改写为流对易关系，

$$w_{\mu\nu} = \int d^4x e^{iqx}\langle 0|[J_\mu(x), J_\nu(0)]|0\rangle, \tag{7.7}$$

也就是说在物理区域内(7.6)和(7.7)两式是等价的. (7.7)式告诉我们正、负电子湮灭的总截面是与电磁流算符对易关系的 Fourier 变换相关. 进一步由于因果性定律，流对易关系仅在类时区域不等于零，

$$[J_\mu(x), J_\nu(0)] = 0, \quad x^2 < 0.$$

这意味着(7.7)式有一个支集(support) $x^2 \geqslant 0$.

由(7.7)式定义的 $w_{\mu\nu}(q)$ 是 Lorentz 张量，注意到电磁流是守恒流，满足

$$q^\mu w_{\mu\nu}(q) = 0 \quad 或 \quad q^\nu w_{\mu\nu}(q) = 0, \tag{7.8}$$

那么由 Lorentz 协变性和电磁流守恒条件，$w_{\mu\nu}(q)$ 的一般张量结构应为

$$w_{\mu\nu}(q) = \frac{1}{6\pi}(q_\mu q_\nu - q^2 g_{\mu\nu})w(q^2), \tag{7.9}$$

其中 $w(q^2)$ 仅是 q^2 的不变函数. 将(7.5)和(7.9)式代入到(7.4)式给出

$$\sigma = \frac{4\pi\alpha^2}{3S}w(S) = \sigma_0 w(S), \tag{7.10}$$

其中 σ_0 是在最低阶近似下(即 Born 近似)忽略初态电子和终态 μ 子质量的 $e^+e^- \to$

$\mu^+\mu^-$过程的截面(见附录C中(C.8)式),

$$\sigma_0 = \frac{4\pi\alpha^2}{3S}, \tag{7.11}$$

比较上两个公式和R值定义(2.10)式就可以见到$R=w(S)$. 在(7.9)式两边乘以$g^{\mu\nu}$就得到

$$\begin{aligned} R = w(S) &= -\frac{2\pi}{q^2}g^{\mu\nu}w_{\mu\nu} \\ &= -\frac{2\pi}{q^2}\int \mathrm{d}^4x\mathrm{e}^{\mathrm{i}qx}\langle 0|J_\mu(x)J^\mu(0)|0\rangle. \end{aligned} \tag{7.12}$$

假定在正、负电子湮灭为强子的过程中主要子过程是正、负电子湮灭为夸克、反夸克对,然后夸克、反夸克对转化为强子. 由于QCD是渐近自由理论,当S很大时最低阶Feynman图就是正、负电子湮灭为光子而后光子产生一对正、反夸克,正、反夸克对再转变为各种强子态(图7.2). QCD所有可能的其他图形都为α_s所压低. 这个图形很容易计算,完全类似于$e^+e^-\to\mu^+\mu^-$(见附录C),计算过程

$$e^+(k_2)+e^-(k_1)\to q(p_1)+\bar{q}(p_2),$$

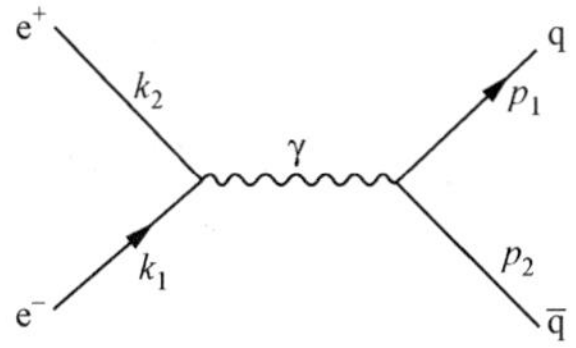

图7.2 正、负电子湮灭为强子的过程中主要子过程,$e^+e^-\to q\bar{q}$的最低阶Feynman图

由Feynman规则知两个过程仅相差夸克电荷,定义$e_q=Q_ie$是相应第i(=u,d,s,…)夸克的电荷,

$$\langle p_1,p_2|T|k_1,k_2\rangle = -e^2Q_i\bar{u}_{s_1}(p_1)\gamma_\mu v_{s_2}(p_2)\frac{d_{\mu\nu}(q)}{q^2}\bar{v}_{\lambda_2}(k_2)\gamma^\nu u_{\lambda_1}(k_1), \tag{7.13}$$

其中$u_{s_1}(p_1)$是动量为p_1自旋为s_1的夸克旋量波函数,$v_{s_2}(p_2)$是动量p_2自旋为s_2的反夸克旋量波函数. 这里$q=k_1+k_2$, $d_{\mu\nu}(q)=g_{\mu\nu}-(1-\alpha)\frac{q_\mu q_\nu}{q^2}$. 由于正、负电子遵从Dirac运动方程,$d_{\mu\nu}$中$q_\mu q_\nu$项的贡献正比于电子质量,可以忽略. 直接计算振幅的平方(图7.3)就可以给出质心系中树图下微分截面(见附录B和C)

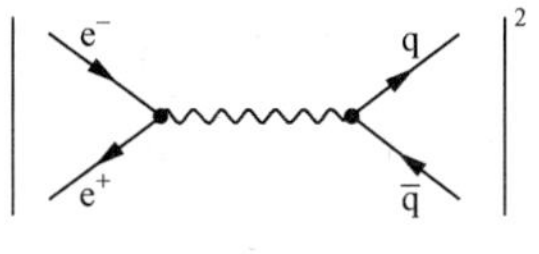

图7.3 计算$e^+e^-\to q\bar{q}$截面的示意图

$$\frac{\mathrm{d}\sigma}{\mathrm{d}\Omega}=N_{\mathrm{c}}Q_i^2\frac{\alpha^2}{4S}\sqrt{\frac{S-4m_{\mathrm{q}}^2}{S-4m_{\mathrm{e}}^2}}\left[1+\frac{4(m_{\mathrm{q}}^2+m_{\mathrm{e}}^2)}{S}+\left(1-\frac{4m_{\mathrm{q}}^2}{S}\right)\left(1-\frac{4m_{\mathrm{e}}^2}{S}\right)\cos^2\theta\right] \tag{7.14}$$

和总截面

$$\sigma=N_{\mathrm{c}}Q_i^2\frac{4\pi\alpha^2}{3S}\sqrt{\frac{S-4m_{\mathrm{q}}^2}{S-4m_{\mathrm{e}}^2}}\left(1+\frac{2m_{\mathrm{q}}^2}{S}\right)\left(1+\frac{2m_{\mathrm{e}}^2}{S}\right), \tag{7.15}$$

其中 N_{c}是夸克的颜色数，θ 是质心系中出射夸克动量方向与入射电子方向的夹角，能量平方 $S=(k_1+k_2)^2=(p_1+p_2)^2$. 当 $S\gg m_{\mathrm{q}}^2$时忽略夸克的质量效应，即忽略 $O(m^2/S)$，(7.14)和(7.15)式就变为

$$\frac{\mathrm{d}\sigma}{\mathrm{d}\Omega}=N_{\mathrm{c}}Q_i^2\frac{\alpha^2}{4S}(1+\cos^2\theta), \tag{7.16}$$

$$\sigma=\sigma_{\mathrm{B}}=N_{\mathrm{c}}Q_i^2\frac{4\pi\alpha^2}{3S}=N_{\mathrm{c}}Q_i^2\sigma_0, \tag{7.17}$$

$\sigma_0=\frac{4\pi\alpha^2}{3S}$ 就是高能下 $\mathrm{e}^+\mathrm{e}^-\to\mu^+\mu^-$ 过程的截面((7.11)式). 这一结果正相应于§2.2 中曾提到过正、负电子湮灭为强子的过程部分子模型中定义的截面比 R 值(见(2.9)、(2.10)式)

$$R=\frac{\sigma(\mathrm{e}^+\mathrm{e}^-\to\text{强子})}{\sigma(\mathrm{e}^+\mathrm{e}^-\to\mu^+\mu^-)}=N_{\mathrm{c}}\sum_i Q_i^2\theta(S-4m_{\mathrm{q}}^2), \tag{7.18}$$

其中 $\theta(S-4m_{\mathrm{q}}^2)$是表示夸克运动学的阈效应，对 i 求和是指在 S 允许下对所有可能产生的夸克味求和. 式(7.18)是 QCD 树图的贡献，即正、负电子湮灭为强子是通过产生正、反夸克对(图 7.2)转变为强子的结果.

很自然地要问 QCD 高阶图形对树图的修正应是多大? 就在渐近自由理论发现后不久，文献[1,2]就借助于重整化群方程对正、负电子湮灭的总截面进行了高阶微扰计算. QCD 的辐射修正中有来自实胶子和虚胶子的贡献，例如图 7.4 给出了单圈图修正下的几个图形，我们将在下一节讨论.

一般地讲(7.12)式告诉我们 R 值，即

$$R=w(S)=-\frac{2\pi}{q^2}\int\mathrm{d}^4x\mathrm{e}^{\mathrm{i}qx}\langle 0|J_\mu(x)J^\mu(0)|0\rangle, \tag{7.19}$$

在利用重整化了的 QCD 拉氏函数计算 QCD 高阶修正后 R 值应是能量 $S=Q^2$，重整化标度 μ^2 以及重整化耦合常数 g_{R}的函数 $R(S,\mu^2,g_{\mathrm{R}})$. 由于 R 值是无量纲量，

$$R(S,\mu^2,g_{\mathrm{R}})=R(S/\mu^2,g_{\mathrm{R}}). \tag{7.20}$$

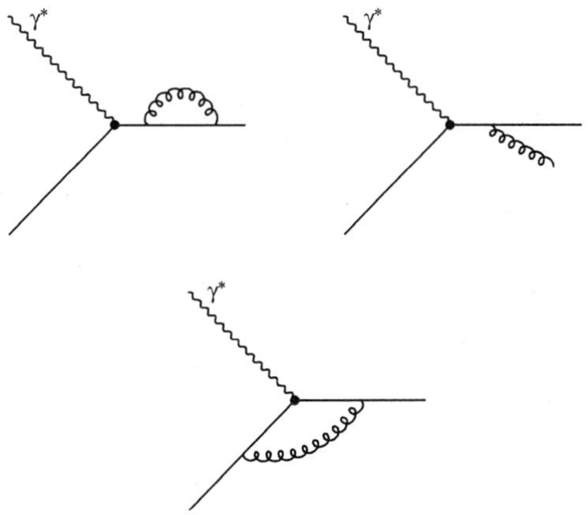

图 7.4　$\gamma^* \to q\bar{q}$ 的辐射修正单圈图形举例

为了下一节讨论 QCD 高阶修正方便起见，这里给出四维时空下(7.17)式所相应 $D(=4-2\varepsilon)$ 维时空树图对 $\sigma(e^+e^-\to$强子$)$贡献的表达式(忽略了夸克质量)

$$\begin{aligned}\sigma_B &= \sigma(e^+ e^- \to \text{强子})|_{\text{树图}} \\ &= N_c \frac{4\pi\alpha^2}{3S}\Big(\sum_i Q_i^2\Big)\Big(\frac{4\pi}{S}\Big)^{\varepsilon} \frac{3(1-\varepsilon)\Gamma(2-\varepsilon)}{(3-2\varepsilon)\Gamma(2-2\varepsilon)} \\ &= N_c\sigma_0\Big(\sum_i Q_i^2\Big)\Big(\frac{4\pi}{S}\Big)^{\varepsilon} \frac{3(1-\varepsilon)\Gamma(2-\varepsilon)}{(3-2\varepsilon)\Gamma(2-2\varepsilon)}.\end{aligned} \tag{7.21}$$

当 $\varepsilon\to 0$ 时回到了四维时空，(7.21)式就回到了(7.17)式. 这里应记住在(7.21)式中求和是对能量 S 下所允许产生的夸克味求和.

§7.2　正、负电子湮灭为强子过程中 QCD 单圈图修正

这一节将以单圈图为例，应用 QCD 计算 α_s 级对树图结果(7.21)式的修正. 显然对 $e^+e^-\to q\bar{q}$ 过程的 QCD 最低阶修正如图 7.5 所示，有五个图形，前两个图形是发射两个实胶子，后三个图形是虚胶子的交换图. 现在分别计算这五个最低阶修正的图形. 在 QCD 中胶子质量为零，又由于考虑高能行为，在计算中忽略了夸克质量，因此对两个实胶子发射图的计算存在红外发散，对虚胶子单圈图计算既存在紫外发散又有红外发散. 为此采用前面讨论过的维数正规化方法在 $D(=4-2\varepsilon)$ 维空间计算这些物理截面(采取 MS 减除方案).

现在计算图 7.5(a)、(b)两个实胶子发射的图形，定义

$$\begin{aligned} q &= P_1 + P_2 + P_3, \\ Q &= E_1 + E_2 + E_3, \end{aligned} \tag{7.22}$$

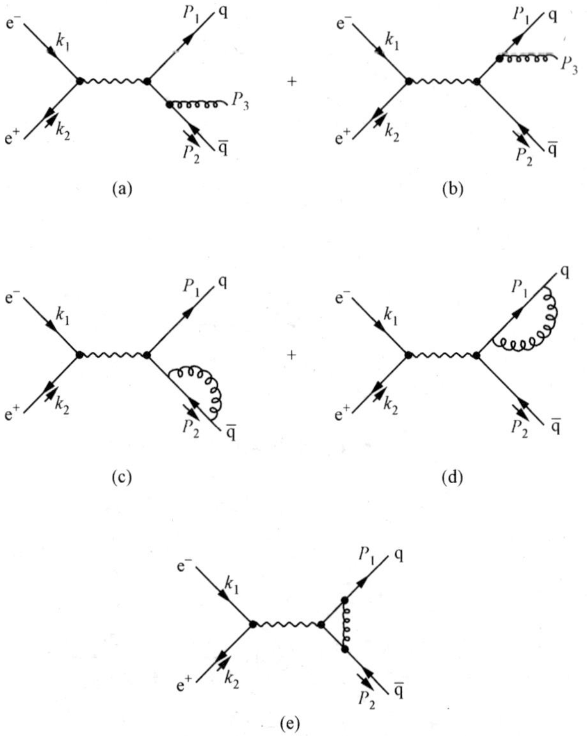

图 7.5　$e^+e^- \to \gamma^* \to q\bar{q}$ 的 QCD 最低阶修正图形

(a)和(b)是实胶子发射图,(c)和(d)是夸克、反夸克自能图,(e)是顶角修正图.

$$x_i = \frac{2E_i}{Q} \quad (i = 1,2,3),$$

$$x_1 + x_2 + x_3 = 2, \tag{7.23}$$

$$s = (P_1 + P_3)^2 = P_1^2 + P_3^2 + 2P_1 \cdot P_3 \approx 2P_1 \cdot P_3,$$

$$t = (P_2 + P_3)^2 = P_1^2 + P_3^2 + 2P_2 \cdot P_3 \approx 2P_2 \cdot P_3,$$

$$u = (P_1 + P_2)^2 = P_1^2 + P_2^2 + 2P_1 \cdot P_2 \approx 2P_1 \cdot P_2.$$

它们满足关系式(已忽略了夸克质量)

$$s + u + t = Q^2 = S. \tag{7.24}$$

一般地讲可定义($i,j,k=1,2,3$ 且 i,j,k 不同)

$$P_i \cdot P_j = \frac{1}{2}[(P_i + P_j)^2 - P_i^2 - P_j^2]$$

$$= \frac{1}{2}[(q - P_k)^2 - P_i^2 - P_j^2]$$

$$= \frac{1}{2}[Q^2 - 2P_k \cdot q + P_k^2 - P_i^2 - P_j^2]$$

$$\cong \frac{1}{2}[Q^2 - 2P_k \cdot q]$$

$$= \frac{1}{2}Q^2(1 - x_k);$$

在写下最后一式时已取了质心系($\boldsymbol{q}=0$),则有

$$s = Q^2(1 - x_2), \quad t = Q^2(1 - x_1), \quad u = Q^2(1 - x_3), \tag{7.25}$$

直接计算图 7.5(a)和(b)可得到发射实胶子两个图形相应的振幅

$$|T_{\mathrm{R}}|^2 = 8g_{\mathrm{R}}^2(1-\varepsilon)\frac{x_1^2 + x_2^2 - \varepsilon x_3^2}{(1-x_1)(1-x_2)}, \tag{7.26}$$

以及微分截面(图 7.5(a)+(b))

$$\left(\frac{\mathrm{d}^2\sigma}{\mathrm{d}x_1\mathrm{d}x_2}\right)_{\mathrm{R}} = \left(\sum_i Q_i^2\right)\frac{3\alpha_{\mathrm{s}}}{2\pi}\sigma_0 C_{\mathrm{F}}\left(\frac{4\pi\mu}{S}\right)^{2\varepsilon}\prod_i(1-x_i)^{-\varepsilon}$$

$$\cdot\frac{(1-\varepsilon)^2}{(3-2\varepsilon)\Gamma(2-2\varepsilon)}\frac{x_1^2+x_2^2-\varepsilon x_3^2}{(1-x_1)(1-x_2)}, \tag{7.27}$$

其中 $\alpha_{\mathrm{s}}=g_{\mathrm{R}}^2/4\pi$. 从式(7.27)可以见到此微分截面在 $\varepsilon=0$ 的情况,x_1,x_2 趋于 1 时是发散的,此发散是红外发散,来源于胶子 $m_{\mathrm{g}}=0$ 和小的夸克质量 m_{q}. 在胶子质量 $m_{\mathrm{g}}=0$ 和略去夸克质量的情况下,我们有

$$t \cong 2P_2 \cdot P_3 = 2E_2\omega(1-\cos\theta_{23}), \tag{7.28}$$

其中 $\omega=E_3$ 是胶子的能量. 从(7.28)式知存在两种情况使得 $t\to 0$,这两种情况对应于两类红外发散:

(i)$\omega\to 0$ 软胶子发射($m_{\mathrm{g}}=0$)引起的红外发散,夸克 $E_2\neq 0$,称此类发散为软红外发散.

(ii) $\cos\theta_{23}\to 1$,即 $\theta_{23}\to 0$ 这意味着 $\boldsymbol{P}_3 /\!/ \boldsymbol{P}_2$,即发射出的胶子与夸克平行,是共线情况. 这时带有动量($\boldsymbol{P}_2+\boldsymbol{P}_3$)的(qg)态与带有($\boldsymbol{P}_2+\boldsymbol{P}_3$)动量的夸克态简并($m_{\mathrm{g}}=0$,$m_{\mathrm{q}}=0$). 即使发射胶子的动量大(以至于$|\boldsymbol{P}_3|\sim|\boldsymbol{P}_2+\boldsymbol{P}_3|$)仍会出现发散行为,这种发散称之为共线发散或质量奇异性(mass singularity),来源于夸克质量和胶子质量都为零. 此时胶子可以不是软的.

对(7.27)式积分并注意到(7.21)式就得到图 7.5(a)和(b)对截面的贡献

$$\sigma_{\mathrm{R}} = A_{\mathrm{R}}\sigma_{\mathrm{B}}, \tag{7.29}$$

其中 σ_{B} 由(7.21)式给出,A_{R} 由下式定义

$$A_{\mathrm{R}} = \frac{\alpha_{\mathrm{s}}}{\pi}C_{\mathrm{F}}\left(\frac{4\pi\mu^2}{S}\right)^{\varepsilon}\frac{\cos\pi\varepsilon}{\Gamma(1-\varepsilon)}\left(\frac{1}{\varepsilon^2}+\frac{3}{2\varepsilon}+\frac{19}{4}+O(\varepsilon)\right). \tag{7.30}$$

从式(7.29)和(7.30)可以见到当 $\varepsilon\to 0$ 时 $\sigma_{\mathrm{R}}\to\infty$,是红外发散. 进一步计算了虚胶子修正的图形以后就可以发现,这些虚胶子修正的图形之和给出对截面的贡献正好与式(7.30)中的红外发散项相消,而给出有限的修正.

现在转到计算虚胶子单圈图修正,除了虚胶子顶角修正外,还应考虑终态为

正、反夸克的夸克线上的自能图形(见图 7.5(c),(d)),它们加在一起消去紫外发散,经过冗长的计算给出它们对正、负电子湮灭为强子过程截面的贡献为

$$\sigma_{\mathrm{V}} = A_{\mathrm{V}}\sigma_{\mathrm{B}}, \tag{7.31}$$

其中 A_{V} 是虚胶子单圈图贡献,

$$A_{\mathrm{V}} = \frac{\alpha_{\mathrm{s}}}{\pi}C_{\mathrm{F}}\left(\frac{4\pi\mu^2}{S}\right)^{\varepsilon}\frac{\cos\pi\varepsilon}{\Gamma(1-\varepsilon)}\left(-\frac{1}{\varepsilon^2}-\frac{3}{2\varepsilon}-4+O(\varepsilon)\right). \tag{7.32}$$

将(7.31)和(7.29)式相加消去红外发散是有限的.令 $\varepsilon=0$ 就可以给出 QCD 在最低阶修正下对截面的贡献为

$$\sigma_{\mathrm{R}}+\sigma_{\mathrm{V}} = \frac{3}{4}C_{\mathrm{F}}\frac{\alpha_{\mathrm{s}}}{\pi}\sigma_{\mathrm{B}} = \frac{\alpha_{\mathrm{s}}}{\pi}\sigma_{\mathrm{B}}. \tag{7.33}$$

因此对 R 值的 QCD 修正为 α_{s}/π,最终树图加上单圈图修正的结果是

$$\begin{aligned} R &= N_{\mathrm{c}}\sum_i Q_i^2\left[1+\frac{3}{4}C_{\mathrm{F}}\frac{\alpha_{\mathrm{s}}}{\pi}+O(\alpha_{\mathrm{s}}^2)\right] \\ &= 3\sum_i Q_i^2\left[1+\frac{\alpha_{\mathrm{s}}}{\pi}+O(\alpha_{\mathrm{s}}^2)\right]. \end{aligned} \tag{7.34}$$

这里定义的 α_{s}依赖于重整化标度 μ,即 $\alpha_{\mathrm{s}}(\mu^2)$.由于重整化标度的任意性,很难保证微扰论的可应用性.但对于大 Q^2 区域内 R 值的渐近行为我们可应用上一章中讨论的重整化群方程一般解(6.66)式,R 值将由跑动耦合常数 $\bar{\alpha}_{\mathrm{s}}(Q^2)$确定.

前面指出两种情况使得 $t\to0$,就是软红外发散和共线发散,在计算了正、负电子湮灭为强子总截面(7.33)式后,可以发现发散被消除而给出有限的修正,这一结果本质上是 Kinoshita-Lee-Naunberg(K-L-N)定理[3,4]的一个例证.

注意到电磁流是守恒流,它的反常量纲为零以及(7.20)式,那么(7.34)式 R 值所满足的重整化群方程应为

$$\left[\mu\frac{\partial}{\partial\mu}+\beta(g_{\mathrm{R}})\frac{\partial}{\partial g_{\mathrm{R}}}\right]R\left(\frac{S}{\mu^2},g_{\mathrm{R}}\right)=0, \tag{7.35}$$

由(6.70)式给出方程(7.35)的一般解

$$R\left(\frac{S}{\mu^2},g_{\mathrm{R}}\right)=R(1,\bar{g}(S)), \tag{7.36}$$

因此由解(7.36)式知,(7.34)式在大 Q^2 区域内变为[1,2]

$$\begin{aligned} R &= N_{\mathrm{c}}\sum_i Q_i^2\left[1+\frac{3}{4}C_{\mathrm{F}}\frac{\alpha_{\mathrm{s}}(Q^2)}{\pi}+O(\alpha_{\mathrm{s}}^2(Q^2))\right] \\ &= 3\sum_i Q_i^2\left[1+\frac{\alpha_{\mathrm{s}}(Q^2)}{\pi}+O(\alpha_{\mathrm{s}}^2(Q^2))\right], \end{aligned} \tag{7.37}$$

其中跑动耦合常数 $\alpha_{\mathrm{s}}(Q^2)=\bar{g}^2(Q^2)/4\pi$ 在单圈图近似下为

$$\alpha_{\mathrm{s}}(Q^2)=\frac{\bar{g}^2(Q^2)}{4\pi}=\frac{4\pi}{\beta_0\ln\frac{Q^2}{\Lambda^2}}. \tag{7.38}$$

从单圈图下对 R 值的修正(7.37)式可以见到:

(i) 由于 QCD 是渐近自由理论,高阶修正是可计算的,而且所有同阶图形相加后无红外发散问题.

(ii) 修正项大于零,实验上可以确定 Λ 值的大小. 一阶修正 $\frac{\alpha_s(Q^2)}{\pi}\sim 10\%$—$15\%$,当 $Q^2>2\ \mathrm{GeV}^2$.

(iii) 随着 Q^2 增加,QCD 单圈图修正将以对数行为减小. 当 $Q^2\to\infty$ 时 R 值回到了部分子模型的结果(见(2.10)式).

如果进一步考虑双圈图修正,其结果为[5—8]

$$R = 3\sum_i Q_i^2\left[1+\frac{\alpha_s(Q^2)}{\pi}+(B+AN_f)\left(\frac{\alpha_s(Q^2)}{\pi}\right)^2+\cdots\right], \tag{7.39}$$

其中 AN_f 项起源于夸克圈图的贡献,常数 A 和 B 依赖于减除方案. 例如在 MS 方案里计算结果为

$$\begin{aligned} B &= \frac{365}{24}-11\zeta(3)+\frac{33}{12}(\ln 4\pi-\gamma_E)=7.36,\\ A &= \frac{2}{3}\zeta(3)-\frac{11}{12}-\frac{1}{6}(\ln 4\pi-\gamma_E)=-0.44, \end{aligned} \tag{7.40}$$

其中 ζ 是 Riemann zeta 函数,$\zeta(3)=1.202$,$\gamma_E=0.5772$ 是 Euler 常数. 正像 § 5.2 介绍的在 $\overline{\mathrm{MS}}$ 方案里只相差$(\ln 4\pi-\gamma_E)$项,即在(7.40)式中去掉第三项即得 $\overline{\mathrm{MS}}$ 方案里常数 A 和 B,

$$\begin{aligned} B &= \frac{365}{24}-11\zeta(3)=1.99,\\ A &= \frac{2}{3}\zeta(3)-\frac{11}{12}=-0.12. \end{aligned} \tag{7.41}$$

在(7.39)式参量 N_f 是夸克的味数,它的选取取决于过程的能量 $S=q^2$,因为在计算过程中已忽略了夸克的质量,即(7.39)式仅在 $S\gg m_q^2$ 时成立,略去了 $O(m_q^2/S)$. 此项修正要与 α_s 阶修正相匹配,因此在某种味夸克产生阈附近用(7.39)式计算 QCD 修正的准确性就差. 仅在正负电子湮灭过程能量 $S\gg m_b^2$ 时,五种味夸克都有可能在终态产生. 将具体的 N_f 数代入就可以发现 α_s^2 阶的系数在 $\overline{\mathrm{MS}}$ 方案里要比 MS 方案里小很多,因此微扰级数的收敛性比较好,$\overline{\mathrm{MS}}$ 方案更适合于讨论 R 值的 QCD 高阶修正.

§ 7.3 复合算符和算符乘积展开

在第二章中已给出电子-质子深度非弹性散射截面公式(2.46)和(2.51)式. 其中 $W_{\mu\nu}$ 可以相关于虚光子-强子向前散射的吸收部分,

$$W_{\mu\nu}=\frac{1}{\pi}\mathrm{Im}T_{\mu\nu},$$

$$T_{\mu\nu}=\mathrm{i}\int \mathrm{d}^4 x\mathrm{e}^{\mathrm{i}qx}\langle P|T(J_\mu(x)J_\nu(0))|P\rangle,$$

此式对弱作用下中微子深度非弹散射也成立. 利用 Lorentz 协变性和流守恒条件可得 $T_{\mu\nu}$的一般形式

$$\begin{aligned}T_{\mu\nu}&=\left(-g_{\mu\nu}+\frac{q_\mu q_\nu}{q^2}\right)T_1(q^2,\nu)\\&\quad+\frac{1}{M^2}\left(P_\mu-\frac{P\cdot q}{q^2}q_\mu\right)\left(P_\nu-\frac{P\cdot q}{q^2}q_\nu\right)T_2(q^2,\nu)\\&\quad-\frac{\mathrm{i}}{2M^2}\varepsilon_{\mu\nu\alpha\beta}P^\alpha q^\beta T_3(q^3,\nu).\end{aligned}\tag{7.42}$$

当附加上宇称守恒条件时,则有第三项 $T_3=0$,所以 $T_3\neq 0$ 仅在弱相互作用过程中出现. 将 $T_{\mu\nu}$与 $W_{\mu\nu}$相比较,则有

$$W_i(q^2,\nu)=\frac{1}{\pi}\mathrm{Im}T_i(q^2,\nu),\tag{7.43}$$

注意到 Bjorken 提出的深度非弹性极限(文献中称为 Bjorken 极限)

$$Q^2=-q^2\to\infty,\quad \nu\to\infty,\quad x=\frac{Q^2}{2M\nu}\ 固定\tag{7.44}$$

下结构函数 W_i 的行为将取决于流算符 $J_\mu(x)J_\nu(0)$ 的编时乘积或对易子(见(2.53)式)对 d^4x 积分后的行为. 而对 d^4x 积分有一个因子 $\mathrm{e}^{\mathrm{i}qx}$,实际上对积分有贡献的区域限制在 $q\cdot x\approx 1$ 的区域内. 现在考察 $q\cdot x$ 在 Bjorken 极限下的行为. 取靶静止的参考系,则

$$\left.\begin{aligned}&P=(M,\mathbf{0}),\\&P\cdot q=Mq^0,\quad q^0=\nu,\\&q^2=\nu^2-(q^3)^2,\quad q^3=\sqrt{\nu^2+Q^2},\end{aligned}\right\}\tag{7.45}$$

$$\begin{aligned}q\cdot x&=\frac{1}{2}(\nu-\sqrt{\nu^2+Q^2})(x^0+x^3)\\&\quad+\frac{1}{2}(\nu+\sqrt{\nu^2+Q^2})(x^0-x^3)\\&\to-\frac{1}{2}Mx(x^0+x^3)+\nu(x^0-x^3).\end{aligned}\tag{7.46}$$

对积分有贡献的区域($q\cdot x\sim 1$) 则是

$$(x^0+x^3)\sim\frac{2}{Mx},$$

$$(x^0-x^3)\sim\frac{1}{\nu}.$$

这相当于

$$
\begin{aligned}
x^2 &= (x^0 - x^3)(x^0 + x^3) - x_\perp^2 \approx \frac{2}{M\nu x} - x_\perp^2 \\
&= \frac{4}{Q^2} - x_\perp^2 < \frac{4}{Q^2}.
\end{aligned} \tag{7.47}
$$

第二章中已指出上述积分有支集 $x^2 \geqslant 0$，当 $Q^2 \to \infty$ 时，必有 $x^2 \sim 0$. 这意味着对 x 积分的贡献主要来自于 x^2 接近光锥的区域，更确切地说，只有那些在光锥上的流算符的对易子或者光锥上的流算符编时乘积才对积分起主要贡献. 因此这些流算符的对易子和编时乘积在光锥上的行为就很重要.

类似地讨论对正、负电子湮灭过程也成立. 从(7.6)和(7.7)式

$$
\begin{aligned}
w_{\mu\nu} &= \int \mathrm{d}^4 x \mathrm{e}^{\mathrm{i}qx} \langle 0 | J_\mu(x) J_\nu(0) | 0 \rangle \\
&= \int \mathrm{d}^4 x \mathrm{e}^{\mathrm{i}qx} \langle 0 | [J_\mu(x), J_\nu(0)] | 0 \rangle,
\end{aligned}
$$

可以见到，取正负电子的质心系 $\boldsymbol{q} = 0$，当 $q_0 \to \infty$ 时对上述积分主要贡献来自于 $x_0 \sim 0$ 的区域，由于 $w_{\mu\nu}$ 的支集是 $x^2 \geqslant 0$ 就有 $\boldsymbol{x} \sim 0$，因此对上述积分主要贡献就来自于 $x \sim 0$ 的区域，也就是说来自于小距离区域.

总之，无论是电子-质子深度非弹性散射过程还是正、负电子湮灭过程，在高能下的行为都取决于流算符乘积在 $x \sim 0$ 或 $x^2 \sim 0$ 对矩阵元的贡献. 因此研究流算符乘积在短距离和光锥上的领头项和非领头项就非常重要.

一般地讲，算符乘积是一个复合算符，当 $x \sim 0$ 或 $x^2 \sim 0$ 时它是奇异的，对于具有发散性质的复合算符需要有确切的定义. 例如在自由场论里，我们知道标量场算符的 T 乘积由 Wick 定理定义为

$$
T(\phi(x)\phi(y)) = \langle 0 | T(\phi(x)\phi(y)) | 0 \rangle + {:}\phi(x)\phi(y){:}, \tag{7.48}
$$

其中 ${:}\phi(x)\phi(y){:}$ 是正规乘积，真空平均值 $\langle 0 | T(\phi(x)\phi(y)) | 0 \rangle$ 就是中性标量场 $\phi(x)$ 的自由传播子

$$
\langle 0 | T(\phi(x)\phi(y)) | 0 \rangle = \mathrm{i}\Delta(x-y) = -\mathrm{i}\int \frac{\mathrm{d}^4 k}{(4\pi)^4} \frac{\mathrm{e}^{-\mathrm{i}k(x-y)}}{k^2 - m^2 + \mathrm{i}\varepsilon}, \tag{7.49}
$$

显然 $\Delta(x-y)$ 在 $y \to x$ 时是奇异的. 为了见到这一点，可以将(7.49)式右边动量积分完全积出就得到

$$
\Delta(x-y) = \frac{1}{4\pi}\delta((x-y)^2) + \mathrm{i}\frac{m}{4\pi^2} \frac{\mathrm{K}_1(m\sqrt{-(x-y)^2 + \mathrm{i}\varepsilon})}{\sqrt{-(x-y)^2 + \mathrm{i}\varepsilon}}, \tag{7.50}
$$

其中 $\mathrm{K}_1(a)$ 是第二类修正的 Bessel 函数. 由(7.50)式可以抽出 $\Delta(x-y)$ 在光锥区域的行为，

$$
\Delta(x-y) \xrightarrow{(x-y)^2 \to 0} \frac{\mathrm{i}}{4\pi^2} \frac{1}{-(x-y)^2 + \mathrm{i}\varepsilon}. \tag{7.51}
$$

此式告诉我们 $T(\phi(x)\phi(y))$ 可以展开为两项，第一项是奇异的，与质量无关，第二项是正则的. 如果流算符就是由标量场构成的，$J(x)=:\phi^2(x):$，当忽略相互作用按自由场展开时，则有

$$T\left[J\left(\frac{x}{2}\right)J\left(-\frac{x}{2}\right)\right]_{x^2\to 0}=-2[\Delta(x,m^2)]^2 \\ -4\mathrm{i}\Delta(x,m^2):\phi\left(\frac{x}{2}\right)\phi\left(-\frac{x}{2}\right): \\ +:\phi^2\left(\frac{x}{2}\right)\phi^2\left(-\frac{x}{2}\right):, \tag{7.52}$$

其中第一项是最奇异的，第二次是次奇异的，第三项是正则的. 从式(7.52)可以见到在自由场情况下光锥上流算符编时乘积展开是由两部分组成的：定域正则算符和奇异的展开系数. 其中第一项的正则算符是单位算符 I，而后两项则是正规乘积，光锥奇异性被包含在展开系数内. 这样上述算符乘积展开很好地定义了复合算符.

前面提到的流算符是由标量场量构成的，在 Fermi 场的情况下算符的 T 乘积为

$$T(\psi(x)\bar{\psi}(y))=\langle 0|T(\psi(x)\bar{\psi}(y))|0\rangle+:\psi(x)\bar{\psi}(y):, \tag{7.53}$$

其中第一项真空平均值在自由场的情况下就是 Fermi 子传播子，

$$\langle 0|T(\psi(x)\bar{\psi}(y))|0\rangle=\mathrm{i}S(x-y)=\mathrm{i}\int\frac{\mathrm{d}^4 p}{(4\pi)^4}\frac{\mathrm{e}^{-\mathrm{i}p(x-y)}}{\not p-m+\mathrm{i}\epsilon}, \tag{7.54}$$

同样当 $y\to x$ 时是奇异的. 而第二项正规乘积定义的复合算符是正则的. 注意到

$$S(x)=(\mathrm{i}\not\partial+m)\Delta(x), \tag{7.55}$$

由 $\Delta(x)$ 的表达式(7.50)可以抽出 $S(x)$ 的最奇异项（忽略 Fermi 子质量），

$$S(x)\xrightarrow{x^2\to 0}\frac{1}{4\pi^2}\frac{\mathrm{i}\not x}{(x^2-\mathrm{i}\epsilon)^2}. \tag{7.56}$$

以正规乘积定义 Fermi 子流算符

$$J_\mu(x)=:\bar{\psi}(x)\gamma_\mu\psi(x):,$$

在自由场下应用 Wick 定理就可以得到流算符乘积展开式，

$$\begin{aligned}T(J_\mu(x)J_\nu(0))=&-\mathrm{tr}(\langle 0|T(\psi(0)\bar{\psi}(x))|0\rangle\gamma_\mu\langle 0|T(\psi(x)\bar{\psi}(0))|0\rangle\gamma_\nu)\\&+:\bar{\psi}(x)\gamma_\mu\langle 0|T(\psi(x)\bar{\psi}(0))|0\rangle\gamma_\nu\psi(0):\\&+:\bar{\psi}(0)\gamma_\nu\langle 0|T(\psi(0)\bar{\psi}(x))|0\rangle\gamma_\mu\psi(x):\\&+:\bar{\psi}(x)\gamma_\mu\psi(x)\bar{\psi}(0)\gamma_\nu\psi(0):.\end{aligned} \tag{7.57}$$

同样地此展开式表达了第一项是最奇异的，第二、三项是次奇异的，第四项是正则的. 将(7.56)代入到(7.57)式并应用附录 A 中等式

$$\left.\begin{aligned}\gamma_\mu\gamma_\lambda\gamma_\nu&=(s_{\mu\lambda\nu\rho}+\mathrm{i}\epsilon_{\mu\lambda\nu\rho}\gamma_5)\gamma^\rho,\\ s_{\mu\lambda\nu\rho}&=g_{\mu\lambda}g_{\nu\rho}+g_{\mu\rho}g_{\nu\lambda}-g_{\mu\nu}g_{\lambda\rho},\\ \mathrm{tr}(\gamma_\mu\gamma_\lambda\gamma_\nu\gamma_\rho)&=4(g_{\mu\lambda}g_{\nu\rho}-g_{\mu\nu}g_{\lambda\rho}+g_{\mu\rho}g_{\lambda\nu}),\end{aligned}\right\} \tag{7.58}$$

就可以获得 $x^2\to 0$ 的展开式，

$$T(J_\mu(x)J_\nu(0)) = \frac{x^2 g_{\mu\nu} - 2x_\mu x_\nu}{\pi^4(x^2-\mathrm{i}\varepsilon)^4} + \frac{\mathrm{i}x^\lambda}{2\pi^2(x^2-\mathrm{i}\varepsilon)^2} s_{\mu\lambda\nu\rho} O_V^\rho(x,0)$$

$$+ \frac{x^\lambda}{2\pi^2(x^2-\mathrm{i}\varepsilon)^2}\varepsilon_{\mu\lambda\nu\rho} O_A^\rho(x,0) + O_{\mu\nu}(x,0), \qquad (7.59)$$

其中正规乘积算符定义如下：

$$O_V^\mu(x,0) = :\bar{\psi}(x)\gamma^\mu\psi(0) - \bar{\psi}(0)\gamma^\mu\psi(x):, \qquad (7.60)$$

$$O_A^\mu(x,0) = :\bar{\psi}(x)\gamma^\mu\gamma_5\psi(0) + \bar{\psi}(0)\gamma^\mu\gamma_5\psi(x):, \qquad (7.61)$$

$$O_{\mu\nu}(x,0) = :\bar{\psi}(x)\gamma_\mu\psi(x)\bar{\psi}(0)\gamma_\nu\psi(0):. \qquad (7.62)$$

这样，(7.59)式给出的算符乘积展开式逐项的系数包含了短距离的奇异性. 如果在(7.59)式两边取矩阵元，那么相应于(7.59)式右边正规乘积算符矩阵元就包含了物理过程大距离的物理信息.

一般地讲，场量不是自由场，而具有相互作用，在有相互作用的情况下算符乘积展开应该不同于自由场的情况. 然而，一个渐近自由的场论，例如 QCD，原则上可以应用微扰论将两者的差别计算出来. 因此由自由场所给出的算符乘积展开结构仍然是十分重要的. Wilson 首先建议[9]对于有相互作用的场算符利用算符乘积的展开定义复合算符，设 $A(x)$ 和 $B(y)$ 为任意两个算符，它们的乘积可以用下列算符乘积展开来定义，

$$A(x)B(y) = \sum_N C_N(x-y)O_N(x,y), \qquad (7.63)$$

其中展开系数 $C_N(x-y)$ 在 $y\to x$ 时是奇异的，双定域算符 $O_N(x,y)$ 是正则的. 而第一项算符 $O_0(x,y)=I$ 是单位算符，其系数 $C_0(x-y)$ 在 $y\to x$ 时是最奇异的，第二项系数比第一项次奇异，依次一项比一项奇异性减小. 这一展开式的证明曾由 Zimmermann[10] 利用 BPHZ 方法在微扰论框架内完成，本书不作叙述.

进一步注意 $O_N(x,y)$ 是正则的，当 $y\to x$ 时可以对它进行 Taylor 级数展开而给出算符乘积的 Lorentz 结构. 例如对于中性标量场

$$:\phi(x)\phi(0): \xlongequal{x\to 0} \sum_N \frac{1}{N!} x_{\mu_1}\cdots x_{\mu_N} :\phi(0)\boldsymbol{\partial}_{\mu_1}\cdots\boldsymbol{\partial}_{\mu_N}\phi(0):, \qquad (7.64)$$

将(7.64)代入到(7.63)式就可以得到算符的 T 乘积小距离展开的一般表达式为[11]

$$\mathrm{i}T(A(x)B(0))_{x\to 0} \approx \sum_{j,N} C_{j,N}(x) x_{\mu_1}\cdots x_{\mu_N} O^j_{\mu_1\cdots\mu_N}(0). \qquad (7.65)$$

当 $A(x)$ 和 $B(x)$ 是由标量场 $\phi(x)$ 组成的流算符的情况下，则双定域算符 $O^j_{\mu_1\cdots\mu_N}(0) = :\phi(0)\boldsymbol{\partial}_{\mu_1}\cdots\boldsymbol{\partial}_{\mu_N}\phi(0):$. 在旋量场的情况下，那些正则的双定域算符除了微商算符外还应有 γ 矩阵，例如 $O_{\mu\nu}=\bar{\psi}(0)\gamma_\mu\partial_\nu\psi(0),\cdots$. 由于展开式(7.65)中 $x_{\mu_1}\cdots x_{\mu_N}$ 是对称的，因此其相应的算符 $O_{\mu_1\cdots\mu_N}(0)$ 应是对称无迹的张量算符.

实际上算符乘积展开式也确定了奇异展开系数在 $x^2\to 0$ 时的奇异行为，因为

展开式左边的量纲 d_A+d_B(d_A 是算符 $A(x)$ 的量纲,d_B 是算符 $B(x)$ 的量纲)是一定的,展开式右边的量纲也应等于 d_A+d_B. 由量纲分析就可以确定展开系数的行为. 例如,式(7.59)的第一项的算符是 I,展开系数 $\sim\left(\frac{1}{x^2}\right)^2$,第二项的展开系数 $\sim\frac{1}{x^2}$. 这些系数与质量无关,其量纲唯一由 x^2 决定. 由(7.65)式知

$$d_A+d_B=d_{C_{j,N}}+d_{O_N^j}-N, \tag{7.66}$$

其中 $d_{C_{j,N}}$ 是展开系数 $C_{j,N}$ 的量纲,$d_{O_N^j}$ 是正则算符 O_N^j 的量纲, N 是算符 O_N^j 的自旋,因此展开系数 $C_{j,N}$ 的量纲 $d_{C_{j,N}}$ 由下式确定,

$$\begin{aligned} d_{C_{j,N}} &= (d_A+d_B)-(d_{O_N^j}-N) \\ &= (d_A+d_B)-\text{twist}, \end{aligned} \tag{7.67}$$

其中,扭度(twist)定义为算符 O_N^j 的量纲与其自旋 N 之差,

$$\text{twist}=d_{O_N^j}-N, \tag{7.68}$$

可以见到,算符 $d_{O_N^j}-N$ 的 twist 大小直接确定了 $C_N^j(x)$ 的奇异行为,twist 值越小,奇异度越大. 相同的 twist 算符具有相同的奇异性. 对于高能现象,$Q^2\to\infty$,仅那些最奇异的项贡献是主要的,因此具有最低扭度的算符的贡献是最重要的. 通常称那些最低扭度算符项的贡献为领头阶贡献.

§7.4 算符乘积自由场展开和部分子模型

这一节先讨论电磁流算符乘积自由场展开式(7.59)式的物理意义. 为此设定上一节中的 Fermi 子场为夸克场. 前面 §7.1 中以正、负电子湮灭过程为例指出,对于 QCD 渐近自由理论,微扰 QCD 的树图贡献就是部分子模型的结果. 很自然会想到算符乘积展开(7.59)式应该给出部分子模型的结果. 这里以正、负电子湮灭过程和电子-质子深度非弹性散射过程为例具体说明.

首先将(7.59)式转变为流对易子展开式,注意到 $J_\mu(x)$ 是厄米的,存在下列等式,

$$T(J_\mu(x)J_\nu(0))-T(J_\mu(x)J_\nu(0))^\dagger=\varepsilon(x_0)[J_\mu(x),J_\nu(0)], \tag{7.69}$$

其中 $\varepsilon(x_0)$ 是符号函数,定义为

$$\varepsilon(x_0)=\frac{x_0}{|x_0|}=\begin{cases}1, & 当\ x_0>0,\\ -1, & 当\ x_0<0.\end{cases} \tag{7.70}$$

将(7.59)式代入到(7.69)式即可得到流对易子展开式

$$\begin{aligned}\varepsilon(x_0)[J_\mu(x),J_\nu(0)] &= \frac{\mathrm{i}}{3\pi^3}(2x_\mu x_\nu-x^2g_{\mu\nu})\delta^{(3)}(x^2) \\ &\quad+\frac{1}{\pi}x^\lambda\delta^{(1)}(x^2)s_{\mu\lambda\nu\rho}O_V^\rho(x,0)\end{aligned}$$

$$-\frac{\mathrm{i}}{\pi}x^{\lambda}\delta^{(1)}(x^2)\varepsilon_{\mu\lambda\nu\rho}O_A^{\rho}(x,0)$$
$$+O_{\mu\nu}(x,0)-O_{\nu\mu}(0,x), \tag{7.71}$$

其中 $\delta^{(n)}(x^2)$ 是 δ 函数的 n 阶微商，

$$\delta^{(n)}(x^2)=\frac{\mathrm{d}^n}{\mathrm{d}(x^2)^n}\delta(x^2). \tag{7.72}$$

在获得(7.71)式时已用到对(2.56)式的第二式两边微商$(n-1)$次的等式，

$$\frac{1}{(x^2-\mathrm{i}\varepsilon)^n}=\frac{P}{(x^2)^n}+\mathrm{i}\pi\frac{(-1)^{n-1}}{(n-1)!}\delta^{(n-1)}(x^2), \tag{7.73}$$

$$\frac{1}{(x^2-\mathrm{i}\varepsilon)^n}-\frac{1}{(x^2+\mathrm{i}\varepsilon)^n}=2\mathrm{i}\pi\frac{(-1)^{n-1}}{(n-1)!}\delta^{(n-1)}(x^2). \tag{7.74}$$

经过直接的运算即可证明(7.71)式成立.(7.73)式中 P 表示主值积分.

现在考察算符乘积展开在物理过程中的应用.将(7.71)式代入到(7.7)式就给出一对正、负电子湮灭到一对正、反夸克过程的贡献，

$$\begin{aligned}w_{\mu\nu}&=\int\mathrm{d}^4x\mathrm{e}^{\mathrm{i}qx}\langle 0|[J_\mu(x),J_\nu(0)]|0\rangle\\&=\int\mathrm{d}^4x\mathrm{e}^{\mathrm{i}qx}\varepsilon(x_0)\frac{\mathrm{i}}{3\pi^3}(2x_\mu x_\nu-x^2g_{\mu\nu})\delta^{(3)}(x^2)\\&=\frac{\mathrm{i}}{3\pi^3}\left(g_{\mu\nu}\frac{\partial}{\partial q}\cdot\frac{\partial}{\partial q}-2\frac{\partial}{\partial q^\mu}\frac{\partial}{\partial q^\nu}\right)I_3.\end{aligned} \tag{7.75}$$

由于正规乘积的真空平均值为零,(7.71)式中只有第一项有贡献,就得到(7.75)式的第一个等式,再将$(2x_\mu x_\nu-g_{\mu\nu}x^2)$提到积分号外就得到(7.75)式的第二个等式.其中积分 I_3定义为任意 n 情况下的积分

$$\begin{aligned}I_n&=\int\mathrm{d}^4x\mathrm{e}^{\mathrm{i}qx}\varepsilon(x_0)\delta^{(n)}(x^2)\\&=\frac{\mathrm{i}\pi^2}{4^{n-1}(n-1)!}(q^2)^{n-1}\varepsilon(q_0)\theta(q^2).\end{aligned} \tag{7.76}$$

再将 $n=3$ 时的此积分 I_3代入到(7.75)式给出

$$w_{\mu\nu}=\frac{1}{6\pi}(q_\mu q_\nu-q^2g_{\mu\nu})\varepsilon(q_0)\theta(q^2). \tag{7.77}$$

由于正、负电子湮灭到一对正、反夸克物理过程总有 $q_0>0,q^2>0$,注意到(7.9)和(7.10)式以及夸克的电荷、味道、颜色就得到

$$\sigma=\sigma_0N_c\sum_{i=1}^{N_f}Q_i^2\theta(q^2), \tag{7.78}$$

这正是部分子模型下的结果(7.18)式.

电子-质子深度非弹性散射情况要复杂一点,因为(2.53)式表明 $W_{\mu\nu}$是流对易子的质子态的平均值,不是真空平均值.(7.71)式中的后三项正规算符的贡献不为

零. 在 QCD 中应用算符乘积展开和重整化群方法研究深度非弹性过程以及更多过程参见文献[12—15]. 这里给一个简单的分析，具体看(7.71)式的四项对 $W_{\mu\nu}$ 的贡献. 由于展开式中第一项是最奇异的，第二、三项是次奇异的，第四项是正则的，当 $Q^2\to\infty$ 时其领头贡献依次由奇异性程度决定. 首先将第四项略去，考虑前三项的贡献. 将(7.71)式代入到(2.53)式

$$W^{\mu\nu} = \frac{1}{2\pi}\int d^4x e^{iqx}\langle P|[J^\mu(x),J^\nu(0)]|P\rangle$$

给出

$$\begin{aligned} W_{\mu\nu} = \frac{1}{2\pi}\int d^4x e^{iqx}\varepsilon(x_0)\Big[&\frac{i}{3\pi^3}(2x_\mu x_\nu - x^2 g_{\mu\nu})\delta^{(3)}(x^2)\langle P|P\rangle \\ &+ \frac{1}{\pi}x^\lambda\delta^{(1)}(x^2)s_{\mu\lambda\nu\rho}\langle P|O_V^\rho(x,0)|P\rangle \\ &- \frac{i}{\pi}x^\lambda\delta^{(1)}(x^2)\varepsilon_{\mu\lambda\nu\rho}\langle P|O_A^\rho(x,0)|P\rangle\Big]. \end{aligned} \tag{7.79}$$

首先考虑第一项，虚光子与质子没有发生相互作用，质子态本身归一 $\langle P|P\rangle=1$，前面最奇异的系数是两个夸克传播子，正好是正、反夸克圈图，所以此项相应于不连接的两部分，则说明(7.79)式第一项对虚光子-质子散射振幅没有贡献. 这样对 $W_{\mu\nu}$ 的贡献只有第二、三项. 两个正则算符 $O_V^\rho(x,0)$ 和 $O_A^\rho(x,0)$ 是由(7.60)和(7.61)式定义的，我们可以对它作 Taylor 展开，为此对夸克场在 $x=0$ 附近展开，

$$\psi(x) = \psi(0) + x^\mu[\partial_\mu\psi(x)]_{x=0} + \frac{1}{2!}x^{\mu_1}x^{\mu_2}[\partial_{\mu_1}\partial_{\mu_2}\psi(x)]_{x=0} + \cdots, \tag{7.80}$$

并将此展开代入到(7.60)和(7.61)式就得到

$$O_V^\rho(x,0) = \sum_{n=0}^{\infty}\frac{1}{n!}x^{\mu_1}\cdots x^{\mu_n}O^\rho_{V\mu_1\cdots\mu_n}(0), \tag{7.81}$$

$$O_A^\rho(x,0) = \sum_{n=0}^{\infty}\frac{1}{n!}x^{\mu_1}\cdots x^{\mu_n}O^\rho_{A\mu_1\cdots\mu_n}(0), \tag{7.82}$$

其中定域算符 $O^\rho_{V\mu_1\cdots\mu_n}(0)$ 和 $O^\rho_{A\mu_1\cdots\mu_n}(0)$ 由下式定义

$$O^\rho_{V\mu_1\cdots\mu_n}(x) = :(\partial_{\mu_1}\cdots\partial_{\mu_n}\bar\psi(x))\gamma^\rho\psi(x) - \bar\psi(x)\gamma^\rho\partial_{\mu_1}\cdots\partial_{\mu_n}\psi(x):, \tag{7.83}$$

$$O^\rho_{A\mu_1\cdots\mu_n}(x) = :(\partial_{\mu_1}\cdots\partial_{\mu_n}\bar\psi(x))\gamma^\rho\gamma_5\psi(x) + \bar\psi(x)\gamma^\rho\gamma_5\partial_{\mu_1}\cdots\partial_{\mu_n}\psi(x):. \tag{7.84}$$

将(7.81)和(7.82)式代入到(7.79)式写出对 $W_{\mu\nu}$ 有贡献的结果，

$$\begin{aligned} W_{\mu\nu} = &-\frac{1}{2\pi^2}\sum_{n=0}^{\infty}\frac{1}{n!}\int d^4x e^{iqx}x^\lambda\varepsilon(x_0)\delta^{(1)}(x^2)x^{\mu_1}\cdots x^{\mu_n} \\ &\times[-s_{\mu\lambda\nu\rho}\langle P|O^\rho_{V\mu_1\cdots\mu_n}(0)|P\rangle + i\varepsilon_{\mu\lambda\nu\rho}\langle P|O^\rho_{A\mu_1\cdots\mu_n}(0)|P\rangle]. \end{aligned} \tag{7.85}$$

注意到在不考虑极化的情况下对轻子部分求迹后的(2.34)式 $L_{\mu\nu}^{(e)}$ 对 Lorentz 指标 μ,ν 是对称的，而 $\varepsilon_{\mu\lambda\nu\rho}$ 对指标 μ,ν 是反对称的，因此在 $L_{\mu\nu}^{(e)}W^{\mu\nu}$ 求和以后(7.85)式中

只有第一项有贡献. 在第一项中矩阵元$\langle P|O^{\rho}_{V\mu_1\cdots\mu_n}|P\rangle$是协变张量，它只能由 P_μ 构成 n 阶张量，按照协变性分析它的结构只能是

$$\langle P|O^{\rho}_{V\mu_1\cdots\mu_n}|P\rangle = a_n P^\rho P_{\mu_1}\cdots P_{\mu_n} + (\text{包含可能的 } g_{\mu_i\mu_j} \text{ 的项}). \tag{7.86}$$

将(7.86)式代入到(7.85)式就见到，包含一个 $g_{\mu_i\mu_j}$ 的项就一定增加一个因子 x^2，例如相应于 $g_{\mu_1\mu_2}$ 的项在(7.85)式中出现 $P^\rho P^2 x^2 P_{\mu_3}\cdots P_{\mu_n}$，因子 x^2 致使 $x^2\to 0$ 时的奇异性减少，因此所有包含一个或多个 $g_{\mu_i\mu_j}$ 的项相比于(7.86)式的第一项都是可忽略的. 在领头阶近似下只需考虑(7.86)式第一项的贡献，代入到(7.85)式给出

$$\begin{aligned} W_{\mu\nu} &= \frac{1}{2\pi^2} s_{\mu\lambda\nu\rho} P^\rho \sum_{n=0}^{\infty} \frac{1}{n!}\int \mathrm{d}^4 x \mathrm{e}^{\mathrm{i}qx} x^\lambda \varepsilon(x_0)\delta^{(1)}(x^2) a_n (P\cdot x)^n \\ &= \frac{1}{2\pi^2} s_{\mu\lambda\nu\rho} P^\rho \int \mathrm{d}^4 x \mathrm{e}^{\mathrm{i}qx} x^\lambda \varepsilon(x_0)\delta^{(1)}(x^2) f(P\cdot x), \end{aligned} \tag{7.87}$$

其中函数 $f(z)$ 定义为

$$f(z) = \sum_{n=0}^{\infty} \frac{a_n z^n}{n!} \tag{7.88}$$

以及它的 Fourier 变换

$$f(z) = \int_{-\infty}^{\infty} \mathrm{d}\xi \mathrm{e}^{\mathrm{i}z\xi} \tilde{f}(\xi), \tag{7.89}$$

将上式代入到(7.87)式得到

$$\begin{aligned} W_{\mu\nu} &= \frac{-\mathrm{i}}{2\pi^2} s_{\mu\lambda\nu\rho} P^\rho \frac{\partial}{\partial q_\lambda}\int_{-\infty}^{\infty} \mathrm{d}\xi \tilde{f}(\xi) \int \mathrm{d}^4 x \mathrm{e}^{\mathrm{i}(q+\xi P)x} \varepsilon(x_0)\delta^{(1)}(x^2) \\ &= \frac{-\mathrm{i}}{2\pi^2} s_{\mu\lambda\nu\rho} P^\rho \frac{\partial}{\partial q_\lambda}\int_{-\infty}^{\infty} \mathrm{d}\xi \tilde{f}(\xi) I_1(q+\xi P), \end{aligned} \tag{7.90}$$

其中 I_1就是当 $n=1$ 时(7.76)式定义的积分 I_n. 将 I_1 的表达式代入并对 q_λ 微商就给出

$$\begin{aligned} W_{\mu\nu} =& \int_{-\infty}^{\infty} \mathrm{d}\xi [-(P\cdot q + \xi M^2) g_{\mu\nu} + 2\xi P_\mu P_\nu + P_\mu q_\nu + P_\nu q_\mu] \\ & \cdot \varepsilon(q_0 + \xi P_0)\delta((q+\xi P)^2)\tilde{f}(\xi). \end{aligned} \tag{7.91}$$

注意到标度无关性(scaling)现象是在变量取 Bjorken 极限(见(7.44)式)情况下成立的，在(7.91)式中变量取极限，

$$Q^2 \to \infty, \quad \nu\to\infty, \quad x = \frac{Q^2}{2P\cdot q}\text{ 固定} \quad (P\cdot q = M\nu, Q^2 = -q^2),$$

在此极限下可以忽略质量 $M^2(P^2=M^2)$项，(7.91)式就可以重写为

$$\begin{aligned} W_{\mu\nu} &= \frac{1}{2}\tilde{f}(x)\left(-g_{\mu\nu} - \frac{q^2}{(P\cdot q)^2}P_\mu P_\nu + \frac{P_\mu q_\nu + P_\nu q_\mu}{P\cdot q}\right) \\ &= \frac{1}{2}\tilde{f}(x)\left[\left(\frac{q_\mu q_\nu}{q^2} - g_{\mu\nu}\right) + \frac{2x}{P\cdot q}\left(P_\mu - \frac{P\cdot q}{q^2}q_\mu\right)\left(P_\nu - \frac{P\cdot q}{q^2}q_\nu\right)\right], \end{aligned} \tag{7.92}$$

显然 $W_{\mu\nu}$是满足流守恒条件 $q^\mu W_{\mu\nu}=0, q^\nu W_{\mu\nu}=0$. 比较(7.92)和(2.49)式就可以得

到 Bjorken 极限下的结构函数，

$$\begin{aligned} MW_1(\nu,Q^2) &= \frac{M}{2}\tilde{f}(x) = F_1(x), \\ \nu W_2(\nu,Q^2) &= Mx\tilde{f}(x) = F_2(x). \end{aligned} \tag{7.93}$$

(7.93)式正是第二章标度无关性现象的部分子模型给出的结构函数(2.65)式且满足 Callan-Gross 关系式(2.66). 所以说在电子-质子深度非弹散射过程中再一次见到，流算符自由场展开在光锥上领头的奇异性正相应于 Bjorken 标度性假设在深度非弹性散射标度无关性给出的部分子模型的结果，反之亦然.

标度无关性现象意味着虚光子-质子的纵向截面几乎为零，从(2.63)式知 $R=\frac{\sigma_L}{\sigma_T}$ 值为零. 如果从(2.63)式定义纵向结构函数

$$F_L(\nu,Q^2) = -W_1(\nu,Q^2) + \left(1+\frac{\nu^2}{Q^2}\right)W_2(\nu,Q^2), \tag{7.94}$$

那么可以将 $W_{\mu\nu}$ 用纵向结构函数 $F_L(\nu,Q^2)$ 来表示，

$$\begin{aligned} W_{\mu\nu} &= W_1(\nu,Q^2)\left(-g_{\mu\nu}+\frac{q_\mu q_\nu}{q^2}\right) \\ &\quad + W_2(\nu,Q^2)\frac{1}{M^2}\left[\left(P_\mu-\frac{P\cdot q}{q^2}q_\mu\right)\left(P_\nu-\frac{P\cdot q}{q^2}q_\nu\right)\right] \\ &= e_{\mu\nu}F_L(\nu,Q^2) + d_{\mu\nu}\frac{1}{2Mx}F_2(\nu,Q^2), \end{aligned} \tag{7.95}$$

其中 $e_{\mu\nu}$ 和 $d_{\mu\nu}$ 定义如下：

$$\begin{aligned} e_{\mu\nu} &= g_{\mu\nu} - q_\mu q_\nu/q^2, \\ d_{\mu\nu} &= -g_{\mu\nu} - P_\mu P_\nu q^2/(P\cdot q)^2 + (P_\mu q_\nu + P_\nu q_\mu)/(P\cdot q). \end{aligned} \tag{7.96}$$

在 Bjorken 极限下，部分子模型中 Callan-Gross 关系式必然导致纵向结构函数为零，

$$MF_L(\nu,Q^2) \to MF_L(x) = -F_1(x) + \frac{1}{2x}F_2(x) = 0, \tag{7.97}$$

因此对截面的主要贡献来自于(7.95)式的第二项. 下两节将看到当我们讨论标度无关性破坏现象，即计算超出于部分子模型的 QCD 高阶修正时，纵向结构函数将不再为零.

§7.5 标度无关性破坏现象和结构函数的演化过程

前面已经指出，从理论上讲标度无关性现象存在是从假定强子内部的部分子为点粒子且它们之间无相互作用导出的. 因此任何对这两个假定的偏离都会导致标度无关性现象的破坏. 实验上告诉我们标度无关性现象仅在一定的 Q^2 范围内保持，当 Q^2 再继续增加时，强子的结构函数明显地依赖于 Q^2，即 $F_i(x)\to F_i(x,Q^2)$.

如果部分子不是点粒子，那么每一个部分子都有大小，或者说具有形状因子 $f_i(Q^2)$，那么结构函数自然依赖于 Q^2. 然而直至目前能量范围内并没有迹象表明部分子对点粒子假定的偏离. 从量子场论的角度很自然地考虑部分子之间应该存在相互作用，QCD 的渐近自由性质提供了这种相互作用的理论基础. 当 Q^2 很高时耦合常数趋于零，那么可以将部分子模型的结果作为零级近似，微扰 QCD 的高阶修正应给出的标度无关性破坏行为，即结构函数随 Q^2 的依赖行为. 反过来，标度无关性破坏现象的实验结果也将验证 QCD 理论的正确性.

为了描述标度无关性破坏现象，我们将描写结构函数的(2.65)式改写为 x 和 Q^2 的函数，

$$F_2(x) \to F_2(x,Q^2) = \sum_i e_{q_i}^2 x G_{P\to q_i}(x,Q^2), \tag{7.98}$$

其中 $G_{P\to q_i}(x,Q^2)(q_i=\mathrm{q},\bar{\mathrm{q}},\mathrm{g})$ 是质子中含部分子为夸克、反夸克、胶子的分布函数 $G_{P\to \mathrm{q}}(x,Q^2)$，$G_{P\to \bar{\mathrm{q}}}(x,Q^2)$，$G_{P\to \mathrm{g}}(x,Q^2)$.

定义单态分布函数

$$G^{\mathrm{S}}(x,Q^2) = \sum_i^{n_\mathrm{f}} [G_{P\to q_i}(x,Q^2) + G_{P\to \bar{q}_i}(x,Q^2)] \tag{7.99}$$

和非单态分布函数

$$G_i^{\mathrm{NS}}(x,Q^2) = G_{P\to q_i}(x,Q^2) - G_{P\to \bar{q}_i}(x,Q^2), \tag{7.100}$$

此外还有胶子分布函数 $G_{P\to \mathrm{g}}(x,Q^2)$. 单态分布函数 $G^{\mathrm{S}}(x,Q^2)$ 和胶子分布函数 $G_{P\to \mathrm{g}}(x,Q^2)$ 是味无关的结构函数，两者相互关联，定义

$$\underline{G}(x,Q^2) = \begin{bmatrix} G^{\mathrm{S}}(x,Q^2) \\ G_{P\to \mathrm{g}}(x,Q^2) \end{bmatrix}. \tag{7.101}$$

现在分别应用 QCD 理论计算 $\underline{G}(x,Q^2)$ 和 $G_i^{\mathrm{NS}}(x,Q^2)$. 这就需要考虑对部分子模型的 QCD 高阶修正，图 7.6 中包含了夸克发射胶子、反夸克发射胶子、胶子劈裂为两个胶子以及胶子劈裂为正、反夸克的图形对 $\underline{G}(x,Q^2)$ 和 $G_i^{\mathrm{NS}}(x,Q^2)$ 的贡献.

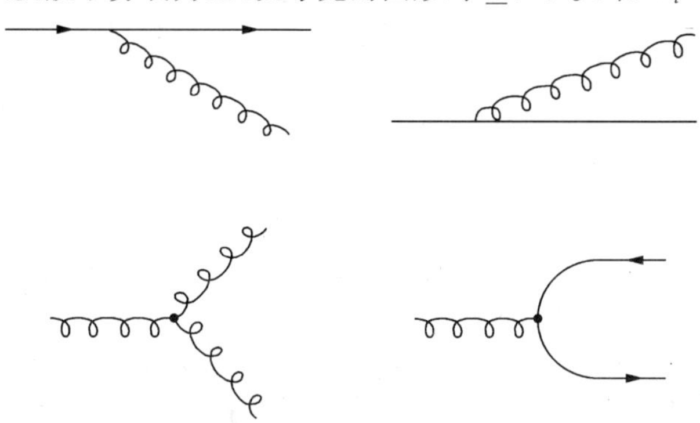

图 7.6 计算结构函数演化需要考虑的对部分子模型 QCD 的辐射修正

对于 $G^{NS}(x,Q^2)$不会有来自胶子产生正、反夸克对的贡献，仅有来自夸克或反夸克发射胶子引起的分布函数 $G_i^{NS}(x,Q^2)$随 Q^2 的改变$\frac{\mathrm{d}}{\mathrm{d}\tau}(G_i^{NS}(x,Q^2))$，这一改变以下述图示方程来表示

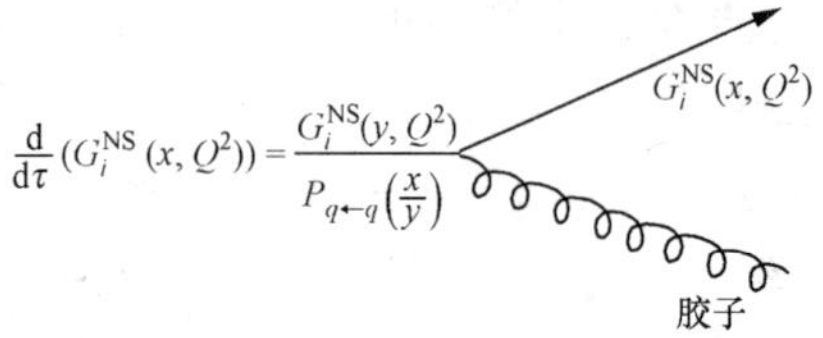

其中劈裂(splitting)函数 $P_{q\leftarrow q}\left(\frac{x}{y}\right)$描述了从夸克劈裂到夸克和胶子基本子过程对 $G_i^{NS}(x,Q^2)$的影响，变量 τ 定义为

$$\tau = \ln\left(\frac{Q^2}{\Lambda^2}\right). \tag{7.102}$$

然而当考虑到单态分布函数的改变时，就不能与胶子分布函数分开，因为胶子产生一对正、反夸克，也引起分布函数的改变.（7.101）式意味着单态分布函数 $G^S(x,Q^2)$的改变与胶子分布函数 $G_{P\to g}(x,Q^2)$的改变是一个联立的方程.单态分布函数和胶子分布函数的改变都包含两项，一项是夸克发射胶子产生的，另一项是胶子转变为正、反夸克对产生的.为此引入相应的劈裂函数并用物理图示方程表示如下

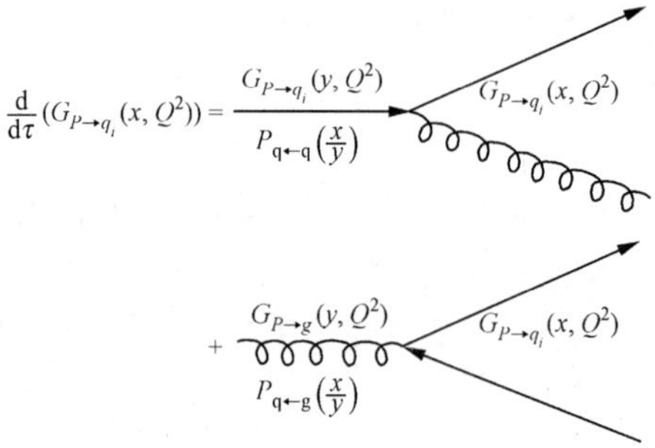

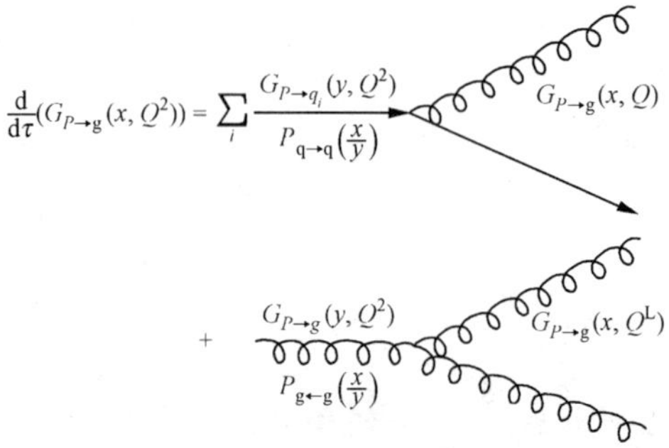

上述图示方程描述了单态、非单态、胶子分布函数随 Q^2 的变化. 总共包含了四个劈裂函数 $P_{q\leftarrow q}(z)$, $P_{q\leftarrow g}(z)$, $P_{g\leftarrow q}(z)$, $P_{g\leftarrow g}(z)$，它们确定了上述部分子分布函数的改变率. 问题就在于如何在 QCD 中计算这些劈裂函数.

1972 年 Gribov 和 Lipatov[16] 在 QED 中计算了电子-光子相应的分布函数的改变率. QED 中，高能极限下电子质量可忽略，一个电子发射一个光子或者一个光子转变为一对正、反电子. 显然在这些计算中存在共线发散，即由电子发射共线光子的质量奇异性. 一个高能电子发射一个共线光子将贡献一个质量奇异性因子 $\alpha\ln(S/m^2)$，这在 §7.2 讨论正、负电子湮灭过程红外发散相消时已见到. 初态电子发射共线光子生成电子内电子和光子的分布函数，它们分别是电子内发现具有一定纵向分量 x 的电子和光子的几率. 而分布函数随 Q^2 的改变率给出了分布函数的微分方程. 高能电子有足够能量发射 n 个共线光子，给出相应的贡献 $(\alpha\ln(S/m^2))^n$. 关键是如何将发射 n 个共线光子的贡献求和以改进微扰论的计算. Gribov 和 Lipatov 在 QED 中做梯形近似并将所有发射 n 个共线光子的贡献求和给出了领头阶贡献. 人们可以设想一个电子劈裂为一个虚电子加上一个光子是一个连续演化的过程，在 QED 中计算一个高能电子与靶发生相互作用前发射共线光子，可以视其为一束具有一定份额能量的实光子，这就是 Weizsacker-Williams 等效光子近似，相应地给出入射电子中发现具有一定能量份额的光子的几率，即 Weizsacker-Williams 分布函数. 这一过程依赖于 Q^2，当 Q 变化到 $Q+\Delta Q$ 时，电子在此间隔内辐射一个光子引起几率分布函数的改变，每一个 ΔQ 间隔内分布函数的改变率(即分布函数的微分)都可通过子过程的计算给出. 将所有连续发射过程加起来就相当于梯形近似下求和，从而给出分布函数演化的结果. 此外在辐射光子同时还需考虑光子转化为一对几乎共线的电子和正电子，对电子和光子分布函数都有同量级的效应. 对于这些计算有兴趣的读者可以参阅文献[16]，这里只列出 QED 中劈裂函数的计算结果，

$$\left.\begin{aligned}P_{e\leftarrow e}(z) &= \frac{1+z^2}{(1-z)_+}+\frac{3}{2}\delta(1-z),\\ P_{\gamma\leftarrow e}(z) &= \frac{1+(1-z)^2}{z},\\ P_{e\leftarrow\gamma}(z) &= z^2+(1-z)^2,\\ P_{\gamma\leftarrow\gamma}(z) &= -\frac{2}{3}\delta(1-z),\end{aligned}\right\}\tag{7.103}$$

其中 $1/(1-z)_+$ 定义为

$$\frac{1}{(1-z)_+}=\frac{1}{1-z}\theta(1-z-\beta)+\ln\beta\,\delta(1-z-\beta),\quad \beta\to 0,\tag{7.104}$$

上式中 β 可以理解成是为使得红外发散有定义而引入的($\beta=m_\gamma^2/Q^2$). 因为当 $z\to 1$

时积分发散，β 的引入使得积分在 $z<1$ 时进行，即对于任一平滑函数 $f(z)$，其积分为

$$\int_0^1 \mathrm{d}z \frac{f(z)}{(1-z)_+} = \int_0^1 \mathrm{d}z \frac{f(z)-f(1)}{1-z}. \tag{7.105}$$

这些结果可以类推到部分子模型的图像中，QCD 夸克和胶子的劈裂函数的计算. 部分子模型使 QCD 的零级近似具有标度无关性的性质. 考虑到夸克-胶子相互作用，QCD 的辐射修正将破坏标度无关性现象. 与 QED 类似，QCD 中对于无质量夸克和胶子当计算共线胶子和夸克时也发生质量奇异性，$\alpha_s(Q^2)\ln(Q^2/\mu^2)$，它给出了分布函数演化方程的积分核，由此导致分布函数随 Q^2 的依赖关系. 从 QED 类推到 QCD 中，(7.103)式中的前三个劈裂函数是直接的，只需加上 QCD 中的色因子. 由于 QED 中光子没有自作用，第四个劈裂函数 $P_{\gamma\leftarrow\gamma}(z)$，推到胶子情况不是直接的，因为 QCD 中还必须计算胶子的自作用以及不同味夸克的贡献. 现列出 QCD 中劈裂函数的结果[17]：

$$P_{\mathrm{q}\leftarrow\mathrm{q}}(z) = \frac{4}{3}\left[\frac{1+z^2}{(1-z)_+} + \frac{3}{2}\delta(1-z)\right], \tag{7.106}$$

$$P_{\mathrm{q}\leftarrow\mathrm{g}}(z) = \frac{1}{2}[z^2+(1-z)^2], \tag{7.107}$$

$$P_{\mathrm{g}\leftarrow\mathrm{q}}(z) = \frac{4}{3}\frac{1+(1-z)^2}{z}, \tag{7.108}$$

$$P_{\mathrm{g}\leftarrow\mathrm{g}}(z) = 6\left[\frac{z}{(1-z)_+} + \frac{1-z}{z} + z(1-z) + \frac{\left(11-\frac{2}{3}N_{\mathrm{f}}\right)}{12}\delta(1-z)\right], \tag{7.109}$$

其中 N_{f} 是夸克的味数. 这样就可将 QCD 中上述分布函数改变率的图形化方程精确地用微分方程来表示，

$$\frac{\mathrm{d}G_i^{\mathrm{NS}}(x,Q^2)}{\mathrm{d}\tau} = \frac{\alpha_s(Q^2)}{2\pi} P_{\mathrm{q}\leftarrow\mathrm{q}} \otimes G_i^{\mathrm{NS}}(x,Q^2) \tag{7.110}$$

和

$$\frac{\mathrm{d}\underline{G}(x,Q^2)}{\mathrm{d}\tau} = \frac{\alpha_s(Q^2)}{2\pi} \underline{P} \otimes \underline{G}(x,Q^2), \tag{7.111}$$

其中

$$\underline{P}(z) = \begin{bmatrix} P_{\mathrm{q}\leftarrow\mathrm{q}}(z) & 2N_{\mathrm{f}}P_{\mathrm{q}\leftarrow\mathrm{g}}(z) \\ P_{\mathrm{g}\leftarrow\mathrm{q}}(z) & P_{\mathrm{g}\leftarrow\mathrm{g}}(z) \end{bmatrix}. \tag{7.112}$$

(7.110)和(7.111)式中的卷积$\otimes$定义为

$$C(z) = A \otimes B = \int_0^1 \frac{\mathrm{d}y}{y} A(z/y)B(y). \tag{7.113}$$

方程(7.110)和(7.111)称为分布函数的 Q^2 演化方程，亦称 Altarelli-Parisi(AP)演化方程[17]，有时也称 Gribov-Lipatov-Altarelli-Parisi(GLAP)演化方程. 这一组方程表明夸克分布函数及胶子分布函数随 Q^2 的变化，是由夸克与胶子相互作用以前或以后辐射胶子或胶子变为正、反夸克的几率所决定的，从而给出了物理上标度无关性破坏的机制.

在单圈图近似下，为了简便起见定义

$$K = \frac{2}{\beta_0}\ln[\alpha_s(Q_0^2)/\alpha_s(Q^2)], \tag{7.114}$$

因此可以得到单圈图近似下微分方程

$$\frac{dK}{d\tau} = \frac{\alpha_s(Q^2)}{2\pi}, \tag{7.115}$$

这样演化方程(7.110)和(7.111)就变为

$$\frac{dG^{NS}(x,Q^2)}{dK} = P_{q\leftarrow q} \otimes G^{NS}(x,Q^2) \tag{7.116}$$

和

$$\frac{d\underline{G}(x,Q^2)}{dK} = \underline{P} \otimes \underline{G}(x,Q^2), \tag{7.117}$$

其形式解为

$$G^{NS}(x,Q^2) = \exp[KP_{q\leftarrow q} \otimes]G^{NS}(x,Q_0^2), \tag{7.118}$$

$$\underline{G}(x,Q^2) = \exp[K\underline{P} \otimes]\underline{G}(x,Q_0^2). \tag{7.119}$$

此解明显地依赖于初始条件 $G^{NS}(x,Q_0^2)$ 和 $\underline{G}(x,Q_0^2)$，一旦知道初始条件就可以获得一般解. 形式解(7.118)和(7.119)的定义

$$\begin{aligned} G^{NS}(x,Q^2) &= \exp[KP \otimes]G^{NS}(x,Q^2) \\ &= G^{NS}(x,Q_0^2) + KP \otimes G^{NS}(x,Q_0^2) \\ &\quad + \frac{1}{2}K^2 P \otimes P \otimes G^{NS}(x,Q_0^2) + \cdots, \end{aligned} \tag{7.120}$$

所以 Q^2 的演化方程就给出任意 Q^2 时分布函数的行为，也就给出了结构函数 F_1 和 F_2 的行为. 这里初始位置 Q_0^2 是一个标度参量，当 $Q^2 > Q_0^2$ 时，微扰论可用，演化方程成立，就可给出分布函数随 Q^2 的演化行为. 因而实际上初始条件 $G(x,Q_0^2)$ 包含了所有非微扰效应，即包含了由束缚态动力学所决定的非微扰部分，可以采用参数化方法从实验上确定下来. 这样利用实验上选定的 Q_0^2 下所确定的 $G(x,Q_0^2)$ 代入到演化方程，就给出结构函数随 Q^2 的变化关系. 再与高 Q^2 下的实验相比较验证 QCD 所给出标度无关性破坏机制是否正确. 由演化方程所给出的随 Q^2 的行为可以定性地从图形(见图 7.7)来表示. 当 $Q^2 > Q_0^2$ 时，在小 x 处的结构函数增加，而在大 x 处的结构函数减小. 随着 Q^2 增大，夸克发射出较多的

共线胶子而减少它的动量，因此夸克分布函数向小 x 方向移动；同时由于 Q^2 增大更多的胶子转化为共线的夸克、反夸克对，致使具有小 x 的部分子数增加. 这两种效应都使得在小 x 处的结构函数增加，由于结构函数是归一的，必然迫使在大 x 处的结构函数减小. 很多年实验数据的确验证了结构函数的 QCD 演化行为. 随着时间推移，理论计算包括了高阶图形修正和其它效应的影响，实验上包括了不同类型的物理过程，总体(global)分析都验证了微扰 QCD 理论的正确性.

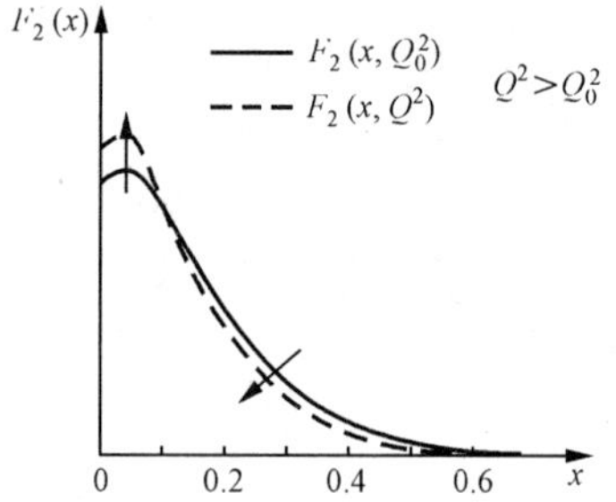

图 7.7 分布函数随 Q^2 演化的图示

§7.6 重整化群方程应用到深度非弹性散射过程

上一节从 QCD 的辐射修正讨论了标度无关性(scaling)破坏现象. 由于夸克发射共线胶子产生部分子分布函数的改变，以此得到的演化方程成功地解释了标度无关性破坏现象. 这一节应用重整化群方程讨论深度非弹性过程，可以得到相同的结果. §7.4 讨论了算符乘积按自由场展开给出了部分子模型的结果，很自然要问当流算符中夸克场有相互作用时对部分子模型的修正是什么？显然，Wilson 系数不再由自由场奇异性而确定，关键是如何计算 Wilson 系数. 上一章中重整化群方程的一般解(6.70)告诉我们在大动量迁移下当 $t\to\infty$ 时 Green 函数对 t 的行为通过跑动的函数 $\bar{g}(t)$，$\bar{m}(t)$ 和 $\gamma(\bar{g}(t))$ 表达出来，而函数 $\bar{g}(t)$，$\bar{m}(t)$ 和 $\gamma(\bar{g}(t))$ 将由理论中的重整化群函数 $\beta(g_{\rm R})$，$\gamma_m(g_{\rm R})$ 和 $\gamma(g_{\rm R})$ 来确定，因此可以利用微扰论逐阶进行计算. 这一节将应用重整化群方程到深度非弹性散射过程，计算具有相互作用时的 Wilson 系数.

由(2.55)和(2.57)式 $\left(W_{\mu\nu}=\dfrac{1}{\pi}{\rm Im}T_{\mu\nu}\right)$ 知对于深度非弹性过程所需计算的是虚光子-质子散射振幅，类似于(7.95)和(7.96)式有

$$T_{\mu\nu}={\rm i}\int {\rm d}^4x{\rm e}^{{\rm i}qx}\langle P|T\left(J_\mu\left(\frac{x}{2}\right)J_\nu\left(-\frac{x}{2}\right)\right)|P\rangle$$

$$= T_1(\nu,Q^2)\left(-g_{\mu\nu}+\frac{q_\mu q_\nu}{q^2}\right)$$

$$+T_2(\nu,Q^2)\frac{1}{M^2}\left[\left(P_\mu-\frac{P.q}{q^2}q_\mu\right)\left(P_\nu-\frac{P.q}{q^2}q_\nu\right)\right]$$

$$= e_{\mu\nu}T_{\rm L}(\nu,Q^2)+d_{\mu\nu}\frac{1}{2Mx}T_2(\nu,Q^2), \tag{7.121}$$

其中

$$T_{\rm L}(\nu,Q^2)=-T_1(\nu,Q^2)+\left(1+\frac{\nu^2}{Q^2}\right)T_2(\nu,Q^2). \tag{7.122}$$

现在讨论两个夸克电磁流流算符编时乘积展开. 正如前面 § 7.3 讨论的在光锥上任意两个算符乘积展开取为

$$A(x)B(0)=\sum_{i,n}C^i_{(n)}(x^2)x^{\mu_1}\cdots x^{\mu_n}O^i_{\mu_1\cdots\mu_n}(0), \tag{7.123}$$

两个流算符编时乘积展开也具有此形式. 考虑到两个电磁流算符分别满足电磁流守恒条件 $\partial^\mu J_\mu(x)=0, \partial'^\nu J_\nu(x')=0 (\partial'^\nu=\partial/\partial x'_\nu)$,按照 Lorentz 协变性分析并明显地显示守恒条件,两个流算符编时乘积的张量结构应取下列形式

$$\begin{aligned}T(J_\mu(x)J_\nu(x'))=&(\partial_\mu\partial'_\nu-g_{\mu\nu}\partial\cdot\partial')O_1(x,x')\\&+(g_{\mu\lambda}\partial_\rho\partial'_\nu+g_{\rho\nu}\partial_\mu\partial'_\lambda-g_{\mu\lambda}g_{\rho\nu}\partial\cdot\partial'-g_{\mu\nu}\partial_\lambda\partial'_\rho)O_2^{\lambda\rho}(x,x')\\&+\mathrm{i}\varepsilon_{\mu\nu\lambda\rho}\partial^\lambda O_3^\rho(x,x')\\&+\mathrm{i}(\varepsilon_{\mu\nu\lambda\rho}\partial\cdot\partial'-\varepsilon_{\mu\sigma\lambda\rho}\partial_\nu\partial'^\sigma+\varepsilon_{\nu\sigma\lambda\rho}\partial_\mu\partial'^\sigma)O_4^{\lambda\rho}(x,x'),\end{aligned} \tag{7.124}$$

其中每个算符 $O_j(x,x')(j=1,2,3,4)$ 可以写出形如(7.123)式的光锥展开,

$$O_j(x,0)=\sum_{i,n}C^i_{(n)}(x^2)x^{\mu_1}\cdots x^{\mu_n}O^i_{j\mu_1\cdots\mu_n}(0).$$

如果我们仅考虑无极化的深度非弹性散射截面,(7.124)式中具有反对称张量算符的后两项对截面没有贡献,先略去它们. 这样对于两个流算符编时乘积算符的展开可写为如下的形式

$$\begin{aligned}T(J_\mu(x)J_\nu(x'))=&(\partial_\mu\partial'_\nu-g_{\mu\nu}\partial\cdot\partial')O_1(x,x')\\&+(g_{\mu\lambda}\partial_\mu\partial'_\nu+g_{\rho\nu}\partial_\mu\partial'_\lambda-g_{\mu\lambda}g_{\rho\nu}\partial\cdot\partial'-g_{\mu\nu}\partial_\lambda\partial'_\rho)O_2^{\lambda\rho}(x,x')\\&+\text{含反对称张量的部分},\end{aligned} \tag{7.125}$$

其中 $O_1(x,0), O_2^{\lambda\rho}(x,0)$ 按(7.123)式展开,

$$O_1(x,0)=\sum_{i,n}C^{(i)}_{1,n}(x^2)x^{\mu_1}\cdots x^{\mu_n}O^{(i)}_{1,\mu_1\cdots\mu_n}(0), \tag{7.126}$$

$$O_2^{\lambda\rho}(x,0)=\sum_{i,n}C^{(i)}_{2,n}(x^2)x^{\mu_1}\cdots x^{\mu_n}O^{(i)\lambda\rho}_{2,\mu_1\cdots\mu_n}(0). \tag{7.127}$$

将(7.125)—(7.127)式代入到 $T_{\mu\nu}$ 中得到

$$T_{\mu\nu}=\mathrm{i}\int \mathrm{d}^4x\mathrm{e}^{\mathrm{i}qx}\langle P|T\left(J_\mu\left(\frac{x}{2}\right)J_\nu\left(-\frac{x}{2}\right)\right)|P\rangle$$

$$= \mathrm{i}(q_\mu q_\nu - g_{\mu\nu}q^2)\sum_{i,n}\langle P|O^{(i)}_{1,\mu_1\cdots\mu_n}(0)|P\rangle\int \mathrm{d}^4 x x^{\mu_1}\cdots x^{\mu_n}C^{(i)}_{1,n}(x^2)\mathrm{e}^{\mathrm{i}qx}$$

$$+\mathrm{i}(g_{\mu\lambda}q_\rho q_\nu + g_{\rho\nu}q_\mu q_\lambda - g_{\mu\nu}q_\lambda q_\rho - g_{\mu\lambda}g_{\rho\nu}q^2)$$

$$\cdot\sum_{i,n}\langle P|O^{(i)\lambda\rho}_{2,\mu_1\cdots\mu_n}(0)|P\rangle\int \mathrm{d}^4 x x^{\mu_1}\cdots x^{\mu_n}C^{(i)}_{2,n}(x^2)\mathrm{e}^{\mathrm{i}qx}, \tag{7.128}$$

其中质子态平均理解为(2.45)式,即已对质子自旋求平均的矩阵元.矩阵元$\langle P|O^{(i)}_{1,\mu_1\cdots\mu_n}|P\rangle$和$\langle P|O^{(i)\lambda\rho}_{2,\mu_1\cdots\mu_n}|P\rangle$是协变张量,它只能由 P_μ 构成 n 阶张量,按照协变性分析它的结构只能是

$$\langle P|O^{(i)}_{1,\mu_1\cdots\mu_n}|P\rangle = A^{(i)}_{1,n}P_{\mu_1}\cdots P_{\mu_n} + (\text{包含可能的 } g_{\mu_i\mu_j} \text{ 的项}), \tag{7.129}$$

$$\langle P|O^{(i)\lambda\rho}_{2,\mu_1\cdots\mu_n}|P\rangle = A^{(i)}_{2,n+2}\frac{P^\lambda P^\rho}{M^2}P_{\mu_1}\cdots P_{\mu_n} + (\text{包含可能的 } g_{\mu_i\mu_j} \text{ 的项}). \tag{7.130}$$

对于(7.128)式中的积分可以定义它们的 Fourier 变换,

$$\int \mathrm{d}^4 x x^{\mu_1}\cdots x^{\mu_n}C^{(i)}_{1,n}(x^2)\mathrm{e}^{\mathrm{i}qx} = -\mathrm{i}\widetilde{C}^{(i)}_{1,n}(-q^2)(-q^2/2)^{-n-1}q^{\mu_1}\cdots q^{\mu_n}, \tag{7.131}$$

$$\int \mathrm{d}^4 x x^{\mu_1}\cdots x^{\mu_n}C^{(i)}_{2,n}(x^2)\mathrm{e}^{\mathrm{i}qx} = -2\mathrm{i}\widetilde{C}^{(i)}_{2,n+2}(-q^2)(-q^2/2)^{-n-2}q^{\mu_1}\cdots q^{\mu_n}. \tag{7.132}$$

将(7.129)—(7.132)式代入到(7.128)式就得到

$$T_{\mu\nu} = 2e_{\mu\nu}\sum_{i,n}[A^{(i)}_{1,n}\widetilde{C}^{(i)}_{1,n}(Q^2)\omega^n] + 2d_{\mu\nu}\sum_{i,n}\left[\frac{A^{(i)}_{2,n+2}}{M^2}\widetilde{C}^{(i)}_{2,n+2}(Q^2)\omega^{n+2}\right], \tag{7.133}$$

其中 ω 是参量 x 的逆(见(2.64)式),

$$\omega = \frac{1}{x} = \frac{2P\cdot q}{Q^2}. \tag{7.134}$$

(7.133)式中的第一项和第二项分别相当于(7.121)中的纵向部分 T_L 和 T_2,因此可以将(7.124)—(7.133)式中的 Wilson 系数 $\widetilde{C}^{(i)}_{1,n}$ 和复合算符 $O^{(i)}_1$ 的下标改为纵向标记 L,即在 Bjorken 极限下(见(7.44)式),略去那些非主导项有

$$T_{\mu\nu} = 2e_{\mu\nu}\sum_{i,n}[A^{(i)}_{L,n}\widetilde{C}^{(i)}_{L,n}(Q^2)\omega^n] + 2d_{\mu\nu}\sum_{i,n}[M^{-2}A^{(i)}_{2,n+2}\widetilde{C}^{(i)}_{2,n+2}(Q^2)\omega^{n+2}]$$

$$= 2\sum_{i,n}[e_{\mu\nu}A^{(i)}_{L,n}\widetilde{C}^{(i)}_{L,n}(Q^2) + d_{\mu\nu}M^{-2}A^{(i)}_{2,n}\widetilde{C}^{(i)}_{2,n}(Q^2)]\omega^n. \tag{7.135}$$

这是一个幂级数求和,显然它的收敛半径为 $\omega<1$.然而按照定义,深度非弹性过程物理上允许的运动学区域是 $\omega\geqslant 1$,这可以从物理变量的定义看出来,由物理上对变量的限制

$$W^2 = (P+q)^2 \geqslant M^2, \quad Q^2 = -q^2 > 0,$$

必然导致

$$2P\cdot q + q^2 \geqslant 0 \Longrightarrow \omega \geqslant 1. \tag{7.136}$$

这样就存在一个问题,如何将非物理区域表达式(7.135)延拓到物理区域?

为了回答这一问题需要用到散射振幅的解析性质.由 Lorentz 协变性和因果

性可以证明散射振幅 $T_{\mu\nu}(\omega)$是 ω 的解析函数，在复 ω 平面上沿实轴有 $\omega\geqslant1$ 和 $\omega\leqslant-1$ 的割线. 此外，利用交叉对称性可以证明

$$T_{\mu\nu}(\omega)=T_{\mu\nu}(-\omega),\tag{7.137}$$

这样就能在复 ω 平面上对 $T_{\mu\nu}(\omega)$沿回路 C(见图 7.8)做 Cauchy 积分. 注意到沿割线的上、下岸之差正是散射振幅的吸收部分，记为 $\mathrm{Abs}T_{\mu\nu}(\omega)$(见(2.56)—(2.57)式)，即

$$\mathrm{Abs}T_{\mu\nu}=\frac{1}{2\mathrm{i}}[T_{\mu\nu}(\omega+\mathrm{i}\varepsilon)-T_{\mu\nu}(\omega-\mathrm{i}\varepsilon)],\tag{7.138}$$

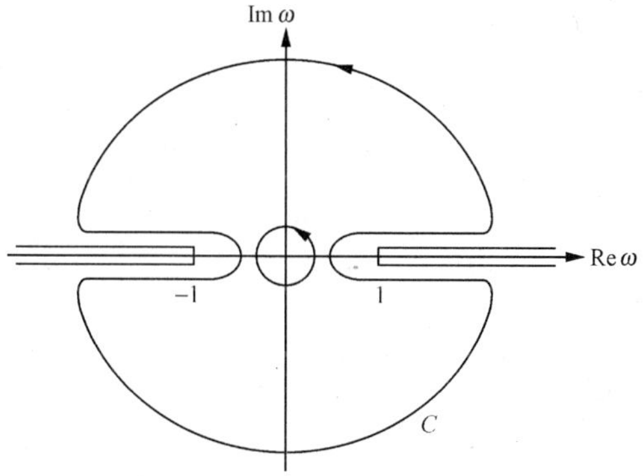

图 7.8 散射振幅 $T_{\mu\nu}(\omega)$在复 ω 平面上沿实轴有 $\omega\geqslant1$ 和 $\omega\leqslant-1$ 的割线和回路 C

沿回路 C 的 Cauchy 积分并利用(7.137)和(7.134)式就给出

$$\frac{1}{2\pi\mathrm{i}}\oint_C\mathrm{d}\omega\,\frac{T_{\mu\nu}}{\omega^n}=\frac{2}{\pi}\int_1^\infty\frac{\mathrm{d}\omega}{\omega^n}\mathrm{Abs}T_{\mu\nu}=2\int_0^1\mathrm{d}x x^{n-2}W_{\mu\nu}.\tag{7.139}$$

将(7.135)式右边代入到(7.139)式左边的回路积分，同时将(7.95)式代入到(7.139)式右边的积分，那么等式(7.139)就导致下面两个等式

$$\int_0^1\mathrm{d}x x^{n-2}F_{\mathrm{L}}(x,Q^2)=\sum_i A^{(i)}_{\mathrm{L},n}\widetilde{C}^{(i)}_{\mathrm{L},n}(Q^2),\tag{7.140}$$

$$\int_0^1\mathrm{d}x x^{n-2}F_2(x,Q^2)=\sum_i A^{(i)}_{2,n}\widetilde{C}^{(i)}_{2,n}(Q^2).\tag{7.141}$$

在获得上述两式时已用到下面的回路积分公式

$$\frac{1}{2\pi\mathrm{i}}\oint_C\mathrm{d}\omega\omega^{m-n}=\delta_{m,n-1}.$$

等式(7.140)和(7.141)式左边定义了结构函数的矩，而两等式的右边因子化为由两部分组成: Wilson 系数 $\widetilde{C}^{(i)}_{j,n}(Q^2)$和常数 $A^{(i)}_{j,n}$(下标 $j=\mathrm{L},2$ 或 1,2). 常数 $A^{(i)}_{j,n}$与由(7.129)和(7.130)式与复合算符在质子态上平均值的矩阵元相关，它主要是由非微扰 QCD 确定的，由于非微扰计算的困难性目前只能唯象地确定，而另一部分 Wilson 系数可由微扰 QCD 计算和应用重整化群方程求解获得. 从上面的讨论可以见到结构函数的矩之所以可因子化为两部分是由于在大 Q^2 下算符乘积展

开性质导致的. 因子化分出的奇异的系数函数 $\widetilde{C}^{(i)}_{j,n}(Q^2)$ 满足重整化群方程

$$\left(\mu\frac{\partial}{\partial\mu}+\beta\frac{\partial}{\partial g}-\gamma^i_{jn}\right)\widetilde{C}^{(i)}_{j,n}(Q^2)=0, \tag{7.142}$$

其中

$$\gamma^i_{jn}=\mu\frac{\mathrm{d}}{\mathrm{d}\mu}\ln Z^{(i)}_{jn}, \tag{7.143}$$

$Z^{(i)}_{jn}$ 是算符 $O^{(i)}_{jn}$ 的重整化常数. 进一步作无量纲化的变量代换, $t=\frac{1}{2}\ln\left(\frac{Q^2}{\mu^2}\right)$, 使得

$$\mu\frac{\partial}{\partial\mu}\to -Q\frac{\partial}{\partial Q}=-\frac{\partial}{\partial t},$$

则有

$$\left(-\frac{\partial}{\partial t}+\beta\frac{\partial}{\partial g}-\gamma^i_{jn}\right)\widetilde{C}^{(i)}_{j,n}\left(\frac{Q^2}{\mu^2},g\right)=0. \tag{7.144}$$

此方程意味着系数 $\widetilde{C}^{(i)}_{j,n}$ 的高 Q^2 行为是由算符 $O^{(i)}_{jn}$ 的反常量纲 γ^i_{jn} 确定的. 方程(7.144)的一般解为

$$\widetilde{C}^{(i)}_{j,n}\left(\frac{Q^2}{\mu^2},g\right)=\widetilde{C}^{(i)}_{j,n}(1,\bar{g}(t))\exp\left(-\int_0^t\mathrm{d}t'\gamma^i_{jn}(\bar{g}(t'))\right), \tag{7.145}$$

其中 $\bar{g}$ 的定义由(5.109)式决定. 当 t 足够大时, 渐近自由理论给出 $\bar{g}(t)\to 0$, $C^{(i)}_{j,n}$ 的计算完全由自由场确定, 即由 $\widetilde{C}^{(i)}_{j,n}(1,0)$ 确定, 其解的一般形式为

$$\widetilde{C}^{(i)}_{j,n}\left(\frac{Q^2}{\mu^2},g\right)=\widetilde{C}^{(i)}_{j,n}(1,0)\exp\left(-\int_0^t\mathrm{d}t'\gamma^i_{jn}(\bar{g}(t'))\right). \tag{7.146}$$

这意味着对于足够大的 Q^2, 奇异的系数函数 $\widetilde{C}^{(i)}_{j,n}\left(\frac{Q^2}{\mu^2},g\right)$ 是由它的自由场值乘以指数因子 $\exp\left(-\int_0^t\mathrm{d}t'\gamma_{jn}(\bar{g}(t'))\right)$ 确定的.

如果仅有一个算符 $O^{(i)}_{jn}=O_{jn}$, 令 $\gamma_{jn}=\gamma^0_{jn}g^2$, 代入到(7.146)积分就得到

$$\int_0^t\mathrm{d}t'\gamma_{jn}(\bar{g}(t))=\frac{\gamma^0_{jn}}{2\beta_0}\ln\frac{\bar{g}^2(0)}{\bar{g}^2(t)}$$

和

$$\widetilde{C}_{j,n}\left(\frac{Q^2}{\mu^2},g\right)=\widetilde{C}_{j,n}(1,\bar{g}=0)\left[\frac{\bar{g}^2(t)}{\bar{g}^2(0)}\right]^{\gamma^0_{jn}/2\beta_0}. \tag{7.147}$$

式(7.147)给出了任意 Q^2 下的奇异函数的行为.

由(7.140)和(7.141)式定义的结构函数的矩

$$M^{(j)}_n(Q^2)=\int_0^1\mathrm{d}x x^{n-2}F_j(x,Q^2) \tag{7.148}$$

$$=\sum_i A^{(i)}_{j,n}\widetilde{C}^{(i)}_{j,n}(Q^2), \tag{7.149}$$

可以见到结构函数矩对 Q^2 的依赖就反映在系数函数上，而与算符相应的矩阵元反映在 Q^2 无关的常数 $A_{j,n}^{(i)}$ 上，$\widetilde{C}_{j,n}^{(i)}$ 的 Q^2 依赖性就直接给出标度无关性破坏的行为.

为了给出明显的物理意义，简单地取只有一个算符，(7.149)式中没有对 i 的求和，将式(7.147)代入到式(7.149)，对不同的 Q^2 消去了非微扰矩阵元 $A_{j,n}^{(i)}$，就得到

$$M_n^{(j)}(t) = M_n^{(j)}(0)\left(\frac{\ln\dfrac{Q^2}{\Lambda^2}}{\ln\dfrac{\mu^2}{\Lambda}}\right)^{-\gamma_{jn}^0/2\beta_0}. \tag{7.150}$$

此式表明矩函数对 Q^2 的依赖是由 O_{jn} 算符的反常量纲决定的. 实验上不同 Q^2 下矩函数的实验值证实了此关系式.

以上的讨论是在假定只有一种味道情况下进行的，当考虑到不同味道存在时，例如设有 u,d,s 三种味，其流算符应修改为

$$J_\mu = \bar{\psi}\gamma_\mu\psi \to \bar{\psi}\gamma_\mu Q\psi, \quad \psi = \begin{bmatrix} u \\ d \\ s \end{bmatrix},$$

其中 Q 是夸克电荷算符，

$$Q = \begin{bmatrix} 2/3 & 0 & 0 \\ 0 & -1/3 & 0 \\ 0 & 0 & -1/3 \end{bmatrix},$$

以及 $Q^2 = \dfrac{2}{9}I + \dfrac{1}{3}Q$. 显然第一项是味单态，第二项是非单态. 由于胶子是味单态，味单态算符会与胶子算符混合. 对于味非单态算符，QCD 计算结果是

$$\gamma_{jn}^0 = \frac{1}{8\pi^2}C_F\left[1 - \frac{2}{n(n+1)} + 4\sum_{k=2}^{n}\frac{1}{k}\right], \tag{7.151}$$

$$C_F = \frac{4}{3}.$$

结构函数矩函数的演化由方程(7.150)确定.

在单态算符的情况下，必须考虑与胶子算符的混合，定义胶子分布函数的矩函数

$$G_n(Q^2) = \int_0^1 \mathrm{d}x x^{n-2} G(x, Q^2), \tag{7.152}$$

由于胶子算符与单态算符的混合，$G_n(Q^2)$ 与单态矩函数

$$M_n^S(Q^2) = \int_0^1 \mathrm{d}x x^{n-1} G^S(x, Q^2) \tag{7.153}$$

将满足一个耦合的演化方程

$$Q^2\frac{\partial}{\partial Q^2}\begin{bmatrix}M_n^{\rm S}(Q^2)\\G_n(Q^2)\end{bmatrix}=\frac{\alpha_{\rm s}}{2\pi}\begin{bmatrix}A_n & 2n_{\rm f}B_n\\C_n & D_n\end{bmatrix}\begin{bmatrix}M_n^{\rm S}(Q^2)\\G_n(Q^2)\end{bmatrix},\tag{7.154}$$

其中 A_n,B_n,C_n和 D_n 由上一节中的劈裂函数(7.106)—(7.109)计算直接得到,

$$\begin{aligned}A_n&=\int_0^1 {\rm d}zz^{n-1}P_{\rm q\leftarrow q}(z)\\&=-8\pi^2\gamma_{ni}^0,\end{aligned}\tag{7.155}$$

$$\begin{aligned}B_n&=\int_0^1 {\rm d}zz^{n-1}P_{\rm q\leftarrow g}(z)\\&=\frac{1}{2}\left[\frac{2+n+n^2}{n(n+1)(n+2)}\right],\end{aligned}\tag{7.156}$$

$$\begin{aligned}C_n&=\int_0^1 {\rm d}zz^{n-1}P_{\rm g\leftarrow q}(z)\\&=\frac{4}{3}\left[\frac{2+n+n^2}{n(n^2-1)}\right],\end{aligned}\tag{7.157}$$

$$\begin{aligned}D_n&=\int_0^1 {\rm d}zz^{n-1}P_{\rm g\leftarrow g}(z)\\&=3\left[-\frac{1}{6}+\frac{2}{n(n-1)}+\frac{2}{(n+1)(n+2)}-2\sum_{k=2}^{n}\frac{1}{k}-\frac{N_{\rm f}}{9}\right].\end{aligned}\tag{7.158}$$

将(7.155)—(7.158)式代入到方程(7.154)求解联立方程就可以得到矩函数 $M_n^{\rm S}(Q^2)$的表达式

$$M_n^{\rm S}(Q^2)=\overline{M}_n^{+}(0)(g^2(Q^2))^{\frac{\gamma_+^n}{2\beta_0}}+\overline{M}_n^{-}(0)(g^2(Q^2))^{\frac{\gamma_-^n}{2\beta_0}},\tag{7.159}$$

其中 $\gamma_\pm^n$ 是矩阵$\begin{bmatrix}A_n & 2n_{\rm f}B_n\\C_n & D_n\end{bmatrix}$的本征值,即它对角化以后的对角元素

$$\begin{bmatrix}A_n & 2n_{\rm f}B_n\\C_n & D_n\end{bmatrix}\longrightarrow\begin{bmatrix}\gamma_+^n & 0\\0 & \gamma_-^n\end{bmatrix}.\tag{7.160}$$

实际上,这一节关于矩函数的演化是上一节中结构函数演化方程的后果.结构函数演化方程给出算符乘积展开计算中的几率解释,而矩函数的演化方程给出不同 Q^2 下演化的简单直线关系,实验上完全证实了这些矩函数的演化行为.至于更详细的讨论,有兴趣的读者可以阅读文献[18].

§7.7 强子碰撞中的 Drell-Yan 过程

前面从部分子图像讨论了正、负电子湮灭过程和电子-质子深度非弹性散射过程的 QCD 辐射修正,夸克-胶子相互作用理论解释了实验上观测到的对部分子模型结果的偏离.例如正、负电子湮灭过程中 R 值随 Q^2 的变化行为,电子-质子深度

非弹性散射过程中标度无关性破坏现象. 正、负电子湮灭为强子过程截面的计算，由于初态和终态不涉及个别强子动力学，因而从微扰 QCD 直接计算正、负电子湮灭为夸克、反夸克对子过程的 Born 图和 QCD 辐射修正，获得截面随 Q^2 的变化行为. 在电子-质子深度非弹性散射过程中初态有一个质子，电子通过虚光子与质子的相互作用时存在微扰 QCD 可计算的硬子过程，也存在软胶子的非微扰相互作用，如何将这两部分分开就成为一个重要问题. 在§7.6 中见到由于算符乘积展开导致相应的 Green 函数因子化为两部分，其中 Wilson 系数是微扰 QCD 可计算的，而将微扰 QCD 不可计算的部分因子化出来. 实际上这相当于本章§7.5 讨论的在部分子图像基础上假定了主要子过程是电子通过虚光子与质子内单个部分子相互作用，相互作用后具有大动量迁移的部分子与质子中其他部分子转化为强子. 对主要子过程的 QCD 辐射修正计算给出破坏标度无关性现象的结果. 这意味着电子-质子深度非弹性散射过程的截面可以因子化为两部分：一是微扰可计算的硬散射子过程，一是主要由非微扰确定的质子内部部分子结构函数. 能否保证在微扰论的所有阶中都保持因子化定理成立，其前提是能否将辐射修正计算中出现的质量奇异性 $\ln\frac{Q^2}{m^2}$ 分出去，重整化方程提供了质量奇异性求和后分离出去的条件.

强子碰撞的 Drell-Yan 过程就是在强子-强子碰撞过程中产生具有大的不变质量 Q^2 轻子对的单举过程(图 7.9)，其相应的截面应为

$$\sigma=\frac{1}{2\sqrt{s(s-M_{\mathrm{h}}^2)}}\frac{1}{4}\sum_{\text{极化}}\int\frac{\mathrm{d}^3k_1}{(2\pi)^3 2k_{10}}\frac{\mathrm{d}^3k_2}{(2\pi)^3 2k_{20}}$$
$$\cdot\sum_{\mathrm{X}}(2\pi)^4\delta^4(k_1+k_2+p_{\mathrm{X}}-p_1-p_2)|\langle \mathrm{l}^+\mathrm{l}^-\mathrm{X}|T|\mathrm{h}_1\mathrm{h}_2\rangle|^2. \qquad (7.161)$$

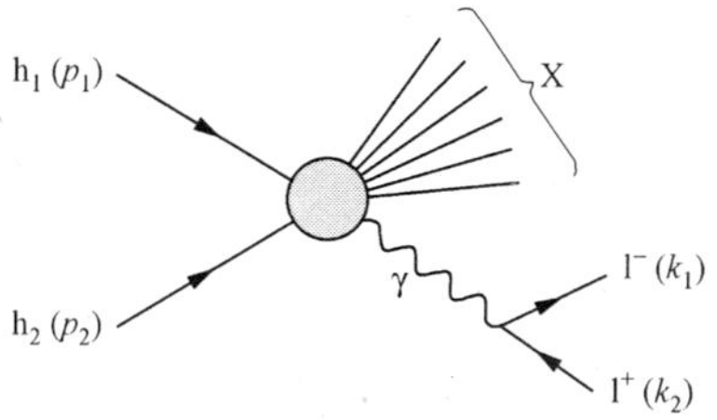

图 7.9 强子-强子碰撞过程中产生具有大的不变质量 Q^2 轻子对过程：$\mathrm{h}_1+\mathrm{h}_2\longrightarrow(\mathrm{l}^+\mathrm{l}^-)+\mathrm{X}$

这一过程在最低阶电磁相互作用近似下

$$\mathrm{h}_1+\mathrm{h}_2\rightarrow\gamma^*+\mathrm{X}\rightarrow(\mathrm{l}^+\mathrm{l}^-)+\mathrm{X},$$

其跃迁矩阵元

$$\langle l^+ l^- X|T|h_1 h_2\rangle = \bar{u}(k_1)e\gamma_\mu v(k_2)\frac{g^{\mu\nu}}{(k_1+k_2)^2}\langle X|eJ_\nu(0)|h_1 h_2\rangle. \quad (7.162)$$

这里(7.161)式中 $s=(p_1+p_2)^2$,M_h 是强子 $h=h_1=h_2$ 的质量,极化求和包括了对初态强子自旋求和和对终态一对轻子自旋求和.(7.162)式代入到(7.161)式,将轻子部分的自旋求和运算后可以得到(忽略初态强子的质量)

$$\sigma = \frac{2e^4}{s}\int\frac{d^3k_1}{(2\pi)^3 2k_{10}}\int\frac{d^3k_2}{(2\pi)^3 2k_{20}}\frac{L^{\mu\nu}W_{\mu\nu}}{(k_1+k_2)^4}, \quad (7.163)$$

其中轻子张量 $L_{\mu\nu}$ 由(2.34)式给出,强子张量

$$W_{\mu\nu} = \int d^4x e^{-i(k_1+k_2)\cdot x}\langle h_1 h_2|J_\mu(x)J_\nu(0)|h_1 h_2\rangle. \quad (7.164)$$

可以见到这里 $W_{\mu\nu}$ 非常类似于深度非弹性散射情况,所不同在于(7.164)式是流算符乘积在两个强子态上的平均值.定义轻子对 l^+l^- 不变质量的平方

$$Q^2 = (k_1+k_2)^2, \quad \tau = Q^2/s, \quad (7.165)$$

那么对 Q^2 分布的微分截面

$$\frac{d\sigma}{dQ^2} = \frac{4\pi\alpha^2}{3sQ^2}W(\tau,Q^2), \quad (7.166)$$

$$W(\tau,Q^2) = \frac{1}{(2\pi)^4}\int d^4k\theta(k_0)\delta(k^2-Q^2)(-g^{\mu\nu}W_{\mu\nu}). \quad (7.167)$$

当 s,Q^2 很大时($\tau=Q^2/s$ 固定),大的类时虚光子从一个初态强子中的击出夸克和另一个初态强子中击出的反夸克湮灭产生,接着具有大的不变质量的虚光子转换为一对轻子.这就是 Drell-Yan 提出的部分子图像[19](见图 7.10),以解释强子-强子碰撞产生大质量轻子对的过程.部分子图像里的最低阶图形其子过程为 $q\bar{q}\to l^+l^-$.

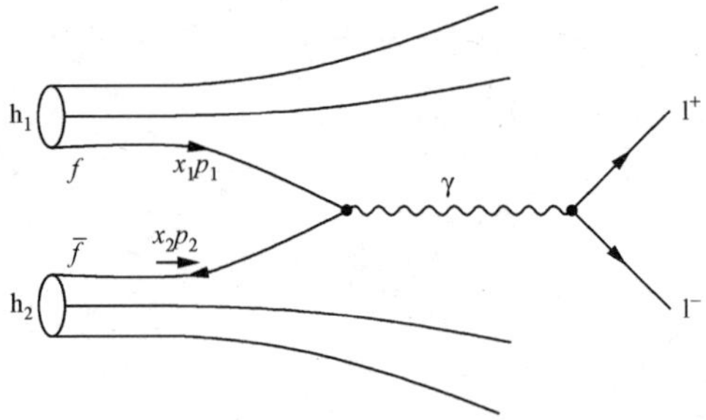

图 7.10 强子-强子碰撞过程中 $q\bar{q}$ 湮灭产生具有大的不变质量 Q^2 轻子对(l^+l^-)过程

因此过程 $h_1+h_2 \longrightarrow (l^+l^-)+X$ 的微分截面为

$$\frac{d\sigma}{dQ^2} = \sum_q\int_0^1 dx_1 dx_2\sigma(q\bar{q}\to l^+l^-)x_1x_2\delta(x_1x_2s-Q^2)$$
$$\cdot[G_{q/h_1}(x_1)G_{\bar{q}/h_2}(x_2)+G_{\bar{q}/h_1}(x_1)G_{q/h_2}(x_2)]. \quad (7.168)$$

(7.168)式中的 $q\bar{q}\to l^+l^-$ 子过程(见图 7.11)的截面与 $e^+e^-\to\mu^+\mu^-$ 计算完全类似,结果为

$$\sigma(q\bar{q}\to l^+l^-)\equiv\sigma_0=\frac{1}{3}\frac{4\pi\alpha^2e_q^2}{3Q^2}, \tag{7.169}$$

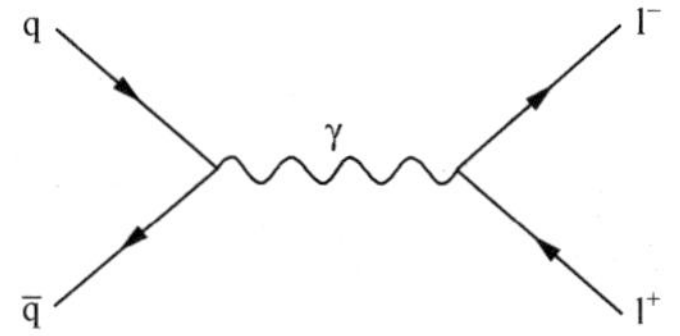

图 7.11 $q\bar{q}$ 湮灭产生具有大的不变质量 Q^2 轻子对(l^+l^-)过程

式(7.169)表明夸克反夸克湮灭情况多了一个色因子 $\frac{1}{3}$.

$$\frac{d\sigma}{dQ^2}=\frac{4\pi\alpha^2}{9Q^2}\sum_q e_q^2\int_0^1 dx_1dx_2x_1x_2\delta(x_1x_2s-Q^2)$$
$$\cdot[G_{q/h_1}(x_1)G_{\bar{q}/h_2}(x_2)+G_{\bar{q}/h_1}(x_1)G_{q/h_2}(x_2)]. \tag{7.170}$$

(7.168)式意味着这一过程可以因子化为三部分,一是远离质壳的夸克、反夸克对湮灭为大质量的轻子对,这就是硬的子过程;另两部分是硬的夸克和反夸克分别从初态两个强子中被击出.这样一个因子化非常类似于电子-质子深度非弹性散射情况,$xG_{q/h}(x)$是发现该部分子在强子内部的几率,可以期望强子内部分子分布函数与电子-质子深度非弹性散射时获得的结果相同,因此可以用电子-质子深度非弹性散射得到的分布函数作为(7.170)式的输入.

类似地,微扰 QCD 将给出下一阶的修正,这些修正都破坏直观的 Drell-Yan 图像.这一类子过程都是可以计算的.微扰 QCD 的修正包括两部分:一部分是对上述子过程的辐射修正,这部分计算比较复杂,这里从略;第二部分是分布函数 $G_i(x)$的辐射修正,在 Drell-Yan 过程中的分布函数完全同于前面在深度非弹过程中的分布函数.应用 Altarelli-Parisi 演化方程,在主导对数级近似里,人们可以将(7.170)式改写为

$$\frac{d\sigma}{dQ^2}=\frac{4\pi\alpha^2}{9s\,Q^2}\sum_q e_q^2\int_0^1 dx_1dx_2x_1x_2\delta(x_1x_2-\tau)$$
$$\cdot[G_{q/h_1}(x_1,Q^2)G_{\bar{q}/h_2}(x_2,Q^2)+G_{\bar{q}/h_1}(x_1,Q^2)G_{q/h_2}(x_2,Q^2)], \tag{7.171}$$

其中 $\tau=\frac{Q^2}{s}$.从上式可以见到这些修正所造成的对直观的 Drell-Yan 图像的偏离直接地与深度非弹散射中标度无关性破坏的行为有关.式(7.171)中的分布函数与深度非弹过程中的分布函数相同,可以由深度非弹实验确定并加以适当线性组合而得到.

式(7.171)的成立除了对上述子过程 $q\bar{q}\to l^+l^-X$ 的胶子修正图形以外，还包括一些夸克-胶子散射的子过程

$$((qg),(\bar{q}g)),qg \to l^+ l^- X, \tag{7.172}$$

相应的分布函数也被包括在深度非弹过程的分布函数中. 此外还有子过程

$$gg \to l^+ l^- X,\cdots. \tag{7.173}$$

因此，对 Drell-Yan 过程领头阶贡献主要来自夸克-反夸克湮灭为轻子对子图形，然而对于下一阶的修正除了领头阶的辐射修正，还要考虑胶子参与的可能的子过程的贡献. 下一阶的完整计算是比较复杂的，本书不再列入，也略去讨论 Drell-Yan 过程产生轻子对截面的理论预言及其与实验比较的情况.

§7.8　QCD 喷注

为了简便起见，这一节将以正、负电子湮灭过程为例讨论 QCD 喷注(jet)，因为在这样一个过程初态简单地是电磁过程，不涉及强子，即初态中不存在色荷，无初态简并问题，而正、负电子湮灭的终态简单地假定是正、反夸克对，再强子化. 对于强子-强子碰撞过程，产生的喷注要复杂得多，还存在初态简并状态，但基本特性有相似之处，本书不作讨论.

正、负电子湮灭为正、反夸克对，它非常类似于 QED 中 $e^+e^-\to e^+e^-,\mu^+\mu^-$ 过程. 问题是 QCD 中正、反夸克对并不是实验上观察到的粒子，实验上观测到的终态是多个强子，它们是由正、反夸克对转化而来的，这是一个非微扰的强子化过程. 所谓喷注是指在高能下正、反夸克对转化的强子具有大能量且集中在正、反夸克对方向的两个小锥体内，形成强子化现象. 因此在定义 QCD 喷注时辐射修正必然包含软胶子和共线胶子发射的红外发散，即须考虑包含对终态夸克和胶子简并态求和，这就需要证明红外发散如何消除. 在 QED 中，初态和终态都是真实观测到的粒子，按照 Bloch-Nordsieck 定理，这里没有红外发散和共线发散. 在 QCD 中，还要考虑夸克、胶子强子化为可观察的强子情况，强子化过程可能改变夸克的动量方向，因此必须在明确定义喷注以后才能应用 QCD 微扰论计算喷注的截面及角分布并在实验中得以检验.

现类似于本章§7.1，沿用部分子模型，讨论在大动量迁移下正、负电子首先湮灭为正、反夸克对的硬过程(见图 7.12)，并计算正、反夸克对在强子化之前的辐射修正，其截面包含了对终态夸克和胶子简并态求和. 由推广的 Kinoshita-Lee-Nauenberg 定理保证它没有软红外发散和共线发散. (7.14)式曾给出终态为正、反夸克的角分布，在大动量迁移下，忽略电子和夸克的质量其微分截面为(见附录 C)

$$\frac{d\sigma}{d\Omega} = \sum_i Q_i^2 \frac{\alpha^2}{4S}(1+\cos^2\theta), \tag{7.174}$$

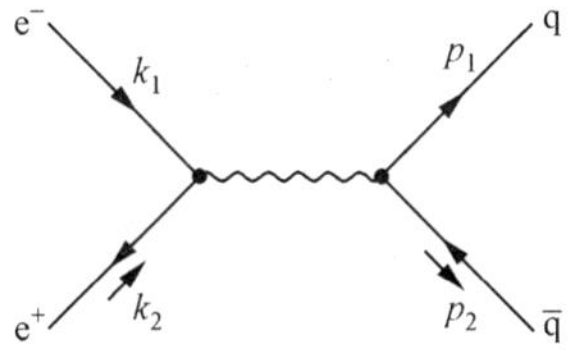

图 7.12　正、负电子湮灭为正、反夸克对的最低阶图形

其中 i 是对所有可能产生的正、反夸克对电荷求和，θ 是质心系中出射夸克动量方向与入射电子方向的夹角. 如果正、反夸克就是实验上观测到的粒子，那么上式的辐射修正是微扰论可计算的，

$$\frac{\mathrm{d}\sigma}{\mathrm{d}\Omega}=\sum_i Q_i^2\frac{\alpha^2}{4S}(1+\cos^2\theta)[1+O(\alpha_s)]. \tag{7.175}$$

然而实验上观测到的是强子，为此首先定义正、负电子湮灭过程中高能喷注，实验上观测到的所有强子集中在正、反夸克方向两个夹角为 δ 的小圆锥体内，即两个小圆锥体内的强子几乎带走了全部能量，设 $\Delta\sqrt{S}$ 为两个小圆锥体外强子的能量，$S=(k_1+k_2)^2$，

$$(1-\Delta)\sqrt{S},\quad \Delta\ll 1,\quad \delta\ll 1, \tag{7.176}$$

这样定义的喷注自然包含了强子化前实的软胶子和共线胶子发射. 为了使定义的喷注有意义就必须计算辐射修正而获得有限的(7.175)式. 即需要证明在考虑了虚胶子和实胶子辐射修正以后的微分截面

$$\frac{\mathrm{d}\sigma}{\mathrm{d}\Omega}=\left(\frac{\mathrm{d}\sigma}{\mathrm{d}\Omega}\right)_{\mathrm{B}}+\left(\frac{\mathrm{d}\sigma}{\mathrm{d}\Omega}\right)_{\mathrm{V}}+\left(\frac{\mathrm{d}\sigma}{\mathrm{d}\Omega}\right)_{\mathrm{R}} \tag{7.177}$$

没有红外发散，其中 $\left(\frac{\mathrm{d}\sigma}{\mathrm{d}\Omega}\right)_{\mathrm{B}}$ 是 Born 图的计算结果(7.16)式.

虚胶子对夸克(反夸克)线和顶角的修正(见图 7.5(c)，(d)，(e))，类似于§7.2 的讨论准确到 α_s 阶可获得

$$\left(\frac{\mathrm{d}\sigma}{\mathrm{d}\Omega}\right)_{\mathrm{V}}=A_{\mathrm{V}}\left(\frac{\mathrm{d}\sigma}{\mathrm{d}\Omega}\right)_{\mathrm{B}}, \tag{7.178}$$

其中 A_{V} 由(7.32)式确定，

$$A_{\mathrm{V}}=\frac{\alpha_s}{\pi}C_{\mathrm{F}}\left(\frac{4\pi\mu^2}{S}\right)^{\varepsilon}\frac{\cos\pi\varepsilon}{\Gamma(1-\varepsilon)}\left(-\frac{1}{\varepsilon^2}-\frac{3}{2\varepsilon}-4+O(\varepsilon)\right).$$

§7.2 的讨论中给出了实胶子发射的修正(见图 7.13)，实验上测到的喷注应包含张角为 δ 的小锥体内软胶子和硬胶子的发射(见图 7.14)，即对所有简并态求和，经过冗长的计算可得

$$\left(\frac{\mathrm{d}\sigma}{\mathrm{d}\Omega}\right)_{\mathrm{R}}=\left(\frac{\mathrm{d}\sigma}{\mathrm{d}\Omega}\right)_{\mathrm{B}}\frac{\alpha_s}{\pi}C_{\mathrm{F}}\left(\frac{4\pi\mu^2}{S}\right)^{\varepsilon}\frac{\cos\pi\varepsilon}{\Gamma(1-\varepsilon)}\left(\frac{1}{\varepsilon^2}+\frac{3}{2\varepsilon}+\frac{13}{2}-\frac{\pi^2}{3}-4\ln\delta\ln\Delta-3\ln\delta+O(\varepsilon)\right). \tag{7.179}$$

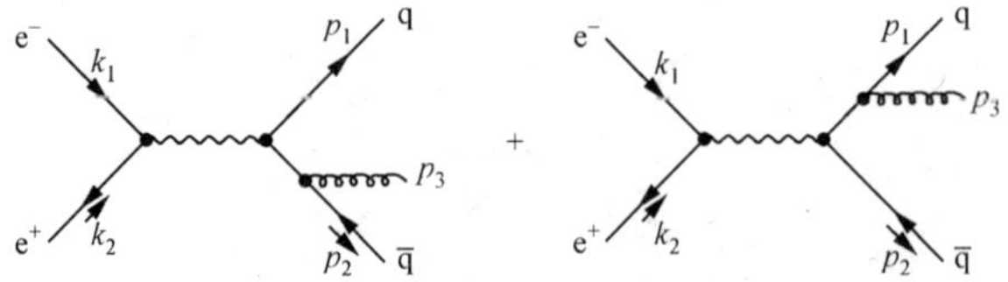

图 7.13　实胶子发射对正、反夸克的修正

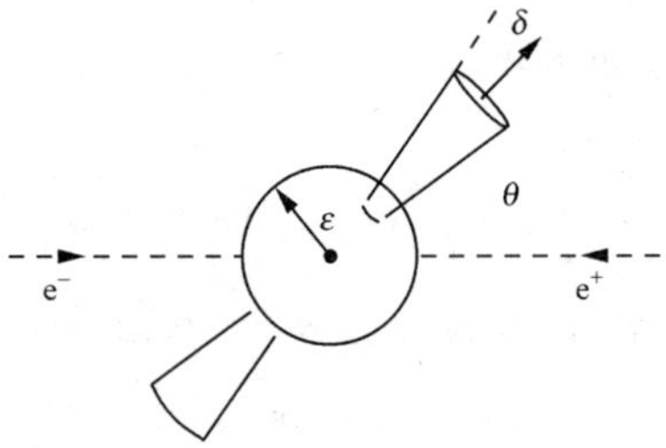

图 7.14　定义喷注所需的张角为 δ 的小锥体

将(7.16),(7.178)和(7.179)式代入到(7.177)式就得到消去红外发散后的喷注微分截面

$$\left(\frac{\mathrm{d}\sigma}{\mathrm{d}\Omega}\right)=\left(\frac{\mathrm{d}\sigma}{\mathrm{d}\Omega}\right)_{\mathrm{B}}\left(1-\frac{\alpha_{\mathrm{s}}}{\pi}C_{\mathrm{F}}\left(4\ln\delta\ln\Delta+3\ln\delta+\frac{\pi^2}{3}-\frac{5}{2}\right)\right). \tag{7.180}$$

这意味着在(7.176)条件下定义的双喷注是微扰 QCD 可计算的,其喷注方向就是正、反夸克方向. 这就是 Sterman 和 Weinberg 定义的喷注[20]. 早在 1975 年实验上就发现了双喷注事例[21,22],其角分布与(7.175)式非常吻合(见图 7.15 的上图),或者说实验上双喷注事例正表明产生的部分子是自旋为 $\frac{1}{2}$ 的夸克和反夸克(如果部分子的自旋为零,其角分布 $\sim\sin^2\theta$.). 显然 QCD 喷注除了双喷注还应有三喷注,即正、负电子湮灭为正、反夸克加胶子($\mathrm{q\bar{q}g}$),这意味着由夸克发射的胶子相对于正、反夸克轴有相当大小的横向动量,($\mathrm{q\bar{q}g}$)系统演化为三喷注.

应用微扰 QCD 计算 $\mathrm{e^+e^-\to q\bar{q}g}$ 过程,类似于双喷注情况定义三喷注,将所有可能的简并态求和,消去夸克和胶子辐射修正的红外发散. 正如前面对发散实胶子的计算一样,其截面正比于 α_{s},实验上观测到三喷注这一过程可用来确定跑动耦合常数值. 1979 年西欧中心 Petra 发现了三喷注事例[23—26](见图 7.15 的下图),与应用 QCD 所做的 Monte Carlo 模拟一致,这也是胶子存在的一个间接证据[27,28].

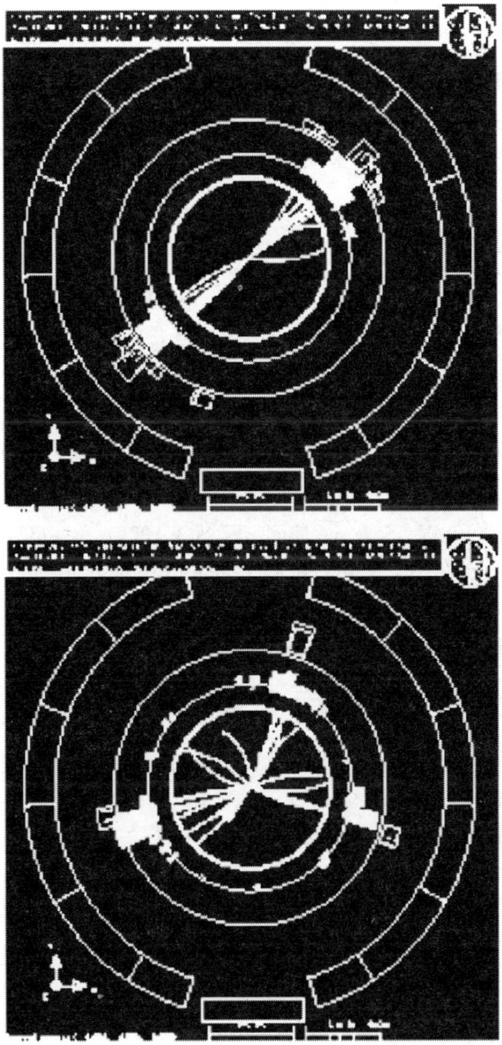

图 7.15 上图为 DESY 上在 $\sqrt{S}=29$ GeV 测量到的双喷注事例，下图为 DESY 上在 $\sqrt{S}=31$ GeV 测量到的三喷注事例

参 考 文 献

[1] Appelquist T，George H. Phys. Rev.，1973，D8：4000.

[2] Zee A. Phys. Rev.，1973，D8：4038.

[3] Kinoshita T. Jour. Math. Phys.，1962，3：1950.

[4] Lee T D，Nauenberg M. Phys. Rev.，1964，133：1549.

[5] 't Hooft G. Nucl. Phys., 1973, B61: 455.
[6] Dine M, Sapirstein J. Phys. Rev. Lett., 1979, 43: 668.
[7] Chetyrkin K G, Kataev A L, Tkachov F V. Phys. Lett., 1979, 85B: 277; Nucl. Phys., 1980, B174: 345.
[8] Celmaster W, Gonsalves R. Phys. Rev. lett., 1980, 44: 560; Phys. Rev., 1980, D21: 3112.
[9] Wilson K. Phys. Rev., 1969, 179: 1499.
[10] Zimmermann W. Ann. of Phys., 1973, 77: 536, 570.
[11] Brandt R A, Preparata G. Nucl. Phys., 1971, B27: 541.
[12] Georgi H, Politzer H D. Phys. Rev., 1974, D9: 416.
[13] Gross D J, Wilczek F. Phys. Rev., 1974, D9: 920.
[14] Amati D, Petronzio R, Veneziano G. Nucl. Phys., 1978, B140: 54; 1978, B146: 29.
[15] Ellis E K, Geogi H, Machack M, Politzer H D, Ross G G. Nucl. Phys., 1979, B152: 285.
[16] Gribov V N, Lipatov L N. Sov. J. Nucl. Phys., 1972, 15: 438; Yad. Fiz., 1972, 15: 781. 也可参考: Peskin M E, Schroeder D V. An introduction to quantum field theory. Addison-Wesley, 1995.
[17] Altarelli G, Parisi G. Nucl. Phys., 1977, B126: 298.
Altarelli G. Partons in quantum chromodynamics. Phys. Report, 1982, C81: 1.
[18] Muta T. Foundation of quantum chromodynamics. 2nd ed. World Scientific, 1998.
[19] Drell S D, Yan T M. Phys. Rev. Lett., 1970, 25: 316; Ann. of Phys., 1971, 66: 578.
[20] Sterman G, Weinberg S. Phys. Rev. Lett., 1977, 39: 1436.
[21] Hanson G et al. Phys. Rev. Lett., 1975, 35: 1609.
[22] Hanson G et al. Phys. Rev., 1982, D26: 991.
[23] Barber D P et al. Phys. Rev. Lett., 1979, 43: 830.
[24] Berger C et al. Phys. Lett., 1979, 86B: 418.
[25] Brandelik R et al. Phys. Lett., 1979, 86B: 243.
[26] Bartel W et al. Phys. Lett., 1980, 91B: 142.
[27] Yu, Dokshitzer, Dyakonov D, Taylor J C. Phys. Report, 1980, 58.
[28] Barger V D, Phillips R J N. Collider physics. Addison-Wesley, Tokyo, 1987.

第八章　微扰 QCD 对遍举过程的应用

上一章中讨论了微扰 QCD 应用到几个经典过程的例子，这几个过程有一个共同的特点，就是实验上不特指观测某一强子，其截面对终态所有强子求和（喷注现象除外）而依赖于算符乘积的平均值. 这样，部分子模型或算符乘积展开提供了因子化的基础，使得硬子过程在微扰 QCD 框架内可计算. 这一章着重讨论微扰 QCD 应用到遍举（exclusive）过程，所谓遍举过程是指实验上观测所有终态粒子的过程. 最简单的遍举过程是大动量迁移 Q^2 下强子（h）电磁形状因子（$\gamma^* \mathrm{h} \to \mathrm{h}$）. 强子电磁形状因子微扰分析的早期工作起始于 1979—1980 年 Brodsky-Lepage，Efremov-Radyushin，Duncan-Muller 的文章[1—3]. 这一章将主要以 Brodsky 和 Lepage 所采用的光锥微扰论讨论强子形状因子在大 Q^2 下的行为.

§8.1　强子的光锥波函数

QCD 的基本自由度是夸克和胶子，而实验上观测的是强子，这就构成了微扰 QCD 理论应用到物理过程的一个主要困难. 这一困难在遍举过程中显得更突出了，因为实验上是要分别测量终态强子，这就需要理解强子的内部结构来描述夸克、胶子自由度如何转化为实验上观测到的强子. 对于任一强子态 $|h\rangle$，描述它的内部结构最方便的表象是定义光锥上等时的 $\tau = t + z$ 的相对论波函数——光锥波函数[4,5].

为此，选择 §4.7 介绍的光锥量子化，对于任一强子态 $|h\rangle$，采用物理的光锥规范，$A^+ = A^0 + A^3 = 0$，这样强子内所有部分子都是物理的夸克和胶子. 定义光锥上等时的 $\tau = t + z$ 的相对论波函数，$\psi_n(x_i, \boldsymbol{k}_{\perp i}, \lambda_i)$，见图 8.1，其中 n 为部分子数目，$\boldsymbol{k}_{\perp i}$ 是第 i 个部分子（夸克或胶子）的横向动量，x_i 是第 i 个部分子的纵向动量分量，λ_i 是第 i 个部分子的自旋投影，

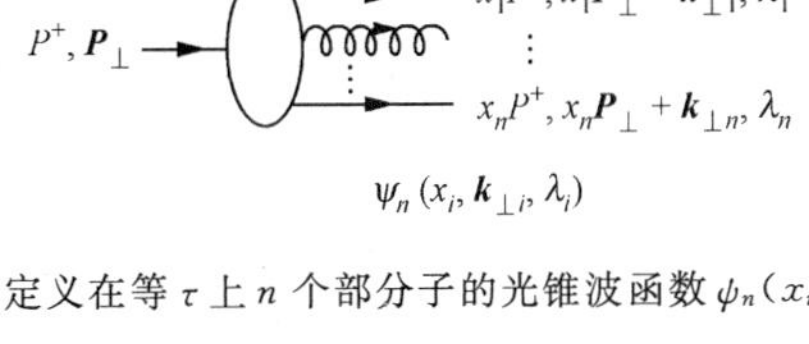

图 8.1　定义在等 τ 上 n 个部分子的光锥波函数 $\psi_n(x_i, \boldsymbol{k}_{\perp i}, \lambda_i)$

$$x_i = \frac{k_i^+}{P^+} = \frac{(k^0 + k^3)_i}{P^0 + P^3}. \tag{8.1}$$

图 8.1 中强子动量用 P 表示($P^+, P^-, \boldsymbol{P}_\perp$),当 $P^3 \to \infty$ 时($\boldsymbol{P}_\perp = 0$),即无穷大参考系,动量守恒要求满足下列等式:

$$\sum_{i=1}^{n} \boldsymbol{k}_{\perp i} = 0, \tag{8.2}$$

$$\sum_{i=1}^{n} x_i = 1 \quad (0 < x_i < 1), \tag{8.3}$$

其中每个部分子都在质壳上,即 $k_i^2 = m_i^2$ 或 $k_i^- = \dfrac{\boldsymbol{k}_{\perp i}^2 + m_i^2}{k_i^+} = \dfrac{\boldsymbol{k}_{\perp i}^2 + m_i^2}{x_i}$(取 $P^+ = 1$),在波函数中 λ_i 是每个部分子的自旋投影. 按照光锥量子化定义一组描述强子内部部分子的 Fock 组态 $|n\rangle$,

$$\begin{aligned}
&|0\rangle, \\
&|q\bar{q}\rangle = b^\dagger(x_1, \boldsymbol{k}_{\perp 1}, \lambda_1) d^\dagger(x_2, \boldsymbol{k}_{\perp 2}, \lambda_2)|0\rangle, \\
&|q\bar{q}g\rangle = b^\dagger(x_1, \boldsymbol{k}_{\perp 1}, \lambda_1) d^\dagger(x_2, \boldsymbol{k}_{\perp 2}, \lambda_2) c^\dagger(x_3, \boldsymbol{k}_{\perp 3}, \lambda_3)|0\rangle, \\
&\vdots \\
&|n: x_i, \boldsymbol{k}_{\perp i}, \lambda_i\rangle.
\end{aligned} \tag{8.4}$$

以 π 介子为例,它可以按 Fock 组态基展开,其展开式为

$$|\pi\rangle = \psi_{q\bar{q}}|q\bar{q}\rangle + \psi_{q\bar{q}g}|q\bar{q}g\rangle + \psi_{q\bar{q}q\bar{q}}|q\bar{q}q\bar{q}\rangle + \cdots, \tag{8.5}$$

其中展开系数是 π 介子态在组态 $|n\rangle$ 上的投影,从而定义了 π 介子一系列组态光锥波函数,

$$\psi_n^\pi(x_i, \boldsymbol{k}_{\perp i}, \lambda_i) = \langle n, x_i, \boldsymbol{k}_{\perp i}, \lambda_i | \pi\rangle. \tag{8.5$'$}$$

一般地讲,对于任一强子态 $|h\rangle$,可以对 Fock 态 $|n\rangle = |n; x_i, k_{\perp i}, \lambda_i\rangle$ 展开

$$|h\rangle = \sum_{n,\lambda_i} \int [dx][d\boldsymbol{k}_\perp] \psi_n(x_i, \boldsymbol{k}_{\perp i}, \lambda_i)|n\rangle, \tag{8.6}$$

显然 ψ_n 表示在给定 τ 时刻强子 h 中找到具有纵向动量 x_i,横向动量 $\boldsymbol{k}_{\perp i}$ 和自旋 λ_i 的 Fock 态 $|n\rangle$ 的几率振幅. 在 ψ_n 中还包含了夸克自旋和胶子极化的因子 $\prod\limits_{\text{Fermi子}} \dfrac{u(x_i, \boldsymbol{k}_{\perp i}, \lambda_i)}{\sqrt{x_i}} \prod\limits_{\text{胶子}} \dfrac{\varepsilon(x_i, \boldsymbol{k}_{\perp i}, \lambda_i)}{\sqrt{x_i}}$. 由此展开式,再利用强子态归一条件 $\langle h(p')|h(p)\rangle = 2p^+(2\pi)^3 \delta(\boldsymbol{p} - \boldsymbol{p}')$,就导致 Fock 组态波函数满足的归一条件

$$\sum_n \int [dx][d\boldsymbol{k}_\perp] \sum_{\lambda_i} |\psi_n(x_i, \boldsymbol{k}_{\perp i}, \lambda_i)|^2 = 1, \tag{8.7}$$

其中 n 是对所有可能的 Fock 态求和,对于介子来讲 $n = 2, \cdots, \infty$,对于重子来讲 $n = 3, \cdots, \infty$. 方程(8.4)中的 $[dx]$, $[d\boldsymbol{k}_\perp]$ 分别定义为

$$[\mathrm{d}x] = \delta\left(1 - \sum_i^n x_i\right)\prod_{i=1}^n \mathrm{d}x_i,$$
$$[\mathrm{d}\boldsymbol{k}_\perp] = 16\pi^2\delta^{(2)}\left(\sum_{i=1}^n \boldsymbol{k}_{\perp i}\right)\prod_{i=1}^n \frac{\mathrm{d}^2\boldsymbol{k}_{\perp i}}{16\pi^3}, \tag{8.8}$$

这两个因子包含了三动量守恒. 从式(8.6)可以见到介子内光锥波函数 $\psi_n(x_i, \boldsymbol{k}_{\perp i}, \lambda_i)$ 与 π 介子动量无关,因为 x_i 代表部分子所携带的纵向动量成分,$\boldsymbol{k}_{\perp i}$ 是部分子相对于 π 介子运动方向的横向动量,自然,它们是与 π 介子总动量参考系无关的(可以取 $P^+=1$). 前面 § 4.7 已提到这些 Fock 组态都是离能壳(光锥坐标下定义的能量 ε_n)的,因而

$$\varepsilon_n = P^- - \sum_{i=1}^n k_i^- = \frac{M^2}{P^+} - \frac{1}{P^+}\sum_{i=1}^n \frac{\boldsymbol{k}_{\perp i}^2 + m_i^2}{x_i} < 0. \tag{8.9}$$

物理上任一强子态都是 QCD 总 Hamilton 量的本征态. 如 π 介子,它必须是 Hamilton 量 $H_{\mathrm{L.C.}}$(见(4.177)式)的本征态,即

$$(M_\pi^2 - H_{\mathrm{L.C.}})|\pi\rangle = 0, \tag{8.10}$$

这里已取了 $P_\pi = (1, P^-, \boldsymbol{0}_\perp)$, $P^- = M_\pi^2$. 利用式(8.6),(8.10)和(4.177),可以获得一个联立的积分方程

$$\left(M_\pi^2 - \sum_i \frac{\boldsymbol{k}_{\perp i}^2 + m_i^2}{x_i}\right)\begin{bmatrix}\psi_{\mathrm{q\bar{q}}/\pi} \\ \psi_{\mathrm{q\bar{q}g}/\pi} \\ \vdots\end{bmatrix}$$
$$= \begin{bmatrix}\langle \mathrm{q\bar{q}}|V|\mathrm{q\bar{q}}\rangle & \langle \mathrm{q\bar{q}}|V|\mathrm{q\bar{q}g}\rangle & \cdots \\ \langle \mathrm{q\bar{q}g}|V|\mathrm{q\bar{q}}\rangle & \langle \mathrm{q\bar{q}g}|V|\mathrm{q\bar{q}g}\rangle & \cdots \\ \vdots & \vdots & \ddots\end{bmatrix}\begin{bmatrix}\psi_{\mathrm{q\bar{q}}/\pi} \\ \psi_{\mathrm{q\bar{q}g}/\pi} \\ \vdots\end{bmatrix}, \tag{8.11}$$

其中 V 是相互作用部分,由方程(4.179)描述. 它包括了各种可能的相互作用项贡献的所有不可约图形. 原则上讲,这些无穷的联立方程组确定了强子谱和强子波函数. 当然要想解这个方程是相当困难的,然而从方程(8.11)可以得到强子组态波函数的一些重要特点. 首先从方程(8.11)可知所有强子组态波函数具有一般形式

$$\psi_n(x_i, \boldsymbol{k}_{\perp i}, \lambda_i) = \frac{1}{M^2 - \sum_i^n\left[\dfrac{\boldsymbol{k}_\perp^2 + m^2}{x}\right]_i}(V\psi)$$
$$= \frac{1}{\varepsilon_n}(V\psi), \tag{8.12}$$
$$\varepsilon_n = M^2 - \sum_i^n\left[\frac{\boldsymbol{k}_\perp^2 + m^2}{x}\right]_i,$$

其中 M 是强子 h 的质量,参量 ε_n 就是(8.9)式定义的能量,它标志一个 Fock 组态远离能量壳的程度. 注意到在展开式(8.6)中每一组态内的裸量子是处于质壳上,

但它们是离能壳的，即 $\varepsilon_n\neq0$. 显然，当 $\varepsilon_n\rightarrow-\infty$ 时，组态波函数 $\psi_n\rightarrow0$. 一般地讲，当 $\boldsymbol{k}_{\perp i}^2$ 和 m_i^2 变大，x 变小时，ε_n 变大，波函数 ψ_n 变小. 这就是说对一个物理强子来讲，只有很少的几率处于离能壳的 Fock 组态.

形式上，这些性质可以转化为波函数的边界条件. 例如要求自由 Hamilton 量的平均值有限，这就导致条件

$$\begin{cases}\boldsymbol{k}_{\perp i}^2\psi_n(x_i,\boldsymbol{k}_{\perp i},\lambda_i)\rightarrow0, & \text{当 } \boldsymbol{k}_{\perp i}^2\rightarrow\infty,\\ \psi_n(x_i,\boldsymbol{k}_{\perp i},\lambda_i)\rightarrow0, & \text{当 } x_i\rightarrow0,\end{cases}\tag{8.13}$$

实际上，这两个约束条件在微扰 QCD 里并不能满足. 因为在微扰 QCD 里有

$$\begin{cases}\psi_{q\bar{q}}\sim\dfrac{1}{\boldsymbol{k}_\perp^2},\\ \psi_{q\bar{q}g}\sim\dfrac{1}{\boldsymbol{k}_\perp}\end{cases}\quad \text{大 } \boldsymbol{k}_\perp,\tag{8.14}$$

显然方程(8.14)给出的波函数渐近行为是破坏边界条件(8.13)，因而无法满足规一化条件(8.7)出现一系列的无穷大问题，这当然不是人们所期望的，这是因为整个理论还是未重整化的，从微扰论计算的波函数行为也是未重整化的结果.

为了使理论消除发散给出有限的结果，引入截断量 Λ，去掉那些具有光锥能量 $|\varepsilon|\geqslant\Lambda^2$ 的 Fock 组态. 这样一个参量可以用 Pauli-Villars 正规化方法引入，当 $k_\perp^2\geqslant\Lambda^2$ 时，波函数的行为将变为

$$\begin{cases}\psi_{q\bar{q}}\sim\dfrac{1}{\boldsymbol{k}_\perp^4},\\ \psi_{q\bar{q}g}\sim\dfrac{1}{\boldsymbol{k}_\perp^3}\end{cases}\quad \text{当 } \boldsymbol{k}_\perp^2\gtrsim\Lambda^2,\tag{8.15}$$

因而也满足边界条件(8.13)式.

对于一个重整化理论，只要截断参量 Λ 相对于所有质量标度以及相关过程的能量来讲足够地大，任何过程的结果将不依赖于截断参量 Λ. 具有能量 $|\varepsilon|\geqslant\Lambda^2$ 的 Fock 组态无需考虑，它们所引起的低能效应可以被吸收到物理耦合常数、质量中，给出理论上有效拉氏函数

$$\begin{aligned}\mathscr{L}^{(\Lambda)}=&\bar{\psi}(\mathrm{i}\hat{D}-g(\Lambda)\hat{A}-m(\Lambda))\psi-\frac{1}{4}F^2\\&+O\left(\frac{1}{\Lambda}\bar{\psi}\sigma\cdot F\psi+\cdots\right),\end{aligned}\tag{8.16}$$

这些裸参量随 Λ 变化由下述方程确定：

$$\Lambda^2\,\frac{\mathrm{d}}{\mathrm{d}\Lambda^2}\alpha_s(\Lambda)=\beta\left(\alpha_s(\Lambda),\frac{m(\Lambda)}{\Lambda}\right).\tag{8.17}$$

一般地讲，在方程(8.16)中不可重整化相互作用也会出现，但从量纲分析可

知，这些项将以$\frac{1}{\Lambda}$幂次被压低. 值得注意的是当 Λ 刚好通过新的重夸克阈，或夸克有下一层次结构时，有效拉氏函数可能会发生根本的变化.

裸参量 $g(\Lambda), m(\Lambda), \cdots$ 是理论在 Λ 量级范围内$\left(\text{亦即距离}\sim\frac{1}{\Lambda}\right)$的有效耦合常数和有效质量. 如果一个过程和一个物理量仅与一个简单的标度 Q 相关，那么最简单的选择将是由 $\Lambda\sim Q$ 作用截断参量给出有效拉氏数中的裸参量耦合常数和质量，而物理量将以这些参量和波函数来表示. 当然原则上人们必须计算 $\Lambda\gg Q$ 的贡献，但是顶角函数和自能修正的主要效应是由 $g(Q), m(Q), \psi^{(Q)}, \cdots$ 给出. 这样，当 Q 增加时，在理论中的参量和波函数永远包含了较精细的结构. 由于 Q 是有限的，因此这是一个有限截断参量的理论，耦合常数、质量和波函数具有确定的定义和行为.

波函数 $\psi_n^{(\Lambda)}(x_i, \boldsymbol{k}_{\perp i}, \lambda_i)$ 在固定 x_i 和 $\boldsymbol{k}_{\perp i}(\boldsymbol{k}_{\perp i}^2\ll\Lambda^2)$ 时，对 Λ 的依赖是相乘关系

$$\psi_n^{(\Lambda)}(x_i, \boldsymbol{k}_{\perp i}, \lambda_i) = \prod_j \left[\frac{Z_j^{(\Lambda)}}{Z_j^{(\Lambda_0)}}\right]^{\frac{1}{2}} \psi_n^{(\Lambda_0)}(x_i, \boldsymbol{k}_{\perp i}, \lambda_i), \tag{8.18}$$

其中 $Z_j^{(\Lambda)}$ 是第 j 个部分子波函数重整化常数. 它也是在物理部分子内发现裸部分子的几率，$0\leqslant Z_j^{(\Lambda)}\leqslant 1$. 当 Λ 增加时，在一个物理的部分子内，多重部分子 Fock 组态增加，由于总几率不变，因而 Fock 组态之间的几率分配变化，其效果是 $Z_j^{(\Lambda)}$ 随着 Λ 增加而减少. 对于有限的 Λ，归一化条件为

$$\sum_{n,\lambda_i}\int\prod_i \frac{\mathrm{d}x_i\mathrm{d}^2\boldsymbol{k}_{\perp i}}{16\pi^3}|\psi_n^{(\Lambda)}(x_i, \boldsymbol{k}_{\perp i}, \lambda_i)|^2 = 1 + O\left[\frac{m^2}{\Lambda^2}\right]. \tag{8.19}$$

此外，在光锥规范里，胶子的极化求和

$$\sum_\lambda \varepsilon_\mu(k,\lambda)\varepsilon_\nu^*(k,\lambda) = -g_{\mu\nu} + \frac{\eta_\mu k_\nu + \eta_\nu k_\mu}{x}, \tag{8.20}$$

当 $x\to 0$ 时，它是奇异的，因而具有胶子的 Fock 组态波函数也是发散的. 这是由于选择光锥规范造成的，可以通过下述步骤正规化得到

$$\frac{1}{x^n} \to \frac{1}{2}\left\{\frac{1}{(x+\mathrm{i}\delta)^n} + \frac{1}{(x-\mathrm{i}\delta)^n}\right\}, \tag{8.21}$$

这里 δ 是一个足够小的常数，物理振幅或截面与 δ 无关. 这样，具有有限的 δ 和 Λ 截断参量，当 $x_i\to 0$ 和 $\boldsymbol{k}_{\perp i}\to 0$ 时，Fock 组态函数都具有好的行为.

对于两体价夸克的光锥波函数与 Bethe-Salpeter 束缚态波函数紧密相关. 将自旋部分加上后一个两体价夸克束缚态 Fock 组态波函数 $\psi_n(x_i, \boldsymbol{k}_{\perp i}, \lambda_i)$ 为

$$\psi(x_i, \boldsymbol{k}_{\perp i}, \lambda) = \frac{u_\lambda^{(1)}(x_1 P^+, \boldsymbol{k}_\perp + x_1\boldsymbol{P}_\perp)}{\sqrt{x_1}} \frac{u_{\lambda'}^{(2)}(x_2 P^+, -\boldsymbol{k}_\perp + x_2\boldsymbol{P}_\perp)}{\sqrt{x_2}} \psi(x_i, \boldsymbol{k}_\perp), \tag{8.22}$$

两体价夸克束缚态携有总四动量 $P^\mu=\left(P^+,\dfrac{M^2+\boldsymbol{P}_\perp^2}{P^+},\boldsymbol{P}_\perp\right)$. 由于 Lorentz 不变性，$\psi_n(x_i,\boldsymbol{k}_{\perp i},\lambda_i)$是与 $P^+,\boldsymbol{P}_\perp$ 无关的，因此可以令 $P^\mu=(1,M^2,\boldsymbol{0}_\perp)$而不失一般性. 此波函数是熟悉的 Bethe-Salpeter 波函数在等"时"$\tau=x^0+x^3$ 上数值的正能投影，即

$$\int\frac{\mathrm{d}k^-}{2\pi}\psi_{\mathrm{BS}}(k)=\frac{u^{(1)}(x_1,\boldsymbol{k}_\perp)}{\sqrt{x_1}}\cdot\frac{u^{(2)}(x_2,\boldsymbol{k}_\perp)}{\sqrt{x_2}}+\text{负能部分}.\tag{8.23}$$

$\psi_n(x_i,\boldsymbol{k}_{\perp i},\lambda_i)$满足精确的束缚态方式：

$$\begin{aligned}&\left[M^2-\frac{\boldsymbol{k}_\perp^2+m_1^2}{x_1}-\frac{\boldsymbol{k}_\perp^2+m_2^2}{x_2}\right]\psi(x_i,\boldsymbol{k}_\perp)\\&\quad=\int_0^1[\mathrm{d}y]\int\frac{\mathrm{d}^2\boldsymbol{l}_\perp}{16\pi^3}\widetilde{K}(x_i,\boldsymbol{k}_{\perp i};y_i,\boldsymbol{l}_{\perp i},M^2)\psi(y_i,\boldsymbol{l}_{\perp i}),\end{aligned}\tag{8.24}$$

其中 $\widetilde{K}$ 是对双粒子散射振幅贡献的所有双粒子不可约图形之和. 例如，对于正、负电子偶素的 Fock 组态$|\mathrm{e}^+\mathrm{e}^-\rangle$，这时可以用单光子交换的核作近似

$$\widetilde{K}\cong\frac{-16e^2m^2}{(\boldsymbol{k}_\perp-\boldsymbol{l}_\perp)^2+(x-y)^2m^2.}\tag{8.25}$$

在非相对论区域里 $\boldsymbol{k}_\perp,\boldsymbol{l}_\perp\sim O(\alpha m)$，$x\equiv(x_1-x_2)\sim O(\alpha)$，$y\equiv(y_1-y_2)\sim O(\alpha)$，再注意到 $M^2\cong4m^2+4me$，将式(8.25)代入到式(8.24)可以得到一个近似方程

$$\begin{aligned}\left\{\frac{\varepsilon-\boldsymbol{k}_\perp^2+x^2m^2}{m}\right\}\psi(x_i,\boldsymbol{k}_\perp)&=(4x_1x_2)\int_{-1}^1m\mathrm{d}y\int_0^\infty\frac{\mathrm{d}^2\boldsymbol{l}_\perp}{(2\pi)^3}\\&\quad\cdot\frac{-e^2}{(\boldsymbol{k}_\perp-\boldsymbol{l}_\perp)^2+(x-y)^2m^2}\psi(y_i,\boldsymbol{l}_\perp),\end{aligned}\tag{8.26}$$

这个方程有一个基态能量 $\varepsilon\cong-\alpha^2m/4$，相应的非相对论波函数是

$$\psi(x,\boldsymbol{k}_\perp)=\sqrt{\frac{m\beta^3}{\pi}}\frac{64\pi\beta x_1x_2}{[\boldsymbol{k}_\perp^2+(x_1-x_2)^2m^2+\beta^2]^2}\begin{cases}\dfrac{u_\uparrow\bar{v}_\downarrow-u_\downarrow\bar{v}_\uparrow}{\sqrt{2x_1x_2}}, & \text{仲态电子偶素},\\[2ex]\dfrac{u_\uparrow\bar{v}_\uparrow}{\sqrt{x_1x_2}}, & \text{正态电子偶素},\end{cases}\tag{8.27}$$

其中参数 $\beta=\dfrac{\alpha m}{2}$. 上式中由于自旋取向不一样，分别是仲态电子偶素(para-positronium，自旋单态)和正态电子偶素(ortho-positronium，自旋三重态).

§8.2　介子电磁形状因子的大 Q^2 渐近行为

§2.3 中曾讨论了电子-质子弹性散射(e+p→e+p)情况，强子矩阵元$\langle P|J^\mu(0)|P+q\rangle$定义了质子形状因子(2.32)式. 这一节讨论任一强子 h(包括介子、重子)形状因子(e+h→e+h)的一般描述[6]. 对于任一强子 h 的电磁形状因子，设其

动量为 P，虚光子动量为 q，

$$P^{\mu}=(P^{+},P^{-},\boldsymbol{P}_{\perp})=\left(P^{+},\frac{M^2}{P^{+}},\boldsymbol{0}_{\perp}\right), \tag{8.28}$$

$$q^{\mu}=(q^{+},q^{-},\boldsymbol{q}_{\perp})=\left(0,\frac{2P\cdot q}{P^{+}},\boldsymbol{q}_{\perp}\right), \tag{8.29}$$

其中强子 h 的横向动量为零，沿 Z 运动方向，满足质壳条件 $P^2=(P+q)^2=M^2$. 类空光子

$$-q^2=Q^2=\boldsymbol{q}_{\perp}^2,\quad 2P\cdot q=-q^2=\boldsymbol{q}_{\perp}^2. \tag{8.30}$$

显然，从强子波函数的定义可知所有 Fock 组态都会对强子形状因子矩阵元有贡献. 从图形上来讲，只有那些光子直接连到组成夸克的流 $e_j\bar{u}_j\gamma^{+}u_j$ 的那些时间次序图有贡献，如图 8.2 所示.

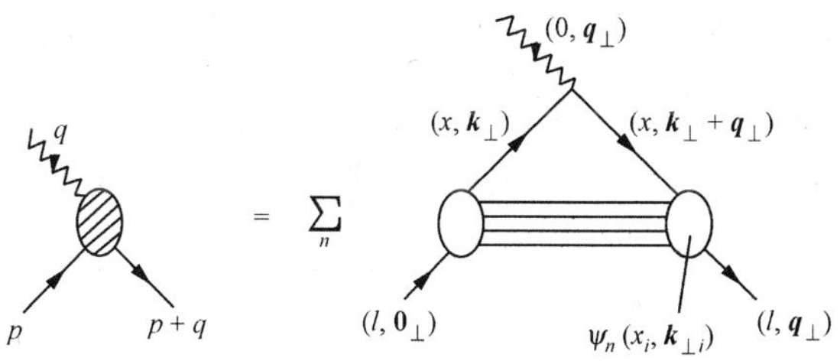

图 8.2 任一强子的电磁顶角

按照无穷大动量系波函数分解，自旋平均的形状因子应来自所有 Fock 组态 $|n\rangle=|n;x_i,k_{\perp i},\lambda_i\rangle$ 的贡献，

$$F_{\mathrm{h}}(Q^2)=\sum_n\sum_j e_j\int[\mathrm{d}x][\mathrm{d}\boldsymbol{k}_{\perp}]\sum_{\lambda_i}\psi_{n/\mathrm{h}}^{*K}(x_i,\boldsymbol{k}'_{\perp i},\lambda_i)\psi_{n/\mathrm{h}}^{K}(x_i,\boldsymbol{k}_{\perp i};\lambda_i), \tag{8.31}$$

这个表达式中 $\boldsymbol{k}'_{\perp i}$ 是相对于终态强子方向的横动量，

$$\boldsymbol{k}'_{\perp i}=\begin{cases}\boldsymbol{k}_{\perp j}+(1-x_j)\boldsymbol{q}_{\perp}, & \text{对于光子击出的夸克 } j,\\ \boldsymbol{k}_{\perp i}-x_i\boldsymbol{q}_{\perp}, & \text{对于旁观夸克 } i(i\neq j),\end{cases} \tag{8.32}$$

其中 K 是截断参量，选择 $K^2\geqslant Q^2$. 从式(8.31)可以见到在所选择的 Fock 组态基上计算流 J^{+} 矩阵元比较简单，只有对角元素.

(8.31)式是强子形状因子的精确公式，需要对所有 Fock 组态贡献求和，因此要想从此式计算形状因子是很困难的，因为人们不可能从理论上获得所有 Fock 组态的波函数 $\psi_{n/\mathrm{h}}$.

在大 Q^2 情况下（强子质量 $M^2\ll Q^2$ 可以忽略），具有大动量转移的虚光子与击出夸克相互作用使得击出夸克获得大动量，再与旁观夸克构成终态介子，介子内每一个组成成分都应转到终态方向，击出夸克和旁观者夸克之间必须有胶子相联系，使得它们之间相对动量较小而组成终态介子. 在大 Q^2 的情况下，价夸克组态的贡

献是主要的，因为大 Q^2 时，高 Fock 态需要多一个胶子联系束缚在一起形成终态介子，多交换一个胶子将会多一个因子 $\alpha_s(Q^2)/Q^2$，这就是说比起价夸克组态来讲是 $1/Q^2$ 压低，而可以忽略. 选择 $K^2=Q^2$，由于 QCD 跑动耦合常数变小，使用脉冲近似，人们可以用 QCD 微扰论计算大 Q^2 形状因子的行为. 为了简便起见，仍以 π 介子为例，对于 Q^2 的主导级来讲，价夸克态为主就是正、反夸克态 $|q(k_1)\bar{q}(k_2)\rangle$，(8.31)式中主要来自第一项的贡献[7]，

$$F_\pi(Q^2)=\int_0^1 dx\int_0^Q \frac{d^2\boldsymbol{k}_\perp}{16\pi^3}\psi^Q(x,\boldsymbol{k}_\perp)\psi^{Q*}(x,\boldsymbol{k}_\perp+(1-x)\boldsymbol{q}_\perp)$$
$$+\text{高 Fock 组态的贡献}, \tag{8.33}$$

其中已令 $x=x_1, 1-x=x_2, \boldsymbol{k}_\perp=\boldsymbol{k}_{\perp 1}, \boldsymbol{k}_{\perp 2}=-\boldsymbol{k}_\perp$，(8.33)式已分离出了夸克电荷因子. 入射大动量虚光子使得击出夸克获得大动量，必然发射胶子和旁观者夸克之间相互作用组成终态介子. 图 8.3 描述了价夸克态对介子电磁形状因子的贡献，两头是价夸克态波函数，中间是 $\gamma^* q\bar{q}\to q\bar{q}$，两粒子不可约振幅 $T(x,y,q_\perp,\boldsymbol{k}_\perp,\boldsymbol{l}_\perp)$.

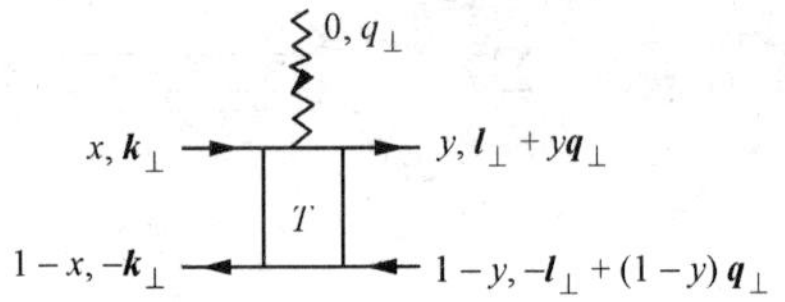

图 8.3　π 介子电磁形状因子中两粒子不可约振幅 $\gamma^* q\bar{q}\to q\bar{q}$

图 8.3 对 π 介子电磁形状因子的贡献可表达为

$$F_\pi(Q^2)=\int[dx][dy]\int[d\boldsymbol{k}_\perp][d\boldsymbol{l}_\perp]\psi^*(x,\boldsymbol{k}_\perp)T(x,y,\boldsymbol{q}_\perp,\boldsymbol{k}_\perp,\boldsymbol{l}_\perp)\psi(y,\boldsymbol{l}_\perp), \tag{8.34}$$

这里初态和终态价夸克的动量分别为

$$\begin{aligned}k_1&=(x_1,k_1^-,\boldsymbol{k}_\perp),\quad k_2=(x_2,k_2^-,-\boldsymbol{k}_\perp),\\ l_1&=(y_1,l_1^-,y_1\boldsymbol{q}_\perp+\boldsymbol{l}_\perp),\quad l_2=(y_2,l_2^-,y_2\boldsymbol{q}_\perp-\boldsymbol{l}_\perp).\end{aligned} \tag{8.35}$$

由于(8.34)式中两强子束缚态波函数的峰值处于低夸克横向动量区域内，因此在两粒子不可约振幅 $T(x,y,q_\perp,\boldsymbol{k}_\perp,\boldsymbol{l}_\perp)$ 中当 $\boldsymbol{q}_\perp$ 很大时可以忽略 $\boldsymbol{k}_\perp$ 和 $\boldsymbol{l}_\perp$，近似地有（略去了夸克质量）

$$\begin{aligned}k_1&=xP,\quad k_2=(1-x)P,\quad P=(1,0,\boldsymbol{0}_\perp),\\ l_1&=yP',\quad l_2=(1-y)P',\quad P'=P+q=(1,\boldsymbol{q}_\perp^2,\boldsymbol{q}_\perp),\end{aligned} \tag{8.36}$$

其振幅 $T(x,y,\boldsymbol{q}_\perp,\boldsymbol{k}_\perp,\boldsymbol{l}_\perp)\to T_H(x,y;Q)$，积分式(8.34)中对夸克内部横向动量 $\boldsymbol{k}_\perp,\boldsymbol{l}_\perp$ 的积分可以分离出来转变为

$$F_\pi(Q)=\int_0^1 dx\int_0^1 dy\phi^*(x,Q)T_H(x,y;Q)\phi(y,Q), \tag{8.37}$$

其中 $\phi(x,Q)$ 是 π 介子分布振幅，定义为

$$\phi(x,Q)=\int_0^Q\frac{\mathrm{d}^2\boldsymbol{k}_\perp}{16\pi^3}\psi^{(Q)}(x,\boldsymbol{k}_\perp),\tag{8.38}$$

是 π 介子内发现价 Fock 组态 $|q\bar{q}\rangle$ 的几率振幅，其中夸克和反夸克是共线的，因为它们的内部横向动量 $\boldsymbol{k}_\perp,\boldsymbol{l}_\perp$ 已被忽略，标度 Q^2 标示了 π 介子内价夸克共线到 $\boldsymbol{k}_\perp\sim Q$ 时的分布. 在(8.37)式中的两共线夸克硬散射振幅 $T_{\mathrm{H}}(x,y;Q^2)$ 在最低阶近似下由单胶子(Born 近似)交换贡献(见图 8.4)，图 8.4 给出了虚光子击中 π 介子内一个价夸克，还有两个图形相应于虚光子与 π 介子内另一个价夸克相互作用. 对于自旋-宇称为 0^{-+} 的 π 介子，价夸克态波函数完整的形式应包含空间、自旋、同位旋部分，表达为

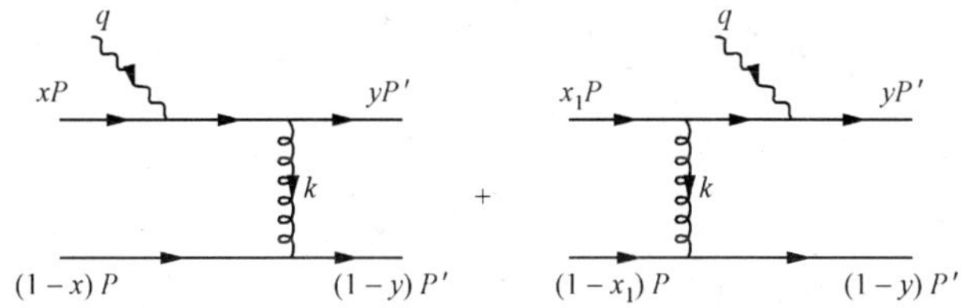

图 8.4　Born 近似下单胶子交换图

$$\psi_\pi=\frac{\delta_{\mathrm{b}}^{\mathrm{a}}}{\sqrt{N_{\mathrm{c}}}}\frac{1}{\sqrt{2}}\left[\frac{u_\uparrow\bar{u}_\downarrow-u_\downarrow\bar{u}_\uparrow}{\sqrt{2}}-\frac{d_\uparrow\bar{d}_\downarrow-d_\downarrow\bar{d}_\uparrow}{\sqrt{2}}\right]\frac{\psi(x_i,\boldsymbol{k}_{\perp i})}{\sqrt{x_1x_2}},\tag{8.39}$$

其中 $N_{\mathrm{c}}=3$ 是夸克的颜色数目. 直接从协变微扰论注意到变量(8.36)式计算图 8.4 中左边单胶子交换图得到($k=(1-y)P'-(1-x)P$)，

$$\begin{aligned}T_\alpha^{(\mathrm{a})}&=\frac{1}{2}\mathrm{i}e_1C_{\mathrm{F}}g_{\mathrm{s}}^2\,\frac{\mathrm{tr}[\gamma_5\not{P}'\gamma_\mu(\not{q}+x\not{P})\gamma_\alpha\gamma_5\not{P}\gamma^\mu]}{(q+xP)^2k^2}\\&=\frac{\mathrm{i}e_1 16\pi C_{\mathrm{F}}\alpha_{\mathrm{s}}}{Q^2(1-x)(1-y)}P_\alpha,\end{aligned}$$

其中 e_1 是与虚光子相互作用的夸克电荷数，$C_{\mathrm{F}}=\dfrac{N_{\mathrm{c}}^2-1}{2N_{\mathrm{c}}}=\dfrac{4}{3}$ 是色因子. 图 8.4 右边对振幅的贡献相当于对左边图形结果作下述交换

$$\begin{aligned}T_\alpha^{(\mathrm{b})}&=T_\alpha^{(\mathrm{a})}(P\leftrightarrow P',x\leftrightarrow y)\\&=\frac{\mathrm{i}e_1 16\pi C_{\mathrm{F}}\alpha_{\mathrm{s}}}{Q^2(1-x)(1-y)}P'_\alpha.\end{aligned}$$

这两个图形的贡献之和为

$$T_\alpha^{(\mathrm{a})}+T_\alpha^{(\mathrm{b})}=\frac{\mathrm{i}e_1 16\pi C_{\mathrm{F}}\alpha_{\mathrm{s}}}{Q^2(1-x)(1-y)}(P+P')_\alpha.$$

还有两个图形是虚光子与 π 介子内另一个价夸克(反夸克)相互作用，其贡献与图 8.4 中两个图形相同，不同只在于夸克电荷($e_1\to e_2,x_1\to x_2,y_1\to y_2$)，因此四个图

形相加给出了单胶子交换领头阶对振幅的贡献为

$$T_\alpha = \mathrm{i}\,\frac{16\pi C_F\alpha_s}{Q^2}\left[\frac{e_1}{(1-y)(1-x)} + \frac{e_2}{xy}\right](P+P')_\alpha,$$

其中 e_2 是与虚光子相互作用的反夸克电荷数. 这样(8.37)式中的 $T_H(x,y;Q^2)$ 在领头阶近似下

$$T_H(x,y,Q) = \frac{16\pi C_F\alpha_s}{Q^2}\left[\frac{e_1}{(1-y)(1-x)} + \frac{e_2}{xy}\right].$$

进一步再考虑夸克和胶子自能重整化效应就得到

$$T_H(x,y,Q) = \frac{16\pi C_F\alpha_s(Q^2)}{Q^2}\left[\frac{e_1}{(1-y)(1-x)} + \frac{e_2}{xy}\right]. \tag{8.40}$$

将(8.40)式代入到(8.37)式并注意到 π 介子光锥波函数的同位旋对称性,即它在交换 $x_1\leftrightarrow x_2$, $y_1\leftrightarrow y_2$ 下是对称的,而可以将(8.40)式记为($e_{\pi^+}=e_1+e_2=1$)

$$T_H(x,y,Q) = \frac{16\pi C_F}{Q^2}\,\frac{\alpha_s(Q^2)}{(1-y)(1-x)}, \tag{8.41}$$

将(8.41)式代入到(8.37)式,表达了 π 介子电磁形状因子在大 Q^2 下可以分解为因子化形式,其中硬子过程振幅在最低阶近似下由(8.41)式确定.

上述结果可以在光锥微扰论里推导出来,在光锥微扰论里对(8.34)式的相互作用振幅 $T_H(x,y,\boldsymbol{q}_\perp,\boldsymbol{k}_\perp,\boldsymbol{l}_\perp)$ 有六个图形的贡献(见图 8.5),图中的竖线标示中间态的能量分母. 这里 π 介子电磁形状因子的最低阶图来自单胶子交换,按 § 4.7

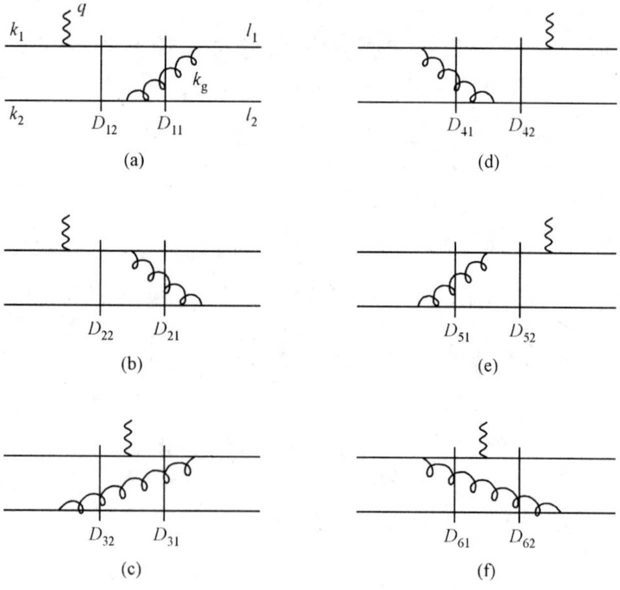

图 8.5　贡献到价夸克硬散射振幅领头阶光锥微扰论的六个图形

其中 $k_1=(x_1,\boldsymbol{k}_\perp)$, $k_2=(x_2,-\boldsymbol{k}_\perp)$, $l_1=(y_1,y_1\boldsymbol{q}_\perp+\boldsymbol{l}_\perp)$ 和 $l_2=(y_2,y_2\boldsymbol{q}_\perp-\boldsymbol{l}_\perp)$

微扰计算规则对胶子内线有一个附加因子 $\theta(k_g^+)/k_g^+$，且能量分母因子有两个. 首先以图 8.5(a)为例，计算它对 $T_H(x,y,\boldsymbol{q}_\perp,\boldsymbol{k}_\perp,\boldsymbol{l}_\perp)$ 的贡献. 按照光锥微扰计算规则有[4,7]

$$T_H^{(a)}(x,y,\boldsymbol{q}_\perp,\boldsymbol{k}_\perp,\boldsymbol{l}_\perp) = N\frac{1}{D_{11}}\frac{1}{D_{12}}\frac{\theta(y_1-x_1)}{y_1-x_1}+T_a^{in}, \tag{8.42}$$

其中能量分母 D_{11}，D_{12} 和分子 N 分别为(记住 $x_1=x, x_2=1-x, y_1=y, y_2=1-y$)

$$\begin{aligned} D_{11} &= -\frac{(x_2\boldsymbol{q}_\perp+\boldsymbol{k}_\perp)^2}{x_1x_2}-\frac{[y_2(x_2\boldsymbol{q}_\perp+\boldsymbol{k}_\perp)-x_2\boldsymbol{l}_\perp]^2}{x_2y_2(y_1-x_1)}, \\ D_{12} &= -\frac{(x_2\boldsymbol{q}_\perp+\boldsymbol{k}_\perp)^2}{x_1x_2}, \end{aligned} \tag{8.43}$$

$$\begin{aligned} N = {} & \frac{\bar{u}_\uparrow(y_1,y_1\boldsymbol{q}_\perp+\boldsymbol{l}_\perp)}{\sqrt{y_1}}\mathrm{i}g\gamma^\mu\frac{u_\uparrow(x_1,\boldsymbol{q}_\perp+\boldsymbol{k}_\perp)}{\sqrt{x_1}}d_{\mu\nu} \\ & \times\frac{\bar{v}_\downarrow(x_2,-\boldsymbol{k}_\perp)}{\sqrt{x_2}}\mathrm{i}g\gamma^\nu\frac{v_\downarrow(y_2,y_2\boldsymbol{q}_\perp-\boldsymbol{l}_\perp)}{\sqrt{y_2}}. \end{aligned} \tag{8.44}$$

在大 Q^2 极限下，内部动量 $\boldsymbol{k}_\perp$，$\boldsymbol{l}_\perp$ 可以忽略，(8.43)和(8.44)式可以简化为

$$D_{11} = -\frac{y_1x_2^2}{x_1(y_1-x_1)}\boldsymbol{q}_\perp^2,\quad D_{12} = -\frac{x_2}{x_1}\boldsymbol{q}_\perp^2, \tag{8.45}$$

$$N = -g^2\frac{2x_2(x_1y_2+y_1x_2)}{x_1(y_1-x_1)^2}\boldsymbol{q}_\perp^2. \tag{8.46}$$

在(8.42)式中还有一项 T_a^{in} 是相应瞬时图的贡献，这是光锥微扰论所特有的，它的贡献为

$$T_a^{in} = -\frac{4g^2}{D_{12}}\frac{\theta(y_1-x_1)}{(y_1-x_1)^2\boldsymbol{q}_\perp^2} = g^2\frac{4x_1\theta(y_1-x_1)}{x_2(y_1-x_1)^2\boldsymbol{q}_\perp^2}. \tag{8.47}$$

类似地可以计算其他几个图形的贡献，

$$\begin{aligned} T_H^{(b)}(x,y,\boldsymbol{q}_\perp,\boldsymbol{k}_\perp,\boldsymbol{l}_\perp) &= N\frac{1}{D_{21}}\frac{1}{D_{22}}\frac{\theta(x_1-y_1)}{x_1-y_1}+T_b^{in}, \\ T_b^{in} &= -\frac{4g^2}{D_{22}}\frac{\theta(x_1-y_1)}{(y_1-x_1)^2\boldsymbol{q}_\perp^2}, \end{aligned} \tag{8.48}$$

$$T_H^{(c)}(x,y,\boldsymbol{q}_\perp,\boldsymbol{k}_\perp,\boldsymbol{l}_\perp) = N\frac{1}{D_{31}}\frac{1}{D_{32}}\frac{\theta(y_1-x_1)}{y_1-x_1}, \tag{8.49}$$

其中能量分母 $D_{ij}(i=1,2,3;j=1,2)$ 满足下述关系式，

$$\left.\begin{aligned} & D_{22} = D_{12},\quad D_{31} = D_{11}, \\ & D_{11} = D_{32}+D_{12},\quad D_{21} = -D_{32} = \frac{x_2y_2}{y_1-x_1}\boldsymbol{q}_\perp^2. \end{aligned}\right\} \tag{8.50}$$

对于图 8.5 中(d)，(e)，(f)三个图的贡献，仅需对(a)，(b)，(c)三个图的贡献作下列代换，

$$x \leftrightarrow y, \quad \boldsymbol{k}_\perp \leftrightarrow -\boldsymbol{l}_\perp$$

就可得到. 再注意到每个图形中夸克色荷贡献的色因子，在忽略夸克内部横向动量 $\boldsymbol{k}_\perp, \boldsymbol{l}_\perp$ 的情况下将图 8.5 中六个图形加起来给出总的贡献

$$T_{\mathrm{H}}(x,y,Q) = T_{\mathrm{H}}(x,y,\boldsymbol{q}_\perp,0,0) = \frac{4g^2 C_{\mathrm{F}}}{x_2 y_2 Q^2}, \tag{8.51}$$

其中 C_{F} 是色因子.(8.51)式是虚光子与 π 介子中一个夸克相互作用的结果，还要考虑虚光子与 π 介子中另一个夸克相互作用，只需将式(8.51)的结果中 $1 \leftrightarrow 2$ 对换即可. 进一步再考虑夸克和胶子自能重整化效应就得到(8.41)式. 然而如果在(8.43)和(8.44)式中不忽略夸克横向动量 $\boldsymbol{k}_\perp, \boldsymbol{l}_\perp$，光锥微扰论计算的 $T_{\mathrm{H}}(x,y,\boldsymbol{q}_\perp,\boldsymbol{k}_\perp,\boldsymbol{l}_\perp)$ 提供了夸克横向动量 $\boldsymbol{k}_\perp, \boldsymbol{l}_\perp$ 对 π 介子电磁形状因子的修正效应[1,7].

上述结果还可以从(8.33)式中光锥波函数的性质导出来，注意到束缚态波函数的分布主要集中在低横动量 $\boldsymbol{k}_\perp^2$ 区域，亦即小离壳能量 $\varepsilon = \dfrac{\boldsymbol{k}_\perp^2 + m_1^2}{x_1} + \dfrac{\boldsymbol{k}_\perp^2 + m_2^2}{x_2}$ 区域，因此(8.33)式中大 Q^2 下的主导贡献来自于下列两个区域：

$$\text{(i)}\ \boldsymbol{k}_\perp^2 \ll \boldsymbol{q}_\perp^2,$$

$$\text{(ii)}\ (\boldsymbol{k}_\perp + (1-x)\boldsymbol{q}_\perp)^2 \ll \boldsymbol{q}_\perp^2.$$

对于情况(i)，在(8.33)式中忽略 $\boldsymbol{k}_\perp$ 则有

$$F_\pi(Q^2) = \int_0^1 \mathrm{d}x \phi(x,Q) \psi^{(Q)*}(x,(1-x)\boldsymbol{q}_\perp), \tag{8.52}$$

其中 $\phi(x,Q)$ 是(8.38)式定义的分布振幅. 对于式(8.52)的 $\psi^{(Q)*}(x,(1-x)\boldsymbol{q}_\perp)$ 随 Q^2 的变化可以用单胶子交换近似来描述，由(8.24)式有两体价夸克态束缚态方程，

$$\left(-\frac{(1-x)^2}{x_1 x_2}\boldsymbol{q}_\perp^2\right)\psi^{(Q)}(x,(1-x)\boldsymbol{q}_\perp)$$
$$= \int_0^1 \mathrm{d}y \int_0^Q \frac{\mathrm{d}^2 \boldsymbol{l}_\perp}{16\pi^3} V_{\mathrm{eff}}(x,(1-x)\boldsymbol{q}_\perp; y, \boldsymbol{l}_\perp)\psi^{(Q)}(y,\boldsymbol{l}_\perp),$$

其中 V_{eff} 是光锥波函数中两个价夸克之间单胶子交换有效势(见图 8.6(a)).

$$\psi^Q(x,(1-x)\boldsymbol{q}_\perp) = \int_0^1 \mathrm{d}y \int_0^Q \frac{\mathrm{d}^2 \boldsymbol{l}_\perp}{16\pi^3} \frac{V_{\mathrm{eff}}(x,(1-x)\boldsymbol{q}_\perp; y,\boldsymbol{l}_\perp)\psi^{(Q)}(y,\boldsymbol{l}_\perp)}{-\boldsymbol{q}_\perp^2(1-x)/x}$$
$$= \int_0^1 \mathrm{d}y \frac{V_{\mathrm{eff}}(x,(1-x)\boldsymbol{q}_\perp; y, \boldsymbol{0}_\perp)}{-\boldsymbol{q}_\perp^2(1-x)/x}\phi(y,Q). \tag{8.53}$$

将(8.53)式代入到(8.52)式可以得到

$$F_\pi(Q) = \int_0^1 \mathrm{d}x\mathrm{d}y\, \phi(x,Q) \frac{V_{\mathrm{eff}}(x,(1-x)\boldsymbol{q}_\perp; y, \boldsymbol{0}_\perp)}{-\boldsymbol{q}_\perp^2(1-x)/x}\phi(y,Q), \tag{8.54}$$

在情况(ii)也可以得到类似的表达式.(i)、(ii)两种情况下与初、终态 π 介子相联结的是共线的 $\mathrm{q}\bar{\mathrm{q}}$ 对给出(8.54)式中的硬散射振幅. 对于(8.54)式中的 V_{eff}，领头阶近似下，价夸克态入射共线的 $\mathrm{q}\bar{\mathrm{q}}$ 对到出射共线的 $\mathrm{q}\bar{\mathrm{q}}$ 对的硬散射振幅，在单胶子交换

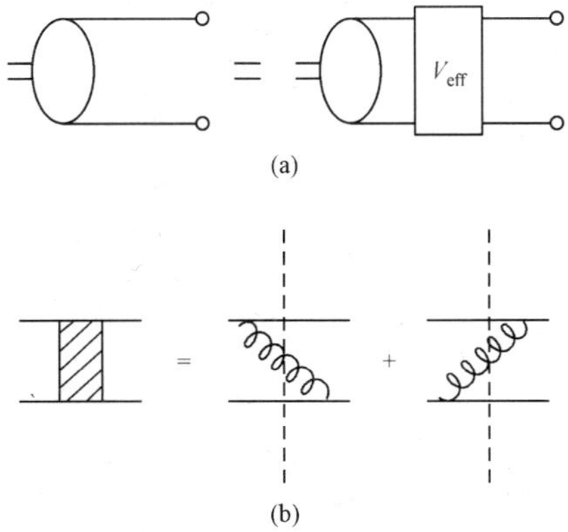

图 8.6 (a) 价夸克束缚态波函数方程,(b) 波函数在 Born 近似下单胶子交换图

下(见图 8.6(b))类似于图 8.5 的光锥微扰论计算,从(8.54)式也可以获得(8.41)式.

总之,在微扰 QCD 理论框架里大 Q^2 下人们可以将形状因子写作(8.37)式因子化形式,即分布振幅 $\phi(x,Q)$ 与硬散射振幅 $T_{\mathrm{H}}(x,y;Q)$ 卷积形式.其中 $T_{\mathrm{H}}(x,y;Q)$ 和 $\phi(x,Q)$ 都是规范不变的,这样 π 介子的电磁形状因子的行为将由硬散射振幅 $T_{\mathrm{H}}(x,y;Q)$ 的性质和分布振幅 $\phi(x,Q)$ 的形式决定.硬散射振幅 $T_{\mathrm{H}}(x,y;Q)$ 是微扰论可计算的部分.图 8.7 显示了大 Q^2 下 π 介子的电磁形状因子的因子化性质.可以证明这种因子化的卷积形式在大 Q^2 下微扰论的任何阶下都是成立的,而且是 QCD 微扰论应用到遍举过程的一个普遍特点.关于因子化的证明有兴趣的读者可以参考文献[1—3,6,8].以上的讨论是以 π 介子为例获得的,所有结果很容易被推广到其他介子的电磁形状因子分析和讨论.

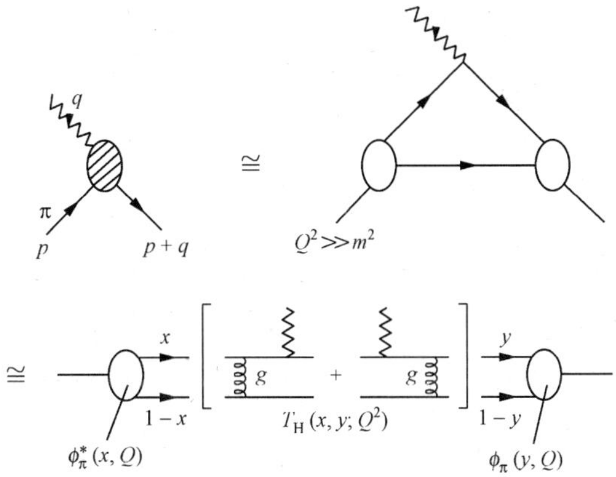

图 8.7 大动量迁移下介子的电磁顶角

所有非微扰效应部分都包含在分布振幅 $\phi(x,Q)$ 内，$\phi(x,Q)$ 是反映了每个强子内价夸克的分布几率并与过程无关. 确切地说它反映了强子内价夸克(q 和 $\bar{\mathrm{q}}$)共线到 $k_\perp \sim Q$ 时的分布，它对 Q 的关系可以从光锥上算符乘积展开来确定，或从 QCD 演化方程来确定. 以上只是 Born 图近似下的结果，严格地讲 Born 近似下的因子化是无意义的，因为当考虑到 $\alpha_s(Q^2)$ 高阶效应时就包含了软胶子效应和质量奇异性 $\alpha_s^n(Q^2)\left[\ln\frac{Q^2}{m^2}\right]^n$. 需要证明在微扰论的任何阶下这些红外发散的因子都可吸收到介子分布振幅 $\phi(x,Q)$ 中去，重整化群方程给出的领头阶求和结果正是介子分布振幅 $\phi(x,Q)$ 随 Q^2 的演化行为. 由此给出的介子分布振幅 $\phi(x,Q)$ 是规范不变的且是过程无关的，介子分布振幅 $\phi(x,Q)$ 的初始行为由介子的波函数 $\psi(x,k_\perp)$ 确定. 下节 § 8.3 将详细讨论分布振幅 $\phi(x,Q)$.

实际上图 8.4 中的胶子的动量转移为 $\sim xyQ^2$ 或 $(1-x)(1-y)Q^2$. 顺便指出，$\alpha_s(Q^2)$ 的实际宗量应由胶子的动量决定，亦即

$$\alpha_s(Q^2) \to \alpha_s((1-x)(1-y)Q^2) = \alpha_s(\widetilde{Q}), \tag{8.55}$$

至于硬散射振幅 T_H 对主导级(8.41)式的单圈图修正可参见文献[9].

从上面的推导可以见到当 $x\to 0,1$ 端点区域时，(8.41)式具有明显的端点奇异性，(8.37)式积分的有限性依赖于介子分布振幅 $\phi(x,Q)$ 在端点的行为. 在下一节讨论介子分布振幅 $\phi(x,Q)$ 的演化行为时可以见到它将由初始条件 $\phi(x,Q_0)$ 确定. 由于强子结构的非微扰性质目前尚不能获得它的解的形式，初始行为 $\phi(x,Q_0)$ 只能依赖于模型给出. 对于端点的性质，由上一节对光锥波函数性质的讨论可知

$$\psi(x,\boldsymbol{k}_\perp) \to 0, \quad 当\ x \to 0, \tag{8.56}$$

因此应有分布振幅 $\phi(x,Q_0)$ 的性质

$$\phi(x,Q_0) \to 0, \quad 当\ x \to 0. \tag{8.57}$$

另一方面对 π 介子来讲存在同位旋对称性，即在 $x_1 \leftrightarrow x_2$ 互换下是不变的，

$$\phi(x_1,x_2) = \phi(x_2,x_1) \quad 或 \quad \phi(x,Q_0) = \phi(1-x,Q_0). \tag{8.58}$$

由性质(8.57)和(8.58)不妨假设它具有下列形式，

$$\phi(x,Q_0) = a_0(x_1x_2)^\varepsilon, \quad \varepsilon > 0, \tag{8.59}$$

当 $\varepsilon \geqslant 1$ 时，分布振幅就可消去硬散射振幅的端点奇异性.

在推导(8.41)式时已假定了夸克的横向动量 $\boldsymbol{k}_\perp$ 相对于大动量 Q 可忽略，然而当 $x\to 0,1$ 端点区域时会出现 $\boldsymbol{k}_\perp \sim (1-x)Q$，$\boldsymbol{k}_\perp$ 不可忽略. 这就必须考虑端点的贡献. 由(8.33)式可以估计端点区域对介子形状因子的贡献为

$$F_\pi(Q^2)\,|_{端点} \sim \int_{1-\frac{\lambda}{Q}}^1 \mathrm{d}x\,|\psi(x,\lambda)|^2, \tag{8.60}$$

其中 $\lambda^2 \sim \langle \boldsymbol{k}_\perp^2 \rangle$. 显然端点区域对形状因子的贡献随着 Q^2 增大而减小，当 $Q\to\infty$ 时端点的贡献趋于零. 在有限 Q^2 下端点区域的贡献依赖于强子波函数在端点区域的

行为. 例如强子波函数对 x 分布集中在 $x=1/2$ 附近,其端点贡献就会远小于对 x 分布很宽的模型波函数. 然而如果端点贡献太大,人们必然怀疑微扰 QCD 对遍举过程的可应用性,因为端点区域贡献(8.60)式是不可因子化的振幅,即破坏了微扰 QCD 对遍举过程的可应用性的前提.

为了回答这一质疑[10],从上面的讨论可以见到一个自然的方法是保留夸克的横向动量 $\boldsymbol{k}_\perp$[11] 使得(8.37)式对 x 和 y 的积分不能达到端点区域. 因为这时介子电磁形状因子可因子化的条件要求

$$xy > \frac{\langle k_\perp^2 \rangle}{Q^2} = a, \quad (1-x)(1-y) > \frac{\langle k_\perp^2 \rangle}{Q^2} = a, \tag{8.61}$$

这就排除了端点区域的贡献,表现在(8.37)式的积分将受条件(8.61)式限制,代之以

$$F_\pi(Q) = \int_b^{1-b} \mathrm{d}x \int_{\frac{a}{x}}^{1-\frac{a}{1-x}} \mathrm{d}y \phi^*(x,Q) T_{\mathrm{H}}(x,y;Q)\phi(y,Q), \tag{8.62}$$

其中 $b=\frac{1}{2}(1-\sqrt{1-4a})$. (8.62)式保证了 QCD 因子化不被端点奇异性所破坏. 这样对 x 和 y 积分区域的截断的贡献(8.62)式与未截断的(8.37)式相比至少应大于 50%,方可认为微扰 QCD 对该遍举过程是可应用的. 从而对每一特定过程就存在微扰 QCD 可应用的 Q^2 区域,这一区域又依赖于光锥波函数的性质. 例如文献[11]中利用 π 介子的谐振子光锥波函数(接近于渐近波函数)得出微扰 QCD 对 π 介子形状因子过程的可应用能区在 $Q^2 > 4\ \mathrm{GeV}^2$ 范围,目前的实验可以检验 QCD 的正确性.

类似地,文献[12]在硬散射振幅和光锥波函数中保留夸克横向动量 $\boldsymbol{k}_\perp$,由此必须考虑价夸克弹性散射相关的对高阶效应重求和的形状因子,即 Sudakov 形状因子[13]. 正是 Sudakov 形状因子压低端点区域的贡献. 由此导致对(8.37)式的修改,在碰撞参量 b 空间内有下列表达式[12,14]

$$\begin{aligned} F_\pi(Q^2) = &\int_0^1 \mathrm{d}x_1 \mathrm{d}x_2 \frac{\mathrm{d}\boldsymbol{b}_1}{(2\pi)^2} \frac{\mathrm{d}\boldsymbol{b}_2}{(2\pi)^2} \phi(x_1, \boldsymbol{b}_1, P, \mu) \\ &\times T_{\mathrm{H}}(x_1, x_2, Q, \boldsymbol{b}_1, \boldsymbol{b}_2, \mu)\phi(x_2, \boldsymbol{b}_2, P', \mu), \end{aligned} \tag{8.63}$$

其中硬散射振幅 $T_{\mathrm{H}}(x_1, x_2, Q, \boldsymbol{b}_1, \boldsymbol{b}_2)$ 是动量空间内

$$T_{\mathrm{H}}(x_1, x_2, Q, \boldsymbol{k}_{\perp 1}, \boldsymbol{k}_{\perp 2}) = \frac{16\pi C_{\mathrm{F}} \alpha_{\mathrm{s}}(\mu^2)}{x_1 x_2 Q^2 + (\boldsymbol{k}_{\perp 1} + \boldsymbol{k}_{\perp 2})^2} \tag{8.64}$$

的 Fourier 变换

$$f(\boldsymbol{k}_\perp) = \frac{1}{(2\pi)^2} \int \mathrm{d}^2 \boldsymbol{b} \mathrm{e}^{\mathrm{i}\boldsymbol{k}_\perp \cdot \boldsymbol{b}} f(\boldsymbol{b}),$$

式(8.63)中的 $\phi(x, \boldsymbol{b}, P, \mu)$ 由下式给出

$$\phi(x, \boldsymbol{b}, P, \mu) = \exp\left[-s(x, \boldsymbol{b}, Q) - s(1-x, \boldsymbol{b}, Q) - 2\int_{1/b}^{\mu} \frac{\mathrm{d}\bar{\mu}}{\bar{\mu}} \gamma_{\mathrm{q}}(g(\bar{\mu}))\right] \phi\left(x, \frac{1}{\boldsymbol{b}}\right), \tag{8.65}$$

其中 $\phi\left(x,\frac{1}{b}\right)$就是(8.38)式中定义的 π 介子光锥分布振幅. 两者通过 Sudakov 形状因子 $s(\xi,b,Q)$连接[12,14]，

$$\begin{aligned}s(\xi,b,Q)=&\frac{A^{(1)}}{\beta_1}\hat{q}\ln\left(\frac{\hat{q}}{-\hat{b}}\right)+\frac{A^{(2)}}{4\beta_1^2}\left(\frac{\hat{q}}{-\hat{b}}-1\right)-\frac{A^{(1)}}{2\beta_1}(\hat{q}+\hat{b})\\&-\frac{A^{(1)}\beta_2}{4\beta_1^3}\hat{q}\left[\frac{\ln(-2\hat{b})+1}{-\hat{b}}-\frac{\ln(-2\hat{q})+1}{-\hat{q}}\right]\\&-\left(\frac{A^{(2)}}{4\beta_1^2}-\frac{A^{(1)}}{4\beta_1}\ln\left(\frac{1}{2}e^{2\gamma-1}\right)\right)\ln\left(\frac{\hat{q}}{-\hat{b}}\right)\\&+\frac{A^{(1)}\beta_2}{8\beta_1^3}[\ln^2(2\hat{q})-\ln^2(-2\hat{b})],\end{aligned}\tag{8.66}$$

式(8.65)中的 $\gamma_q=-\alpha_s/\pi$ 是轴规范下的反常量纲，式(8.66)中各项系数如下

$$\hat{q}=\ln[\xi Q/(\sqrt{2}\Lambda)],\quad \hat{b}=\ln(b\lambda),\quad \beta_1=\frac{33-2N_f}{12},\quad \beta_2=\frac{153-19N_f}{24},$$

$$A^{(1)}=\frac{4}{3},\quad A^{(2)}=\frac{67}{9}-\frac{1}{3}\pi^2-\frac{10}{27}N_f+\frac{8}{3}\beta_1\ln\left(\frac{1}{2}e^{\gamma}\right),$$

其中 γ 是 Euler 常数. 由(8.63)式计算结果也表明微扰 QCD 对 π 介子形状因子过程的可应用能区在 $Q^2>4\text{GeV}^2$ 范围，两种方法获得相一致的结论.

这一节推导出的(8.37)、(8.41)式是在 $Q^2\to\infty$时介子电磁形状因子的渐近表达式，当 Q^2 为有限值以至几个 GeV^2 时，除了要考虑上述计及夸克横向动量 $\boldsymbol{k}_\perp$ 的效应(见(8.62)和(8.63)式)，还要考虑硬子过程微扰 QCD 的高阶修正效应以及介子内除价夸克态外高 Fock 态的贡献.

§8.3 介子-光子跃迁形状因子

遍举过程中一个最简单的例子是介子-光子跃迁形状因子，即指 γ^* M(介子)$\to\gamma$ 的过程，其中 γ^* 是虚光子，这一过程中只有一个强子，是遍举过程中最简单的例子. 介子-光子跃迁形状因子 $F_{M\gamma}(Q^2)$可以通过 $\gamma^*\text{M}\to\gamma$ 的顶角来定义(见图 8.8)，

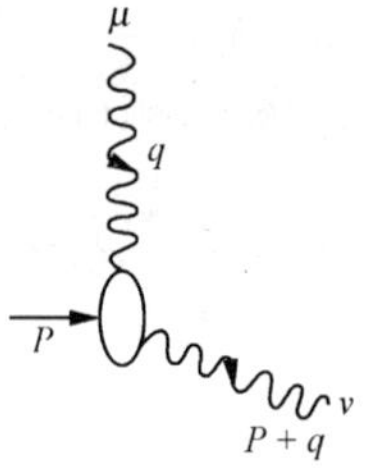

图 8.8 介子-光子跃迁形状因子顶角图形

$$\Gamma_{\mu}=-\mathrm{i}e^{2}F_{\mathrm{M}\gamma}(Q^{2})\varepsilon_{\mu\nu\rho\sigma}P^{\nu}\varepsilon^{\rho}q^{\sigma},\tag{8.67}$$

其中 P 和 q 分别是介子 M 和初态 γ^{*} 的四动量. $Q^{2}=-q^{2}=\boldsymbol{q}_{\perp}^{2}$. 对于任一强子的电磁跃迁形状因子,设其动量为 P,虚光子动量为 q,终态光子为实光子 $q'=(P+q)$, $(P+q)^{2}=0$,在无穷大动量系,取

$$P^{\mu}=(P^{+},P^{-},P_{\perp})=\left(P^{+},\frac{M^{2}}{P^{+}},\mathbf{0}_{\perp}\right)\to(1,M^{2},\mathbf{0}_{\perp}),\tag{8.68}$$

其中强子 h 的横向动量为零,沿运动方向,满足质壳条件 $P^{2}=M^{2}$,另一方面实光子 $(P+q)^{2}=0$ 就决定了

$$q^{\mu}=(q^{+},q^{-},\boldsymbol{q}_{\perp})=(0,q_{\perp}^{2}-M^{2},\boldsymbol{q}_{\perp}).\tag{8.69}$$

式(8.67)中的终态光子极化矢量

$$\varepsilon^{\mu}=(0,0,\boldsymbol{\varepsilon}_{\perp})\tag{8.70}$$

满足 $\varepsilon\cdot q=0,\varepsilon\cdot q'=0$. 在(8.67)式中取 μ 为+分量,这样任一强子 h 的电磁跃迁形状因子 $F_{\mathrm{M}\gamma}(Q^{2})$就可以表达为

$$F_{\mathrm{M}\gamma}(Q^{2})=\mathrm{i}\,\frac{\Gamma^{+}}{e^{2}(\boldsymbol{\varepsilon}_{\perp}\times\boldsymbol{q}_{\perp})},\tag{8.71}$$

其中 $\boldsymbol{\varepsilon}_{\perp}\times\boldsymbol{q}_{\perp}=\varepsilon_{\perp 1}q_{\perp 2}-\varepsilon_{\perp 2}q_{\perp 1}$. 只需求出 Γ^{+} 就可以抽出电磁跃迁形状因子 $F_{\mathrm{M}\gamma}(Q^{2})$.

同样,为了简便起见,以下将以 π 介子为例讨论大 Q^{2} 下跃迁形状因子 $F_{\pi\gamma}(Q^{2})$的行为. 从展开式(8.5)可以见到高 Fock 态对图 8.8 的贡献必然多出胶子交换图形而为 m_{π}^{2}/Q^{2} 的幂次压低,领头项贡献是夸克和反夸克的价夸克态贡献(见图 8.9). 注意到 π 介子价夸克态波函数完整的形式应包含空间、自旋、同位旋部分,表达为(见(8.39)式)

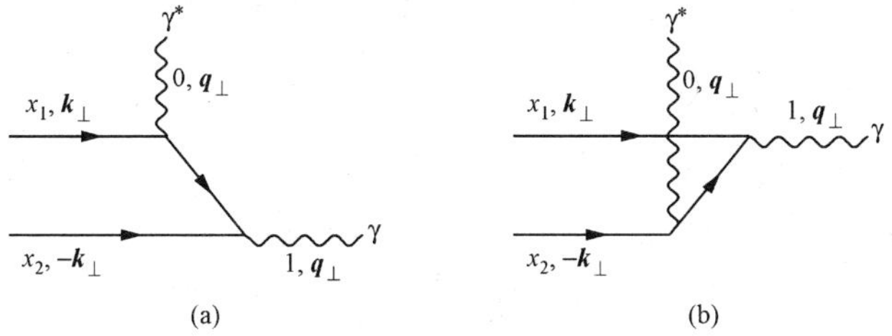

图 8.9　对 $F_{\pi\gamma}(Q^{2})$贡献的最低级图,图(b)可以从图(a)做 1↔2 对换得到

$$\psi_{\pi}=\frac{1}{\sqrt{N_{\mathrm{c}}}}\frac{1}{\sqrt{2}}\left[\frac{u_{\uparrow}\bar{u}_{\downarrow}-u_{\downarrow}\bar{u}_{\uparrow}}{\sqrt{2}}-\frac{d_{\uparrow}\bar{d}_{\downarrow}-d_{\downarrow}\bar{d}_{\uparrow}}{\sqrt{2}}\right]\frac{\psi(x_{i},\boldsymbol{k}_{\perp i})}{\sqrt{x_{1}x_{2}}},\tag{8.72}$$

其中 $N_{\mathrm{c}}=3$ 是夸克的颜色数目. π 介子大 Q^{2} 下跃迁形状因子 $F_{\pi\gamma}(Q^{2})$的领头阶(图 8.9)没有胶子交换,这与 π 介子大 Q^{2} 下电磁形状因子 $F_{\pi}(Q^{2})$的图 8.4 不同,应用§4.7 光锥微扰 QCD 理论 Feynman 规则计算时仅有一个能量分母 D,直接给出它

的表达式为

$$F_{\pi\gamma}(Q^2)=\frac{\sqrt{N_c}(e_u^2-e_d^2)}{i(\boldsymbol{\varepsilon}_\perp\times\boldsymbol{q}_\perp)}\int_0^1[dx]\int_0^\infty\frac{d^2\boldsymbol{k}_\perp}{16\pi^2}\psi(x_i,\boldsymbol{k}_{\perp i})\left[\frac{N}{D}+(1\leftrightarrow 2)\right],\tag{8.73}$$

其中分母 D 是能量分母,按照(4.188)式能量分母从图 8.9(a)给出

$$D=q^- -\frac{(\boldsymbol{k}_\perp+\boldsymbol{q}_\perp)^2+m^2}{x_1}-\frac{(\boldsymbol{k}_\perp^2+m^2)}{x_2}=\boldsymbol{q}_\perp^2-\frac{(\boldsymbol{k}_\perp+\boldsymbol{q}_\perp)^2+m^2}{x_1}-\frac{(\boldsymbol{k}_\perp^2+m^2)}{x_2},\tag{8.74}$$

而分子 N 由夸克顶角表达为

$$N=\frac{\bar{v}_\downarrow(x_2,-\boldsymbol{k}_\perp)}{\sqrt{x_2}}\not{\varepsilon}\frac{u_\uparrow(x_1,\boldsymbol{k}_\perp+\boldsymbol{q}_\perp)}{\sqrt{x_1}}\frac{\bar{u}_\uparrow(x_1,\boldsymbol{k}_\perp+\boldsymbol{q}_\perp)}{\sqrt{x_1}}\gamma^+\frac{u_\uparrow(x_1,\boldsymbol{k}_\perp)}{\sqrt{x_1}}.\tag{8.75}$$

在(8.74)式中 m 是流夸克质量,可以被忽略,在(8.73)式中已保留了夸克横向动量 $\boldsymbol{k}_\perp$,将(8.74)和(8.75)代入到(8.73)式就得到(在大 Q^2 下已忽略了 π 介子的质量)

$$F_{\pi\gamma}(Q^2)=2\sqrt{N_c}(e_u^2-e_d^2)\int_0^1[dx]\int_0^\infty\frac{d^2\boldsymbol{k}_\perp}{16\pi^2}\psi(x_i,\boldsymbol{k}_{\perp i})T_H(x_1,x_2,\boldsymbol{k}_\perp),\tag{8.76}$$

其中

$$T_H(x_1,x_2,\boldsymbol{k}_\perp)=\frac{\boldsymbol{q}_\perp\cdot(x_2\boldsymbol{q}_\perp+\boldsymbol{k}_\perp)}{\boldsymbol{q}_\perp^2(x_2\boldsymbol{q}_\perp+\boldsymbol{k}_\perp)^2}+(1\leftrightarrow 2).\tag{8.77}$$

如果 $\boldsymbol{q}_\perp$ 足够大,$k_\perp$ 相对地可以被忽略,

$$T_H(x_1,x_2,\boldsymbol{k}_\perp)\to T_H(x_1,x_2;Q)=\frac{1}{x_1x_2Q^2}.\tag{8.78}$$

将式(8.78)代入到(8.76)式就得到领头阶下 π 介子电磁跃迁形状因子

$$\begin{aligned}F_{\pi\gamma}(Q^2)&=2\sqrt{N_c}(e_u^2-e_d^2)\int_0^1[dx]\int_0^Q\frac{d^2\boldsymbol{k}_\perp}{16\pi^2}\psi(x_i,\boldsymbol{k}_{\perp i})\frac{1}{x_1x_2Q^2}\\&=\frac{2\sqrt{N_c}(e_u^2-e_d^2)}{Q^2}\int_0^1\frac{[dx]}{x_1x_2}\phi(x_i,Q),\end{aligned}\tag{8.79}$$

其中 $\phi(x_i,Q)$ 是(8.38)式定义的 π 介子价夸克态的分布振幅,

$$\phi(x_i,Q)=\int_0^Q\frac{d^2k_\perp}{16\pi^3}\psi(x_i,\boldsymbol{k}_\perp).$$

如明显地写出(8.79)式的高阶修正将有下式成立,

$$F_{\pi\gamma}(Q^2)=\frac{2}{\sqrt{3}Q^2}\int\frac{[dx]}{x_1x_2}\phi(x,Q)\left[1+O\left(\alpha_s,\frac{\boldsymbol{k}_\perp^2}{Q^2},\frac{m^2}{Q^2}\right)\right].\tag{8.80}$$

一般地讲在大 Q^2 下(忽略 $k_\perp$)可以将 π 介子电磁跃迁形状因子 $F_{\pi\gamma}(Q^2)$ 写成卷积的形式

$$F_{\pi\gamma}(Q^2)=\frac{2}{\sqrt{3}}\int[\mathrm{d}x]\phi(x_i,Q)T_{\mathrm{H}}(x_i,Q). \tag{8.81}$$

这样的一个因子化形式可以证明在 QCD 微扰论的任意阶成立(参见文献[6]). 式(8.80)表明在 $Q^2\to\infty$ 情况下 π 介子—光子跃迁形状因子,

$$Q^2F_{\pi\gamma}(Q^2)\to \text{常数}, \tag{8.82}$$

其常数值依赖于 π 介子价夸克态的分布振幅 $\phi(x_i,Q)$ 的形式,例如在下一节讨论中给出的大 Q^2 下渐近行为,

$$\lim_{Q^2\to\infty}\phi(x,Q^2)=\sqrt{3}f_\pi x_1x_2, \tag{8.83}$$

代入就得到大 Q^2 下 $Q^2F_{\pi\gamma}(Q^2)$ 的渐近行为,

$$Q^2F_{\pi\gamma}(Q^2)\to 2f_\pi. \tag{8.84}$$

然而当 Q^2 不是足够大时,夸克横向动量 $k_\perp$ 不可忽略,(8.76)和(8.77)式提供了考虑横向动量 $\boldsymbol{k}_\perp$ 效应修正的表达式. 此外,当 Q^2 不足够大时,π 介子价夸克态的分布振幅也没有达到渐近形式,高 Fock 态的贡献不能忽略,这些效应都必须认真考虑.

当 Q^2 不是足够大时,上述图 8.9 仅由价夸克湮灭贡献为主就不再成立,而须考虑高 Fock 态的贡献. 为了与下面的讨论区分起见,将图 8.9 的贡献(8.76)式记作 $F_{\pi\gamma}^{(a)}(Q^2)$. 对于高 Fock 态的贡献,我们不能将无穷个高 Fock 态的贡献一一都计算出来,但注意到需要计及高 Fock 态贡献是仅在入射光子动量较低情况,这时光子可以看作 π 介子波函数中发射出来,强相互作用发生在电磁相互作用之间(见图 8.10).

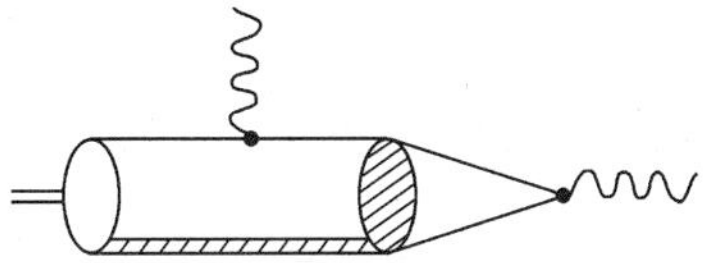

图 8.10 π 介子中非价夸克态对 $F_{\pi\gamma}(Q^2)$ 的贡献

由于光子的波长 $\sim 1/m_\pi$ 要比 π 介子的半径大很多,可以近似地将此光子在整个 π 介子内部看作一个常数外场 A. 这样,π 介子波函数中发射出的光子(图 8.10)可近似为处理为恒定外场,夸克传播子修改为

$$\begin{aligned}S_A(x-y)&=\langle\hat{y}\,|\frac{1}{\not{P}-e\not{A}-m}|\,x\rangle\\&=\langle y|\,\mathrm{e}^{-eA\cdot\frac{\partial}{\partial P}}\frac{1}{\not{P}-m}|\,x\rangle\\&=\mathrm{e}^{-\mathrm{i}e(y-x)\cdot A}S_{\mathrm{F}}(x-y).\end{aligned} \tag{8.85}$$

此式意味着夸克传播子多了一个相因子,因此在此外场中 π 介子的价夸克波函数被一个相因子 $\mathrm{e}^{-\mathrm{i}y\cdot A}$ 所修改,其中 y 是$(\mathrm{q}\bar{\mathrm{q}})$的间隔. 为了回避对图 8.10 的重复计算,相因子的修改只应用到截腿的波函数上

$$\Gamma_{\mathrm{T}}(x,\boldsymbol{k}_{\perp}) = \frac{\not{P}\gamma_5}{\sqrt{2}}\psi_{\mathrm{q\bar{q}}}^{(\Lambda)}(x,\boldsymbol{k}_{\perp}), \tag{8.86}$$

多出一个相因子 $e^{-iy\cdot A}\Gamma_{\mathrm{T}}(x,k_{\perp})$. 当变换到动量空间展开为一级项时则有

$$\rightarrow \frac{\not{P}\gamma_5}{\sqrt{2}} e \frac{\partial}{\partial k_{\mu}}\psi_{\mathrm{q\bar{q}}}^{(\Lambda)}(x,\boldsymbol{k}_{\perp}). \tag{8.87}$$

这样在 $\boldsymbol{q}_{\perp}\to 0$ 的情况下图 8.10 对跃迁形状因子的贡献为(记作 $F_{\pi\gamma}^{(\mathrm{b})}(Q^2)$)

$$\begin{aligned}
F_{\pi\gamma}^{(\mathrm{b})}(Q^2) &= \frac{\varepsilon_{\perp}^{i}\ \Gamma_{(\mathrm{b})}^{i+}}{\mathrm{i}e^2(\boldsymbol{\varepsilon}_{\perp}\times\boldsymbol{q}_{\perp})} \\
&\cong -\frac{\sqrt{N_{\mathrm{c}}}(e_{\mathrm{u}}^2-e_{\mathrm{d}}^2)}{2\mathrm{i}(\boldsymbol{\varepsilon}_{\perp}\times\boldsymbol{q}_{\perp})}\int \mathrm{d}x \frac{\mathrm{d}^2\boldsymbol{k}_{\perp}}{16\pi^3}\left\{\varepsilon_{\perp}\cdot\frac{\partial}{\partial\boldsymbol{k}_{\perp}}\psi_{\mathrm{q\bar{q}}}^{(\Lambda)}(x,\boldsymbol{k}_{\perp})\right\}\frac{1}{Z_2^{(\Lambda)}}\ \frac{x(1-x)}{-\boldsymbol{k}_{\perp}^2} \\
&\quad\cdot\left\{\frac{\bar{v}_{\downarrow}}{\sqrt{1-x}}\gamma^{+}\frac{u_{\uparrow}}{\sqrt{x}}\ \frac{\bar{u}_{\uparrow}(x,1/2\boldsymbol{q}_{\perp}+\boldsymbol{k}_{\perp})}{\sqrt{x}}\not{P}\gamma_5\ \frac{v_{\downarrow}(1-x,1/2\boldsymbol{q}_{\perp}-\boldsymbol{k}_{\perp})}{\sqrt{1-x}}+(\uparrow\leftrightarrow\downarrow)\right\} \\
&\cong \frac{\sqrt{N_{\mathrm{c}}}(e_{\mathrm{u}}^2-e_{\mathrm{d}}^2)}{8\pi^3}\int \mathrm{d}x\frac{\mathrm{d}^2\boldsymbol{k}_{\perp}}{\boldsymbol{k}_{\perp}^2}\left\{\varepsilon_{\perp}\cdot\frac{\partial}{\partial\boldsymbol{k}_{\perp}}\psi_{\mathrm{q\bar{q}}}^{(\Lambda)}(x,\boldsymbol{k}_{\perp})\right\}\frac{\boldsymbol{k}_{\perp}\times\boldsymbol{q}_{\perp}}{\boldsymbol{\varepsilon}_{\perp}\times\boldsymbol{q}_{\perp}}\ \frac{1}{Z_2^{(\Lambda)}},
\end{aligned} \tag{8.88}$$

取 $q_{\perp}\to 0$ 并对角度积分可得

$$F_{\pi\gamma}^{(\mathrm{b})}(0) \cong \frac{\sqrt{N_{\mathrm{c}}}(e_{\mathrm{u}}^2-e_{\mathrm{d}}^2)}{8\pi^2}\int_0^1 \mathrm{d}x\int_0^{\infty}\mathrm{d}\boldsymbol{k}_{\perp}^2\ \frac{\partial}{\partial\boldsymbol{k}_{\perp}^2}\psi_{\mathrm{q\bar{q}}}^{(\Lambda)}(x,\boldsymbol{k}_{\perp})\ \frac{1}{Z_2^{(\Lambda)}}. \tag{8.89}$$

如果在(8.79)式中取 $\boldsymbol{q}_{\perp}\to 0$ 立即得到图 8.9 和图 8.10 的贡献在 $Q^2=0$ 时具有相同的等式,

$$F_{\pi\gamma}^{(\mathrm{a})}(0) = F_{\pi\gamma}^{(\mathrm{b})}(0). \tag{8.90}$$

因此在 $\boldsymbol{q}_{\perp}\to 0$ 的情况下,由于高 Fock 态的贡献与价夸克态的贡献相等,使得跃迁形状因子 $F_{\pi\gamma}(0)$是 π 介子的价夸克波函数的贡献 $F_{\pi\gamma}^{(\mathrm{a})}(0)$的两倍,

$$\begin{aligned}
F_{\pi\gamma}(0) &= F_{\pi\gamma}^{(\mathrm{a})}(0) + F_{\pi\gamma}^{(\mathrm{b})}(0) = 2F_{\pi\gamma}^{(\mathrm{a})}(0) = 2F_{\pi\gamma}^{(\mathrm{b})}(0) \\
&= \frac{\sqrt{3}(e_{\mathrm{u}}^2-e_{\mathrm{d}}^2)}{4\pi^2}\int_0^1 \mathrm{d}x\,\frac{\psi_{\mathrm{q\bar{q}}}^{(\Lambda)}(x,\boldsymbol{0}_{\perp})}{Z_2^{(\Lambda)}},
\end{aligned} \tag{8.91}$$

这意味着 π 介子的价夸克波函数决定了 $F_{\pi\gamma}(Q^2)$在 $Q^2\to\infty$ 和 $Q^2\to 0$ 的行为,这是一个有趣而独特的性质. 然而 $F_{\pi\gamma}(Q^2)$在任意 Q^2 下并不存在上述性质,需要认真考虑价夸克和高 Fock 态各自的贡献,即一般情况下存在下列等式

$$\begin{aligned}
F_{\pi\gamma}(Q^2) &= F_{\pi\gamma}^{(\mathrm{a})}(Q^2) + F_{\pi\gamma}^{(\mathrm{b})}(Q^2) \\
&\rightarrow F_{\pi\gamma}^{(\mathrm{a})}(Q^2), \quad \text{当 } Q^2\to\infty.
\end{aligned} \tag{8.92}$$

注意到跃迁形状因子 $F_{\pi\gamma}(0)$是与衰变过程 $\pi\to\gamma\gamma$ 的宽度相关

$$\Gamma_{\pi\to\gamma\gamma} = \frac{\alpha^2\pi}{4}m_{\pi}^3 F_{\pi\gamma}^2(0), \tag{8.93}$$

以及第二章中由 PCAC 和三角反常图形给出的方程(2.27),或等价地用 $F_{\pi\gamma}(0)$来

表达

$$F_{\pi\gamma}(0)=\frac{1}{4\pi^2 f_\pi},$$

将此式与(8.91)式相比较得到一个关系式，

$$\int_0^1 \mathrm{d}x\,\frac{\psi_{q\bar{q}}^{(\Lambda)}(x,\mathbf{0}_\perp)}{Z_2^{(\Lambda)}}\cong\frac{\sqrt{N_c}}{f_\pi}=\frac{\sqrt{3}}{f_\pi}. \tag{8.94}$$

式(8.93)给出 π 介子非微扰光锥波函数必须遵守的一个重要的约束条件.

§ 8.4　介子分布振幅的演化方程

§ 8.2 中式(8.37)和(8.41)已经给出了 π 介子电磁形状因子的预言，在这个预言里除了幂次规律 $\frac{1}{Q^2}$ 以外，还依赖于 $\alpha_s(Q^2)$ 和 $\phi(x,Q)$. 注意到式(8.41)中 T_H 已经包含了顶角和 Fermi 子自能的修正，那么在波函数的两条腿上也应包含夸克自能修正，因此定义(8.38)应修改为

$$\phi(x,Q)=D_F^{-1}(Q)\int_0^Q \frac{\mathrm{d}^2\boldsymbol{k}_\perp}{16\pi^3}\psi^{(Q)}(x,k_\perp), \tag{8.95}$$

其中 $D_F(Q)$ 定义为

$$D_F(Q)=\frac{d_F(Q^2)}{d_F(Q_0^2)}=\frac{Z_2(Q^2)}{Z_2(Q_0^2)}. \tag{8.96}$$

式(8.96)中 Q_0 是强子分布振幅的初始能标～1 GeV^2，$d_F(Q^2)$ 是夸克场算符的重整化因子，它满足重整化群方程

$$Q^2\frac{\mathrm{d}}{\mathrm{d}Q^2}\ln d_F^{-1}(Q^2)=-\tilde{\gamma}(\alpha_s(Q^2)), \tag{8.97}$$

$$\tilde{\gamma}(a_s(Q^2))=\frac{\alpha_s(Q^2)}{4\pi}\gamma_F+\cdots. \tag{8.98}$$

在光锥规范里，

$$\gamma_F=C_F\left\{1+4\int_0^1\mathrm{d}x\,\frac{x}{1-x}\right\},$$

方程(8.97)的解为

$$d_F(Q^2)=\left(\ln\frac{Q^2}{\Lambda^2}\right)^{\frac{\gamma_F}{\beta}}. \tag{8.99}$$

当 $Q^2\to\infty$ 时 $d_F(Q^2)\to Z_2$，Z_2 是夸克自能的重整化常数.

对方程(8.95)两边微商就可得到 $\phi(x,Q)$ 所满足的微分方程

$$Q^2\frac{\partial}{\partial Q^2}\phi(x_i,Q)=\left(\ln\frac{Q^2}{\Lambda^2}\right)^{-\frac{\gamma_F}{\beta}}\frac{Q^2\psi^{(Q)}(x_i,\boldsymbol{q}_\perp)}{16\pi^2}+\frac{\mathrm{d}}{\mathrm{d}\ln Q^2}\ln d_F^{-1}(Q^2)\cdot\phi(x_i,Q). \tag{8.100}$$

从运动方程(8.24)给出(8.100)式右边第一项中 $\psi^{(Q)}(x,\boldsymbol{q}_\perp)$满足下列等式(见图 8.11 图上半部分)，

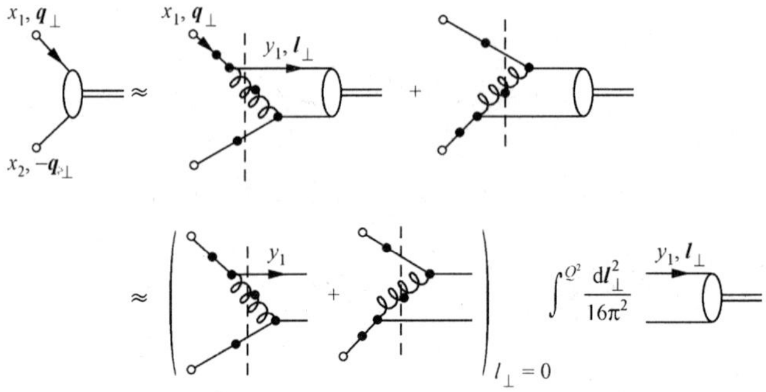

图 8.11　介子分布振幅演化方程示意图
图中涂黑的小圈表示已包含了夸克和胶子的自能修正.

$$\left(-\frac{\boldsymbol{q}_\perp^2}{x_1x_2}\right)\psi^{(Q)}(x,\boldsymbol{q}_\perp)=\int_0^1 dy\int_0^Q\frac{d^2\boldsymbol{l}_\perp}{16\pi^3}V_{\text{eff}}(x,\boldsymbol{q}_\perp;y,\boldsymbol{l}_\perp)\psi^{(Q)}(y,\boldsymbol{l}_\perp),\tag{8.101}$$

考虑单胶子交换图形对 V_{eff}的贡献(见图 8.11 图下半部分)，

$$\psi^{(Q)}(x,q_\perp)=\frac{-C_F}{\boldsymbol{q}_\perp^2/x_1x_2}\int_0^1 dy\int_0^Q\frac{d^2\boldsymbol{l}_\perp}{16\pi^3}\left[\frac{N}{D}\frac{\theta(y_1-x_1)}{y_1-x_1}+(1\leftrightarrow 2)\right]\psi^{(Q)}(y,\boldsymbol{l}_\perp),\tag{8.102}$$

其中 N,D 由光锥微扰论给出

$$D=-\frac{\boldsymbol{q}_\perp^2}{x_1}-\frac{\boldsymbol{l}_\perp^2}{y_2}-\frac{(\boldsymbol{q}_\perp-\boldsymbol{l}_\perp)^2}{y_1-x_1},$$

$$N=\frac{\bar{u}_\uparrow(x_1,\boldsymbol{q}_\perp)}{\sqrt{x_1}}\mathrm{i}g\gamma^\mu\frac{u_\uparrow(y_1,\boldsymbol{l}_\perp)}{\sqrt{y_1}}d_{\mu\nu}$$
$$\times\frac{\bar{v}_\downarrow(y_2,-\boldsymbol{l}_\perp)}{\sqrt{y_2}}\mathrm{i}g\gamma^\nu\frac{v_\downarrow(x_2,-\boldsymbol{q}_\perp)}{\sqrt{x_2}}.$$

注意到束缚态波函数的分布主要集中在低横动量 $l_\perp$ 区域，夸克横向动量相对于大 $\boldsymbol{q}_\perp$ 是可以忽略的，略去 $\boldsymbol{l}_\perp$ 代入到(8.102)式得到

$$\frac{\psi^{(Q)}(x,\boldsymbol{q}_\perp)Q^2}{16\pi^2}=2C_F\frac{\alpha_s}{4\pi}\int_0^1 dy\left[x_1y_2\theta(y_1-x_1)\left(1+\frac{1}{y_1-x_1}\right)+(1\leftrightarrow 2)\right]$$
$$\cdot\int_0^Q\frac{d\boldsymbol{l}_\perp^2}{16\pi^2}\frac{\psi^{(Q)}(y,\boldsymbol{l}_\perp)}{y_1y_2}.\tag{8.103}$$

再考虑到夸克和胶子自能修正以及上式是在最低螺旋度态下得到的(↑↓→↑↓)，上式就转化为下列方程

$$\frac{\psi(x_i,\boldsymbol{q}_\perp)Q^2}{16\pi^2}=\frac{\alpha_s(Q^2)}{4\pi}\int_0^1[dy]V(x_i,y_i)\cdot\frac{\phi(y_i,Q)}{y_1y_2},\tag{8.104}$$

其中 $V(x_i,y_i)$ 表达为

$$V(x_i,y_i) = 2C_F\left\{x_1y_2\theta(y_1-x_1)\left(\delta_{h_1\bar{h}_2}+\frac{1}{y_1-x_1}\right)+(1\leftrightarrow 2)\right\},\quad (8.105)$$

$$\delta_{h_1\bar{h}_2} = \begin{cases}1, & \uparrow\downarrow\ \to\ \uparrow\downarrow,\\ 0, & \uparrow\uparrow\ \to\ \uparrow\uparrow.\end{cases}\quad (8.106)$$

从方程(8.105)可以见到 $V(x_i,y_i)$ 中当 $x_i=y_i$ 时是红外发散的，它将精确地与方程(8.100)右边第二项中的红外发散相消. 这意味着在波函数 $\psi(x_i,\boldsymbol{q}_\perp)$ 中的红外发散与 γ_F 中的红外发散相消，从而使得由(8.95)定义的 $\phi(x,Q)$ 是无红外发散的，这正是介子色单态的后果. 最终可以将(8.100)式转化为方程[1,6,7]

$$Q^2\frac{\partial}{\partial Q^2}\phi(x_i,Q) = \frac{\alpha_s(Q^2)}{4\pi}\left\{\int_0^1[\mathrm{d}y]\widetilde{V}(x_i,y_i)\frac{\phi(y_i,Q)}{y_1y_2}-C_F\phi(x_i,Q)\right\},\quad (8.107)$$

其中

$$\widetilde{V}(x_i,y_i) = 2C_F\left\{x_1y_2\theta(y_1-x_1)\left(\delta_{h_1\bar{h}_2}+\frac{\Delta}{y_1-x_1}\right)+(1\leftrightarrow 2)\right\},\quad (8.108)$$

符号 Δ 作用在 ϕ 上定义为

$$\Delta\phi(y_i,Q) = \phi(y_i,Q)-\phi(x_i,Q).\quad (8.109)$$

如果定义

$$\xi = \frac{\beta}{4\pi}\int^Q\frac{\mathrm{d}k_\perp^2}{k_\perp^2}\alpha_s(k_\perp^2),\quad (8.110)$$

$$\phi(x_i,Q) = x_1x_2\tilde{\phi}(x_1,Q),\quad (8.111)$$

那么方程(8.109)将变成

$$x_1x_2\left\{\frac{\partial}{\partial\xi}\tilde{\phi}(x_1,Q)+\frac{C_F}{\beta}\tilde{\phi}(x_1,Q)\right\} = \frac{C_F}{\beta}\int_0^1[\mathrm{d}y]\widetilde{V}(x_i,y_i)\tilde{\phi}(y_i,Q).\quad (8.112)$$

方程(8.112)表明，如果给定一个初始条件 $\phi(x_i,Q_0)$ 那么由 QCD 微扰论所给出的方程(8.112)将确定 $Q^2>Q_0^2$ 时的演化 $\phi(x_i,Q)$. $\phi(x_i,Q_0)$ 本质上是由 QCD 非微扰决定的，由于强子内夸克禁闭疑难，目前尚不能由 QCD 第一原理计算确定，有赖于构造模型输入.

演化方程(8.112)是本征方程，它的普遍解是

$$\begin{aligned}\phi(x_i,Q) &= x_1x_2\sum_{n=0}^{\infty}a_nC_n^{3/2}(x_1-x_2)\cdot \mathrm{e}^{-\gamma_n\xi}\\ &= x_1x_2\sum_{n=0}^{\infty}a_nC_n^{3/2}(x_1-x_2)\left(\ln\frac{Q^2}{\Lambda^2}\right)^{-\gamma_n},\end{aligned}\quad (8.113)$$

其中

$$\gamma_n = \frac{C_F}{\beta}\left\{1+4\sum_{2}^{n+1}\frac{1}{k}-\frac{2\delta_{h\bar{h}}}{(n+1)(n+2)}\right\}\geqslant 0,\quad (8.114)$$

它是 $\tilde{V}(x_1-x_2)$的本征值，其本征函数是 $C_n^{3/2}(x_1-x_2)$，正是 Gegenbauer 多项式. 从式(8.114)可见到本征值 γ_n 就是深度非弹性散射过程中非单态结构函数的反常量纲. 这些结果也可以通过对分布振幅 $\phi(x,Q)$应用算符乘积展开得到[15]，因为由定义(8.38)和(8.23)式知

$$\phi(x,Q)=\mathrm{i}\Lambda^+\int\frac{\mathrm{d}z^-}{2\pi}\mathrm{e}^{\mathrm{i}xz^-/2}\langle 0|\bar{\psi}(z)\psi(0)|\pi\rangle^Q\,|_{z^+=0,z^2=-z_\perp^2},\tag{8.115}$$

其中 Λ^+ 是正能旋量投影算符，$z_\perp^2\sim O\left(\frac{1}{Q^2}\right)$. 当 $Q^2\to\infty$时，q 和 $\bar{\mathrm{q}}$ 的相对间隔 $z^2=0$，所以可应用光锥展开而给出方程(8.114)和(8.115)的结果. 实际上文献[16]证明了方程(8.113)和(8.114)也是 QCD 理论满足共形不变性的结果.

当 $Q^2\to\infty$时，方程(8.113)中仅有领头项 $\gamma_0=0$ 存在，因此领头项给出了分布振幅的渐近行为

$$\lim_{Q^2\to\infty}\phi(x,Q^2)=a_0x_1x_2,\tag{8.116}$$

其中常数 a_0 将由 π 介子衰变常数来确定. 进一步由 Gegenbauer 的正交关系，从式(8.113)可得到

$$a_n\left(\ln\frac{Q^2}{\Lambda^2}\right)^{-\gamma_n}=\frac{2(2n+3)}{(2+n)(1+n)}\int_{-1}^{1}\mathrm{d}(x_1-x_2)C_n^{3/2}(x_1-x_2)\phi(x_i,Q).\tag{8.117}$$

对(8.117)式两边取 $Q=Q_0$，展开系数 a_n 本质上是由非微扰的初始条件 $\phi(x_i,Q_0)$确定，

$$a_n=\frac{2(2n+3)}{(2+n)(1+n)}\int_{-1}^{1}\mathrm{d}(x_1-x_2)C_n^{3/2}(x_1-x_2)\phi(x_i,Q_0),\tag{8.118}$$

即展开系数 a_n 是由 QCD 的非微扰理论确定的. 特别地第一项系数

$$\frac{a_0}{6}=\int_0^1\mathrm{d}x\phi(x_i,Q)=\int_0^1\mathrm{d}x\int^Q\frac{\mathrm{d}^2\boldsymbol{k}_\perp}{16\pi^3}\psi^Q(x,\boldsymbol{k}_\perp).\tag{8.119}$$

显见(8.119)式右边就是 π 介子的零点波函数，它可以通过 $\pi\to\mu\nu$ 衰变过程来确定，因为在此过程中相互作用顶点仅有(q$\bar{\mathrm{q}}$)Fock 态有贡献，其他图形都包含在非微扰的波函数中. 事实上 $\pi\to\mu\nu$ 衰变过程矩阵元，

$$\begin{aligned}\langle 0|\bar{\psi}_\mathrm{u}\gamma^+(1-\gamma_5)\psi_\mathrm{d}|\pi\rangle&=-\sqrt{2}P^+f_\pi\\&=\int\frac{\mathrm{d}x\mathrm{d}^2\boldsymbol{k}_\perp}{16\pi^3}\psi_{\mathrm{q}\bar{\mathrm{q}}}^{\Lambda}(x,\boldsymbol{k}_\perp)\sqrt{\frac{N_\mathrm{c}}{2}}\left\{\frac{\bar{v}_\downarrow}{\sqrt{1-x}}\gamma^+(1-\gamma_5)\frac{u_\uparrow}{\sqrt{x}}-(\downarrow\leftrightarrow\uparrow)\right\}\end{aligned}\tag{8.120}$$

定义了 π 介子的衰变常数 f_π，(8.120)式的右边应与截断参量 Λ 无关. 这样 π 介子的衰变常数 f_π 提供了对 π 介子的价夸克光锥波函数很强的归一化限制，从而也保证了 π 介子内发现价夸克的几率是有限的. 由(8.119)和(8.120)式可得一约束条件

$$\frac{a_0}{6}=\int_0^1\mathrm{d}x\phi(x_i,Q)=\int_0^1\mathrm{d}x\int_0^Q\frac{\mathrm{d}^2\boldsymbol{k}_\perp}{16\pi^3}\psi(x,\boldsymbol{k}_\perp)=\frac{1}{2\sqrt{N_\mathrm{c}}}f_\pi,\tag{8.121}$$

其中 $f_\pi=93\ \mathrm{MeV}$ 是 π 介子衰变常数.(8.121)和(8.94)式是 π 介子光锥波函数的两个重要约束条件,也是构建 π 介子价夸克光锥波函数模型必须满足的两个关系式.当 $Q^2\to\infty$ 时,将(8.117)和(8.121)代入到 $F_\pi(Q^2)$ 可以得到形状因子在大 Q^2 的渐近行为

$$F_\pi(Q^2)=16\pi f_\pi^2\cdot\frac{\alpha_s(Q^2)}{Q^2}. \tag{8.122}$$

类似地可以得 K 介子、ρ 介子等介子的形状因子以及渐近行为[6].

从理论上来讲,这个渐近行为在 $Q^2\to\infty$ 时精确成立,而在有限 Q^2 下或者说在目前实验能量所达到的区域内,(8.122)式仅是介子形状因子的近似表达式,其近似好坏的程度取决于下述几个方面的修正.

(1) 高 Fock 组态的贡献.对于介子来讲,高 Fock 态是 $|q\bar{q}g\rangle$, $|q\bar{q}q\bar{q}\rangle$, …,它们要比式(8.122)以更多幂次下降,$\alpha_s(Q^2)/Q^2$,随着 Q^2 的增加,高 Fock 组态的贡献越来越小.

(2) 软胶子的贡献.由于我们计算的物理矩阵元是色单态矩阵元,所有红外奇异性和从 $l_\perp\to 0$ 的软胶子贡献将相消.(值得注意的一个有趣的事实,夸克形状因子(Sudakov 形状因子)在大 Q^2 下要比 $F_\pi(Q^2)$下降快得多.)

(3) 顶角和真空极化对 T_H 的修正.由于这里已经选择 $K^2=Q^2$,所以顶角和真空极化对 T_H 的修正是 $\alpha_s(Q^2)$的高级效应.(实际上 $\alpha_s(Q^2)$的宗量应是 xyQ^2 或 $(1-x)(1-y)Q^2$,因为这才是胶子实际上所携带的动量迁移.)

(4) 具有 $|\varepsilon|>\Lambda^2$ 的硬胶子贡献以及其他不可约图形的贡献.从 $\phi(x,Q)$的定义可知它已经包含了 $|q\bar{q}\rangle$ 价夸克态波函数中所有低动量迁移胶子交换的贡献,所以具有 $|\varepsilon|>\Lambda^2$ 的硬胶子交换以及不可约交叉图对 T_H 的贡献都是 $\alpha_s(Q^2)$的高阶修正.

(5) 端点奇异性.从式(8.40)可以见到,当 $x\to 0,1$ 时,存在端点奇异性,这种奇异性并不破坏对 π 介子形状因子的预言,因为束缚态波函数在端点的行为(8.59)式将足以抵消 T_H 中的端点奇异性.从(8.62)式可以见到当夸克横向动量 $\boldsymbol{k}_\perp$ 不可忽略时,端点行为将因为 $\boldsymbol{k}_\perp$ 的引入而改变并对形状因子的贡献有所修正.

这里只给出领头级下介子形状因子的结果,对于高阶图形修正计算依赖于减除方案(scheme),这里仅列出单圈图修正的结果[11,12],

$$F_\pi(Q^2)=16\pi f_\pi^2\cdot\frac{\alpha_s(Q^2)}{Q^2}[1+2.1\alpha_s(Q^2)+\cdots]\quad(\overline{\mathrm{MS}}\ 减除方案), \tag{8.123}$$

$$F_\pi(Q^2)=16\pi f_\pi^2\cdot\frac{\alpha_s(Q^2)}{Q^2}[1+0.72\alpha_s(Q^2)+\cdots]\quad(\mathrm{MOM}\ 减除方案). \tag{8.124}$$

至于其他各种修正的讨论已超出本书的范围.

§8.5　遍举过程中螺旋度守恒规则[1,6,7]

由于 QCD 中媒介子是胶子,自旋为 1,夸克和胶子是矢量相互作用.微扰 QCD 理论在大 Q^2 下忽略轻夸克质量 m,夸克和胶子顶角不改变夸克的螺旋度.例如,从 π 介子电磁形状因子矩阵元的计算可知胶子传播子联结两个顶角,每个夸克—胶子相互作用顶角矩阵元可以由(4.184)式给出不同螺旋度下旋量形式而计算得到.为了方便起见,表 8.1 给出不同螺旋度下矢量流顶角矩阵元的计算结果.每一个相互作用顶角在大 Q^2 下忽略夸克质量 m 时保持夸克或反夸克的螺旋度.另一方面在遍举过程中大 Q^2 下主要贡献来自于价夸克态,价夸克态或低 Fock 态的组成成分是有限的,例如对介子来讲价夸克态($q\bar{q}$)组成为 2 且处于 S 态($L_z=0$).那么对于 S 波的价夸克态,应有沿着强子动量方向的夸克自旋投影等于强子自旋,即有下列等式成立,

$$\sum_{i\in \mathrm{H}}^{n} S_i^z = S_{\mathrm{H}}^z. \tag{8.125}$$

这与单举情况不同,单举情况下不参与相互作用的夸克和胶子旁观者是任意的,就不存在(8.125)式.

表 8.1　矢量流顶角矩阵元

矩阵元 $\bar{v}(p_2)\gamma^\mu v(p_1)=\bar{u}(p_2)\gamma^\mu u(p_1)$	螺旋度($\lambda\to\lambda'$) $\uparrow\to\uparrow$ $\downarrow\to\downarrow$	螺旋度($\lambda\to\lambda'$) $\uparrow\to\downarrow$ $\downarrow\to\uparrow$
$\frac{\bar{u}(k_2)}{\sqrt{k_2^+}}\gamma^+\frac{u(k_1)}{\sqrt{k_1^+}}$	2	0
$\frac{\bar{u}(k_2)}{\sqrt{k_2^+}}\gamma^-\frac{u(k_1)}{\sqrt{k_1^+}}$	$\frac{2}{k_2^+k_1^+}\{k_{2\perp}\cdot k_{1\perp}\pm \mathrm{i}k_{2\perp}\times k_{1\perp}+m^2\}$	$\pm\frac{2m}{k_2^+k_1^+}\{(k_2^1\pm \mathrm{i}k_2^2)-(k_1^1\pm \mathrm{i}k_1^2)\}$
$\frac{\bar{u}(k_2)}{\sqrt{k_2^+}}\gamma_\perp^i\frac{u(k_1)}{\sqrt{k_1^+}}$	$\frac{k_{2\perp}^i\mp \mathrm{i}\varepsilon^{ij}k_{2\perp}^j}{k_2^+}+\frac{k_{1\perp}^i\pm\varepsilon^{ij}k_{1\perp}^j}{k_1^+}$	$\mp m\left\{\frac{k_2^+-k_1^+}{k_2^+k_1^+}\right\}(\delta^{i1}\pm\delta^{i2})$

仍以 π 介子电磁形状因子为例,因子化定理分离出的硬散部分 T_{H} 的初态是共线的($q\bar{q}$)对,终态也是共线的($q\bar{q}$)对,它们分别受(8.125)式约束.同时每一个相互作用顶角在大 Q^2 下忽略夸克质量 m 时保持夸克或反夸克的螺旋度,即总的夸克螺旋度是守恒的,则有 QCD 螺旋度近似守恒规则

$$\sum_{\text{初态}}\lambda_{\mathrm{H}} = \sum_{\text{终态}}\lambda_{\mathrm{H}}. \tag{8.126}$$

这一规则在微扰 QCD 计算中对所有遍举过程成立,其修正为 $O(m/Q)$ 量级.显然对重夸克顶角,由于重夸克质量不可忽略,螺旋度守恒规则是不适用的.

现在讨论这一规则的应用. 首先讨论高能下 $e^+e^- \to \gamma^* \to h_A\bar{h}_B$ 过程，其中 h_A 和 h_B 是终态轻强子. 在高能下虚光子沿束流方向总有自旋投影 ± 1，由角动量守恒可知在质心系中终态强子的角分布只有两种，依赖于 h_A 和 h_B 的螺旋度 λ_A 和 λ_B，

$$1+\cos^2\theta, \quad 当 \mid \lambda_A - \lambda_B \mid = 1, \tag{8.127a}$$

$$\sin^2\theta, \quad 当 \mid \lambda_A - \lambda_B \mid = 0. \tag{8.127b}$$

另一方面由微扰 QCD，要求螺旋度守恒式(8.126)对不同终态强子过程挑出其中一种角分布. 因为虚光子不带有夸克螺旋度，所以 QCD 螺旋度守恒规则允许的终态强子螺旋度之和应为零，即 $\lambda_A+\lambda_B=0$ 或者 $\lambda_A-\lambda_B=2\lambda_A=-2\lambda_B$. 将此条件与角动量守恒条件(8.127)相结合就得到对于介子只有 $|\lambda_A|=|\lambda_B|=0$；对于重子只有 $|\lambda_A|=|\lambda_B|=1/2$. 这就完全确定了过程的角分布

$$\frac{d\sigma}{d\cos\theta}(e^+e^- \to M\bar{M}) \propto \sin^2\theta, \qquad 当终态是介子, \tag{8.128}$$

$$\frac{d\sigma}{d\cos\theta}(e^+e^- \to B\bar{B}) \propto 1+\cos^2\theta, \qquad 当终态是重子. \tag{8.129}$$

正如前面所指出的 QCD 螺旋度守恒规则是近似的. 这样，下列终态为介子的过程

$$e^+e^- \to \pi^+\pi^-, K^+K^-, \rho^+(0)\rho^-(0), K^{*+}(0)K^{*-}(0), \cdots$$

的角分布 $\propto\sin^2\theta$，其中 $\rho^+(0)=\rho^+(\lambda=0)$. 而下列终态为重子的过程

$$e^+e^- \to p(\pm 1/2)\bar{p}(\mp 1/2), n(\pm 1/2)\bar{n}(\mp 1/2), p(\pm 1/2)\bar{\Delta}(\mp 1/2), \cdots$$

的角分布 $\propto 1+\cos^2\theta$. 同理也可获得 $e^+e^- \to \pi^0(\eta,\eta')+\gamma(\pm 1)$ 过程的角分布 $\propto 1+\cos^2\theta$.

至于 QCD 螺旋度守恒规则破坏的过程就不再有(8.128)和(8.129)式成立，但角动量守恒的(8.127)式仍应遵守. 例如下列终态为介子的过程

$$e^+e^- \to \rho^+(0)\rho^-(\pm 1), \pi^+(0)\rho^-(\pm 1), K^+(0)K^{*-}(\pm 1), \cdots$$

角分布 $\propto 1+\cos^2\theta$. 而 $e^+e^- \to \rho^+(\pm 1)\rho^-(\pm 1)$ 过程的角分布 $\propto\sin^2\theta$.

上述讨论也适用于重夸克偶素 J/ψ 和 Υ 衰变为轻强子的过程，因为它们在 e^+e^- 过程中产生，沿束流方向也必须有自旋为 ± 1，且衰变为轻强子是通过胶子发生的. 其衰变终态为介子或重子，也近似地遵从(8.128)和(8.129)式. 例如 $J/\psi \to p\bar{p}$ 的角分布近似地应为 $\propto 1+\beta^2\cos^2\theta$，$\beta^2\approx 1$，已获得实验的证实. 值得注意的是，重夸克偶素 J/ψ 衰变为轻强子 $\pi\rho$，KK^* 的过程中并未观测到 QCD 螺旋度守恒规则压低的实验事实. 关于重夸克偶素衰变为轻强子的性质将在 § 8.7 讨论.

QCD 螺旋度守恒规则是微扰理论中忽略轻夸克质量、以传递相互作用的胶子自旋为 1 的直接推论，如果胶子是标量(自旋为 0)或张量(自旋为 2)都会改变夸克的螺旋度. 所以螺旋度守恒规则的成立也间接印证了胶子的自旋为 1. 然而应该强调指出，螺旋度守恒规则是在微扰理论中大 Q^2 下忽略夸克质量 m 条件下的近似规则，不能期望它保持在遍举过程中都得到遵从. 这意味着非微扰机制或夸克质量

效应都可能破坏螺旋度守恒规则. 特别是那些动量迁移不是很大,非微扰效应贡献不可忽略的过程,发现螺旋度守恒规则破坏是自然的.

§8.6 大 Q^2 下重子电磁形状因子的渐近预言

类似于对介子电磁形状因子的计算,人们可以对重子的电磁形状因子例如过程 $\gamma^* N\to N$ 进行分析,在§2.3 的(2.32)式曾给出核子的电磁形状因子,

$$J_\mu=\bar{u}(P',r')\left[F_1(Q^2)\gamma_\mu+\kappa\frac{F_2(Q^2)}{2M}\mathrm{i}\sigma_{\mu\nu}q^\nu\right]u(P,r)$$

$$=\bar{u}(P',r')\left[G_M(Q^2)\gamma_\mu+\frac{(P+P')_\mu}{2M}F_2(q^2)\right]u(P,r),\qquad(8.130)$$

由上一节 QCD 螺旋度守恒规则知初、终态核子螺旋度改变的形状因子要比初、终态核子螺旋度相同的形状因子压低,即

$$\frac{F_2(Q^2)}{F_1(Q^2)}\text{或}\frac{F_2(Q^2)}{G_M(Q^2)}\sim O\left(\frac{m^2}{Q^2}\right),\qquad(8.131)$$

其中 $G_M(Q^2)=F_1(Q^2)+\kappa F_2(Q^2)$(见(2.42)式)是保持螺旋度不变的磁形状因子. 而 $F_2(Q^2)$是螺旋度改变的形状因子.

实际上,由于介子、重子基态波函数 $L_z=0$ 和强子电磁形状因子在大 Q^2 下主要贡献来自于价夸克态,由 QCD 螺旋度守恒规则就可以给出大 Q^2 下初、终态螺旋度不变的电磁形状因子的幂次行为密切与组成强子的价夸克数目相关,即

$$F_H(Q^2)\sim\left(\frac{1}{Q^2}\right)^{n-1},\qquad(8.132)$$

其中,n 是价夸克组态中夸克数目,例如

$$\text{介子,}\quad F_M(Q^2)\sim\frac{1}{Q^2};\qquad\text{重子,}\quad F_B(Q^2)\sim\frac{1}{(Q^2)^2}.\qquad(8.133)$$

(8.132)式这个量纲数规则从领头阶交换胶子的数目也可理解,由前两节讨论介子形状因子的 QCD 计算得到证实,并表明对幂次规律的修正来自于两个方面:(1) 在硬散射振幅 T_H 中 α_s 因子的 Q^2 依赖;(2) 分布振幅的 QCD 演化方程. 幂次规律(8.132)在实验上得到广泛的支持,π 介子、质子(p)、中子(n)以至于氘核(D)、氚核(He^3)的幂次行为见图 8.12.

下面讨论对于螺旋度守恒磁形状因子,类似于介子形状因子的 QCD 计算,可以证明在大 Q^2 下因子化定理成立. 将 $G_M(Q^2)$写成下述分布振幅 $\phi_B(x_i,Q)$和硬散射振幅 $T_H(x_i,y_i,Q^2)$的卷积形式[1,6,17]

$$G_M(Q^2)=\int[\mathrm{d}x][\mathrm{d}y]\phi_B^*(y_i,Q)T_H(x_i,y_i,Q^2)\phi_B(x_i,Q),\qquad(8.134)$$

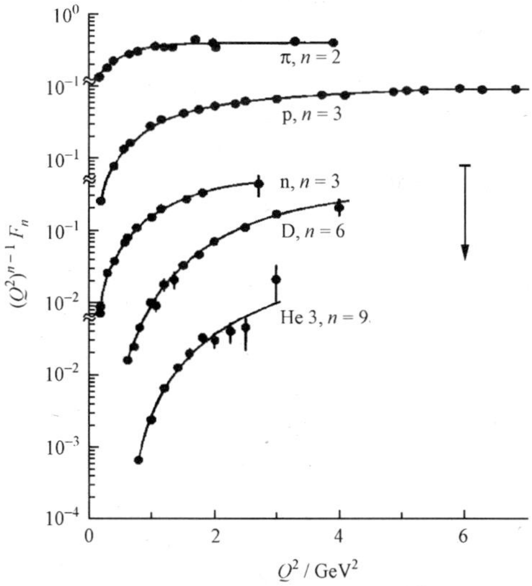

图 8.12 强子和轻核电磁形状因子的幂次行为

其中 $T_{\rm H}$ 是 $3q+\gamma \to 3q$ 的振幅，在微扰 QCD 最低级近似下作计算，其硬散射振幅 $T_{\rm H}$ 和分布振幅将由图 8.13 给出，对于质子和中子，其硬散射振幅分别为：

$$T_{\rm p} = \frac{128\pi^2 C_{\rm B}^2}{(Q^2)^2} T_1 \quad \left(C_{\rm B} = \frac{2}{3}\right), \tag{8.135}$$

$$T_{\rm n} = \frac{128\pi^2 C_{\rm B}^2}{3(Q^2)^2} (T_1 - T_2), \tag{8.136}$$

其中

$$\begin{aligned} T_1 = & -\frac{\alpha_s(x_3 y_3 Q^2)\alpha_s((1-x_1)(1-y_1)Q^2)}{x_3(1-x_1)^2 y_3(1-y_1)^2} \\ & -\frac{\alpha_s(x_2 y_2 Q^2)\alpha_s((1-x_1)(1-y_1)Q^2)}{x_2(1-x_1)^2 y_2(1-y_1)^2} \\ & +\frac{\alpha_s(x_2 y_2 Q^2)\alpha_s(x_3 y_3 Q^2)}{x_2 x_3(1-x_3)^2 y_2 y_3(1-y_1)}, \end{aligned} \tag{8.137}$$

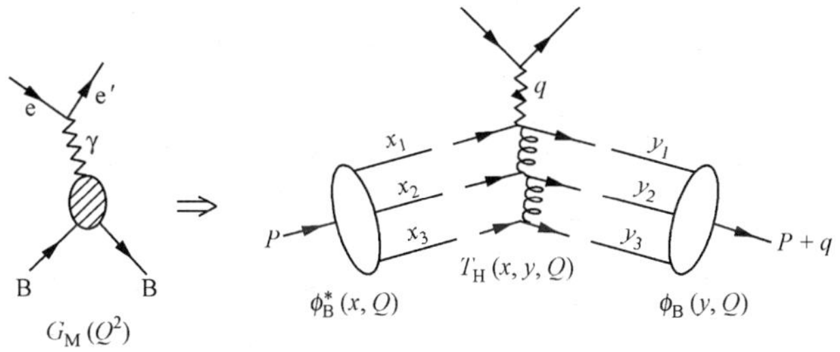

图 8.13 重子电磁形状因子以及大 Q^2 下的最低阶贡献图

$$T_2 = -\frac{\alpha_s(x_1 y_1 Q^2)\alpha_s(x_3 y_3 Q^2)}{x_1 x_3 (1-x_1) y_1 y_3 (1-y_3)}. \tag{8.138}$$

振幅 T_1 相应于与光子相互作用的夸克自旋与核子平行时的振幅，T_2 则是反平行时的振幅. 在(8.137)和(8.138)式中 α_s 的宗量都已按所交换的胶子实际携带的动量而放入了正确的 x_i, y_i 值.

在(8.134)式中的分布振幅定义为

$$\phi_B(x_i, Q) = \int_0^Q [d^2 \boldsymbol{k}_\perp] \psi_{qqq}(x_i, k_{\perp i}), \tag{8.139}$$

它所遵从的 Q^2 演化方程可以从三个夸克场的算符乘积展开得到，也可以像得到(8.107)式一样地从上述的胶子交换图给出. 计算 α_s 的主导级，则有

$$x_1 x_2 x_3 \left\{ \frac{\partial}{\partial \xi} \tilde{\phi}(x_i, Q) + \frac{3}{2} \frac{C_F}{\beta_0} \tilde{\phi}(x_i, Q) \right\} = \frac{C_B}{\beta_0} \int_0^1 [dy] V(x_i, y_i) \tilde{\phi}(y_i, Q), \tag{8.140}$$

其中 $\phi = x_1 x_2 x_3 \tilde{\phi}$，$V(x_i, y_i)$ 由胶子交换图给出

$$\begin{aligned} V(x_i, y_i) &= 2 x_1 x_2 x_3 \sum_{i \neq j} \theta(y_i - x_i) \delta(x_j - y_j) \frac{y_j}{x_j} \left(\frac{\delta_{h_i \bar{h}_j}}{x_i + x_j} + \frac{\Delta}{y_i - x_j} \right) \\ &= V(y_i, x_i), \end{aligned} \tag{8.141}$$

$\Delta = \Delta \tilde{\phi}(y_i, Q) = \tilde{\phi}(y_i, Q) - \tilde{\phi}(x_i, Q)$，在 $x_i = y_i$ 处的红外奇异性已消去，因为重子是色单态. 演化方程(8.140)具有普遍解

$$\phi(x, Q) = x_1 x_2 x_3 \sum_{n=0}^{\infty} a_n \tilde{\phi}_n(x_i) \left(\ln \frac{Q^2}{\Lambda^2} \right)^{-\gamma_n^B}, \tag{8.142}$$

其中 $\tilde{\phi}_n(x_i)$，γ_n^B 分别是本征函数和本征值. 因此，在大 Q^2 下，核子磁形状因子具有下述渐近行为

$$G_M(Q^2) \to \frac{\alpha_s^2(Q^2)}{Q^4} \sum_{n,m} b_{nm} \left(\ln \frac{Q^2}{\Lambda^2} \right)^{-\gamma_n^B - \gamma_m^B} \left(1 + O\left(\alpha_s(Q^2), \frac{m^2}{Q^2} \right) \right). \tag{8.143}$$

用同样的方法可以讨论其他重子的电磁形状因子以及在标准的 SU(2)×U(1)的模型里讨论中性和弱形状因子. 从上面的讨论可以见到微扰 QCD 预言的最显著的特点是质子和中子的磁形状因子 G_M^P，G_M^N 按 Q^{-4} 幂律下降，这个幂次规律反映了这样一个事实，在重子内的 Fock 组态 3q 态、或者说价夸克组态在大 Q^2 时为主要贡献.

值得注意的一点是得到重子磁形状因子时并不像在得到介子形状因子时那样严格，因为在重子情况下(8.134)式中的积分由于存在着端点奇异性可能破坏上述预言. 这种反常贡献在大 Q^2 下将渐近地被 Sudakov 形状因子所压低，所谓 Sudakov 形状因子就是当夸克线接近质壳时 $\left(P^2 \sim O\left(\frac{m}{Q}\right)\right)$，夸克-夸克-光子顶角中由于虚粒子修正所产生的形状因子. 这种 Sudakov 形状因子需要对所有阶微扰贡献求和才给出压低的效应.

§ 8.7　重夸克偶素($Q\bar{Q}$)的衰变(Ⅰ)

重夸克偶素($Q\bar{Q}$)的衰变是检验微扰 QCD 的一个重要的领域[18]. 形成重夸克偶素束缚态的重夸克有粲夸克 c 和底夸克 b,它们的质量分别为 1.4—1.5 GeV 和 4.6—4.9 GeV,都比强子的标度 1 GeV 大,比 QCD 标度参量 $\Lambda_{QCD}\approx 200$ MeV 大很多,即 $m_b^2 \gg m_c^2 \gg \Lambda_{QCD}^2$. 自从 1974 年发现粲夸克 c 和 1977 年发现底夸克 b 以来,实验上已很好地观察到重夸克偶素($c\bar{c}$)和($b\bar{b}$)的能谱,例如 J/ψ,η_c,χ_c 和 Υ,η_b,χ_b 以及 ψ',Υ'等激发态,见图 8.14(图中仅给出粲夸克偶素家族能谱,Υ 家族能谱是类似的).

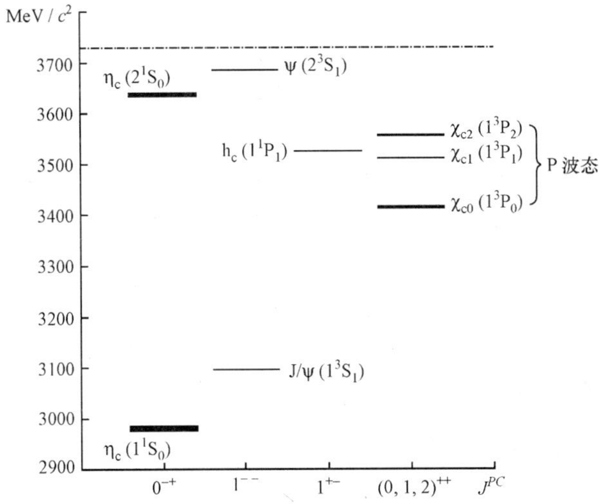

图 8.14　粲夸克偶素家族能谱图示,底夸克偶素有类似的能谱

这些能谱表明了重夸克偶素($Q\bar{Q}$)($Q=c,b$)具有下述特点:

(1) 重夸克偶素($Q\bar{Q}$)能谱正像正、负电子偶素(positronium)一样构成基态、轨道激发、径向激发完整的图像.

(2) 重夸克在重夸克偶素($Q\bar{Q}$)内的运动可以近似地看作是非相对论的,因为

$$\left\langle \frac{v^2}{c^2} \right\rangle \cong \frac{\Delta E}{m_Q} \cong \begin{cases} 0.25, & J/\psi, \\ 0.1, & \Upsilon, \end{cases} \tag{8.144}$$

其中 ΔE 是($Q\bar{Q}$)径向激发态质量和基态质量之差.

(3) 非相对论势模型描写重夸克偶素($Q\bar{Q}$)相当好,尽管人们可以采取不同参量化势模型,通过求解 Schrödinger 方程这些模型在可观察态的标度范围内都相自洽.

这些特点很强地表明在重夸克偶素内价夸克($Q\bar{Q}$)占主导成分. 事实上 J/ψ 和

Υ 的径向激发谱和格点规范理论的计算表明相互作用势在长距离下是线性势，在短距离下是 Coulomb 势，

$$V(r)=\begin{cases}Kr, & r\to\infty,\\ \dfrac{\alpha_s(1/r)}{r}, & r\to 0.\end{cases}\tag{8.145}$$

有兴趣的是(8.145)式简单地叠加构成 Cornell 势[19]

$$V(r)=Kr-\frac{a}{r},\tag{8.146}$$

其中参量 $a\approx 0.52$，$b\approx 0.18\ \mathrm{GeV}^2$，就能很好地解释 J/$\psi$ 和 Υ 家族的能谱. 其他还有 Richardson 势[20]和幂次势等参数化的势模型. 图 8.15 给出了四种不同形式的相互作用势模型，它们在 0.1—1.0 fm 之间是相一致的，因此求解 Schrödinger 方程都能得到正确的 J/ψ 和 Υ 家族的能谱.

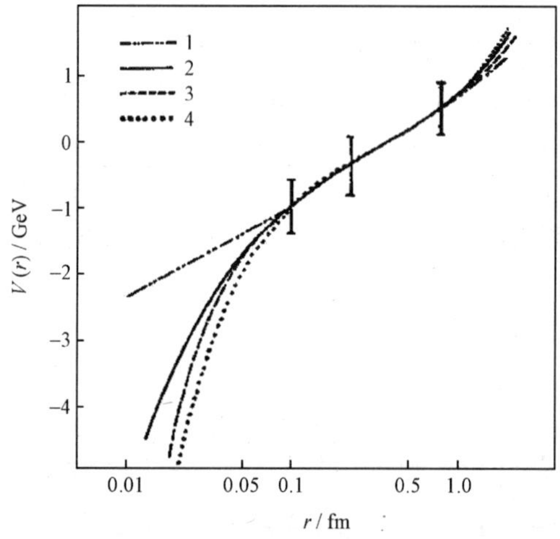

图 8.15 不同模型下重夸克之间相互作用势. 图中曲线 4 就是(8.146)式描述的 Cornell 势，1 是幂次势，2 是 Richardson 势，3 是对数形式势

注意到重夸克偶素内价夸克 Q=c，b，具有不同于轻夸克 q=u，d，s 的量子数，重夸克 Q=c，b 仅能通过弱相互作用直接衰变到轻夸克 q=u，d，s. 重夸克偶素的电磁衰变是通过($Q\overline{Q}$)湮灭为光子再耦合到轻夸克. 重夸克偶素到轻强子的强衰变由于 Okubo-Zweig-Iizuka(OZI)禁戒规则不能直接衰变到轻强子，而是通过($Q\overline{Q}$)湮灭为胶子再耦合到轻夸克. 由于这一湮灭过程发生在很短的距离内($\sim 1/M_Q$)，重夸克偶素通过强衰变到轻强子是微扰 QCD 可计算的，随着重夸克质量 M_Q 愈大，其微扰计算的结果的可靠性就愈大. 由于 J/ψ 和 Υ 的 $J^{PC}=1^{--}$ 以及轻强子的色单态性质，电荷共轭宇称为负且是色单态，它们衰变到轻强子不能通过单胶子和双胶子交换，而最主要的贡献是通过交换三个胶子发生的，其振幅$\sim\alpha_s^6(M_Q)$(见图 8.16).

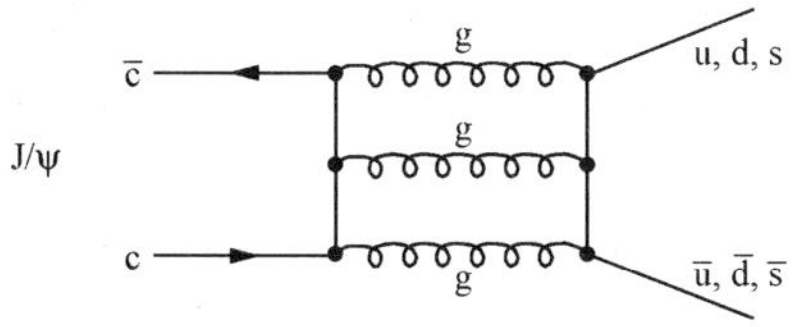

图 8.16 J/ψ 和 Υ 通过交换三个胶子衰变到轻强子

首先计算 J/ψ 和 Υ 衰变到一对轻子 $l\bar{l}=e^+e^-, \mu^+\mu^-$,由于它们是($Q\bar{Q}$)自旋为 1 的 S 波束缚态,$J^{PC}=1^{--}$ 的矢量粒子,领头阶是通过交换单光子图(见图 8.17)发生的.

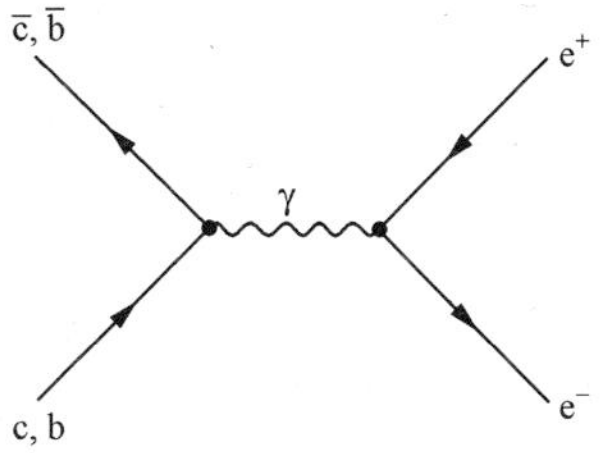

图 8.17 ($c\bar{c}$)($b\bar{b}$)衰变到一对轻子 $l\bar{l}=e^+e^-, \mu^+\mu^-$

不考虑 QCD 辐射修正领头阶近似,J/ψ 及其径向激发态衰变到一对轻子的衰变宽度为

$$\Gamma_{(Q\bar{Q})\to l\bar{l}} = \frac{16\pi\alpha^2}{(2m_Q)^2}e_Q^2|\psi_n(0)|^2\left(1+\frac{2m_l^2}{M_Q^2}\right)\left(1-\frac{4m_l^2}{M_Q^2}\right)$$

$$= \frac{16\pi\alpha^2}{(2m_Q)^2}e_Q^2|\psi_n(0)|^2 \quad (M_Q \gg m_l), \tag{8.147}$$

其中 $\psi_n(0)$是重夸克偶素($Q\bar{Q}$)相应的基态($n=1$)和径向激发态($n=2,3,\cdots$)零点波函数.这是因为($Q\bar{Q}$)湮灭就一定与它的零点波函数相关,$|\psi_n(0)|^2$ 正是($Q\bar{Q}$)湮灭的几率.e_Q 是重夸克的电荷($e_c=2/3, e_b=-1/3$).式(8.147)的第二个等式是忽略轻子质量的结果.事实上(8.147)式对所有 $J^{PC}=1^{--}$ 的矢量介子成立,不同矢量介子衰变为轻子的实验宽度 $\Gamma_{V\to l\bar{l}}$ 定义为

$$\Gamma_{V\to l\bar{l}} = \frac{4\pi\alpha^2}{3}e_Q^2\frac{f_V^2}{m_V}, \tag{8.148}$$

其中 f_V 是矢量介子 V 的衰变常数,$V=(Q\bar{Q})$是重夸克偶素相应的基态($n=1$)和径向激发态($n=2,3,\cdots$)粒子,衰变常数 f_V 与零点波函数相关,$f_V^2\approx 12\frac{|\psi_V(0)|^2}{m_V}$,其中$|\psi_V(0)|^2$ 倾向于有下列关系式成立,

$$|\psi_V(0)|^2 \propto M_V^3.$$

由于零点波函数 $\psi_n(0)$实质上是非微扰量,在很多过程中都会出现,人们可以利用

两个过程相比消去它而给出 QCD 微扰论的理论预言，也可以通过 J/ψ 衰变到一对轻子 $l\bar{l}=e^+e^-,\mu^+\mu^-$ 的实验宽度定出零点波函数 $|\psi_n(0)|^2$ 值输入其他衰变过程计算物理量.

下一步计算 J/ψ 和 Υ 衰变到所有轻强子的宽度，这可以通过假定 J/ψ 和 Υ 衰变到三个胶子来表达，而不管三个胶子是如何衰变到轻强子. 这一计算是很直接的，第一部分是$(Q\bar{Q})$湮灭的几率 $|\psi_n(0)|^2$，这是重夸克偶素的非微扰部分；第二部分是正、反重夸克对 $Q\bar{Q}$ 耦合到三个胶子的衰变率 $\Gamma(Q\bar{Q}\to ggg)$，正像正、负电子对转化为三个光子过程一样是微扰可计算的；第三部分是三个胶子转化为各种可能强子态的几率，$P(ggg\to 强子)=1$，这意味着假定了各种可能强子态的产生近似地看作必须是三个胶子生成的. 综合三部分结果 QCD 领头阶贡献为

$$\Gamma_{(Q\bar{Q})\to ggg}=|\psi_n(0)|^2\Gamma(Q\bar{Q}\to ggg)P(ggg\to 强子)=|\psi_n(0)|^2\frac{160(\pi^2-9)}{81(2m_Q)^2}\alpha_s^3(m_Q), \tag{8.149}$$

$$\Gamma_{(Q\bar{Q})\to\gamma\gamma\gamma}=|\psi_n(0)|^2\Gamma(Q\bar{Q}\to\gamma\gamma\gamma)=|\psi_n(0)|^2\frac{64(\pi^2-9)}{3(2m_Q)^2}e_Q^6\alpha^3. \tag{8.150}$$

将(8.149)与(8.147)式相比就可消去非微扰的 $|\psi_n(0)|^2$，给出了纯粹微扰 QCD 领头阶的理论预言，

$$\frac{\Gamma_{(Q\bar{Q})\to ggg}}{\Gamma_{(Q\bar{Q})\to l\bar{l}}}=\frac{10(\pi^2-9)}{81\pi}\frac{\alpha_s^3(m_Q)}{\alpha^2e_Q^2}. \tag{8.151}$$

式(8.151)的左边可以由实验值确定，由此可定出跑动耦合常数 $\alpha_s(m_Q)$. 式(8.151)的一个直接推论是

$$\frac{\Gamma_{\psi'\to 强子}}{\Gamma_{J/\psi\to 强子}}\cong\frac{\Gamma_{\psi'\to e^+e^-}}{\Gamma_{J/\psi\to e^+e^-}}, \tag{8.152}$$

其中 ψ′ 是 J/ψ 的径向激发态(2S). 由于 J/ψ 和 Υ 的 $J^{PC}=1^{--}$ 和轻强子的色单态性质，它们衰变到轻强子除了通过交换三个胶子还可以通过二个胶子和一个光子发生. 类似的微扰 QCD 计算领头阶给出

$$\Gamma_{(Q\bar{Q})\to gg\gamma}=|\psi_n(0)|^2\frac{128(\pi^2-9)}{9(2m_Q)^2}e_Q^2\alpha\alpha_s^2(m_Q) \tag{8.153}$$

和

$$\frac{\Gamma_{(Q\bar{Q})\to gg\gamma}}{\Gamma_{(Q\bar{Q})\to ggg}}=\frac{36}{5}\frac{e_Q^2\alpha}{\alpha_s(m_Q)} \tag{8.154}$$

或

$$\frac{\Gamma_{(Q\bar{Q})\to gg\gamma}}{\Gamma_{(Q\bar{Q})\to l\bar{l}}}=\frac{8(\pi^2-9)}{9\pi}\frac{\alpha_s^2(m_Q)}{\alpha}. \tag{8.155}$$

式(8.147)，(8.153)—(8.155)给出 J/ψ 和 Υ 以及径向激发态 QCD 领头阶下不同衰变道的基本关系式. 例如，(8.154)式就给出$(Q\bar{Q})$的辐射衰变对强衰变的比，对于粲夸克来讲这个比值约为

$$\frac{\Gamma_{J/\psi\to gg\gamma}}{\Gamma_{J/\psi\to ggg}}=\frac{16}{5}\frac{\alpha}{\alpha_s(m_Q)}\approx 0.09.$$

为了精确起见考虑(8.147),(8.153)—(8.155)式的下一阶 QCD 修正,在$\overline{\mathrm{MS}}$减除方案里其结果为[21,22]

$$\Gamma_{(Q\bar{Q})\to l\bar{l}}=\frac{16\pi\alpha^2}{(2m_Q)^2}e_Q^2|\psi_n(0)|^2\left[1-\frac{16}{3\pi}\alpha_s(m_Q)\right],\tag{8.156}$$

$$\Gamma_{(Q\bar{Q})\to ggg}=|\psi_n(0)|^2\frac{160(\pi^2-9)}{81(2m_Q)^2}\alpha_s^3(m_Q)\left[1-4.9\frac{\alpha_s(m_Q)}{\pi}\right],\tag{8.157}$$

$$\Gamma_{(Q\bar{Q})\to \gamma\gamma\gamma}=|\psi_n(0)|^2\frac{64(\pi^2-9)}{3(2m_Q)^2}e_Q^6\alpha^3\left[1-12.6\frac{\alpha_s(m_Q)}{\pi}\right],\tag{8.158}$$

$$\frac{\Gamma_{(Q\bar{Q})\to ggg}}{\Gamma_{(Q\bar{Q})\to l\bar{l}}}=\frac{10(\pi^2-9)}{81\pi}\frac{\alpha_s^3(m_Q)}{\alpha^2e_Q^2}\left[1+0.43\frac{\alpha_s(m_Q)}{\pi}\right],\tag{8.159}$$

$$\Gamma_{(Q\bar{Q})\to gg\gamma}=|\psi_n(0)|^2\frac{128(\pi^2-9)}{9(2m_Q)^2}e_Q^2\alpha\alpha_s^2(m_Q)\left[1-1.7\frac{\alpha_s(m_Q)}{\pi}\right],\tag{8.160}$$

$$\frac{\Gamma_{(Q\bar{Q})\to gg\gamma}}{\Gamma_{(Q\bar{Q})\to ggg}}=\frac{36}{5}\frac{e_Q^2\alpha}{\alpha_s(m_Q)}\left[1-2.6\frac{\alpha_s(m_Q)}{\pi}\right].\tag{8.161}$$

值得指出,J/ψ(或者 ψ′)通过发射一个实光子和两个胶子的过程是 J/ψ 单光子辐射衰变到强子的领头阶近似,其中两个胶子可以通过夸克顶点转变为普通轻强子,也可以通过胶子间相互作用产生 QCD 中特有的胶球态(胶子束缚态).因此人们期望 J/ψ 辐射衰变过程会成为实验上寻找可能存在的胶球的最佳实验室.

上面提到重夸克偶素衰变到轻强子的总宽度近似地看作是通过衰变到胶子发生的.如果特指终态为某一过程也是如此,则对所有遍举过程,微扰 QCD 预言近似地有下列等式成立,

$$R_h=\frac{Br(\psi'\to h)}{Br(J/\psi\to h)}\cong\frac{Br(\psi'\to e^+e^-)}{Br(J/\psi\to e^+e^-)}=(12.4\pm0.4)\%,\tag{8.162}$$

其中 h 是指特定的终态轻强子.上式中最后等式的数值取自于实验值,这就是人们俗称的 12%规则.应注意这是一个近似规则,并非严格成立.例如实验上发现终态为 $h=\rho\pi$ 就要比 12.4%小很多,破坏了上述规则.其可能的原因之一在于 $J/\psi\to\rho\pi$ 没有遵从§8.6 讨论的 QCD 微扰计算中螺旋度守恒规则,即 $J/\psi\to\rho\pi$ 过程虽是螺旋度守恒规则压低的过程但未被压低.实验上还发现了一些轻强子终态破坏螺旋度守恒压低的过程,理论上曾提出了很多可能的解释,其物理根源尚未清楚.

举一个例子说明微扰 QCD 应用于 J/ψ(或 Υ)及其径向激发态衰变到特定终态轻强子过程的理论计算,例如重夸克偶素衰变到重子(B)和反重子($\bar{B}$)的过程,即 J/ψ(或 Υ)→$B\bar{B}$($p\bar{p}$,$n\bar{n}$,…)过程.按照§8.5 的讨论其角分布应$\propto 1+\beta^2\cos^2\theta_{c.m.}$,其 β 应近似等于 1,$\theta_{c.m.}$ 是质心系中散射角.这是因为 J/ψ(或 Υ)在 e^+e^- 碰撞中产生,它们必然沿束流方向具有螺旋度±1,然后通过交换三个矢量胶子转变为 $B\bar{B}$

遵从螺旋度守恒规则. 由于角分布已知,可以选择 $\theta_{c.m.}=0$ 而大大简化计算. 因子化定理分离出非微扰的波函数部分,重夸克偶素湮灭为胶子,贡献零点波函数 $|\psi_n(0)|^2$,三个胶子转变为 $\mathrm{B\overline{B}}$ 的硬散射振幅的发生过程如图 8.18 所示,与强子形状因子类似具有因子化形式,表达为分布振幅 $\phi_B(x_i,S)$ 和硬散射振幅 $T_H(x_i,y_i,S)$ 的卷积形式[6],

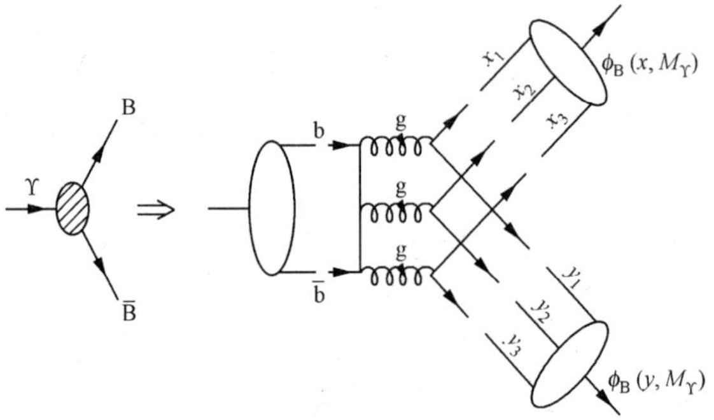

图 8.18　重夸克偶素 Υ 湮灭为三个胶子、转变到重子、反重子($\mathrm{B\overline{B}}$)的硬散射振幅

$$T(S=M_V^2,\theta=0)=\int_0^1[\mathrm{d}x][\mathrm{d}y]\phi_B(y_i,S)T_H(x_i,y_i,S)\phi_B(x_i,S),\tag{8.163}$$

其中重子分布振幅 $\phi_B(x_i,S)$ 吸收了所有共线质量奇异性,是由 QCD 非微扰理论确定的、与过程无关的物理量. 在领头阶近似下微扰 QCD 计算硬散射振幅给出

$$T_H=-\frac{32C[4\pi\alpha_s(S)]^3}{S^{5/2}}\psi_n(0)\frac{1}{y_1y_2y_3}\cdot\frac{x_1y_3+x_3y_1}{[x_1(1-y_1)+y_1(1-x_1)][x_3(1-y_3)+y_3(1-x_3)]}\frac{1}{x_1x_2x_3},\tag{8.164}$$

其中色因子

$$C=\frac{(N_c+1)(N_c+2)}{8N_c^2\sqrt{N_c}}=\frac{5}{18\sqrt{3}}.\tag{8.165}$$

在获得(8.164)时已近似地取了 $m_Q=\frac{1}{2}M_V\left(如\ m_c=\frac{1}{2}M_{J/\psi}\right)$. 例如考虑终态为质子和反质子过程,此过程的衰变宽度 $\Gamma(\mathrm{J}/\psi(或\ \Upsilon)\to\mathrm{p\bar{p}})$ 为

$$\Gamma(\Upsilon\to\mathrm{p\bar{p}})=\frac{|\boldsymbol{P}_{c.m.}|}{6\pi\sqrt{S}}|T(S,\theta=0)|^2,\quad S=M_\Upsilon^2.\tag{8.166}$$

将此式与(8.149)式相比消去零点波函数给出分支比

$$Br(\Upsilon\to\mathrm{p\bar{p}})=\frac{\Gamma(\Upsilon\to\mathrm{p\bar{p}})}{\Gamma(\Upsilon\to强子)}=(3.2\times10^6)\alpha_s^3(S)\frac{|\boldsymbol{P}_{c.m.}|}{\sqrt{S}}\frac{\langle T\rangle^2}{S^4},\tag{8.167}$$

其中 $\langle T\rangle$ 的定义为

$$\langle T\rangle=\int_0^1[\mathrm{d}x][\mathrm{d}y]\frac{\phi_P(y_i,S)}{y_1y_2y_3}$$

$$\cdot\frac{x_1y_3+x_3y_1}{[x_1(1-y_1)+y_1(1-x_1)][x_3(1-y_3)+y_3(1-x_3)]}\frac{\phi_P(x_i,S)}{x_1x_2x_3}. \tag{8.168}$$

(8.167)式对 J/ψ,Υ 以及它们的径向激发态都成立.由此获得下列关系式

$$\frac{Br(\psi'\to\mathrm{p\bar{p}})}{Br(\mathrm{J}/\psi\to\mathrm{p\bar{p}})}=\left(\frac{M_{\mathrm{J}/\psi}}{M'_{\psi}}\right)^8, \tag{8.169}$$

$$\frac{Br(\Upsilon'\to\mathrm{p\bar{p}})}{Br(\Upsilon\to\mathrm{p\bar{p}})}=\left(\frac{M_{\Upsilon}}{M'_{\Upsilon}}\right)^8, \tag{8.170}$$

它们与实验测量结果相自洽.

§8.8 重夸克偶素(Q$\bar{Q}$)的衰变(Ⅱ)

类似上一节的讨论可以计算重夸克偶素 η_Q(Q=c,b)和它的径向激发态的衰变,它们的量子数是:(Q$\bar{Q}$)的自旋单态,s 波束缚态,$J^{PC}=0^{-+}$ 的赝标粒子,电荷共轭宇称为正.η_Q 可以湮灭衰变为两个光子或两个胶子过程,$\eta_Q\to\gamma\gamma$, gg(图 8.19),通过直接的计算给出 QCD 领头阶下衰变宽度,

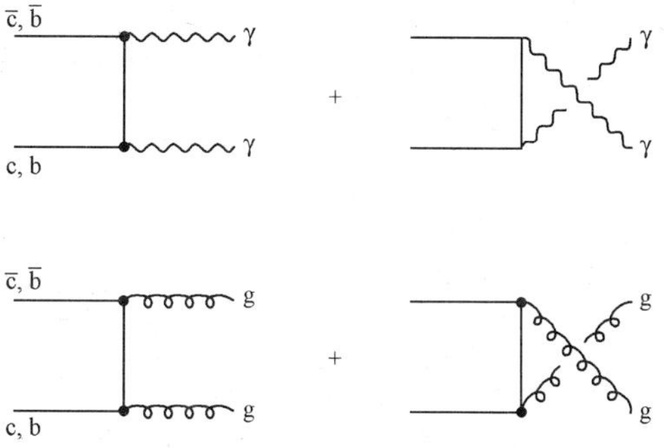

图 8.19 η_Q(Q=c,b)湮灭衰变为两个光子和两个胶子过程

$$\Gamma_{\eta_Q\to\gamma\gamma}=\frac{48\pi e_Q^4\alpha^2}{(2m_Q)^2}|\psi_n(0)|^2, \tag{8.171}$$

$$\Gamma_{\eta_Q\to gg}=\frac{32\pi\alpha_s^2(m_Q)}{3(2m_Q)^2}|\psi_n(0)|^2, \tag{8.172}$$

其中 $\psi_n(0)$是重夸克偶素 η_Q 相应的基态(n=1)和径向激发态(n=2,3,…)零点波函数,$|\psi_n(0)|^2$ 正是价夸克态(Q$\bar{Q}$)湮灭的几率.将上两式相比消去非微扰零点波函数部分 $|\psi_n(0)|^2$ 可得

$$\frac{\Gamma_{\eta_Q\to gg}}{\Gamma_{\eta_Q\to\gamma\gamma}}=\frac{2\alpha_s^2(m_Q)}{9e_Q^4\alpha^2},\tag{8.173}$$

显然有 $\Gamma_{\eta_Q\to gg}\gg\Gamma_{\eta_Q\to l\bar{l}}(\cong 10^{-3}\Gamma_{\eta_Q\to gg})$. 如果假定所有轻强子态都是两个胶子转变而来的，那么有

$$\Gamma_{\text{tot}}\cong\Gamma_{\eta_Q\to\text{强子}}\cong\Gamma_{\eta_Q\to gg}.\tag{8.174}$$

进一步考虑 QCD 下一阶修正，在$\overline{\text{MS}}$减除方案里相应地有[22]

$$\Gamma_{\eta_Q\to\gamma\gamma}=\frac{48\pi e_Q^4\alpha^2}{(2m_Q)^2}|\psi_n(0)|^2\left[1-3.4\frac{\alpha_s(m_Q)}{\pi}\right],\tag{8.175}$$

$$\Gamma_{\eta_Q\to gg}=\frac{32\pi\alpha_s^2(m_Q)}{3(2m_Q)^2}|\psi_n(0)|^2\left[1+4.4\frac{\alpha_s(m_Q)}{\pi}\right],\tag{8.176}$$

$$\frac{\Gamma_{\eta_Q\to gg}}{\Gamma_{\eta_Q\to\gamma\gamma}}=\frac{2\alpha_s^2(m_Q)}{9e_Q^4\alpha^2}\left[1+7.8\frac{\alpha_s(m_Q)}{\pi}\right].\tag{8.177}$$

同样地可以考虑重夸克偶素 P 波束缚态 χ_{cJ} 和 χ_{bJ}（$^3P_0$, $^3P_1$, $^3P_2$, $^1P_1$），其中^sP_J 的左上角 s 为两夸克的自旋三重态或单态，右下角 J 为重夸克偶素的总自旋. 由于它们的电荷共轭宇称为正，它们可以衰变为两个光子和两个胶子，两个胶子转变为轻强子，$\chi_{cJ}\to\gamma\gamma$, gg. 对于 P 波态来讲，由 Schrödinger 方程知正、反重夸克组成的束缚态零点波函数为零，正、反重夸克 $Q\bar{Q}$ 湮灭为双光子或两胶子的几率正比于零点波函数微商的平方，$|R'_P(0)|^2$. 这意味着 P 波态的衰变率要比 S 波的衰变率压低 $\langle v^2/c^2\rangle$. 正是由于这一点，对 χ_{cJ} 或 χ_{bJ} 的衰变不能简单地略去高 Fock 态的贡献和色八重态的贡献. 关于来自这两方面的修正有兴趣的读者可以参阅有关文献[23].

直接的计算可以给出

$$\Gamma_{\chi_{c0}\to\gamma\gamma}=\frac{27e_c^4\alpha^2}{m_c^4}|R'_P(0)|^2,\tag{8.178}$$

$$\Gamma_{\chi_{c2}\to\gamma\gamma}=\frac{4}{15}\Gamma_{\chi_{c0}\to\gamma\gamma}=\frac{36}{5}\frac{e_c^4\alpha^2}{m_c^2}|R'_P(0)|^2,\tag{8.179}$$

对于两个胶子态，需考虑颜色因子和强耦合常数作下述替代，

$$e_c^4\alpha^2\to\frac{2}{9}\alpha_s^2,$$

就获得宽度表达式，

$$\Gamma_{\chi_{c0}\to gg}=\frac{6\alpha_s^2(m_c^2)}{m_c^4}|R'_P(0)|^2,\tag{8.180}$$

$$\Gamma_{\chi_{c2}\to gg}=\frac{8\alpha_s^2(m_c^2)}{5m_c^4}|R'_P(0)|^2,\tag{8.181}$$

显然有 $\Gamma_{\chi_{cJ}\to gg}\gg\Gamma_{\chi_{cJ}\to l\bar{l}}(\cong 10^{-3}\Gamma_{\chi_{cJ}\to gg})$. 如果假定所有轻强子态都是两个胶子转变而来的，那么有

$$\Gamma_{\chi_{c0}\to\text{强子}} = \Gamma_{\chi_{c0}\to gg} = \frac{6\alpha_s^2(m_c^2)}{m_c^4}|R_P'(0)|^2, \tag{8.182}$$

$$\Gamma_{\chi_{c2}\to\text{强子}} = \Gamma_{\chi_{c2}\to gg} = \frac{8\alpha_s^2(m_c^2)}{5m_c^4}|R_P'(0)|^2, \tag{8.183}$$

将(8.182)、(8.183)式与(8.178)、(8.179)式相比消去零点波函数就得到($\Gamma_{\chi_{cJ}}^{\text{tot}} \cong \Gamma_{\chi_{cJ}\to\text{强子}}$),

$$\frac{\Gamma_{\chi_{c0}\to\text{强子}}}{\Gamma_{\chi_{c0}\to\gamma\gamma}} = \frac{\Gamma_{\chi_{c0}\to gg}}{\Gamma_{\chi_{c0}\to\gamma\gamma}} = \frac{2}{9}\,\frac{\alpha_s^2(m_c^2)}{e_c^4\alpha^2}, \tag{8.184}$$

$$\frac{\Gamma_{\chi_{c2}\to\text{强子}}}{\Gamma_{\chi_{c2}\to\gamma\gamma}} = \frac{\Gamma_{\chi_{c2}\to gg}}{\Gamma_{\chi_{c2}\to\gamma\gamma}} = \frac{2}{9}\,\frac{\alpha_s^2(m_c^2)}{e_c^4\alpha^2}. \tag{8.185}$$

这里获得的(8.178)—(8.185)式对 χ_{bJ} 同样成立,只是将 c 夸克改为相应的 b 夸克.

现在讨论 $\chi_{cJ}(\chi_{bJ})$ 衰变终态为两个介子的过程,$\chi_{cJ}\to\pi\pi$,KK,…,这是两个胶子转变为强子最直接的微扰过程(见图 8.20). 以 $\chi_{0J}\to\pi\pi$ 为例,类似于形状因子的计算给出

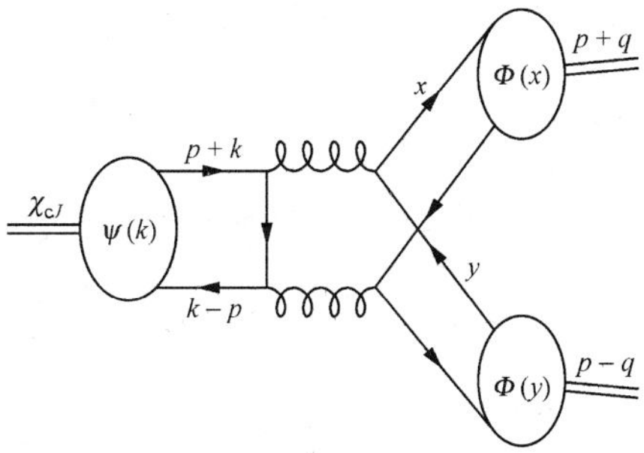

图 8.20　微扰 QCD 框架中 $\chi_{cJ}\to\pi\pi$,KK 过程的硬散射振幅 T_H

$$T(S) = \int_0^1 [dx][dy]\phi_\pi(y_i,S)T_H(x_i,y_i,S)\phi_\pi(x_i,S), \tag{8.186}$$

其中硬散射振幅

$$T_H = -\frac{2C[4\pi\alpha_s(S)]^2}{\pi S^2}R_P'(0)\,\frac{2+(x-y)^2/(x+y-2xy)}{x(1-x)(x+y-2xy)y(1-y)} \tag{8.187}$$

和颜色因子

$$C = \left(\frac{1}{\sqrt{N_c}}\right)^3 \sum_{a,b}[\text{tr}(T^aT^b)]^2 = \frac{2}{3\sqrt{3}}. \tag{8.188}$$

由此可得到 $\chi_{0J}\to\pi\pi$ 的部分宽度

$$\Gamma_{\chi_{c0}\to\pi\pi} = \frac{C^2[4\pi\alpha_s(m_c^2)]^4}{2\pi^2 32m_c^8}|R_P'(0)|^2|I_0^\pi|^2, \tag{8.189}$$

其中重叠积分

$$I_0^\pi = \int_0^1 \mathrm{d}x \int_0^1 \mathrm{d}y \phi_\pi(x,S) \frac{2+(x-y)^2/(x+y-2xy)}{x(1-x)(x+y-2xy)y(1-y)} \phi_\pi(y,S). \tag{8.190}$$

从表达式(8.187)和(8.190)可以见到硬散射振幅 T_H 比 π 介子电磁形状因子在端点具有更高的奇异性,将使得理论计算结果更强地依赖于 π 介子分布振幅.对于窄分布振幅和宽分布振幅其理论结果可以相差 1—2 个数量级[8,24].

同样地可以得到 $\chi_{c2}\to\pi\pi$ 过程的部分宽度

$$\Gamma_{\chi_{c2}\to\pi\pi} = \frac{C^2[4\pi\alpha_s(m_c^2)]^4}{5\pi^2 32 m_c^8} |R_P'(0)|^2 |I_2^\pi|^2, \tag{8.191}$$

其中重叠积分

$$I_2^\pi = \int_0^1 \mathrm{d}x \int_0^1 \mathrm{d}y \phi_\pi(x,S) \frac{1-(x-y)^2/(x+y-2xy)}{x(1-x)(x+y-2xy)y(1-y)} \phi_\pi(y,S). \tag{8.192}$$

或者消去零点波函数的微商给出分支比,

$$Br(\chi_{c0}\to\pi\pi) = \frac{\Gamma_{\chi_{c0}\to\pi\pi}}{\Gamma^{\text{tot}}_{\chi_{c0}}} \cong \frac{8\pi^2}{81} \frac{\alpha_s^2(m_c^2)}{m_c^4} |I_0^\pi|^2, \tag{8.193}$$

$$Br(\chi_{c2}\to\pi\pi) = \frac{\Gamma_{\chi_{c2}\to\pi\pi}}{\Gamma^{\text{tot}}_{\chi_{c2}}} \cong \frac{4\pi^2}{27} \frac{\alpha_s^2(m_c^2)}{m_c^4} |I_2^\pi|^2. \tag{8.194}$$

正如前面指出对于 P 波态来讲,高 Fock 态的贡献和色八重态的贡献的修正不可忽略,参见有关文献[23,24].

参考文献

[1] Brodsky S J, Lepage G P. Phys. Lett., 1979, 87B: 359; Phys. Rev. Lett., 1979, 43: 545, 1625(E).

[2] Efremov A V, Radyushikin A V. Phys. Lett., 1980, B94: 245.

[3] Duncan A, Muller A H. Phys. Rev., 1980, D21: 1626.

[4] Lepage G P, Brodsky S J, Huang T, Mackenize P B. //Capri A Z, Kamal A N. Particles and fields (Proceedings of the Banff Summer Institute, Banff, Alberta, 1981). Plenum, New York, 1983, V2: 83.

[5] Huang T. //Durand L, Pondrom L G. Proceedings of XXth International Conference on High Energy Physics (Madison, Wisconsin, 1980). AIP Conf. Proc. No. 69, AIP, New York, 1981: 1000.

[6] Lepage G P, Brodsky S J. Phys. Rev., 1980, D22: 2157; 1981, D24: 1808.

[7] Brodsky S J, Huang T, Lepage G P. // Capri A Z, Kamal A N. Particles and Fields (Pro-

ceedings of the Banff Summer Institute, Banff, Alberta, 1981). Plenum, New York, 1983, V2: 143

Cao F G, Cao J, Huang T, Ma B Q. Phys. Rev., 1997, D55: 7107.

Huang T, Wu X G, Wu X H. Phys. Rev., 2004, D70: 053007.

[8] Chernyak V L, Zhitnitsky A R. Phys. Report, 1984, 112: 173; Nucl. Phys., 1984, B246: 52.

[9] Field R D, Gupta R, Otto S, Chang L. Nucl. Phys., 1981, B186: 429.

Kadantseva E P, Mikhailov S V, and Radyushikin A V. Yad. Fiz., 1986, 44: 507; Sov. J. Nucl. Phys., 1986, 44: 326.

[10] Isgur N, Smith C H Llewellyn. Nucl. Phys., 1989, B317: 526.

[11] Huang T, Shen Q X. Z. Phys., 1991, C50: 139.

[12] Li H N, Sterman G. Nucl. Phys., 1992, B325: 129.

[13] Botts J, Sterman G. Nucl. Phys., 1989, B225: 62.

[14] Cao F G, Huang T, Luo C W. Phys. Rev., 1995, D52: 5358.

[15] Brodsky S J, Frishman Y, Lepage G P, Sachrajda C. Phys. Lett., 1980, 91B: 239.

[16] Braun V M, Filyyanov I E. Z. Phys., 1989, C44: 157; 1990, C48: 239.

[17] Brodsky S J, Lepage G P, Zaidi S A A. Phys. Rev., 1981, D23: 1152.

[18] Quigg C, Rosner J L. Phys. Report, 1979, 56: 167.

[19] Eichten E, Gottfried K, Kinoshita T, Lane K D, Yan T M. Phys. Rev., 1980, D21: 203.

[20] Richardson J L. Phys. Lett., 1979, 82B: 272.

[21] Kwong W, Quigg C, Rosner J L. Ann. Rev. Nucl. Part. Sci., 1987, 37: 325.

[22] Donoghue J, Golowich E, Holstein B R. Dynamics of the standard model. Cambridge University Press, 1992.

[23] Bodwin G T, Braaten E, Lepage G P. Phys. Rev., 1995, D51: 1125. [Erratum-ibid. 1997, D55: 5853.]

[24] Huang T. Commun. Theor. Phys., 1985, 4: 741;

Cao J, Huang T, Wu H F. Phys. Rev., 1998, D57: 4154;

Huang T, Wu H F. Commun. Theor. Phys., 2001, 36: 573.

第九章　强子分布振幅和束缚态波函数

前面讨论的微扰 QCD 应用到遍举(exclusive)过程的几个例子都有一个共同的特点,就是强子(介子或重子)过程的散射振幅可以因子化为部分子硬散射过程振幅 $T_H(x_i, y_i; Q)$ 和强子分布振幅 $\phi(x_i, Q)$ 的卷积形式. 其中某强子分布振幅 $\phi(x_i, Q)$ 是普适且与过程无关的,不同过程主要是硬散射振幅 $T_H(x_i, y_i; Q)$ 不同,在主导级近似下它是价夸克散射的硬子过程且是微扰论可计算的. 强子价夸克态分布振幅 $\phi(x_i, Q)$ 只有在知道初始条件 $\phi(x_i, Q_0)$ 以后才能由微扰论推出的演化方程解出[1]. 所以微扰 QCD 应用到遍举过程的理论预言很大程度上依赖于如何得到介子和重子分布振幅的初始条件 $\phi(x_i, Q_0)$. 本章将讨论强子分布振幅与强子束缚态波函数的关系以及束缚态波函数所满足的方程,希望有助于构造强子分布振幅的初始条件 $\phi(x_i, Q_0)$.

§9.1　强子分布振幅及其模型构造

从前面的讨论知道介子和重子价夸克分布振幅 $\phi(x_i, Q)$[1](这里已略去了自旋波函数,只保留了空间部分)

$$\phi_M(x, Q) = \int_0^Q \frac{d^2 \boldsymbol{k}_\perp}{16\pi^2} \psi_{q\bar{q}}(x, \boldsymbol{k}_\perp), \tag{9.1}$$

$$\phi_B(x, Q) = \int_0^Q [d^2 \boldsymbol{k}_\perp] \psi_{qqq}(x_i, \boldsymbol{k}_{\perp i}), \tag{9.2}$$

其中,$\psi_{q\bar{q}}(x, \boldsymbol{k}_\perp)$ 和 $\psi_{qqq}(x_i, \boldsymbol{k}_{\perp i})$ 分别与价夸克的光锥坐标系时间 $\tau = 0$ 的 Bethe-Salpeter 束缚态波函数[2] $\psi_{BS}(k)$ 相关(见(8.23)式). 一般地讲对于任一具有多夸克和多胶子的 Fock 态,其相应的分布振幅将与相应的多夸克和多胶子的 Bethe-Salpeter 束缚态波函数相关.

例如对于介子来讲,(8.38)和(8.23)式给出

$$\phi_M(x, Q) = \int_0^Q \frac{d^2 \boldsymbol{k}_\perp}{16\pi^2} \int dk^- \ \psi_{BS}(k), \tag{9.3}$$

当 $Q^2 \to \infty$ 时,(8.115)式表明 $\phi_M(x, Q)$ 主要贡献来自于 q 和 $\bar{q}$ 的相对间隔 $z^2 = 0$ 的行为,即介子价夸克束缚态波函数的光锥行为.

注意到§8.1在光锥坐标系定义的光锥波函数(见(8.1)—(8.7)式)$\psi_n(x_i, \boldsymbol{k}_{\perp i}, \lambda_i)$,这些 Fock 组态都是离能壳的,光锥坐标下定义的能量 $\varepsilon_n = P^- - \sum_{i=1}^{n} k_i^- =$

$M^2-\sum_{i=1}^{n}\frac{k_{\perp i}^2+m_i^2}{x_i}<0$(见(8.9)式). (8.11)式给出光锥波函数 $\psi_n(x_i,\boldsymbol{k}_{\perp i},\lambda_i)$ 所满足的无穷联立的积分方程组,目前尚无精确求解的方法. 由两体 Bethe-Salpeter 束缚态波函数在弱束缚态下解的性质知道,在质心系中等时波函数的解是能量 $\varepsilon=M^2-(q_1^0+q_2^0)^2$ 的函数,人们可以假定在光锥坐标系定义的光锥波函数是光锥坐标系能量 ε_n(见(8.9)式)的函数[3],即

$$\psi_n(x_i,\boldsymbol{k}_{\perp i},\lambda_i)=\psi_n(\varepsilon_n),\tag{9.4}$$

并借助于此假定构造模型波函数. 例如对于介子价夸克光锥波函数假定(9.4)式意味着在质心系中等时波函数与光锥坐标系中光锥波函数存在下列对应[3—5],

$$\psi_{\text{L.C.}}\left(M^2-\frac{\boldsymbol{k}_{\perp 1}^2+m_1^2}{x_1}-\frac{\boldsymbol{k}_{\perp 2}^2+m_2^2}{x_2}\right)\leftrightarrows\psi_{\text{C.M.}}(M^2-(q_1^0+q_2^0)^2),$$

或者

$$\psi_{\text{L.C.}}\left(\frac{\boldsymbol{k}_{\perp 1}^2+m_1^2}{x_1}+\frac{\boldsymbol{k}_{\perp 2}^2+m_2^2}{x_2}\right)\leftrightarrows\psi_{\text{C.M.}}(\boldsymbol{q}^2),\tag{9.5}$$

其中 $\boldsymbol{q}=\boldsymbol{q}_2-\boldsymbol{q}_1$ 是质心系中两粒子的相对动量. 对应式(9.5)实质上可以从下列运动学变量对应得到

$$\boldsymbol{k}_{\perp i}\leftrightarrows q_{\perp i},\quad x_i\equiv\frac{k_i^+}{P^+}\leftrightarrows\frac{q_i^0+q_i^3}{q_1^0+q_2^0},\tag{9.6}$$

这样一个对应相当于沿粒子运动 z 方向的 Lorentz 变换连接两个坐标系[6]. 此连接有助于构造模型光锥波函数,因为两体 Bethe-Salpeter 束缚态波函数在质心系中可以求解得到近似解. 作为一个例子,两体 Bethe-Salpeter 方程谐振子势在质心系中瞬时近似下波函数近似解 $\sim\exp(-b^2\boldsymbol{q}^2)$,按式(9.5)对应可以给出介子价夸克光锥波函数

$$\psi(x_i,\boldsymbol{k}_{\perp i})=A\exp\left[-b^2\left(\frac{\boldsymbol{k}_{\perp 1}^2+m_1^2}{x_1}+\frac{\boldsymbol{k}_{\perp 2}^2+m_2^2}{x_2}\right)\right],\tag{9.7}$$

其中 A 是归一化常数. 由此对 $\boldsymbol{k}_\perp$ 积分可获得介子价夸克模型分布振幅

$$\phi(x_i)=A_\phi x_1x_2\exp\left[-b^2\left(\frac{m_1^2}{x_1}+\frac{m_2^2}{x_2}\right)\right].\tag{9.8}$$

这一形式有两个优点:(1) 在轻夸克质量小的情况下它具有接近于渐近行为分布振幅 $a_0x_1x_2(a_0=\sqrt{3}f_M)$ 的形式;(2) 具有指数压低的端点行为,在卷积中很好地消去端点奇异性. 此外这样一种谐振子模型的指数形式很容易推广到重介子[7]、重子的三个价夸克组态和多粒子态光锥波函数情况. 例如具有 N 个夸克和胶子 Fock 态波函数

$$\psi_N(x_i,\boldsymbol{k}_{\perp i})=A_N\exp\left[-\sum_i b_N^2\frac{\boldsymbol{k}_{\perp i}^2+m_i^2}{x_i}\right],\tag{9.9}$$

其中 m_i 表示夸克或胶子的有效组分质量，A_N 和 b_N 是该 Fock 态的待定参数，A_N 与衰变常数相关，b_N 与该 Fock 态的半径相关.

此外，还有构造其他各种模型的方法，例如根据 QCD 求和规则或格点规范理论计算分布振幅的矩值推测可能的分布振幅形式. 但目前由于只能计算有限几个矩且精度也不高，还很难构造合理的分布振幅形式. 限于篇幅关系这里不赘述.

值得指出的很多文献中选用 Gegenbauer 展开式(8.113)的前几项并略去演化效应部分作为近似的分布振幅的初始条件 $\phi(x_i,Q_0)$，

$$\begin{aligned}\phi(x_i,Q_0) &= x_1x_2\sum_{n=0}^{\infty}a_nC_n^{3/2}(x_1-x_2)\\ &\cong x_1x_2[a_0C_0^{3/2}(x_1-x_2)+a_1C_1^{3/2}(x_1-x_2)\\ &\quad +a_2C_2^{3/2}(x_1-x_2)+\cdots].\end{aligned}\tag{9.10}$$

这里将 $a_0,a_1,a_2,\cdots$看作几个待定参数，由物理过程的实验结果确定. 由于分布振幅 $\phi(x_i,Q_0)$是普适且与过程无关的，由某一或几个过程定出的参数值应从更多的物理过程得到检验. 如果分布振幅就是渐近形式(8.116)式，在(9.10)式的展开系数仅有 $a_0\neq 0$，其他各项系数为零. 如果分布振幅接近渐近形式(8.116)式，在(9.10)式的展开系数中除 $a_0\neq 0$，其他各项系数很小，级数展开取前几项近似也较好. 显然如此构造的模型的合理性依赖于(9.10)式展开级数的收敛性和实验定出参数的精确程度.

从这一节的讨论可以见到对 Bethe-Salpeter 束缚态波函数的了解有助于构造现实的强子分布振幅模型.

§9.2　正、反粒子四点 Green 函数

在第八章中(8.23)式给出强子价夸克态光锥波函数(不明显写出自旋部分)

$$\psi(x,\boldsymbol{k}_\perp)=\frac{1}{2\pi}\int \mathrm{d}k^-\ \psi_{\mathrm{BS}}(k),\tag{9.11}$$

其中 $\psi_{\mathrm{BS}}(k)$是 Bethe-Salpeter 相对论束缚态波函数，以下简称 B-S 方程或 B-S 波函数. 方程(9.11)左边宗量 x 是光锥波函数纵向动量分量. 因此一旦知道了强子价夸克态的 B-S 波函数，由(9.11)式可以得到价夸克态的光锥波函数，再由(9.1)或(9.2)式得到价夸克态的分布振幅. 前一节又介绍了在质心系中等时 B-S 波函数与光锥坐标系中光锥波函数可能存在的对应关系(9.5)式对于构造模型光锥波函数是很有帮助的. 为此，这一节和下一节介绍 B-S 束缚态方程和波函数. 在非相对论近似下，由两体 Schödinger 方程的束缚态解给出束缚态波函数. 譬如说氢原子的束缚态能级和波函数可以在 Coulomb 势下求解 Schödinger 方程得到. 相对论的 B-S 方程的研究是从 1950 年开始的. 由于这一方程和量子场论相自洽，是严格的、相对

论的多体方程,因而多年来在处理束缚态问题时,B-S 方程一直受到极大的注意.对于 B-S 方程的性质曾有很多工作,在 Nakanishi 所写的一篇总结性论文[8]上有很好的评述,也可参阅文献[9].正如许多研究者所指出的那样,B-S 方程虽然是被广泛应用的相对论束缚态方程,但四维波函数的物理意义一直还不太清楚;至于它们的反常解就更不清楚了;它们的正交归一条件多年来一直在探讨;B-S 方程的解的完备性问题则由于可能存在"零模"和"负模"解而变得复杂.这里介绍 B-S 方程的一般性质并假定反常态不表现为稳定的复合粒子.

为了方便地应用到介子情况,这里以具有相同质量的正、反粒子构成束缚态为例.类似于单粒子情况下单粒子波函数与两点 Green 函数的单粒子极点相关,两体束缚态波函数与四点 Green 函数的极点相关,因此这里在讨论 B-S 波函数之前,先研究四点 Green 函数.定义正、反 Fermi 子系统的四点 Green 函数(这里 Fermi 子是指电子或夸克,在夸克情况下省略了味和色指标)

$$K(x_1,x_2;y_2,y_1) = \langle 0|T(\psi(x_1)\bar{\psi}(x_2)\psi(y_2)\bar{\psi}(y_1))|0\rangle, \tag{9.12}$$

其中 $\psi(x)$是重整化 Fermi 子场量(这里已略去了重整化下标 R).注意到平移不变性的要求:

$$\begin{aligned} K(x_1,x_2;y_2,y_1) &= K(X-Y;x,y) \\ &= \frac{1}{(2\pi)^4}\int \mathrm{d}^4 P \mathrm{e}^{-\mathrm{i}P\cdot(X-Y)} K(P;x,y), \end{aligned} \tag{9.13}$$

这里已定义了质心坐标 $X(Y)$和相对坐标 $x(y)$

$$\begin{aligned} X &= \frac{1}{2}(x_1+x_2), \quad Y = \frac{1}{2}(y_1+y_2), \\ x &= x_1 - x_2, \quad y = y_1 - y_2. \end{aligned} \tag{9.14}$$

(9.12)式按编时乘积展开共有 4! 项,这里先考虑两项,一项是 $x_{10},x_{20} > y_{10},y_{20}$,另一项是 $y_{10},y_{20} > x_{10},x_{20}$.对于第一项以Ⅰ来表示,第二项以Ⅱ来表示,而 T 乘积展开的其余 22 项都以Ⅲ来表示,因此

$$K(x_1,x_2;y_2,y_1) = \text{Ⅰ} + \text{Ⅱ} + \text{Ⅲ}, \tag{9.15}$$

其中

$$\text{Ⅰ} = \theta(X_0 - Y_0 - \tau)\langle 0|T(\psi(x_1)\bar{\psi}(x_2))T(\psi(y_2)\bar{\psi}(y_1))|0\rangle, \tag{9.16}$$

$$\text{Ⅱ} = \theta(Y_0 - X_0 - \tau)\langle 0|T(\psi(y_2)\bar{\psi}(y_1))T(\psi(x_1)\bar{\psi}(x_2))|0\rangle, \tag{9.17}$$

$$\text{Ⅲ} = \text{其他编时乘积项},$$

$$\tau = \frac{1}{2}(|x_0|+|y_0|). \tag{9.18}$$

为了简便地导出积分方程,首先将所讨论的问题限定在 QED 中,$\psi(x)$代表电子场,按 QED 理论,可做微扰展开且存在相互作用表象.将(9.12)式中重整化场量 $\psi(x)$换以未重整化的场量 $\psi(x) = Z_2^{-1/2}\psi_{\mathrm{u}}(x)$(由于略去了重整化下标 R,对于重整

化以前的场量加了下标 u)，那么正、负电子四点 Green 函数，

$$\begin{aligned}K(x_1,x_2;y_2,y_1) &= \langle 0|T(\psi(x_1)\bar{\psi}(x_2)\psi(y_2)\bar{\psi}(y_1))|0\rangle \\ &= Z_2^{-2}\langle 0|T(\psi_u(x_1)\bar{\psi}_u(x_2)\psi_u(y_2)\bar{\psi}_u(y_1))|0\rangle \\ &= Z_2^{-2}K_u(x_1,x_2;y_2,y_1),\end{aligned} \tag{9.19}$$

其中未重整化的四点 Green 函数

$$K_u(x_1,x_2;y_2,y_1) = \langle 0|T(\psi_u(x_1)\bar{\psi}_u(x_2)\psi_u(y_2)\bar{\psi}_u(y_1))|0\rangle, \tag{9.20}$$

再将(9.20)式中 $\psi_u(x)$变换到相互作用表象场量做图形展开. 在相互作用表象中对(9.20)式右边按 QED 拉氏函数展开并画出相应的图形. 分析这些图形有两类，一类是可约图形，一类是不可约图形. 如果一个图形可以通过画一根线仅切割两根 Fermi 子线而全然不切割 Bose 子线，就可以将此图形分割成两部分，这样的图形称之为可约图形，反之，称之为不可约图形(图 9.1 和图 9.2). 显然，一个可约图形总可以被分割为两个或更多的不可约图形. 因此，任何一个可约图形总可以由不可约图形相接而成. 举例来说，如果按照耦合常数的幂级将不可约图形编序，令 $I^{(m)}$ 代表 m 级不可约图形，定义

$$I_u(x_1,x_2;y_2,y_1) = \sum_m I_u^{(m)}(x_1,x_2;y_2,y_1) \tag{9.21}$$

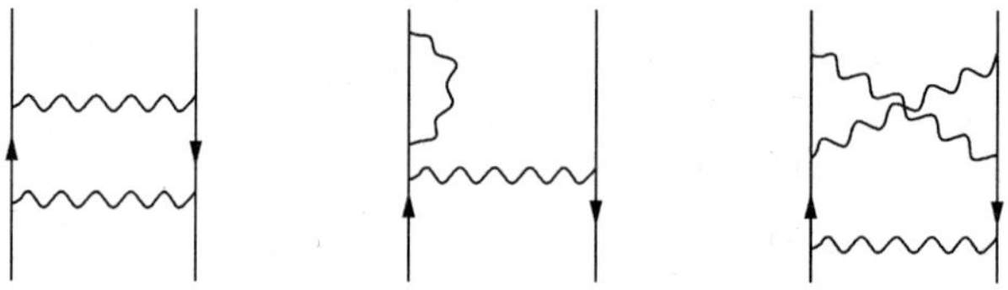

图 9.1　QED 中可约图形举例

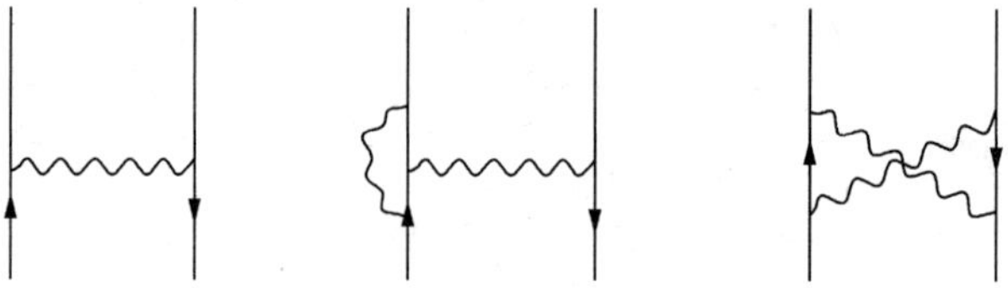

图 9.2　QED 中不可约图形举例

代表所有不可约图形之和，显然这是一个无穷级数. 这样，从(9.20)的展开式可得(注意这里已扣除了 $\psi(x_1)\bar{\psi}(x_2)$的自收缩项)——亦即相当于定义(9.20)式修改为

$$K(x_1,x_2;y_2,y_1) = \langle 0|T(N(\psi(x_1)\bar{\psi}(x_2))N(\psi(y_2)\bar{\psi}(y_1)))|0\rangle,$$

其中正规乘积 N

$$N(\psi(x_1)\bar{\psi}(x_2)) = T(\psi(x_1)\bar{\psi}(x_2)) - \langle 0|T(\psi(x_1)\bar{\psi}(x_2))|0\rangle. \tag{9.22}$$

这样按定义(9.20)和(9.21)就存在下列方程，

$$K_u(x_1,x_2;y_2,y_1) = K_u^{(0)}(x_1,x_2;y_2,y_1)$$
$$+\int du_1 du_2 dv_1 dv_2 K_u^{(0)}(x_1,x_2;u_2,u_1) I_u(u_1,u_2;v_2,v_1) K_u(v_1,v_2;y_2,y_1), \tag{9.23}$$

其中 $K_u^{(0)}(x_1,x_2;y_2,y_1)$是最低阶双粒子 Green 函数，

$$K_u^{(0)}(x_1,x_2;y_2,y_1) = -S_u(x_1-y_1)S_u(y_2-x_2), \tag{9.24}$$

$$S_u(x-y) = \langle 0|T(\psi_u(x)\bar{\psi}_u(y))|0\rangle, \tag{9.25}$$

$S_u(x-y)$是 Heisenberg 表象的 Fermi 子完全传播子. 由于(9.23)式中 $I_u(x_1,x_2;y_2,y_1)$代表所有不可约图形之和，那么(9.23)式双粒子 Green 函数的积分方程迭代就给出所有可能图形的贡献. 将(9.23)式代入到(9.19)式可得重整化的双粒子 Green 函数满足积分方程

$$K(x_1,x_2;y_2,y_1) = K^{(0)}(x_1,x_2;y_2,y_1) + \int du_1 du_2 dv_1 dv_2 K^{(0)}(x_1,x_2;u_2,u_1)$$
$$\cdot I(u_1,u_2;v_2,v_1) K(v_1,v_2;y_2,y_1), \tag{9.26}$$

其中

$$K^{(0)}(x_1,x_2;y_2,y_1) = Z_2^{-2} K_u^{(0)}(x_1,x_2;y_2,y_1) \tag{9.27}$$

$$= -S(x_1-y_1)S(y_2,x_2), \tag{9.28}$$

以及

$$I(x_1,x_2;y_2,y_1) = Z_2^2 I_u(x_1,x_2;y_2,y_1). \tag{9.29}$$

注意到 $S(x-y)$满足

$$\left(i\gamma_\mu \frac{\partial}{\partial x_\mu} - m\right) S(x-y) = \delta(x-y), \tag{9.30}$$

其中 m 是电子质量和重整化传播子(见(5.30)式)

$$S(x-y) = Z_2^{-1} S_u(x-y). \tag{9.31}$$

由式(9.26)和(9.30)可得微分-积分方程

$$\overrightarrow{\left(i\gamma_\mu \frac{\partial}{\partial x_{1\mu}} - m\right)} K(x_1,x_2;y_2,y_1) \overleftarrow{\left(-i\gamma_\mu \frac{\partial}{\partial x_{2\mu}} - m\right)}$$
$$= \delta(x_1-y_1)\delta(x_2-y_2) + \int dv_1 dv_2 I(x_1,x_2;v_2,v_1) K(v_1,v_2;y_2,y_1). \tag{9.32}$$

若定义微分算符 $\boldsymbol{O}$ 和积分算符 $\boldsymbol{I}$，当它们向右作用时意味着对前两个变量做运算，即

$$\vec{\boldsymbol{O}} K(x_1,x_2;y_2,y_1) = \overrightarrow{\left(i\gamma_\mu \frac{\partial}{\partial x_{1\mu}} - m\right)} K(x_1,x_2;y_2,y_1)$$
$$\cdot \overleftarrow{\left(-i\gamma_\mu \frac{\partial}{\partial x_{2\mu}} - m\right)}, \tag{9.33}$$

$$\vec{\boldsymbol{I}} K(x_1,x_2;y_2,y_1) = \int dv_1 dv_2 I(x_1,x_2;v_2,v_1) K(v_1,v_2;y_2,y_1), \tag{9.34}$$

那么式(9.32)写成重整化的 Green 函数所满足的微分积分方程

$$(\overrightarrow{\boldsymbol{O}}-\overrightarrow{\boldsymbol{I}})K(x_1,x_2;y_2,y_1)=\delta(x_1-y_1)\delta(x_2-y_2). \tag{9.35}$$

与式(9.17)类似,定义 Fourier 变换

$$\begin{aligned}K^{(0)}(x_1,x_2;y_2,y_1)&=K^{(0)}(X-Y;x,y)\\&=\frac{1}{(2\pi)^4}\int\mathrm{d}^4P\mathrm{e}^{-\mathrm{i}P\cdot(X-Y)}K^{(0)}(P;x,y),\end{aligned} \tag{9.36}$$

$$\begin{aligned}I(u_1,u_2;v_2,v_1)&=I(U-V;u,v)\\&=\frac{1}{(2\pi)^4}\int\mathrm{d}^4P\mathrm{e}^{-\mathrm{i}P\cdot(U-V)}I(P;u,v),\end{aligned} \tag{9.37}$$

对(9.26)式作反 Fourier 变换就得到

$$\begin{aligned}K(P;x,y)=&K^{(0)}(P;x,y)\\&+\int\mathrm{d}u\mathrm{d}vK^{(0)}(P;x,u)I(P;u,v)K(P;v,y).\end{aligned} \tag{9.38}$$

从前面(9.26)式的推导过程可以见到,如果我们作类似的讨论还可以给出另一组方程

$$\begin{aligned}K(x_1,x_2;y_2,y_1)=&K^{(0)}(x_1,x_2;y_2,y_1)+\int\mathrm{d}u_1\mathrm{d}u_2\mathrm{d}v_1\mathrm{d}v_2K(x_1,x_2;u_2,u_1)\\&\cdot I(u_1,u_2;v_2,v_1)K^{(0)}(v_1,v_2;y_2,y_1).\end{aligned} \tag{9.39}$$

对积分方程(9.39)式两边中 $K^{(0)}(x_1,x_2;y_2,y_1)$后两个变量 y_2,y_1 做 Dirac 方程算子微分可得到四点 Green 函数 $K(x_1,x_2;y_2,y_1)$满足的微分积分方程

$$\begin{aligned}&\overrightarrow{\left(\mathrm{i}\gamma_\mu\frac{\partial}{\partial y_{2_\mu}}-m\right)}K(x_1,x_2;y_2,y_1)\overleftarrow{\left(-\mathrm{i}\gamma_\mu\frac{\partial}{\partial y_{1_\mu}}-m\right)}\\&=\delta(x_1-y_1)\delta(x_2-y_2)+\int\mathrm{d}v_1\mathrm{d}v_2K(x_1,x_2;v_2,v_1)I(v_1,v_2;y_2,y_1),\end{aligned} \tag{9.40}$$

简记为

$$K(x_1,x_2;y_2,y_1)(\overleftarrow{\boldsymbol{O}}-\overleftarrow{\boldsymbol{I}})=\delta(x_1-y_1)\delta(x_2-y_2), \tag{9.41}$$

$$K(P;x,y)=K^{(0)}(P;x,y)+\int\mathrm{d}u\mathrm{d}vK(P;x,u)I(P;u,v)K^{(0)}(P;v,y), \tag{9.42}$$

其中 $\overleftarrow{\boldsymbol{O}},\overleftarrow{\boldsymbol{I}}$向左作用于函数 $K(x_1,x_2;y_2,y_1)$意味着对其后两个变量 y_2,y_1 做运算,(9.40)式是(9.41)的明显表达式.至此我们获得了正、反粒子四点 Green 函数所满足的积分方程(9.26)和(9.39),或者微分积分方程(9.35)和(9.41).从推导的过程可以见到,虽然推导开始假定了相互作用表象存在,从 Heisenberg 表象变换到相互作用表象,但最后积分方程(9.26)和(9.39),或者微分积分方程(9.35)和(9.41)是在 Heisenberg 表象成立的,不依赖于相互作用表象中的微扰展开.关键在于如何得到积分核 $I(u_1,u_2;v_2,v_1)$,只要给定了积分核 $I(u_1,u_2;v_2,v_1)$,就可以从方程求出四点 Green 函数的解.在 QED 中取图 9.2 的第一个图形即单光子交换图,作

为主导的不可约图形代入到(9.23)式中迭代就构成一系列的单光子交换图相接如同梯形，这就是梯形近似积分核. 进一步假定这里推出的正、反粒子四点 Green 函数所满足的方程在 QCD 中也成立，并由此讨论正、反夸克的束缚态波函数.

§9.3 正、反粒子 Bethe-Salpeter 方程和束缚态波函数

定义正、反粒子的 B-S 束缚态波函数(为了区别于夸克场量 $\psi(x)$，以下将束缚态波函数记作 χ 并省去下标 BS)

$$\begin{aligned}\chi_{P\xi}(x_1,x_2) &= \langle 0|T(\psi(x_1)\bar{\psi}(x_2))|\boldsymbol{P}\xi\rangle = \mathrm{e}^{-\mathrm{i}P\cdot X}\chi_{P\xi}(x),\\ \chi_{P\xi}(x) &= \frac{1}{(2\pi)^4}\int \mathrm{d}^4k\,\mathrm{e}^{-\mathrm{i}k\cdot x}\chi_{P\xi}(k),\end{aligned} \tag{9.43}$$

其中 $\psi(x_i)$ 是 Heisenberg 表象夸克场量，$|\boldsymbol{P}\xi\rangle$ 是束缚态，是能量动量张量算符 $\hat{P}_\mu$ 的本征态，

$$\hat{P}_\mu|\boldsymbol{P}\xi\rangle = P_\mu|\boldsymbol{P}\xi\rangle, \tag{9.44}$$

其本征值 P_μ 处于束缚态质壳上，

$$P_\mu P^\mu = E^2 - \boldsymbol{P}^2 = M^2, \tag{9.45}$$

M 是束缚态粒子的质量，ξ 是束缚态粒子的其他量子数指标. 利用平移不变性知

$$\chi_{P\xi}(x) = \langle 0|T\left(\psi\left(\frac{x}{2}\right)\bar{\psi}\left(-\frac{x}{2}\right)\right)|\boldsymbol{P}\xi\rangle. \tag{9.46}$$

对(9.15)、(9.16)和(9.17)式中 Ⅰ 和 Ⅱ 插入中间态，即所有物理粒子态的完备集合，可以抽出单个正、反粒子的束缚态进行分析：

$$\begin{aligned}I &= \theta(X_0 - Y_0 - \tau)\langle 0|T(\psi(x_1)\bar{\psi}(x_2))T(\psi(y_2)\bar{\psi}(y_1))|0\rangle\\ &= \theta(X_0 - Y_0 - \tau)\sum_{P\xi}\chi_{P\xi}(x_1,x_2)\bar{\chi}_{P\xi}(y_2,y_1) + \text{其他态的贡献}.\end{aligned} \tag{9.47}$$

其中共轭波函数 $\bar{\chi}_{P\xi}(y_2,y_1)$ 定义为

$$\begin{aligned}\bar{\chi}_{P\xi}(y_2,y_1) &= \langle\boldsymbol{P}\xi|T(\psi(y_2)\bar{\psi}(y_1))|0\rangle = \mathrm{e}^{\mathrm{i}P\cdot Y}\bar{\chi}_{P\xi}(y),\\ \bar{\chi}_{P\xi}(y) &= \langle\boldsymbol{P}\xi|T\left(\psi\left(-\frac{y}{2}\right)\bar{\psi}\left(\frac{y}{2}\right)\right)|0\rangle.\end{aligned} \tag{9.48}$$

比较(9.43)式和(9.48)式可以见到束缚态波函数和共轭波函数的定义是相对的，取决于讨论过程中的初态和终态，如果定义(9.48)式为束缚态的波函数，那么(9.43)式就是束缚态的共轭波函数，即它们互为共轭波函数.

将(9.43)和(9.48)式代入到(9.47)式并利用

$$\theta(x_0) = \frac{\mathrm{i}}{2\pi}\int \mathrm{d}q_0\,\frac{\mathrm{e}^{-\mathrm{i}q_0x_0}}{q_0 + \mathrm{i}\varepsilon},$$

就可以获得

$$\text{I} = \frac{\mathrm{i}}{(2\pi)^4}\int \mathrm{d}^4 P \sum_{P\xi} \mathrm{e}^{-\mathrm{i}P\cdot(X-Y)} \chi_{P\xi}(x)\bar{\chi}_{P\xi}(y) \frac{\mathrm{e}^{\mathrm{i}(P_0-E)\tau}}{2P_0(P_0-E+\mathrm{i}\varepsilon)} + \text{其他态的贡献}. \tag{9.49}$$

类似地

$$\text{II} = \frac{-\mathrm{i}}{(2\pi)^4}\int \mathrm{d}^4 P \sum_{P\xi} \mathrm{e}^{-\mathrm{i}P\cdot(X-Y)} \chi_{-P\xi}(-y)\bar{\chi}_{-P\xi}(-x) \frac{\mathrm{e}^{-\mathrm{i}(P_0-E)\tau}}{2P_0(P_0+E-\mathrm{i}\varepsilon)} + \text{其他态的贡献}. \tag{9.50}$$

如果假定 $\chi_{P\xi}(x)\bar{\chi}_{P\xi}(y)$ 在 P_0 平面上是一个半纯函数且无割缝(如果有割缝,其回路要做相应的改变),再考虑到在极点附近 $\mathrm{e}^{\mathrm{i}(P_0-E)\tau}\approx 1$, $\mathrm{e}^{-\mathrm{i}(P_0+E)\tau}\approx 1$,那么

$$\text{I}+\text{II} = \frac{\mathrm{i}}{(2\pi)^4}\int \mathrm{d}^4 P \sum_{P\xi} \mathrm{e}^{-\mathrm{i}P\cdot(X-Y)} \cdot \left[\frac{\chi_{P\xi}(x)\bar{\chi}_{P\xi}(y)}{2P_0(P_0-E+\mathrm{i}\varepsilon)} - \frac{\chi_{-P\xi}(-y)\bar{\chi}_{-P\xi}(-x)}{2P_0(P_0+E-\mathrm{i}\varepsilon)}\right] + \text{其他态的贡献}. \tag{9.51}$$

对 $K(x_1,x_2;y_2,y_1) = \text{I}+\text{II}+\text{III}$ 做四维 Fourier 变换就得到

$$K(P;x,y) = \mathrm{i}\sum_{\xi} \frac{\chi_{P\xi}(x)\bar{\chi}_{P\xi}(y)}{2P_0(P_0-E+\mathrm{i}\varepsilon)} + \gamma, \tag{9.52}$$

其中 γ 代表对 (P_0-E) 正则的项. 从(9.52)式可以见到束缚态波函数就是四点 Green 函数 $K(P;x,y)$ 极点的留数.

利用式(9.52)和(9.38)就可导出 B-S 波函数所满足的方程,首先将(9.52)式代入到(9.38)式的两边,然后在式(9.38)两边乘以 (P_0-E) 并取极限 $P_0\to E$,即在束缚态的质壳上,再注意到

$$\lim_{P_0\to E}(P_0-E)K^{(0)} = 0, \quad \lim_{P_0\to E}(P_0-E)\gamma = 0, \tag{9.53}$$

就得到

$$\sum_{\xi}\chi_{P\xi}(x)\bar{\chi}_{P\xi}(y) = \int \mathrm{d}u\mathrm{d}v K^{(0)}(P;x,u)I(P;u,v)\sum_{\xi}\chi_{P\xi}(v)\bar{\chi}_{P\xi}(y). \tag{9.54}$$

由于不同 ξ 的波函数是正交的,因此

$$\chi_{P\xi}(x) = \int \mathrm{d}u\mathrm{d}v K^{(0)}(P;x,u)I(P;u,v)\chi_{P\xi}(v). \tag{9.55}$$

利用(9.43)、(9.36)、(9.37)和(9.38)式就得到

$$\chi_{P\xi}(x_1,x_2) = \int \mathrm{d}u_1\mathrm{d}u_2\mathrm{d}v_1\mathrm{d}v_2 K^{(0)}(x_1,x_2;u_2,u_1)I(u_1,u_2;v_2,v_1)\chi_{P\xi}(v_1,v_2). \tag{9.56}$$

如果以 $\boldsymbol{O}$ 算符作用在(9.56)式的两边,就给出束缚态波函数所满足的微分积分方程

$$(\vec{\boldsymbol{O}} - \vec{\boldsymbol{I}})\chi_{P\xi}(x_1,x_2) = 0. \tag{9.57}$$

类似地从(9.42)式出发,将式(9.52)代入,重复上述步骤可以得到共轭波函数所满

足的积分方程

$$\bar{\chi}_{P\xi}(x) = \int \mathrm{d}u\mathrm{d}v \bar{\chi}_{P\xi}(u) I(P;u,v) K^{(0)}(P;v,x), \tag{9.58}$$

$$\bar{\chi}_{P\xi}(x_2,x_1) = \int \mathrm{d}u_1 \mathrm{d}u_2 \mathrm{d}v_1 \mathrm{d}v_2 \bar{\chi}_{P\xi}(u_2,u_1) I(u_1,u_2;v_2,v_1) K^{(0)}(v_1,v_2;x_2,x_1). \tag{9.59}$$

在式(9.59)两边以 $\boldsymbol{O}$ 算符向左边作用就得到共轭波函数所满足的微分积分方程

$$\bar{\chi}_{P\xi}(x_1,x_2)(\overleftarrow{\boldsymbol{O}} - \overleftarrow{\boldsymbol{I}}) = 0, \tag{9.60}$$

其中算符 $\boldsymbol{O}$ 和 $\boldsymbol{I}$ 向左作用的定义为

$$\bar{\chi}_{P\xi}(x_2,x_1)\overleftarrow{\boldsymbol{O}} = \overrightarrow{\left(\mathrm{i}\gamma_\mu \frac{\partial}{\partial x_{2\mu}} - m\right)} \bar{\chi}_{P\xi}(x_1,x_2) \overleftarrow{\left(-\mathrm{i}\gamma_\mu \frac{\partial}{\partial x_{1\mu}} - m\right)}, \tag{9.61}$$

$$\bar{\chi}_{P\xi}(x_2,x_1)\overleftarrow{\boldsymbol{I}} = \int \mathrm{d}v_1 \mathrm{d}v_2 \bar{\chi}_{P\xi}(v_2,v_1) I(v_1,v_2;x_2,x_1). \tag{9.62}$$

式(9.55)、(9.56)和(9.58)、(9.59)是束缚态波函数满足的 B-S 方程的积分形式. 式(9.57)和(9.60)是束缚态波函数满足的 B-S 方程的微分积分形式. 这些方程的求解比较困难,其困难就在于积分核不能精确地给出,即使给出了近似形式,求解微分积分方程也不容易. 在 QED 中尚可用单光子交换作为不可约图形,代入到(9.39)或(9.58)式迭代构成梯形近似给出积分核,而在 QCD 中由于强相互作用束缚态涉及非微扰的夸克禁闭问题,不能期望微扰单胶子近似作为积分核的领头项,只能构造各种模型近似积分核,但至今尚未给出公认为好的近似积分核.

对于散射态,积分方程(9.56)和(9.59)将多一项非齐次项. 定义散射态波函数

$$\chi_{qi}(x_2,x_1) = \langle 0 | T(\psi(x_1)\bar{\psi}(x_2)) | \boldsymbol{q}i \rangle = \mathrm{e}^{-\mathrm{i}q\cdot X} \chi_{qi}(x), \tag{9.63}$$

其中态 $|\boldsymbol{q}i\rangle$ 是散射态,q 是双粒子散射态的四动量,q^2 是连续值,i 是除动量外的其他指标,其积分方程为

$$\chi_{qi}(x_1,x_2) = \chi_{qi}^{(0)}(x_1,x_2) + \int \mathrm{d}u_1 \mathrm{d}u_2 \mathrm{d}v_1 \mathrm{d}v_2 K^{(0)}(x_1,x_2;u_2,u_1) \cdot I(u_1,u_2;v_2,v_1) \chi_{P\xi}(v_1,v_2), \tag{9.64}$$

其中 $\chi_{qi}^{(0)}(x_1,x_2)$ 是平面波,就是正粒子和反粒子的自由平面波波函数的乘积,将(9.64)写成微分方程与束缚态情况具有相同的形式,

$$(\overrightarrow{\boldsymbol{O}} - \overrightarrow{\boldsymbol{I}}) \chi_{qi}(x_1,x_2) = 0. \tag{9.65}$$

事实上,积分形式(9.56)和(9.64)只是微分方程(9.57)式在不同边界条件下获得的不同形式.

从以上的讨论可以见到,在推导 Bethe-Salpeter 方程的过程中,既用到了 Green 函数的极点表达式,又用到了微扰展开式. Green 函数的极点表达式(9.52)是在 Heisenberg 表象里插入完备的物理粒子态,然后抽出束缚态极点所获得的.

可是微扰展开式又是从 Heisenberg 表象变换到相互作用表象，对 S 矩阵元展开，找到了积分核或积分算符. 然而这样一个做法暗含着两点假定：(1) 相互作用表象的存在；(2) 所有裸粒子构成希伯特空间的完备集，所有物理粒子也构成同一空间的完备集. 如果这两个假定不合理，那么 Bethe-Salpeter 方程的严格性也将受到怀疑. 正如 § 9.1 结尾所指出的，既然我们得到的方程是 Heisenberg 表象的结果，就可以假定它不依赖于相互作用表象也不依赖于微扰展开式，从而假定 Bethe-Salpeter 方程在 QCD 中也成立. 由于 QCD 中夸克禁闭这一难题，在低能下根本不存在微扰展开式，很难给出严格甚至于好的近似积分核，采用 Bethe-Salpeter 方程求解束缚态波函数不能成为一个有效的途径. 当然某些文献中尝试采取模型方法去近似真正的积分核求解束缚态波函数也是可行的.

§ 9.4 正、反粒子束缚态波函数的正交归一条件

虽然在 QCD 中由于夸克禁闭非微扰的问题的存在使得求解 Bethe-Salpeter 方程很困难，但由束缚态方程讨论 B-S 波函数一般性质是有用的. 这一节介绍正、反粒子束缚态波函数的正交归一条件. 由于四维时空的相对论波函数物理意义没有直接的几率表述，这就给写出 B-S 波函数的正交归一条件带来困难. 最早的归一条件是 Mandelstam 给出的[10]，这里介绍一种正交归一条件的统一形式[11,12].

前面式(9.35)、(9.41)、(9.57)和(9.60)已经给出

$$(\vec{\boldsymbol{O}}-\vec{\boldsymbol{I}})K(x_1,x_2;y_2,y_1)=\delta(x_1-y_1)\delta(x_2-y_2),$$

$$K(x_1,x_2;y_2,y_1)(\overleftarrow{\boldsymbol{O}}-\overleftarrow{\boldsymbol{I}})=\delta(x_1-y_1)\delta(x_2-y_2),$$

$$(\vec{\boldsymbol{O}}-\vec{\boldsymbol{I}})\chi_{P\xi}(x_1,x_2)=0,$$

$$\bar{\chi}_{P\xi}(x_1,x_2)(\overleftarrow{\boldsymbol{O}}-\overleftarrow{\boldsymbol{I}})=0,$$

其中 $\boldsymbol{O}$ 是微分算符，$\boldsymbol{I}$ 是积分算符. 微分算符 $\boldsymbol{O}$ 既含 $\frac{\partial}{\partial x_{1\mu}}$ 也含 $\frac{\partial}{\partial x_{2\mu}}$，记作 $\boldsymbol{O}\left(\frac{\partial}{\partial x_{1\mu}},\frac{\partial}{\partial x_{2\mu}}\right)=\boldsymbol{O}\left(\frac{\partial}{\partial X},\frac{\partial}{\partial x}\right)$，再注意到(9.13)和(9.43)式，以及

$$\begin{aligned}\delta(x_1-y_1)\delta(x_2-y_2)&=\frac{1}{(2\pi)^8}\int \mathrm{d}p_1\mathrm{d}p_2\,\mathrm{e}^{\mathrm{i}p_1(x_1-y_1)}\,\mathrm{e}^{\mathrm{i}p_2(x_2-y_2)}\\&=\frac{1}{(2\pi)^8}\int \mathrm{d}P\mathrm{d}p\,\mathrm{e}^{\mathrm{i}P(X-Y)}\,\mathrm{e}^{\mathrm{i}p(x-y)}\\&=\frac{1}{(2\pi)^4}\int \mathrm{d}P\,\mathrm{e}^{\mathrm{i}P(X-Y)}\,\delta(x-y)\\&=\delta(X-Y)\delta(x-y),\end{aligned}$$

其中 $P=p_1+p_2$，$p=(p_1-p_2)/2$. 可以将上述方程变换到动量表象得到四点 Green 函数和束缚态波函数所满足的方程，

$$\left(\vec{\boldsymbol{O}}\left(P,\frac{\partial}{\partial x}\right)-\vec{\boldsymbol{I}}\right)K(P;x,y)=\delta(x-y), \tag{9.66}$$

$$K(P;x,y)\left(\overleftarrow{\boldsymbol{O}}\left(P,\frac{\partial}{\partial y}\right)-\overleftarrow{\boldsymbol{I}}\right)=\delta(x-y), \tag{9.67}$$

$$\left(\vec{\boldsymbol{O}}\left(P,\frac{\partial}{\partial x}\right)-\vec{\boldsymbol{I}}\right)\chi_{P\xi}(x)=0, \tag{9.68}$$

$$\bar{\chi}_{P\xi}(x)\left(\overleftarrow{\boldsymbol{O}}\left(P,\frac{\partial}{\partial x}\right)-\overleftarrow{\boldsymbol{I}}\right)=0. \tag{9.69}$$

值得指出的是(9.66)—(9.69)式中方程的算符形式都相同，但有一重要差别，在式(9.68)、(9.69)中的 P 是在质壳上，$P^2=M^2$，这是因为束缚态波函数总能动量是在质壳上，这从推导得到(9.65)式时可以见到这一点，可是式(9.66)、(9.67)纯粹是四维 Fourier 变换，并无质壳条件的要求，P 是任意的，并不限定在质壳上. 另外(9.66)—(9.69)式中的 I 也变换到动量表象，且(9.68)和(9.69)式中的 I 也在质壳 $P^2=M^2$ 上.

如果定义四维 Fourier 变换，

$$K(P;x,y)=\frac{1}{(2\pi)^4}\int d^4p\,d^4q\,K(P;p,q)e^{-ip\cdot x+iq\cdot y}, \tag{9.70}$$

$$I(P;x,y)=\frac{1}{(2\pi)^4}\int d^4p\,d^4q\,I(P;p,q)e^{-ip\cdot x+iq\cdot y}, \tag{9.71}$$

代入到式(9.66)和(9.67)得到

$$(\vec{\boldsymbol{O}}(P,p)-\vec{\boldsymbol{I}})K(P;p,q)=\delta(p-q), \tag{9.72}$$

$$K(P;p,q)(\overleftarrow{\boldsymbol{O}}(P,p)-\overleftarrow{\boldsymbol{I}})=\delta(p-q). \tag{9.73}$$

将(9.43)式代入到(9.68)式得到

$$(\vec{\boldsymbol{O}}(P,p)-\vec{\boldsymbol{I}})\chi_{P\xi}(p)=0, \tag{9.74}$$

$$\bar{\chi}_{P\xi}(p)(\overleftarrow{\boldsymbol{O}}(P,p)-\overleftarrow{\boldsymbol{I}})=0. \tag{9.75}$$

同样，在式(9.74)和(9.75)中的 $\boldsymbol{O}$ 和 $\boldsymbol{I}$ 算符中的 P 都在质壳上，$P^2=M^2$，对内部动量 p 无任何限制.

将(9.52)极点表达式代入到(9.66)式得到

$$\left(\vec{\boldsymbol{O}}\left(P,\frac{\partial}{\partial x}\right)-\vec{\boldsymbol{I}}\right)\left[i\sum_{\xi}2P_0\frac{\chi_{P\xi}(x)\bar{\chi}_{P\xi}(y)}{(P_0-E+i\varepsilon)}+\gamma\right]=\delta(x-y),$$

在此式两边乘以 $\bar{\chi}_{P\xi}(x)$并对 d^4x 积分得到

$$\int d^4x\bar{\chi}_{P\xi'}(x)(\vec{\boldsymbol{O}}-\vec{\boldsymbol{I}})\left[i\sum_{\xi}2P_0\frac{\chi_{P\xi}(x)\bar{\chi}_{P\xi}(y)}{(P_0-E+i\varepsilon)}+\gamma\right]=\bar{\chi}_{P\xi'}(y),$$

这里 ξ,ξ' 表示同一质量粒子的退化态，或同一粒子的其他指标. 注意到

$$
\begin{aligned}
\int d^4x\bar{\chi}_{P\xi'}(x)\overrightarrow{I}\chi_{P\xi}(x) &= \int d^4x d^4x'\bar{\chi}_{P\xi'}(x)I(x,x')\chi_{P\xi}(x') \\
&= \int d^4x'\bar{\chi}_{P\xi'}(x')\overleftarrow{I}\chi_{P\xi}(x') \\
&= \int d^4x\bar{\chi}_{P\xi'}(x)\overleftarrow{I}\chi_{P\xi}(x),
\end{aligned}
\tag{9.76}
$$

表明积分算符 I 可以由向右作用变为向左作用. O 算符中的微分算符经过分部积分也可以从向右作用变为向左作用，即前面式中 $(O-I)$ 算符向右作用可以改变方向为向左作用，

$$
\int d^4x\bar{\chi}_{P\xi'}(x)(\overleftarrow{O}-\overleftarrow{I})\left[i\sum_{\xi}\frac{\chi_{P\xi}(x)\bar{\chi}_{P\xi}(y)}{2P_0(P_0-E+i\varepsilon)}+\gamma\right]=\bar{\chi}_{P\xi'}(y).
$$

对上式两边 P 取质壳 $P_0\to E$，由于(9.60)式

$$
\bar{\chi}_{P\xi}(p)(\overleftarrow{O}-\overleftarrow{I})=0,
$$

上式的左边只有极点项有贡献，γ 项无贡献，第一项是 $\frac{0}{0}$ 不定式，应用洛必达法则可求出

$$
i\int d^4x\bar{\chi}_{P\xi'}(x)\frac{1}{2E}\left[\frac{\partial}{\partial P_0}(O-I)\right]_{P_0=E}\sum_{\xi}\chi_{P\xi}(x)\bar{\chi}_{P\xi}(y)=\bar{\chi}_{P\xi'}(y), \tag{9.77}
$$

因此

$$
i\int d^4x\bar{\chi}_{P\xi'}(x)\left[\frac{\partial}{\partial P_0}(O-I)\right]_{P_0=E}\chi_{P\xi}(x)=2E\delta_{\xi\xi'}. \tag{9.78}
$$

式(9.77)给出了同一质量粒子的归一条件，这里有一个权重算符

$$
Q=i\left[\frac{\partial}{\partial P_0}(O-I)\right]_{P_0=E}=Q\left(P,\frac{\partial}{\partial x}\right)_{P^2=M^2}, \tag{9.79}
$$

如果再把质心运动加到(9.77)式，引入质心平面波波函数 $f_P(X)$

$$
i\int d^3Xf^*_{P'}(X)\frac{\overleftrightarrow{\partial}}{\partial X_0}f_P(X)=2E\delta_{P'P}, \tag{9.80}
$$

其中箭头"↔"表示向右作用后减去向左作用，即

$$
f^*_{P'}\frac{\overleftrightarrow{\partial}}{\partial X_0}f_P=f^*_{P'}\frac{\partial}{\partial X_0}f_P-\left(\frac{\partial}{\partial X_0}f^*_{P'}\right)f_P.
$$

进一步将 O 算符换到 X 表象，即将 $P_\mu\to i\frac{\partial}{\partial X_\mu}$ 那么式(9.78)就变为

$$
i\int d^3Xd^4x\bar{\chi}_{P\xi'}(X,x)\hat{Q}\frac{\overleftrightarrow{\partial}}{\partial X_0}\chi_{P\xi}(X,x)=\delta_{P'P}\delta_{\xi\xi'}. \tag{9.81}
$$

如果理论允许取梯形(ladder)近似，一般地讲积分核 $I(P;p,q)$ 近似地与质心能动

量 P 无关，即 $\boldsymbol{I}(P;p,q)\cong\boldsymbol{I}(p,q)$，那么 $\frac{\partial}{\partial P_0}\boldsymbol{I}(P;p,q)$ 等于零，这时

$$Q = \mathrm{i}\left[\frac{\partial}{\partial P_0}O(P,p)\right]_{P^2=M^2}. \tag{9.82}$$

将 $\boldsymbol{O}$ 算符代入做微分，其结果正是早年 Mandelstam 给出的归一化条件[10]. 对于不同质量粒子态之间的正交条件不能利用上述方法得到，例如文献[11,12]中讨论了不同质量粒子态 (i,j) 之间的正交条件并将正交归一条件写成统一形式

$$\mathrm{i}\int \mathrm{d}^3 X \mathrm{d}^4 x \bar{\chi}^j_{P'\xi'}(X,x)\hat{Q}_{ij}\overleftrightarrow{\frac{\partial}{\partial X_0}}\chi^i_{P\xi}(X,x) = \delta_{ij}\delta_{P'P}\delta_{\xi\xi'}, \tag{9.83}$$

其中权重算符 $\hat{Q}_{ij}$ 在 $i=j$ 的情况下就是(9.79)式.

§9.5　正、反粒子束缚态波函数的一般形式

§9.2 已经引入了正、反粒子的束缚态波函数(9.43)式和共轭波函数(9.48)式以及它们所满足的方程. 由于这种方程的求解的困难性，使得一般地讨论波函数的结构变得重要. 这一节着重讨论正、反粒子 B-S 波函数的性质以及由这些性质所导出的波函数的一般形式.

首先讨论正、反粒子束缚态波函数和共轭波函数的关系. 将波函数(9.46)式按 T 乘积展开：

$$\chi_{P\xi}(x) = \langle 0|T\left(\psi\left(\frac{x}{2}\right)\bar{\psi}\left(-\frac{x}{2}\right)\right)|\boldsymbol{P}\xi\rangle$$
$$= \begin{cases} \langle 0|\psi\left(\frac{x}{2}\right)\bar{\psi}\left(-\frac{x}{2}\right)|\boldsymbol{P}\xi\rangle, & t>0, \\ -\langle 0|\bar{\psi}\left(-\frac{x}{2}\right)\psi\left(\frac{x}{2}\right)|\boldsymbol{P}\xi\rangle, & t<0. \end{cases}$$

对上式分别插入中间态，设中间态的总动量是 P_n，能量是 E_n，对所有可能的中间态求和(包括分立谱和连续谱)为

$$\sum_{n,\boldsymbol{P}_n}|\boldsymbol{P}_n,E_n\rangle\langle\boldsymbol{P}_n,E_n| = 1,$$

将此插入并应用平移不变性可得

$$\chi_{P\xi}(x) = \begin{cases} \frac{1}{(2\pi)^4}\int \mathrm{d}^4 p f_{P\xi}\left(p+\frac{P}{2}\right)\mathrm{e}^{-\mathrm{i}p\cdot x}, & t>0, \\ \frac{1}{(2\pi)^4}\int \mathrm{d}^4 p g_{P\xi}\left(-p+\frac{P}{2}\right)\mathrm{e}^{-\mathrm{i}p\cdot x}, & t<0, \end{cases} \tag{9.84}$$

其中

$$f_{P\xi}\left(p+\frac{P}{2}\right)=2\pi\sum_n\left\langle 0\left|\psi(0)\right|p+\frac{P}{2}\right\rangle\left\langle p+\frac{P}{2}\left|\bar{\psi}(0)\right|\boldsymbol{P}\xi\right\rangle\delta\left(p_0+\frac{E}{2}-E_n\right),\tag{9.85}$$

$$g_{P\xi}\left(p+\frac{P}{2}\right)=-2\pi\sum_n\left\langle 0\left|\bar{\psi}(0)\right|p+\frac{P}{2}\right\rangle\left\langle p+\frac{P}{2}\left|\psi(0)\right|\boldsymbol{P}\xi\right\rangle\delta\left(p_0+\frac{E}{2}-E_n\right).\tag{9.86}$$

实际上(9.84)式中对 p_0 的积分上下限并不是从 $-\infty$ 到 $+\infty$，因为中间态的能动量 $p_n=p+\dfrac{P}{2}$，取束缚态的质心系 $\boldsymbol{P}=0$，$\boldsymbol{p}=\boldsymbol{p}_n$，设中间态最低态是基本场(电子场或夸克场)的单粒子态，其质量为 m，那么中间态的等效质量 $m_n^2\geqslant m^2$，因此

$$\begin{aligned}p_0&=\sqrt{|\boldsymbol{p}_n|^2+m_n^2}-\frac{E}{2}\\&=\left(m-\frac{E}{2}\right)+\sqrt{|\boldsymbol{p}_n|^2+m_n^2}-m\\&\geqslant\left(m-\frac{E}{2}\right).\end{aligned}$$

对于由质量为 m 的正、反粒子构成的束缚态，注意到 E 是束缚态能量，引入结合能 B，

$$E=2m-B,$$

$$(p_0)_{\min}=\frac{B}{2}>0$$

(在 QCD 情况，由于夸克禁闭问题很难定义结合能，但仍有可能存在不等式 $(p_0)_{\min}>0$)，这样式(9.84)就可以记作

$$\chi_{P\xi}(x)=\begin{cases}\dfrac{1}{(2\pi)^4}\displaystyle\int_{\frac{B}{2}}^{\infty}\mathrm{d}^4p f_{P\xi}\left(p+\frac{P}{2}\right)\mathrm{e}^{-\mathrm{i}p\cdot x}, & t>0,\\[2ex]\dfrac{1}{(2\pi)^4}\displaystyle\int_{-\infty}^{-\frac{B}{2}}\mathrm{d}^4p g_{P\xi}\left(-p+\frac{P}{2}\right)\mathrm{e}^{-\mathrm{i}p\cdot x}, & t<0,\end{cases}\tag{9.87}$$

或

$$\begin{aligned}\chi_{P\xi}(x)=&\theta(t)\frac{1}{(2\pi)^4}\int\mathrm{d}^3p\int_{\frac{B}{2}}^{\infty}\mathrm{d}p_0 f_{P\xi}\left(p+\frac{P}{2}\right)\mathrm{e}^{-\mathrm{i}p\cdot x}\\&+\theta(-t)\frac{1}{(2\pi)^4}\int\mathrm{d}^3p\int_{-\infty}^{-\frac{B}{2}}\mathrm{d}p_0 g_{P\xi}\left(-p+\frac{P}{2}\right)\mathrm{e}^{-\mathrm{i}p\cdot x}.\end{aligned}\tag{9.88}$$

对(9.87)式做反 Fourier 变换，利用 $\theta(t)$ 的表达式，经过较长的运算就得到

$$\chi_{P\xi}(p)=\frac{\mathrm{i}}{2\pi}\int_m^{\infty}\mathrm{d}q_0\left[\frac{f_{P\xi}\left(\boldsymbol{p}+\dfrac{\boldsymbol{P}}{2},q_0\right)}{p_0+\dfrac{E}{2}-q_0+\mathrm{i}\varepsilon}-\frac{g_{P\xi}\left(\dfrac{\boldsymbol{P}}{2}-\boldsymbol{p},q_0\right)}{p_0-\dfrac{E}{2}+q_0-\mathrm{i}\varepsilon}\right].\tag{9.89}$$

从式(9.89)可以见到 $\chi_{P\xi}(p)$ 在 p_0 复平面上，除了两条割缝以外在全平面上解析，这两条割缝分别是从 $\frac{B}{2}\to\infty$ 和 $-\frac{B}{2}\to-\infty$. 式(9.89)中的第一项是这一解析函数从上半平面逼近正实轴的边界值，式(9.89)中的第二项是解析函数从下半平面逼近负实轴的边界值.

用完全类似的方法应用到共轭波函数上可以得到

$$\bar{\chi}_{P\xi}(x)=\theta(t)\frac{1}{(2\pi)^4}\int \mathrm{d}^3 p\int_{\frac{B}{2}}^{\infty}\mathrm{d}p_0\bar{f}_{P\xi}\left(p+\frac{P}{2}\right)\mathrm{e}^{\mathrm{i}p\cdot x}+\theta(-t)\frac{1}{(2\pi)^4}\int \mathrm{d}^3 p\int_{-\infty}^{-\frac{B}{2}}\mathrm{d}p_0\bar{g}_{P\xi}\left(-p+\frac{P}{2}\right)\mathrm{e}^{\mathrm{i}p\cdot x},\tag{9.90}$$

其中

$$\bar{f}_{P\xi}\left(p+\frac{P}{2}\right)=-2\pi\sum_n\left\langle \boldsymbol{P}\xi\left|\bar{\psi}(0)\right|p+\frac{P}{2}\right\rangle\left\langle p+\frac{P}{2}\left|\psi(0)\right|0\right\rangle\delta\left(p_0+\frac{E}{2}-E_n\right),\tag{9.91}$$

$$\bar{g}_{P\xi}\left(p+\frac{P}{2}\right)=2\pi\sum_n\left\langle \boldsymbol{P}\xi\left|\psi(0)\right|p+\frac{P}{2}\right\rangle\left\langle p+\frac{P}{2}\left|\bar{\psi}(0)\right|0\right\rangle\delta\left(p_0+\frac{E}{2}-E_n\right).\tag{9.92}$$

利用 $\bar{\psi}(x)=\psi^{\dagger}(x)\gamma^0$，可以证明

$$\bar{g}_{P\xi}\left(p+\frac{P}{2}\right)=\gamma^0 f_{P\xi}^{\dagger}\left(p+\frac{P}{2}\right)\gamma^0,\tag{9.93}$$

$$\bar{f}_{P\xi}\left(p+\frac{P}{2}\right)=\gamma^0 g_{P\xi}^{\dagger}\left(p+\frac{P}{2}\right)\gamma^0.\tag{9.94}$$

因此(9.90)式记作下列形式，

$$\bar{\chi}_{P\xi}(p)=\frac{\mathrm{i}}{2\pi}\int_m^{\infty}\mathrm{d}q_0\left[\frac{\gamma^0 f_{P\xi}^{\dagger}\left(\boldsymbol{p}+\frac{\boldsymbol{P}}{2},q_0\right)\gamma^0}{p_0+\frac{E}{2}-q_0+\mathrm{i}\varepsilon}-\frac{\gamma^0 g_{P\xi}^{\dagger}\left(\boldsymbol{p}-\frac{\boldsymbol{P}}{2},q_0\right)\gamma^0}{p_0-\frac{E}{2}+q_0-\mathrm{i}\varepsilon}\right].\tag{9.95}$$

比较(9.89)和(9.95)式可得

$$\bar{\chi}_{P\xi}(p)=-\gamma^0\chi_{p\xi}^{\dagger}(\boldsymbol{p},p_0^*)\gamma^0,\tag{9.96}$$

或

$$\chi_{P\xi}(p)=-\gamma^0\bar{\chi}_{P\xi}^{\dagger}(\boldsymbol{p},p_0^*)\gamma^0.\tag{9.97}$$

在 p_0 复平面上正实轴割缝的上岸是 $\chi_{P\xi}(p)$ 的值，而下岸是 $-\gamma^0\bar{\chi}_{P\xi}^{\dagger}(\boldsymbol{p},p_0^*)\gamma^0$. 负实轴相反.

从式(9.96)和(9.97)可以见到束缚态的共轭波函数并不是对波函数简单地取共轭，而是一个复杂的关系式. 如果规定式(9.89)和式(9.95)中的 iε 在取共轭时不改变符号，那么在式(9.96)和(9.97)中的 p_0^* 可以用 p_0 来代替，可以简单地将式

(9.97)记作

$$\chi_{P\xi}(p)=-\gamma^0\bar{\chi}^{\dagger}_{P\xi}(p)\gamma^0 \quad (\mathrm{i}\varepsilon\text{ 不改变符号}),$$

变换到坐标空间则有(约定 $\mathrm{i}\varepsilon$ 不改变符号)

$$\bar{\chi}_{P\xi}(x_2,x_1)=-\gamma^0\chi^{\dagger}_{P\xi}(x_1,x_2)\gamma^0. \tag{9.98}$$

这个问题的复杂性是由于编时乘积算符

$$T(\psi(x_1)\bar{\psi}(x_2))=\theta(t_1-t_2)\psi(x_1)\bar{\psi}(x_2)-\theta(t_2-t_1)\bar{\psi}(x_2)\psi(x_1)$$

的共轭对应于反编时乘积

$$\gamma^0T(\psi(x_1)\bar{\psi}(x_2))^{\dagger}\gamma^0=\theta(t_1-t_2)\bar{\psi}(x_2)\psi(x_1)-\theta(t_2-t_1)\psi(x_1)\bar{\psi}(x_2). \tag{9.99}$$

因此

$$\begin{aligned}&T(\psi(x_1)\bar{\psi}(x_2))-\gamma^0T(\psi(x_1)\bar{\psi}(x_2))^{\dagger}\gamma^0\\&=\theta(t_1-t_2)\{\psi(x_1),\bar{\psi}(x_2)\}-\theta(t_2-t_1)\{\psi(x_1),\bar{\psi}(x_2)\}\\&=\varepsilon(t_2-t_1)\{\psi(x_1),\bar{\psi}(x_2)\},\end{aligned} \tag{9.100}$$

等式右边对易子仅在类空间隔时等于零,另一方面

$$\begin{aligned}&T(\psi(x_1)\bar{\psi}(x_2))+\gamma^0T(\psi(x_1)\bar{\psi}(x_2))^{\dagger}\gamma^0\\&=\theta(t_1-t_2)[\psi(x_1),\bar{\psi}(x_2)]+\theta(t_2-t_1)[\psi(x_1),\bar{\psi}(x_2)]\\&=[\psi(x_1),\bar{\psi}(x_2)],\end{aligned} \tag{9.101}$$

一般地,$[\psi(x_1),\bar{\psi}(x_2)]\neq0$,$\langle \boldsymbol{P}\xi|[\psi(x_1),\bar{\psi}(x_2)]|0\rangle\neq0$,所以在写出(9.98)式时必须有所约定.

其次,再讨论 B-S 波函数的时空对称性质,设基本场(电子场或夸克场)$\psi(x)$在电荷共轭变换 C,空间反射 P,时间反演 T 下的变换式是

$$\left.\begin{aligned}&C\psi(x)C^{-1}=\eta_C C\,\tilde{\bar{\psi}}(x),\quad C=\gamma^2\gamma^0,\\&P\psi(x)P^{-1}=\eta_P P\,\tilde{\bar{\psi}}(t,-\boldsymbol{x}),\quad P=\gamma^0,\\&T\psi(x)T^{-1}=\eta_T B\,\tilde{\bar{\psi}}(-t,\boldsymbol{x}),\quad B=\mathrm{i}\gamma^1\gamma^3,\\&R_s\psi(x)R_s^{-1}=\mathrm{i}\eta_s E\psi(-x),\quad E=\mathrm{i}\gamma_5,\\&R_w\psi(x)R_w^{-1}=\eta_w B'\,\tilde{\bar{\psi}}(-x),\quad B'=-\mathrm{i}\gamma^1\gamma^3\gamma^0,\end{aligned}\right\} \tag{9.102}$$

最后两个式子是时空强反演和时空弱反演下的变换式.(9.102)式左边的算符是在 Hilbert 空间定义的,它们作用在束缚态上定义如下:

$$\left.\begin{aligned}&C|\boldsymbol{P}\xi\rangle=\eta_C^*\,|\boldsymbol{P}\xi\rangle,\\&P|\boldsymbol{P}\xi\rangle=\eta_P\,|E,-\boldsymbol{P},\xi\rangle,\\&T|\boldsymbol{P}\xi\rangle=\eta_T^*\,\langle E,-\boldsymbol{P},\xi|,\\&R_s|\boldsymbol{P}\xi\rangle=\eta_s\langle\boldsymbol{P}\xi|,\\&R_w|\boldsymbol{P}\xi\rangle=\eta_w\langle\boldsymbol{P}\xi|,\end{aligned}\right\} \tag{9.103}$$

其中 $\eta_C,\eta_P,\eta_T,\eta_s,\eta_w$ 分别是电荷共轭、空间反射、时间反演、时空强反演、时空弱反演宇称. 应用(9.102)和(9.103)到束缚态波函数上,就可以给出束缚态波函数的一系列的时空对称性质. 例如电荷共轭变换,

$$
\begin{aligned}
(\chi_{\boldsymbol{P}\xi}(x_1,x_2))_{\alpha\beta} &= \langle 0|T(\psi_\alpha(x_1)\bar{\psi}_\beta(x_2))|\boldsymbol{P}\xi\rangle \\
&= \langle 0|C^{-1}CT(\psi_\alpha(x_1)\bar{\psi}_\beta(x_2))C^{-1}C|\boldsymbol{P}\xi\rangle \\
&= \eta_C\langle 0|CT(\psi_\alpha(x_1)\bar{\psi}_\beta(x_2))C^{-1}|\boldsymbol{P}\xi\rangle \\
&= -\eta_C\langle 0|T(\bar{\psi}'_{\alpha'}(x_1)\psi'_{\beta'}(x_2))|\boldsymbol{P}\xi\rangle C_{\alpha\alpha'}(C^{-1})_{\beta\beta'} \\
&= \eta_C(\chi_{\boldsymbol{P}\xi}(x_2,x_1))_{\beta'\alpha'}C_{\alpha\alpha'}(C^{-1})_{\beta\beta'},
\end{aligned}
$$

因此

$$\chi_{\boldsymbol{P}\xi}(x_1,x_2) = \eta_C C\tilde{\chi}_{\boldsymbol{P}\bar{\xi}}(x_2,x_1)C^{-1}, \tag{9.104}$$

或者

$$\chi_{\boldsymbol{P}\xi}(x) = \eta_C C\tilde{\chi}_{\boldsymbol{P}\bar{\xi}}(-x)C^{-1}, \tag{9.105}$$

其中 $\bar{\xi}$ 是电荷共轭变换后束缚态粒子的其他量子数指标.

类似地,应用空间反射变换得到

$$\chi_{\boldsymbol{P}\xi}(x_1,x_2) = \eta_P\gamma^0\chi_{E,-\boldsymbol{P}\xi}(t_1,-\boldsymbol{x}_1,t_2,-\boldsymbol{x}_2)\gamma^0, \tag{9.106}$$

$$\chi_{\boldsymbol{P}\xi}(x) = \eta_P\gamma^0\chi_{E,-\boldsymbol{P}\xi}(t,-\boldsymbol{x})\gamma^0, \tag{9.107}$$

应用时间反演变换得到

$$\chi_{\boldsymbol{P}\xi}(x_1,x_2) = \eta_T^* B\,\tilde{\bar{\chi}}_{E,-\boldsymbol{P}\xi}(-t_1,\boldsymbol{x}_1,-t_2,\boldsymbol{x}_2)B^{-1}, \tag{9.108}$$

$$\chi_{\boldsymbol{P}\xi}(x) = \eta_T^* B\,\tilde{\bar{\chi}}_{E,-\boldsymbol{P}\xi}(-t,\boldsymbol{x})B^{-1}, \tag{9.109}$$

应用强反演变换得到

$$\chi_{\boldsymbol{P}\xi}(x_1,x_2) = \eta_s\gamma_5\bar{\chi}_{\boldsymbol{P}\xi}(-x_1,-x_2)\gamma_5, \tag{9.110}$$

$$\chi_{\boldsymbol{P}\xi}(x) = \eta_s\gamma_5\bar{\chi}_{\boldsymbol{P}\xi}(x)\gamma_5, \tag{9.111}$$

应用时空弱反演得到

$$\chi_{\boldsymbol{P}\xi}(x_1,x_2) = \eta_w B'\,\tilde{\bar{\chi}}_{\boldsymbol{P}\xi}(-x_2,-x_1)B'^{-1}, \tag{9.112}$$

$$\chi_{\boldsymbol{P}\xi}(x) = \eta_w B'\,\tilde{\bar{\chi}}_{E,-\boldsymbol{P}\xi}(x)B'^{-1}, \tag{9.113}$$

这一系列等式(9.104)—(9.113)对束缚态波函数的结构起了约束作用,下面将以正、反夸克组成的介子束缚态为例讨论介子价夸克态波函数的一般形式.

举例来说,假定基本场是轻夸克场,它们是 SU(3)代数的基,由它们构成的介子满足 SU(3)对称性. 譬如说赝标介子 0^-,有一个八维表示和一维表示,正反介子都处在同一个表示中,介子的自旋结构可以分离出来,这样应用(9.104)—(9.113)式讨论束缚态波函数的旋量和空间结构,则上述式中的 $\bar{\xi}$ 全部以 ξ 代替. 如(9.104)、(9.110)式只是建立同一多重态的时空波函数的关系. 由赝标介子价夸克态 $\eta_P=-1$ 和(9.107)式就有

$$\chi_{P\xi}(x)=\gamma_5 f_1+\frac{\not P}{M}\gamma_5 f_2+\not x\gamma_5 f_5+\frac{\not P(P\cdot x)}{M^2}\gamma_5 f_6$$
$$+\not x\frac{P\cdot x}{M}\gamma_5 f_3+\frac{\mathrm{i}}{M}P^\mu x^\nu\sigma_{\mu\nu}\gamma_5 f_4, \tag{9.114}$$

这是因为 $\chi_{P\xi}(x)$ 应是由 γ 矩阵、P_μ 和 x_μ 构成赝标量且要满足(9.107)式，只有(9.114)式中的六项满足条件. 其中 $f_i(i=1,2,\cdots,6)$ 是 P_μ 和 x_μ 构成的不变函数，M 是介子的质量.(9.107)式也要求

$$f_i(P_0,\boldsymbol{P},x_0,\boldsymbol{x})=f_i(P_0,-\boldsymbol{P},x_0,-\boldsymbol{x})\quad(i=1,2,\cdots,6), \tag{9.115}$$

注意到 $\eta_C=1$ 以及(9.105)式要求

$$\begin{aligned}&f_5=f_6=0,\\&f_i(P,x)=f_i(P,-x),\quad i=1,2,3,4.\end{aligned} \tag{9.116}$$

再注意到 $\eta_w=1$ 以及(9.113)和(9.98)式要求 f_i 是实函数，因此赝标介子价夸克态波函数的最一般形式是

$$\chi_{P\xi}(x)=\gamma_5 f_1+\frac{\not P}{M}\gamma_5 f_2+\not x\frac{P\cdot x}{M}\gamma_5 f_3+\frac{\mathrm{i}}{M}P^\mu x^\nu\sigma_{\mu\nu}\gamma_5 f_4, \tag{9.117}$$

其中 $f_i(i=1,2,3,4)$ 是 P_μ 和 x_μ 构成的实的不变函数并且满足(9.116)式. 一般地，f_i 是 $P^2,x^2,(P\cdot x)^2$ 的函数，但不排除 $\epsilon(x_0)\theta(-x^2)(P\cdot x)$，这一项的存在致使 f_i 从光锥内到光锥外有一个跳变.

用类似的方法应用(9.104)—(9.113)式就可以讨论各种轻介子波函数的一般结构，如 $J^{PC}=0^{-+},1^{--},0^{++},0^{+-},1^{++},1^{+-}$ 等介子价夸克态波函数，现将结果分别列在下面[11]（为了放在一起重复了(9.117)式）：

$$0^{-+}:\chi_{P\xi}(x)=\gamma_5 f_1+\frac{\not P}{M}\gamma_5 f_2+\not x\frac{P\cdot x}{M}\gamma_5 f_3+\frac{\mathrm{i}}{M}P^\mu x^\nu\sigma_{\mu\nu}\gamma_5 f_4, \tag{9.117}$$

$$0^{++}:\chi_{P\xi}(x)=\mathrm{i}f_1^{\mathrm{s}}+\mathrm{i}\not x f_2^{\mathrm{s}}+\frac{1}{M}P^\mu x^\nu\sigma_{\mu\nu}f_3^{\mathrm{s}}+\not P\frac{P\cdot x}{M^2}f_4^{\mathrm{s}}, \tag{9.118}$$

$$0^{+-}:\chi_{P\xi}(x)=\frac{P\cdot x}{M}g_1^{\mathrm{s}}+\not x\frac{P\cdot x}{M}g_2^{\mathrm{s}}+\mathrm{i}\frac{1}{M}P^\mu x^\nu\sigma_{\mu\nu}\frac{P\cdot x}{M}g_3^{\mathrm{s}}+\frac{\not P}{M}g_4^{\mathrm{s}}, \tag{9.119}$$

$$1^{--}:\chi_{P\xi}(x)=\epsilon_\mu^\xi\Big[\gamma^\mu g_1^{\mathrm{V}}+\mathrm{i}\frac{\not P\gamma^\mu}{M}g_2^{\mathrm{V}}+\mathrm{i}x^\mu g_3^{\mathrm{V}}+\mathrm{i}x^\mu\not x g_4^{\mathrm{V}}+x^\mu x^\nu\frac{P^\lambda}{M}\sigma_{\nu\lambda}g_5^{\mathrm{V}}$$
$$+\epsilon^{\mu\nu\rho\sigma}\frac{x_\nu P_\rho}{M}\gamma_\sigma\gamma_5 g_6^{\mathrm{V}}+\sigma^{\mu\nu}x_\nu\frac{P\cdot x}{M}g_7^{\mathrm{V}}+\mathrm{i}x^\mu\not P\frac{P\cdot x}{M^2}g_8^{\mathrm{V}}\Big], \tag{9.120}$$

$$1^{++}:\chi_{P\xi}(x)=\epsilon_\mu^\xi\Big[\mathrm{i}\gamma^\mu\gamma_5 f_1^{\mathrm{A}}+\mathrm{i}\frac{\not P\gamma^\mu\gamma_5}{M}\frac{P\cdot x}{M}f_2^{\mathrm{A}}+x^\mu\gamma_5\frac{P\cdot x}{M}f_3^{\mathrm{A}}+\mathrm{i}x^\mu\not x\gamma_5 f_4^{\mathrm{A}}$$
$$+x^\mu x^\nu\frac{P^\lambda}{M}\sigma_{\nu\lambda}\gamma_5\frac{P\cdot x}{M}f_5^{\mathrm{A}}+\mathrm{i}\epsilon^{\mu\nu\rho\sigma}\frac{x_\nu P_\rho}{M}\gamma_\sigma f_6^{\mathrm{A}}+\mathrm{i}\sigma^{\mu\nu}x_\nu\gamma_5 f_7^{\mathrm{A}}$$
$$+\mathrm{i}x^\mu\not P\gamma_5\frac{P\cdot x}{M^2}f_8^{\mathrm{A}}\Big], \tag{9.121}$$

$$1^{+-}:\chi_{P\xi}(x)=\varepsilon_\mu^\xi\Big[\gamma^\mu\gamma_5\frac{P\cdot x}{M}g_1^A+\frac{\not{P}\gamma^\mu\gamma_5}{M}g_2^A+x^\mu\gamma_5g_3^A+x^\mu\not{x}\gamma_5\frac{P\cdot x}{M}g_4^A$$
$$+\mathrm{i}x^\mu x^\nu\frac{P^\lambda}{M}\sigma_{\nu\lambda}\gamma_5g_5^A+\mathrm{i}\varepsilon^{\mu\nu\rho\sigma}\frac{x_\nu P_\rho}{M}\gamma_\sigma\frac{P\cdot x}{M}g_6^A+\sigma^{\mu\nu}x_\nu\gamma_5\frac{P\cdot x}{M}g_7^A$$
$$+x^\mu\frac{\not{P}}{M}\gamma_5g_8^A\Big].\qquad(9.122)$$

至于自旋为 2 的粒子,也可以用同样的方法做出,它们至少要包含 x_μ 的一次项.对更高自旋的粒子,就必须包含更高次的 x_μ 的项.

如果将(9.117)—(9.122)式的 Fourier 变换代入到(9.11)式和(9.1)式,就可以得到介子价夸克态光锥波函数和分布振幅的一般 Lorentz 结构.

本章以相同质量的正、反 Fermi 子为例讨论了 B-S 方程和束缚态波函数,从推导过程可以见到其方法很容易被推广到质量不等的正、反 Fermi 子情况(如 K 介子的价夸克态),类似的讨论也可以推广到具有不等质量的两个 Bose 子的束缚态以及其它各种可能的束缚态等.

§9.6 重子价夸克态波函数的 Bethe-Salpeter 方程

现在将前面几节讨论的正、反粒子构成的束缚态波函数的结果推广到三个粒子构成的重子束缚态波函数的情况.类似地,定义重子的束缚态波函数(这里略去了夸克场的旋量、味和色指标)

$$B_{P\lambda}(x_1,x_2,x_3)=\langle 0|T(\psi(x_1)\psi(x_2)\psi(x_3))|\boldsymbol{P}\lambda\rangle,\qquad(9.123)$$

其中 $|\boldsymbol{P}\lambda\rangle$ 是重子态,本征值为 P_μ,

$$P_\mu P^\mu=E^2-\boldsymbol{P}^2=M^2,$$

M 是重子的质量,λ 是重子的自旋和其他指标.引入质心坐标和相对坐标(仍以具有相同质量的三个 Fermi 子为例)

$$X=\frac{1}{3}(x_1+x_2+x_3),\quad x=x_1-x_2,\quad x'=\frac{1}{2}(x_1+x_2)-x_3,\qquad(9.124)$$

或

$$x_1=X+\frac{x}{2}+\frac{x'}{3},\quad x_2=X-\frac{x}{2}+\frac{x'}{3},\quad x_3=X-\frac{2}{3}x',\qquad(9.125)$$

在式(9.123)中将质心部分分离出来

$$B_{P\lambda}(x_1,x_2,x_3)=\mathrm{e}^{-\mathrm{i}P\cdot X}B_{P\lambda}(x,x'),$$
$$B_{P\lambda}(x,x')=\langle 0|T\Big(\psi\Big(\frac{x}{2}+\frac{x'}{3}\Big)\psi\Big(-\frac{x}{2}+\frac{x'}{3}\Big)\psi\Big(-\frac{2}{3}x'\Big)\Big)|\boldsymbol{P}\lambda\rangle.\qquad(9.126)$$

类似地定义共轭波函数

$$\bar{B}_{P\lambda}(x_1,x_2,x_3)=\langle\boldsymbol{P}\lambda|T(\bar\psi(x_3)\bar\psi(x_2)\bar\psi(x_1))|0\rangle,$$
$$\bar{B}_{P\lambda}(x_3,x_2,x_1)=\mathrm{e}^{\mathrm{i}P\cdot X}\bar{B}_{P\lambda}(x,x').\qquad(9.127)$$

与介子波函数情况类似，引入六点 Green 函数

$$K(x_1,x_2,x_3;y_3,y_2,y_1)$$
$$=\langle 0|T(\psi(x_1)\psi(x_2)\psi(x_3)\bar{\psi}(y_3)\bar{\psi}(y_2)\bar{\psi}(y_1))|0\rangle, \tag{9.128}$$

在此 Green 函数中插入中间态而获得极点表达式

$$K(P;x,x',y,y')=\mathrm{i}\sum_{\lambda}\frac{B_{P\lambda}(x,x')\bar{B}_{P\lambda}(y,y')}{2P_0(P_0-E+\mathrm{i}\varepsilon)}+\gamma, \tag{9.129}$$

其中 γ 代表对 P_0-E 正则的项.

用类似的图形展开方法可以得到 $K(x_1,x_2,x_3;y_3,y_2,y_1)$满足的积分方程

$$\begin{aligned}K(x_1,x_2,x_3;y_3,y_2,y_1)&=K^{(0)}(x_1,x_2,x_3;y_3,y_2,y_1)\\&\quad+\int\mathrm{d}u_1\mathrm{d}u_2\mathrm{d}u_3\mathrm{d}v_1\mathrm{d}v_2\mathrm{d}v_3K^{(0)}(x_1,x_2,x_3;u_3,u_2,u_1)\\&\quad\cdot I(u_1,u_2,u_3;v_3,v_2,v_1)K(v_1,v_2,v_3;y_3,y_2,y_1),\end{aligned} \tag{9.130}$$

$$\begin{aligned}K(x_1,x_2,x_3;y_3,y_2,y_1)&=K^{(0)}(x_1,x_2,x_3;y_3,y_2,y_1)\\&\quad+\int\mathrm{d}u_1\mathrm{d}u_2\mathrm{d}u_3\mathrm{d}v_1\mathrm{d}v_2\mathrm{d}v_3K(x_1,x_2,x_3;u_3,u_2,u_1)\\&\quad\cdot I(u_1,u_2,u_3;v_3,v_2,v_1)K^{(0)}(v_1,v_2,v_3;y_3,y_2,y_1),\end{aligned} \tag{9.131}$$

其中 $K^{(0)}$ 当粒子不全同时有

$$K^{(0)}(x_1,x_2,x_3;y_3,y_2,y_1)=S(x_1-y_1)S(x_2-y_2)S(x_3-y_3), \tag{9.132}$$

如果是全同粒子

$$\begin{aligned}K^{(0)}(x_1,x_2,x_3;y_3,y_2,y_1)&=S(x_1-y_1)S(x_2-y_2)S(x_3-y_3)\\&\quad-S(x_1-y_1)S(x_2-y_3)S(x_3-y_2)\\&\quad-S(x_1-y_2)S(x_2-y_1)S(x_3-y_3)\\&\quad+S(x_1-y_2)S(x_2-y_3)S(x_3-y_1)\\&\quad-S(x_1-y_3)S(x_2-y_2)S(x_3-y_1)\\&\quad+S(x_1-y_3)S(x_2-y_1)S(x_3-y_2)\\&=\sum_{P(y)}S(x_1-y_1)S(x_2-y_2)S(x_3-y_3).\end{aligned} \tag{9.133}$$

$P(y)$意味着对所有 y_1,y_2,y_3 的轮换项求和，奇次轮换出一个负号. 式(9.130)和(9.131)中的积分核 $I(u_1,u_2,u_3;v_3,v_2,v_1)$是所有不可约图形之和，但与前面讨论正、反粒子束缚态情况有所不同，这里的不可约图形是指画一根线同时切割三根 Fermi 子线而不能分成两个图形的图形. 这样可以在 $I(u_1,u_2,u_3;v_3,v_2,v_1)$中包含两类图形，一类是三条线中有一条线不参与相互作用，另一类图形则是三条线相互作用纠缠在一起分不开. 对于前一类图形，有一条线不参与作用将贡献一个因子 $S^{-1}(x)$，另外两条线的相互作用相应于四点 Green 函数的积分核，所以 $S^{-1}(x)$显然是一个微分算符$\left(\mathrm{i}\gamma_\mu\dfrac{\partial}{\partial x_\mu}-m\right)$(见(9.30)式)，包含在积分核 $I(u_1,u_2,u_3;v_3,v_2,$

v_1)中.定义微分算符 $\boldsymbol{O}$ 和积分算符 $\boldsymbol{I}$,

$$\boldsymbol{O}=\left(\mathrm{i}\gamma_\mu\frac{\partial}{\partial x_{1_\mu}}-m\right)\left(\mathrm{i}\gamma_\mu\frac{\partial}{\partial x_{2_\mu}}-m\right)\left(\mathrm{i}\gamma_\mu\frac{\partial}{\partial x_{3_\mu}}-m\right),\tag{9.134}$$

$$\begin{aligned}&\boldsymbol{I}K(x_1,x_2,x_3;y_3,y_2,y_1)\\&=\int\mathrm{d}v_1\mathrm{d}v_2\mathrm{d}v_3\sum_{P(x)}I(x_1,x_2,x_3;v_3,v_2,v_1)K(v_1,v_2,v_3;y_3,y_2,y_1),\end{aligned}\tag{9.135}$$

利用式(9.134)和(9.135),将 $\boldsymbol{O}$ 和 $\boldsymbol{I}$ 算符向右作用于式(9.130)和向左作用于(9.131)上,注意到(9.30)式则有(类似于介子情况,向右作用是作用于前三个变量,向左作用是作用于后三个变量)

$$(\vec{\boldsymbol{O}}-\vec{\boldsymbol{I}})K(x_1,x_2,x_3;y_3,y_2,y_1)=\sum_{P(y)}\delta(x_1-y_1)\delta(x_2-y_2)\delta(x_3-y_3),\tag{9.136}$$

$$K(x_1,x_2,x_3;y_3,y_2,y_1)(\overleftarrow{\boldsymbol{O}}-\overleftarrow{\boldsymbol{I}})=\sum_{P(y)}\delta(x_1-y_1)\delta(x_2-y_2)\delta(x_3-y_3),\tag{9.137}$$

其中 $\boldsymbol{I}$ 算符向左作用时将式(9.135)中的对 $\boldsymbol{I}$ 的前变量轮换求和代之以对后变量轮换求和,而等式右边定义为

$$\begin{aligned}&\sum_{P(y)}\delta(x_1-y_1)\delta(x_2-y_2)\delta(x_3-y_3)\\&=\delta(x_1-y_1)\delta(x_2-y_2)\delta(x_3-y_3)-\delta(x_1-y_1)\delta(x_2-y_3)\delta(x_3-y_2)\\&\quad-\delta(x_1-y_2)\delta(x_2-y_1)\delta(x_3-y_3)+\delta(x_1-y_2)\delta(x_2-y_3)\delta(x_3-y_1)\\&\quad-\delta(x_1-y_3)\delta(x_2-y_2)\delta(x_3-y_1)+\delta(x_1-y_3)\delta(x_2-y_1)\delta(x_3-y_2),\end{aligned}\tag{9.138}$$

对质心动量做 Fourier 展开

$$\begin{aligned}K(x_1,x_2,x_3;y_3,y_2,y_1)&=K(X-Y;x,x',y,y')\\&=\frac{1}{(2\pi)^4}\int\mathrm{d}^4P\mathrm{e}^{-\mathrm{i}P\cdot(X-Y)}K(P;x,x',y,y'),\end{aligned}\tag{9.139}$$

$$\begin{aligned}I(x_1,x_2,x_3;y_3,y_2,y_1)&=I(X-Y;x,x',y,y')\\&=\frac{1}{(2\pi)^4}\int\mathrm{d}^4P\mathrm{e}^{-\mathrm{i}P\cdot(X-Y)}I(P;x,x',y,y'),\end{aligned}\tag{9.140}$$

类似的推导可以得到重子波函数的 B-S 方程

$$\begin{aligned}B_{P\lambda}(x_1,x_2,x_3)=&\int\mathrm{d}u_1\mathrm{d}u_2\mathrm{d}u_3\mathrm{d}v_1\mathrm{d}v_2\mathrm{d}v_3K^{(0)}(x_1,x_2,x_3;u_3,u_2,u_1)\\&\cdot I(u_1,u_2,u_3;v_3,v_2,v_1)B_{P\lambda}(v_1,v_2,v_3),\end{aligned}\tag{9.141}$$

$$\begin{aligned}\bar{B}_{P\lambda}(x_1,x_2,x_3)=&\int\mathrm{d}u_1\mathrm{d}u_2\mathrm{d}u_3\mathrm{d}v_1\mathrm{d}v_2\mathrm{d}v_3\bar{B}_{P\lambda}(u_3,u_2,u_1)\\&\cdot I(u_1,u_2,u_3;v_3,v_2,v_1)K^{(0)}(v_1,v_2,v_3;x_3,x_2,x_1).\end{aligned}\tag{9.142}$$

用 $\boldsymbol{O}$ 算符作用于上述积分方程得到

$$(\vec{\boldsymbol{O}}-\vec{\boldsymbol{I}})B_{P\lambda}(x_1,x_2,x_3)=0,\tag{9.143}$$

$$\overline{B}_{P\lambda}(x_1,x_2,x_3)(\overleftarrow{\boldsymbol{O}}-\overleftarrow{\boldsymbol{I}})=0,\tag{9.144}$$

其中 $\boldsymbol{I}$ 算符向右作用和向左作用见前面的说明. 用与介子情况相类似的方法就可以推出重子波函数正交归一条件

$$\mathrm{i}\int \mathrm{d}^3X\mathrm{d}^4x\mathrm{d}^4x'\overline{B}_{P'\lambda'}(X,x,x')Q\frac{\overleftrightarrow{\partial}}{\partial X_0}B_{P\lambda}(X,x,x')=\delta_{P'P}\delta_{\lambda'\lambda},\tag{9.145}$$

其中 Q 是微分积分算符. 如果将轮换求和的运算考虑进去,式(9.135)中的 I 还将包含各种可能的轮换项,较为复杂,但仍可推出(9.145)的形式. 同样如同介子情况(9.82)和(9.83)式,讨论在梯形近似下,$\boldsymbol{I}$ 与 P 无关,可以给出较简单的归一条件.

类似地可以讨论重子波函数的一般形式,由于重子波函数的指标较为复杂,不能像讨论介子波函数那样按照 Lorentz 协变性和 C,P,T 不变性的方式写出它的一般形式. 有兴趣的读者可参阅文献[13].

参考文献

[1] Lepage G P, Brodsky S J. Phys. Rev., 1980, D22: 2157; 1981, D24: 1808.

[2] Salpeter E E, Bethe H A. Phys. Rev., 1951, 84: 1232.

[3] Huang T//Durand L, Pondrom L G. Proceedings of XXth International Conference on High Energy Physics, Madison, Wisconsin, 1980, AIP Conf. Proc., 69. AIP, New York, 1981: 1000.

[4] Brodsky S J, Huang T, Lepage G P//Capri A Z, Kamal A N. Particles and fields (Proceedings of the Banff Summer Institute, Banff, Alberta, 1981). Plenum, New York, 1983, V2: 143.

[5] Huang T, Ma B Q, Shen Q X. Phys. Rev., 1994, D49: 1490.

[6] Karmanov V A. Nucl. Phys. 1980, B166: 378; 1981, A362: 331.

[7] Guo X H, Huang T. Phys. Rev., 1991, D43: 2931.

[8] Nakanishi N. Supp. Prog. Theor. Phys., 1969, 43: 1.

[9] Lurie D. Particles and fields. Interscience Publisher, New York, 1968.

[10] Mandelstam S. Prog. Roy. Soc., 1955, A233: 208.

[11] 何祚庥、黄涛. 物理学报,1974, 23: 264; 高能物理和核物理,1977, 1: 37.

[12] 何祚庥、黄涛. 中国科学,1975, 18: 502.

[13] 北京大学理论物理研究室基本粒子理论组,中国科学院数学研究所理论物理研究室. 北京大学学报,1966, 2: 209.

第十章　QCD 求和规则和光锥求和规则

微扰 QCD 应用到大动量迁移下的单举和遍举过程取得了很大的成功，奠定了 QCD 理论的基础. 然而这是在假定微扰真空以及小距离相互作用不受非 Abel 规范场大距离结构影响下获得的. 因此微扰 QCD 和微扰真空忽略了大距离结构下很重要的物理内容：强子态的禁闭问题和非微扰相互作用效应.

格点规范理论正努力解决非微扰 QCD 问题并取得了重要进展，然而由于计算量大等技术上的原因，目前它解决非微扰问题的威力还不足，有待今后的发展. 20 世纪 70 年代末发展起来的 QCD 求和规则[1]给出了另一种可能的途径去考虑非微扰效应. QCD 求和规则的基本假定是 QCD 理论的物理真空完全不同于微扰真空. 存在着一系列的真空凝聚，如夸克凝聚$\langle 0|\bar{\psi}\psi|0\rangle$，胶子凝聚$\langle 0|G^2|0\rangle$，…. 这些真空凝聚反映了 QCD 的非微扰特征. QCD 求和规则对这些真空凝聚处理的方法是将它们作为 QCD 理论的待定参量，由实验上自洽地确定它们的值，再唯象地作为非微扰参量输入应用到一系列过程，从而给出确定的理论预言. 三十年来，这种方法应用到相当多的物理过程，受到了普遍的重视[2—4].

§10.1　QCD 物理真空和真空凝聚

实际上，早在 20 世纪 60 年代末由流代数[5]和 PCAC 关系[6—8]就表示了夸克凝聚不等于零，即$\langle 0|\bar{\psi}\psi|0\rangle\neq 0$. 考虑轴矢流 $A_\mu(x)$，

$$A^i_\mu(x)=\bar{\psi}(x)\gamma_\mu\gamma_5 T^i\psi(x), \tag{10.1}$$

其中 T^i 就是(2.1)式定义的同位旋算符. 定义 $T^{\mp}=(T^1\pm \mathrm{i}T^2)$，为了讨论荷电 π 介子选择

$$A^-_\mu(x)=\bar{\psi}(x)\gamma_\mu\gamma_5 T^-\psi(x)=A^1_\mu(x)+\mathrm{i}A^2_\mu(x)=\bar{u}(x)\gamma_\mu\gamma_5 d(x),$$

其中 $u(x)$，$d(x)$分别是 u 夸克和 d 夸克相应的场量. 应用夸克场量运动方程给出它的散度为

$$\partial^\mu A^-_\mu(x)=\mathrm{i}(m_\mathrm{u}+m_\mathrm{d})\bar{u}(x)\gamma_5 d(x), \tag{10.2}$$

显然流散度 $\partial_\mu A^\mu(x)$的量子数与 π^- 介子是相同的. 轴矢流部分守恒(PCAC)假定(2.15)式对荷电 π 介子有

$$\partial^\mu A^-_\mu(x)=\sqrt{2}f_\pi m_\pi^2\phi_\pi(x), \tag{10.3}$$

其中 f_π 是 π 介子衰变常数，由 $\pi^+\to\mu\nu$ 衰变宽度实验确定，

$$\Gamma(\pi\to\mu\nu)=\frac{G_F^2}{4\pi}f_\pi^2 m_\pi m_\mu^2\,|V_{ud}|^2\left(1-\frac{m_\mu^2}{m_\pi^2}\right)^2, \tag{10.4}$$

其中 V_{ud}是 Cabibbo 角，$\cos\theta\approx 1$，由(10.4)式确定 $f_\pi=93.3\pm 0.3$ MeV. 当 π 介子质量 $m_\pi\to 0$ 时(10.3)式右边趋于零，轴矢量就守恒，这是§3.5 已讨论过的 QCD 手征对称性性质. 物理上 π 介子质量不为零必然有相应的轴矢流部分守恒(PCAC)(10.3)式. 在(10.3)式两边夹以态矢量$\langle 0|$和$|\pi\rangle$就得到

$$\langle 0|\partial^\mu A_\mu^-(0)|\pi\rangle=\sqrt{2}f_\pi m_\pi^2\langle 0|\phi_\pi(0)|\pi\rangle=\sqrt{2}f_\pi m_\pi^2. \tag{10.5}$$

现在考虑在物理真空下定义的两点关联函数

$$\Pi^{\mu\nu}(q)=\mathrm{i}\int \mathrm{d}^4x\mathrm{e}^{\mathrm{i}qx}\langle 0|T(A^\mu(x)A^{\nu *}(0))|0\rangle, \tag{10.6}$$

这里为了简便起见以下计算中略去了轴矢流上标负号，即 $A_\mu^-(x)=A_\mu(x)$，有 $\partial^\mu A_\mu(x)=\partial^\mu(A_\mu^1(x)+\mathrm{i}A_\mu^2(x))=\mathrm{i}(m_u+m_d)\bar{u}(x)\gamma_5 d(x)$. 在(10.6)式两边倍乘以矢量 $q_\mu q_\nu$，

$$\begin{aligned}
q_\nu q_\mu\Pi^{\mu\nu}(q)=&-q_\nu\int \mathrm{d}^4x\mathrm{e}^{\mathrm{i}qx}\partial_\mu\langle 0|T(A^\mu(x)A^{\nu *}(0))|0\rangle\\
=&-q_\nu\int \mathrm{d}^4x\mathrm{e}^{\mathrm{i}qx}\delta(x^0)\langle 0|[A^0(x),A^{\nu *}(0)]|0\rangle\\
&-q_\nu\int \mathrm{d}^4x\mathrm{e}^{\mathrm{i}qx}\langle 0|T(\partial_\mu A^\mu(x)A^{\nu *}(0))|0\rangle\\
=&2\mathrm{i}\int \mathrm{d}^4x\mathrm{e}^{\mathrm{i}qx}\delta(x^0)\langle 0|[A^0(x),\partial_\nu A^{\nu *}(0)]|0\rangle\\
&+\mathrm{i}\int \mathrm{d}^4x\mathrm{e}^{\mathrm{i}qx}\langle 0|T(\partial_\mu A^\mu(x)\partial_\nu A^{\nu *}(0))|0\rangle\\
=&2(m_u+m_d)\int \mathrm{d}^4x\mathrm{e}^{\mathrm{i}qx}\delta^{(4)}(x)\langle 0|\bar{u}u(x)+\bar{d}d(x)|0\rangle\\
&+2\mathrm{i}f_\pi^2 m_\pi^4\int \mathrm{d}^4x\mathrm{e}^{\mathrm{i}qx}\langle 0|T(\phi_\pi(x)\phi_\pi^*(0))|0\rangle,
\end{aligned} \tag{10.7}$$

在获得最后一个等式时已应用了流算符等时对易关系和 PCAC(10.3)式. (10.7)式对任何 q 成立，在两边取 $q\to 0$，即软 π 极限可得

$$\begin{aligned}
&2(m_u+m_d)\langle 0|:\bar{u}(0)u(0)+\bar{d}(0)d(0):|0\rangle\\
&=-2\mathrm{i}f_\pi^2 m_\pi^4\int \mathrm{d}^4x\mathrm{e}^{\mathrm{i}qx}\langle 0|T(\phi_\pi(x)\phi_\pi^*(0))|0\rangle\big|_{q\to 0},
\end{aligned} \tag{10.8}$$

在(10.8)式左边已取正规乘积定义两夸克场算符乘积. 右边需要计算 π 介子场算符的传播函数的 Fourier 变换，取单极点近似有

$$\mathrm{i}\int \mathrm{d}^4x\mathrm{e}^{\mathrm{i}qx}\langle 0|T(\phi_\pi(x)\phi_\pi^*(0))|0\rangle\big|_{q\to 0}=\left[\frac{1}{m_\pi^2-q^2}+\cdots\right]_{q\to 0}, \tag{10.9}$$

(10.9)式中“…”代表连续谱的贡献. 将(10.9)式代入到(10.8)式并取手征极限(m_π^2

$\to 0$)就得到

$$(m_u + m_d)\langle 0|\bar{u}u + \bar{d}d|0\rangle = -2m_\pi^2 f_\pi^2(1 + O(m_\pi^2)), \tag{10.10}$$

即准确到 $O(m_\pi^2)$ 量级,式(10.10)成立. 当 $m_u, m_d \neq 0$,QCD 手征对称性被明显地破缺,物理上 $m_\pi^2 \neq 0$,实验上测得 $f_\pi \neq 0$,仅可能是

$$\langle 0|\bar{u}u + \bar{d}d|0\rangle \neq 0, \tag{10.11}$$

这意味着 $|0\rangle$ 不是微扰真空,夸克场量的真空平均不等于零,即存在夸克凝聚.

类似的讨论可应用到 K 介子,定义相应的轴矢流和 PCAC 关系[9],

$$\begin{aligned} A^\mu(x) &= \bar{u}(x)\gamma^\mu\gamma_5 s(x), \\ \partial_\mu A^\mu(x) &= \sqrt{2} f_K m_K^2 \phi_K(x), \end{aligned} \tag{10.12}$$

其中 f_K 是 K 介子的衰变常数,由 K 介子衰变实验定出 $f_K = 114 \pm 1.1$ MeV. 与 f_π 相比相差约 20%,这与 SU(3)破缺的大小是相一致的. 重复前面对 π 介子的推导可得与(10.11)式类似的下述关系,

$$\begin{aligned} (m_u + m_s)\langle 0|\bar{u}u + \bar{s}s|0\rangle &= -2m_{K^+}^2 f_K^2(1 + O(m_K^2)), \\ (m_d + m_s)\langle 0|\bar{d}d + \bar{s}s|0\rangle &= -2m_{K^0}^2 f_K^2(1 + O(m_K^2)), \end{aligned} \tag{10.13}$$

这些关系式表明所有轻夸克的真空平均值不等于零,即 $\langle 0|\bar{u}u|0\rangle \neq 0$, $\langle 0|\bar{d}d|0\rangle \neq 0$, $\langle 0|\bar{s}s|0\rangle \neq 0$. 如果假定这三个真空平均值近似相等,那么由(10.11)和(10.13)式消去三个真空平均值得到夸克质量和介子质量的近似关系式,

$$\frac{m_s + m_u}{m_d + m_u} \cong \frac{f_K^2 m_K^2}{f_\pi^2 m_\pi^2}, \tag{10.14}$$

$$\frac{m_d - m_u}{m_d + m_u} \cong \frac{f_K^2(m_{K^0}^2 - m_{K^+}^2)}{f_\pi^2 m_\pi^2}, \tag{10.15}$$

这些关系式并未考虑 SU(3)破缺效应. 下面将看到 QCD 求和规则应用到物理过程唯象确定 $\langle 0|\bar{u}u|0\rangle = \langle 0|\bar{d}d|0\rangle \neq 0$, $\langle 0|\bar{s}s|0\rangle = 0.8\langle 0|\bar{u}u|0\rangle$,这与 SU(3)对称性破缺大约在 20%左右是一致的. 所以等式(10.14)和(10.15)近似成立的程度大约在 20%左右,并由此可近似地估计出轻夸克质量关系

$$\frac{m_s}{m_d} = 18 \pm 5, \quad \frac{m_d}{m_u} = 2.0 \pm 0.4, \tag{10.16}$$

这两个质量关系式在考虑到 SU(3)破缺效应和高阶手征效应后略有改变但变化不大.

前面由流代数和 PCAC 获得 $\langle 0|\bar{u}u|0\rangle \neq 0$, $\langle 0|\bar{d}d|0\rangle \neq 0$, $\langle 0|\bar{s}s|0\rangle \neq 0$,或 $\langle 0|\bar{q}q|0\rangle \neq 0$,意味着强相互作用中手征对称性自发地破缺. 取 $\langle 0|\bar{u}u|0\rangle = \langle 0|\bar{d}d|0\rangle$ 不失为好的近似,由(10.10)式可以估计夸克凝聚在强子标度($\mu = 1$ GeV)下($f_\pi = 93$ MeV)的值,

$$\langle 0|\bar{q}q|0\rangle = -\frac{f_\pi^2 m_\pi^2}{(m_u + m_d)} \cong -(240 \pm 10\ \text{MeV})^3, \tag{10.17}$$

这一数值与 QCD 求和规则应用到具体过程获得的唯象数值是一致的.

作为强相互作用基本理论,QCD 理论一个重要特点是其物理真空生成夸克凝聚,这一凝聚在强子谱以及强子态的物理过程起了重要的作用. 同时,QCD 理论中由于非 Abel 规范场的大范围结构,存在着瞬子(instanton)解,利用瞬子的稀薄气体近似可以计算出$\langle 0|G^2|0\rangle\neq 0$即胶子凝聚. 夸克凝聚和胶子凝聚在物理上反映了 QCD 真空性质很大地不同于微扰真空,QCD 物理真空完全是由非微扰相互作用决定. 这种真空不断地与夸克、胶子相互作用而影响着夸克和胶子的传播,并且它与夸克或胶子相互作用具有零动量转移,是大距离行为,其标度$\sim\Lambda_{QCD}$. 仅当外动量$Q^2\gg\Lambda_{QCD}^2$时可以忽略这种相互作用,近似地以微扰真空来代替. 当Q^2接近于Λ_{QCD}^2时,这种来自真空的相互作用不可忽略,必须考虑物理真空的影响即夸克和胶子凝聚的贡献. 以上讨论都是对轻夸克而言的,它们的真空凝聚产生手征对称性破缺. 对于重夸克Q,$m_Q^2\gg\Lambda_{QCD}^2$,重夸克在强子内部的影响近似地可忽略. 即使由胶子凝聚诱导的重夸克凝聚也是很小的,完全可略去.

基于对 QCD 真空的认识,QCD 求和规则通过唯象地引入真空凝聚参量来计算非微扰效应的影响,发展成为一个有效的 QCD 非微扰方法. 这一方法最早是由 Shifman, Vainshtein 和 Zakharov 提出的,人们又称它为 SVZ 求和规则. 下面几节将作详细介绍.

§10.2 算符乘积展开和真空凝聚

首先以正、负电子湮灭为强子过程的总截面为例,(7.4)式表明总截面与两个电磁流算符乘积的真空平均值相关,

$$w_{\mu\nu}=\mathrm{i}\int \mathrm{d}^4x\mathrm{e}^{\mathrm{i}qx}\langle 0|T(J_\mu(x)J_\nu(0))|0\rangle, \tag{10.18}$$

由 Lorentz 协变性和电磁流守恒条件,$w_{\mu\nu}(q)$的一般张量结构应为(见(7.9)式)

$$w_{\mu\nu}(q)=\frac{1}{6\pi}(q_\mu q_\nu-q^2g_{\mu\nu})w(q^2).$$

在第七章中讨论大$Q^2(=-q^2)$时采用微扰真空,算符乘积展开(OPE)[9]中所有正规乘积的真空平均值为零,只保留了算符乘积展开中第一项并计算了微扰论高阶贡献. 现在以 QCD 物理真空代替微扰真空,当Q^2不是很大但保持有$Q^2\gg\Lambda_{QCD}^2$时,仍然可以有小距离下算符乘积展开成立,算符乘积展开中除第一项以外各项都以$\frac{1}{(Q^2)^n}$幂次贡献,其幂次由算符乘积展开中算符量纲d决定. 两个夸克电磁流算符的算符乘积展开具有下述形式

$$\langle 0|T(J_\mu(x)J_\nu(0))|0\rangle=(\partial^2g_{\mu\nu}-\partial_\mu\partial_\nu)\sum_n C_n(x)\langle 0|:O_n(0):|0\rangle, \tag{10.19}$$

其中 $C_n(x)$ 是 Wilson 展开系数，可以由微扰计算给出，$O_n(0)$ 是夸克和胶子场量构成的定域算符. 这些算符按量纲 d 排列有

$$\begin{aligned}
&I, && d=0,\\
&m\bar{\psi}\psi, && d=4,\\
&G^a_{\mu\nu}G_{a\mu\nu}, && d=4,\\
&\bar{\psi}\Gamma\psi\bar{\psi}\Gamma\psi, && d=6,\\
&m\bar{\psi}\sigma_{\mu\nu}T^a\psi G^{a\mu\nu}, && d=6,\\
&f^{abc}G^a_{\mu\nu}G^{b\nu}_{\rho}G^{c\rho\mu}, && d=6,\\
&\vdots
\end{aligned} \tag{10.20}$$

这一算符系列有无穷多个，它们的真空平均值就相应于非微扰真空凝聚的贡献，包括夸克凝聚和胶子凝聚贡献等. 这些无穷的真空平均值是未知的，需要引入无穷个未知参量，这对讨论它们的贡献是很困难的. 然而这些真空平均值随着量纲愈高相应的 Q^2 幂次压低愈大. 因此可以忽略高量纲算符的贡献，将展开级数截断，只计及前面几项就够了，一般保留至量纲 $d=6$ 的算符. 第一项的贡献已在第七章中讨论过，就是微扰论的领头阶以及高阶修正，本章要讨论的是后面各项真空凝聚的非微扰修正. 问题的关键是如何计算这些真空凝聚相应的 Wilson 系数. 下面以夸克传播子的非微扰修正为例给出计算相应 Wilson 系数的方法.

下面将以夸克传播子和胶子传播为例应用早期文献中所用的方法解释 Wilson 系数的计算. 考虑夸克传播子中 $\psi(x)\bar{\psi}(0)$ 的算符乘积展开

$$\begin{aligned}
S^{ij}(p) &= \mathrm{i}\int \mathrm{d}^4x\mathrm{e}^{\mathrm{i}px}\langle 0|T(\psi^i(x)\bar{\psi}^j(0))|0\rangle\\
&= C_0(p)\delta^{ij}\langle 0|1|0\rangle + C_1(p)\langle 0|\bar{\psi}^j\psi^i|0\rangle + C_2(p)\delta^{ij}\langle 0|G^2|0\rangle\\
&\quad +\cdots,
\end{aligned} \tag{10.21}$$

如果 $|0\rangle$ 是微扰真空，只有第一项不等于零(其余各项都为零)，这就是自由夸克传播子 $C_0(p)=(\not{p}-m)^{-1}$，§7.3 的(7.56)式就是 $x\to 0, m\to 0$ 时的 $C_0(x)$. §5.2 给出了包括单圈图修正的夸克传播子(见图 10.1).

图 10.1 夸克传播子的单圈修正

在物理真空下，(10.21)式后面各项都不等于零，都是非微扰效应的贡献：第二项是夸克凝聚的贡献，第三项是胶子凝聚的贡献等等. (10.21)式表明在物理真空的夸克传播子不是一个简单的自由夸克传播子，而应考虑一系列非微扰效应(夸克凝聚、胶子凝聚、夸克-胶子混合凝聚等)贡献的物理真空的传播子. 现在讨论如

何求它们的 Wilson 系数. $C_1(p)$和 $C_2(p)$分别是夸克凝聚和胶子凝聚相应的系数，它们是夸克、胶子以零动量交换与物理真空相互作用的结果，可以理解为夸克传播子微扰图单圈修正(见图 10.1)切断其中夸克内线或胶子内线得到的 Feynman 图的贡献(图 10.2)，被切割的夸克或胶子与物理真空相互作用形成夸克凝聚和胶子凝聚.

图 10.2　夸克传播子的夸克凝聚和胶子凝聚贡献

对于图 10.2 的贡献可以完全类似于夸克传播子单圈图修正(5.3)式将它写成下述表达式

$$S_{\mathrm{NP}}^{(2)ij}(p)=\sum_{l,l'}\frac{1}{\not p-m}\int\frac{\mathrm{d}^4k}{(2\pi)^4\mathrm{i}}g\gamma_\mu T^a_{il}S_{\mathrm{NP}}^{(0)ll'}(p-k)g\gamma_\nu T^b_{l'j}D^{\mu\nu}_{ab}(k)\frac{1}{\not p-m},\tag{10.22}$$

其中 $i,j,l=1,2,3$ 是色指标，$D^{\mu\nu}_{ab}(k)$是胶子传播子，由(4.138)式给出，$S_{\mathrm{NP}}^{(0)ij}(p)$是夸克凝聚$\langle 0|:\bar\psi(0)\psi(x):|0\rangle$的 Fourier 变换，

$$(S_{\mathrm{NP}}^{(0)ij}(p))_{\alpha\beta}=\mathrm{i}\int\mathrm{d}^4x\mathrm{e}^{\mathrm{i}px}\langle 0|:\bar\psi^j_\beta(0)\psi^i_\alpha(x):|0\rangle,\tag{10.23}$$

为了表明它在 Lorentz 空间不是简单的一个数，(10.23)式中标出了旋量指标 α,β. 现在计算 $S_{\mathrm{NP}}^{(0)ij}(p)$，上式右边在微扰真空下平均值为零，因此夸克场 $\psi^i(x)$可以看作真空中外场，满足运动方程

$$(\mathrm{i}\not D-m)\psi^i=0,\tag{10.24}$$

并可在 $x\to 0$ 作下述展开

$$\psi^i(x)=\psi^i(0)+x^\mu D_\mu\psi^i(0)+\frac{1}{2}x^\mu x^\nu D_\mu D_\nu\psi^i(0)+\cdots,\tag{10.25}$$

其中 D_μ 是基础表示的协变微商

$$(D_\mu)_{ij}=\delta_{ij}\partial_\mu-\mathrm{i}g(T^a)_{ij}A^a_\mu(x),\quad i,j=1,2,3.\tag{10.26}$$

将(10.25)式代入到(10.23)式并应用运动方程(10.24)式就得到

$$\langle 0|:\bar\psi_\beta(0)\psi_\alpha(x):|0\rangle=\frac{1}{4N_c}\left(\delta_{\alpha\beta}-\frac{\mathrm{i}mx_\mu}{4}\gamma^\mu_{\alpha\beta}\right)\langle 0|\bar\psi(0)\psi(0)|0\rangle,\tag{10.27}$$

式(10.27)已将旋量指标分离出来，$\langle 0|\bar\psi(0)\psi(0)|0\rangle=\langle 0|\bar\psi\psi|0\rangle$是所定义的夸克凝聚量.

$$\langle 0|\bar\psi^a_\beta(0)\psi^b_\alpha(0)|0\rangle=\delta^{ab}\delta_{\alpha\beta}\frac{\langle 0|\bar\psi\psi|0\rangle}{12},\tag{10.28}$$

将式(10.27)代入到式(10.23)得到

$$S_{\mathrm{NP}}^{(0)ij}(p)=\mathrm{i}(2\pi)^4\delta_{ij}\frac{\langle 0|\bar\psi\psi|0\rangle}{4N_c}\left(1-\frac{m}{4}\gamma^\mu\frac{\partial}{\partial p^\mu}\right)\delta(p),\tag{10.29}$$

再将(10.29)式代入到(10.22)式并注意到 $D^{ab}_{\mu\nu}(k)=-\delta_{ab}\dfrac{d_{\mu\nu}(k)}{k^2}$，积分给出第一个

图的修正为[10]

$$S_{\mathrm{NP}}^{(2)ij}(p) = -\delta_{ij}\alpha_s \frac{\pi C_{\mathrm{F}}\langle 0|\bar{\psi}\psi|0\rangle}{3p^4}\left[3+\alpha-\alpha\frac{m\not{p}}{p^2}\right]+\cdots. \tag{10.30}$$

此式依赖于规范参数 α，也表明了夸克凝聚贡献相当于给出一个规范相关的夸克质量因子

$$M_\alpha(p) = -\alpha_s \frac{\pi C_{\mathrm{F}}\langle 0|\bar{\psi}\psi|0\rangle}{3p^2}(3+\alpha), \tag{10.31}$$

显然不能将规范相关的因子解释为物理质量.

应用类似的方法可以计算胶子传播子

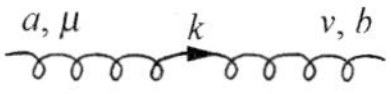

的非微扰修正，它可以看作胶子传播子微扰单圈修正图形(图 10.3)切断一条内线得到，断开的胶子线或夸克线与物理真空相互作用形成胶子凝聚或夸克凝聚(图 10.4). 同样与真空相互作用的胶子场可以看作外场，为了计算中直接获得规范不变性的结果，取固定点规范(Schwinger 规范)

图 10.3　胶子传播子的单圈修正

图 10.4　胶子传播子的夸克凝聚和胶子凝聚贡献

$$x^\mu A_\mu^a(x) = 0, \tag{10.32}$$

在此规范中可以将 $A_\mu^a(x)$ 用规范不变的场量展开，

$$\begin{aligned} A_\mu^a(x) &= x^\nu \sum_{n=0}^{\infty} \frac{1}{n!(n+2)} x^{\alpha_1}\cdots x^{\alpha_n} G^a_{\nu\mu;\alpha_n\cdots\alpha_1}(0) \\ &= \frac{1}{2}x^\nu G^a_{\nu\mu}(0) + \frac{1}{3}x^\nu x^\alpha G^a_{\nu\mu;\alpha}(0) + \frac{1}{8}x^\nu x^\alpha x^\beta G^a_{\nu\mu;\beta\alpha}(0) + \cdots, \end{aligned} \tag{10.33}$$

其中

$$G^a_{\nu\mu;\alpha_n\cdots\alpha_1}(0) = [(\widetilde{D}_{\alpha_1})^{aa_1}\cdots(\widetilde{D}_{\alpha_n})^{a_{n-1}b}G^b_{\nu\mu}](0) \tag{10.34}$$

以及伴随表示协变微商

$$(\widetilde{D}_\mu)^{ab} = \delta^{ab}\partial_\mu - gf^{abc}A_\mu^c, \tag{10.35}$$

由此展开可以计算图 10.2 的第二个图和图 10.4 的第一个图以及各种胶子凝聚给

出的相应的非微扰修正. 这里略去了上述图形的高阶辐射修正.

现在回到(10.19)式计算两个电磁矢量流 $J_\mu(x)=\bar{\psi}(x)\gamma_\mu\psi(x)$ 乘积的关联函数

$$\Pi_{\mu\nu}(q)=\mathrm{i}\int \mathrm{d}^4x\mathrm{e}^{\mathrm{i}qx}\langle 0\,|\,T(J_\mu(x)J_\nu(0))\,|\,0\rangle=(q_\mu q_\nu-q^2g_{\mu\nu})\Pi(q^2),\tag{10.36}$$

其中不变函数 $\Pi(q^2)$ 的展开式为

$$\Pi(q^2)=\sum_n C_n(q^2)\langle 0\,|\,:O_n(0):\,|\,0\rangle,\tag{10.37}$$

而凝聚算符的 Wilson 系数 $C_n(q^2)$ 由相应的图形计算得到,对应于式(10.20)的夸克凝聚、胶子凝聚、夸克-胶子混合凝聚、四夸克凝聚、三胶子凝聚的图形(量纲 $d\leqslant 6$)分别列于图 10.5. 利用已介绍的对夸克凝聚和胶子凝聚计算方法对图 10.5 中前三个图形计算给出($Q^2=-q^2$)

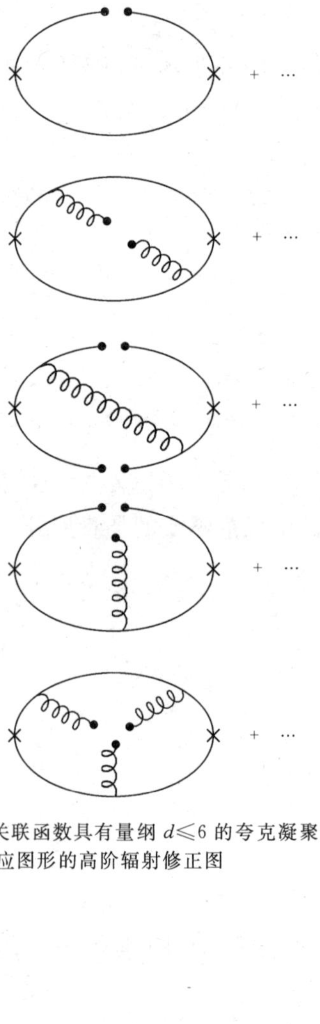

图 10.5　两个矢量流乘积的关联函数具有量纲 $d\leqslant 6$ 的夸克凝聚和胶子凝聚贡献对应的图形,图中"+…"表示每行左边相应图形的高阶辐射修正图

$$\Pi(q^2) = -\frac{1}{4\pi^2}\left(1+\frac{\alpha_s}{\pi}\right)\ln\frac{Q^2}{\mu^2} + \frac{1}{Q^4}\langle 0|m_u\bar{u}u + m_d\bar{d}d|0\rangle + \frac{1}{12Q^4}\langle 0|\frac{\alpha_s}{\pi}G^2|0\rangle - \frac{224\pi}{81Q^6}\alpha_s\langle 0|\bar{\psi}\psi|0\rangle^2 + \cdots. \tag{10.38}$$

(10.38)式中没有包括第四和第五个图形的贡献，这是因为第四个图形的贡献多一个 $1/Q^2$ 幂次压低，第五个图形在忽略夸克质量的极限下三胶子凝聚贡献为零. (10.38)式第一项是微扰贡献，第二、三项的夸克凝聚和胶子凝聚已采用了具有 Lorentz 不变性和色空间不变性的真空凝聚值，$\langle 0|G^2|0\rangle$ 的定义如下：

$$\langle 0|G^a_{\mu\nu}(0)G^b_{\rho\sigma}(0)|0\rangle = \delta^{ab}(g_{\mu\rho}g_{\nu\sigma} - g_{\mu\sigma}g_{\nu\rho})\frac{\langle 0|G^2|0\rangle}{96}, \tag{10.39}$$

在式(10.39)式两边乘以 $\delta^{ab}g_{\mu\nu}$ 将指标收缩很容易证明它成立. 至于(10.38)式第四项已假定了四夸克凝聚中是插入真空态为主，成为夸克凝聚的平方.

§ 10.3　S 矩阵元解析性质和色散关系

上一节讨论了在物理真空下定义的两点关联函数(10.35)式，$\Pi_{\mu\nu}(q^2)$，在 $Q^2 \gg \Lambda^2_{\text{QCD}}$ 的展开式(10.19). 它包含了微扰 QCD 贡献和 Q^2 的高阶幂次修正，高阶幂次修正的系数是微扰论可计算的，夸克凝聚和胶子凝聚作为非微扰的参量输入. 另一方面，正如 § 7.1 讨论的正、负电子湮灭为强子的过程依赖于两点函数在类时间隔 $q^2 > 0$ 的值，从大类空间隔到类时间隔的变化包含了从小距离到大距离的变化，大距离下夸克-胶子相互作用形成强子，所以两点关联函数 $\Pi_{\mu\nu}(q^2)$ 在大距离下包含了很复杂的强子谱和强子可观察量内容. 这两方面的连接是通过两点关联函数 $\Pi_{\mu\nu}(q^2)$ 在复 q^2 平面上的解析性质相关联的.

任意 Green 函数或 S 矩阵元的解析性质的研究起源于上世纪 50 年代，由于汤川型介子交换理论中强相互作用耦合常数大，不适合微扰论的应用，人们探讨不依赖于微扰论的公理化场论. 公理化场论试图从量子场论必须遵从的几个基本公理性假定出发最大限度地导出 Green 函数或 S 矩阵元的普遍性质，其中在复 q^2 平面上的解析性质和由此导出的色散关系就是公理化量子场论的重要成就之一[11,12]. 这几条基本公理性假定是：Lorentz 协变性、微观因果性、Hilbert 空间完备性、幺正性、强子质量谱条件和渐近条件等. 这就构成了所谓的 Lehmann-Symanzik-Zimmermann(LSZ)场论体系及 S 矩阵元约化公式(reduction formulae)[13].

导致 S 矩阵元解析性质的关键是微观因果性假定，即对于任意两点的场算符 $A(x)$ 和 $B(y)$ 总存在在类空间隔下对易关系

$$[A(x), B(y)] = 0, \quad \text{当}(x-y)^2 < 0(\text{类空}). \tag{10.40}$$

如果是 Fermi 子场量，(10.40)中的对易关系应以反对易关系代之.

色散关系证明的关键是证明 Green 函数或 S 矩阵元在复 q^2 平面上的解析性. 关于 S 矩阵元解析性的证明已超出本书的范围,从略,有兴趣的读者可参考有关教科书. 这里将从 $\Pi(q^2)$是复 q^2 平面解析函数出发.

两点关联函数 $\Pi(q^2)$在复 q^2 平面上是解析函数,由于幺正性,它仅在正实轴物理区域上有割缝存在,割缝的起点位置是物理中间态的阈值 s_0,其割缝为 $s_0 \leqslant q^2 \leqslant \infty$(见图 10.6).

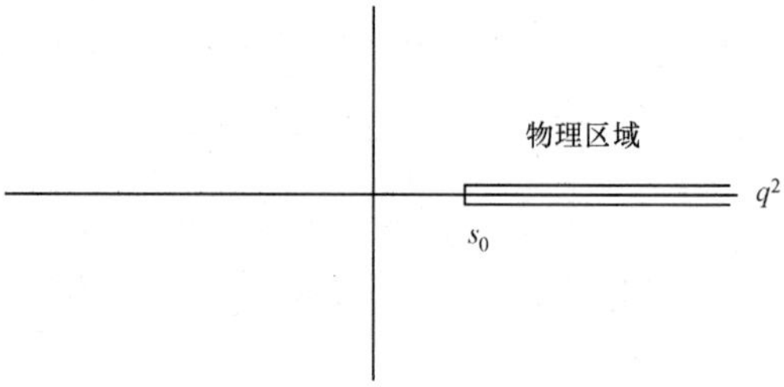

图 10.6　复 q^2 平面在正实轴上有割缝

对 $\Pi(q^2)$应用 Cauchy 定理并取如图 10.7 所示的沿正实轴割缝的两岸且半径 $R \to \infty$ 的回路积分,则有

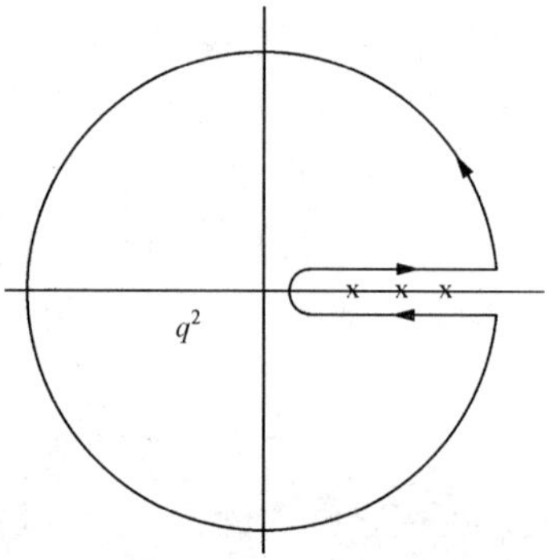

图 10.7　复 q^2 平面沿割缝 C 的回路

$$\begin{aligned}\Pi(q^2) &= \frac{1}{2\pi\mathrm{i}}\oint_C \mathrm{d}z\,\frac{\Pi(z)}{z-q^2}\\ &= \frac{1}{2\pi\mathrm{i}}\oint_{|z|=R}\mathrm{d}z\,\frac{\Pi(z)}{z-q^2} + \frac{1}{2\pi\mathrm{i}}\int_0^R \mathrm{d}z\,\frac{\Pi(z+\mathrm{i}\varepsilon)-\Pi(z-\mathrm{i}\varepsilon)}{z-q^2},\end{aligned} \tag{10.41}$$

如果关联函数 $\Pi(q^2)$在复 q^2 平面上当 $|q^2| \sim R \to \infty$ 时足够快地趋于零,譬如说 $\lim\limits_{R\to\infty}\Pi(q^2) \sim 1/|q^2|^{\varepsilon}(\varepsilon>0)$,那么(10.41)式第一项在大圆上的积分趋于零,只有第二项存在. 第二项的分子除了割缝以外都为零,仅在割缝区域为上、下岸值之差,

$$\Pi(q^2+\mathrm{i}\varepsilon) - \Pi(q^2-\mathrm{i}\varepsilon) = 2\mathrm{i}\,\mathrm{Im}\Pi(q^2), \quad 当\ q^2 > s_0, \tag{10.42}$$

其中 s_0 是割缝的起点处. 这样(10.41)式就转变为

$$\Pi(q^2) = \frac{1}{\pi}\int_{s_0}^{\infty} \mathrm{d}s \, \frac{\mathrm{Im}\Pi(s)}{s - q^2 - \mathrm{i}\varepsilon}, \tag{10.43}$$

注意到等式(积分意义下)

$$\frac{1}{\tau \mp \mathrm{i}\varepsilon} = \frac{P}{\tau} \pm \mathrm{i}\pi\delta(\tau), \tag{10.44}$$

其中 P 是指主值积分,则有

$$\mathrm{Re}\Pi(q^2) = \frac{1}{\pi} P\int_{s_0}^{\infty} \mathrm{d}s \, \frac{\mathrm{Im}\Pi(s)}{s - q^2}. \tag{10.45}$$

(10.43)和(10.45)式就是关联函数满足的色散关系,它表达了关联函数的实部整体可以用它的虚部表示出来. 进一步若应用光学定理,其虚部与正、负电子转变为强子的总截面相联系,那么利用实验上测得的截面代入就可以求出它的实部或关联函数本身. 然而在很多情况下关联函数的虚部并不能简单地用实验上测得的截面表示出来,需要引入模型来表述它的虚部. 这样就显示了色散关系在求解关联函数中的作用,或者说它给出了关联函数实部和虚部应满足的关系式.

从因果性、解析性到色散关系,这一性质在经典电磁物理中也存在. 经典色散关系最早是 Kramers-Kronig 在研究介电极化中提出的,色散关系这一名称就是从折射率对频率的依赖关系(色散)而来.

实际计算中某些物理过程的关联函数 $\Pi(q^2)$ 在复 q^2 平面上并不满足当 $|q^2| \sim R \to \infty$ 时趋于零的要求,色散积分发散,人们通过减除方案来解决. 定义

$$\widetilde{\Pi}(q^2) = \Pi(q^2) - \Pi(0),$$

对 $\widetilde{\Pi}(q^2)$ 应用 Cauchy 定理推导就可以获得带一次减除的色散关系,

$$\Pi(q^2) = \frac{q^2}{\pi}\int_{s_0}^{\infty} \mathrm{d}s \, \frac{\mathrm{Im}\Pi(s)}{s(s - q^2 - \mathrm{i}\varepsilon)} + \Pi(0). \tag{10.46}$$

原则上如果当 $q^2 \to \infty$, $\Pi(q^2) \sim (q^2)^N$,可以通过 N 次减除使得色散积分收敛而获得带 N 次减除的色散关系,式(10.46)的第二项以一个多项式 $P(q^2)$ 代替,

$$\Pi(q^2) = \frac{(q^2)^N}{\pi}\int_{s_0}^{\infty} \mathrm{d}s \, \frac{\mathrm{Im}\Pi(s)}{s^N(s - q^2 - \mathrm{i}\varepsilon)} + \sum_{n=0}^{N-1} a_n (q^2)^n. \tag{10.47}$$

(10.47)式第二项即多项式 $P(q^2)$,包含了 N 个常数,零次项常数是 $\Pi(0)$,一次项就是 $\Pi'(0)$,依次类推. 一般地讲,一次减除式(10.46)就足够了. 对于两个矢量流的关联函数,由于规范不变性(10.35)式,使得 $\Pi(0)=0$.

色散积分被积函数中的虚部可以利用光学定理与强子的可测量物理量截面联系起来,因为在 § 7.1 中就计算了正、负电子湮灭衰变为强子的总截面,光学定理告诉我们一个过程的总截面等于向前散射振幅的虚部(见图 10.8),具体来讲对于两个矢量流的关联函数 $\Pi(q^2)$ 的虚部与正、负电子的总截面 $\sigma(\mathrm{e}^+\mathrm{e}^- \to$ 强子$)$ 的关系如下

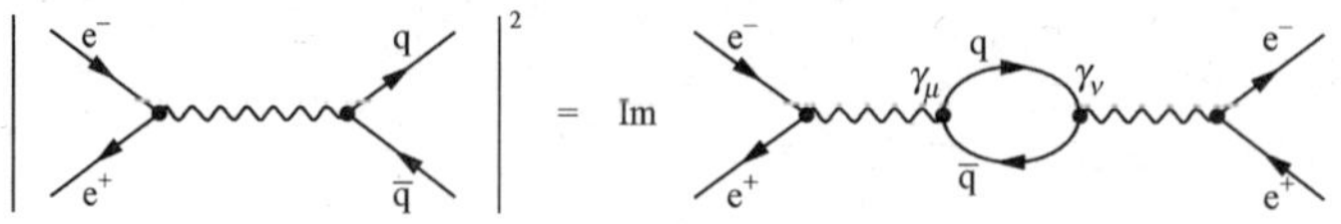

图 10.8　正、负电子湮灭衰变为强子的总截面等于向前散射振幅的虚部

$$\mathrm{Im}\Pi_V = \frac{1}{12\pi}\frac{\sigma(e^+e^-\to \text{强子})}{\sigma(e^+e^-\to\mu^+\mu^-)} = \frac{s}{16\pi^2\alpha^2}\sigma(e^+e^-\to\text{强子}), \tag{10.48}$$

例如，粲粒子能区贡献

$$\mathrm{Im}\Pi_V^{(\text{粲夸克})} = \frac{1}{12\pi e_c^2}\frac{\sigma(e^+e^-\to\text{粲夸克对})}{\sigma(e^+e^-\to\mu^+\mu^-)} = \frac{9s}{64\pi^2\alpha^2}\sigma(e^+e^-\to\text{粲夸克对}), \tag{10.49}$$

其中 e_c 是粲夸克的电荷.

然而色散积分区间为 $s_0\leqslant s\leqslant\infty$，被积函数在整个积分区间内的行为并不能可靠地从实验截面得到，通常利用夸克-强子对偶性(quark-hadron duality)假定表达色散积分中的被积函数 $\mathrm{Im}\Pi(s)$. 主要思想如下：在低能部分以相应具有与构成关联函数流算符相同量子数的一系列强子窄宽度共振态做近似，在高能部分不能以强子窄宽度共振态近似，强子共振态愈来愈密集而且宽度更宽，而趋于连续谱. 严格地说在(10.35)式定义的关联函数插入中间态 $|n\rangle$，利用平移不变性并对 x 积分得到虚部为(物理区域内($q^2\geqslant 0$))

$$2\mathrm{Im}\Pi_{\mu\nu}(q^2) = \sum_n \langle 0|J_\mu|n\rangle\langle n|J_\nu|0\rangle d\Phi_n(2\pi)^4\delta(q-p_n), \tag{10.50}$$

其中 p_n，$d\Phi_n$ 分别表示中间态 $|n\rangle$ 的动量和相空间. 对于两个电磁流情况，在物理区域内，首先贡献到虚部的是矢量介子态 V[14]，定义

$$\langle 0|J_\mu|V^\lambda(p_V)\rangle = \sqrt{2}f_V m_V \varepsilon_\mu^\lambda, \tag{10.51}$$

这里 m_V，f_V，ε_μ^λ 分别是矢量介子的质量、衰变常数和极化矢量. 将(10.51)式代入到(10.50)式分离出 Lorentz 张量结构后就得到

$$\mathrm{Im}\Pi(q^2) = 2\pi f_V^2\delta(q^2-m_V^2)+\cdots,$$

这里省略号代表强子高激发态和连续态的贡献. 由于强子高激发态愈来愈密集而且宽度更宽而趋于连续谱，以最低连续态阈值 s_0^h 为起点的谱函数表示高激发态和连续态的贡献

$$\mathrm{Im}\Pi(q^2) = 2\pi f_V^2\delta(q^2-m_V^2)+\pi\rho^h(q^2)\theta(q^2-s_0^h), \tag{10.52}$$

其中 $\rho^h(q^2)$ 代表 $q^2\geqslant s_0^h$ 的强子谱函数. 它在高能下由于多强子连续态的复杂性很难找到合理的表达式，通常以模型来近似. 但由夸克-强子对偶性，可以将强子谱函数积分近似地以夸克相互作用微扰论计算(包括 QCD 辐射修正)给出的虚部

$\mathrm{Im}\Pi^{\mathrm{pert}}(s)$的积分表示. 例如，§ 7.1 中的计算就告诉人们正、负电子湮灭衰变为夸克 QCD 树图近似以及高阶辐射修正计算很好地给出正、负电子湮灭衰变为强子的总截面，而且 R 值测量结果表示 QCD 计算与实验总截面符合很好. 因此人们采取近似地假定(10.52)式由下式替代

$$\mathrm{Im}\Pi(q^2) = 2\pi f_{\mathrm{V}}^2\delta(q^2 - m_{\mathrm{V}}^2) + \mathrm{Im}\Pi^{\mathrm{pert}}(q^2)\theta(q^2 - s_0), \tag{10.53}$$

或者是积分意义下的等式

$$\int_{s_0^{\mathrm{h}}}^{\infty} \mathrm{d}s\, \frac{\rho^{\mathrm{h}}(s)}{s - q^2} \cong \frac{1}{\pi}\int_{s_0}^{\infty} \mathrm{d}s\, \frac{\mathrm{Im}\Pi^{\mathrm{pert}}(s)}{s - q^2}, \tag{10.54}$$

其中 $\mathrm{Im}\Pi^{\mathrm{pert}}(s)$是 QCD 微扰计算得到的关联函数 $\Pi^{\mathrm{pert}}(s)$的虚部，s_0 是 QCD 微扰计算中相应的夸克图的阈值，它不需要与 s_0^{h} 一致. s_0 和 s_0^{h} 的选取依赖于具体研究的物理过程. 然而在相当多的物理过程中，人们为了简便起见令 $s_0 = s_0^{\mathrm{h}}$. (10.53)和(10.54)式就是夸克-强子对偶性假定，有时称(10.53)式为定域对偶性(local duality)，(10.54)式称为总体对偶性(global duality).

§ 10.4 求和规则和 Borel 变换

§ 10.2 给出 $q^2 \ll -\mu^2$ 下关联函数 $\Pi(q^2)$的 QCD 算符乘积展开式(10.37)，其中 Wilson 系数可由 QCD 微扰论计算，另一方面 § 10.3 中色散关系将关联函数表达为强子物理区域 $q^2 > 0$ 的谱函数积分表示(10.43)和(10.52)式. 由于关联函数 $\Pi(q^2)$在复 q^2 平面上的解析性质，这两种表达式应该相等，从而给出求和规则，

$$\begin{aligned}\frac{1}{\pi}\int_{s_0}^{\infty} \mathrm{d}s\, \frac{\mathrm{Im}\Pi(s)}{s - q^2 - \mathrm{i}\varepsilon} = &-\frac{1}{4\pi^2}\left(1 + \frac{\alpha_{\mathrm{s}}}{\pi}\right)\ln\frac{Q^2}{\mu^2} + \frac{1}{Q^4}\langle 0 | m_{\mathrm{u}}\bar{u}u + m_{\mathrm{d}}\bar{d}d | 0\rangle \\ &+ \frac{1}{12Q^4}\langle 0 | \frac{\alpha_{\mathrm{s}}}{\pi}G^2 | 0\rangle - \frac{224\pi}{81Q^6}\alpha_{\mathrm{s}}\langle 0 | \bar{\psi}\psi | 0\rangle^2 + \cdots.\end{aligned} \tag{10.55}$$

求和规则(10.55)式的左边是无减除的色散关系，而右边依赖于真空凝聚参量，原则上是无穷多参量，但随着凝聚参量量纲增加，$Q^2(= -q^2)$压低的幂次也增加，因此当 Q^2 大时收敛性高，只需取前几项近似就可以. 例如取量纲 $d \leqslant 6$，这样只有 3—4 个凝聚参量就可很好地近似描述关联函数. 另一方面(10.55)式左边是强子谱函数的积分，从(10.52)式知低 Q^2 时强子窄宽度共振态近似是好的且为已知，随着 Q^2 增大连续谱的贡献增大，计算中不确定性增大，尽管可利用夸克-强子对偶性，但可靠性仍差. 因此(10.55)式右边希望 Q^2 大使得近似为好，等式左边希望被积函数 $\mathrm{Im}\Pi(s)$中来自小 s 的极点贡献为主则近似好. 这两者矛盾，问题是如何采取一定的办法使得等式两边近似都好，以减少计算中的不确定性.

Borel 变换帮助压低左边连续态的贡献和右边高量纲凝聚的贡献. 定义 Borel

变换,对于任一函数 $f(x)$,它的 Borel 变换 $\tilde{f}(\lambda)$ 为

$$\tilde{f}(\lambda) = \frac{1}{2\pi i}\int_{c-i\infty}^{c+i\infty} e^{\lambda/x} f(x) x d\left(\frac{1}{x}\right), \tag{10.56}$$

其反变换由下式给出

$$f(x) = \int_0^\infty e^{-\lambda/x}\tilde{f}(\lambda) d\left(\frac{\lambda}{x}\right). \tag{10.57}$$

利用定义很容易得到,如果 $f(x)$是一个幂次求和式

$$f(x) = \sum_{n=0}^{\infty} a_n x^n, \tag{10.58}$$

则其 Borel 变换为

$$\tilde{f}(\lambda) = \sum_{n=0}^{\infty} \frac{a_n \lambda^n}{n!}. \tag{10.59}$$

$\tilde{f}(\lambda)$比 $f(x)$收敛性更好,因为多了一个 $n!$ 因子压低高 n 幂次项.定义 Borel 算子 $\hat{B}_M$,

$$\hat{B}_M = \lim_{\substack{Q^2, n\to\infty \\ Q^2/n = M^2}} \frac{1}{(n-1)!}(Q^2)^n\left(-\frac{d}{dQ^2}\right)^n, \tag{10.60}$$

由此定义可得下列等式

$$\hat{B}_M\left(\frac{1}{Q^2}\right)^k = \frac{1}{(k-1)!}\left(\frac{1}{M^2}\right)^k, \tag{10.61}$$

$$\hat{B}_M(e^{-aQ^2}) = \delta(1 - aM^2), \tag{10.62}$$

$$\hat{B}_M\left(\frac{1}{s+Q^2}\right) = \frac{1}{M^2}e^{-s/M^2}, \tag{10.63}$$

$$\hat{B}_M(Q^2)^k \ln(a^2 Q^2) = (-)^{k+1} k!(a^2 M^2)^k \quad (k \geqslant 0), \tag{10.64}$$

$$\hat{B}_M\left(\frac{1}{Q^2}\right)^k\left(\frac{1}{\ln(Q^2/\Lambda^2)}\right)^\epsilon = \frac{1}{(k-1)!}\left(\frac{1}{M^2}\right)^k\left(\frac{1}{\ln(M^2/\Lambda^2)}\right)^\epsilon\left[1 + O\left(\frac{1}{\ln(Q^2/\Lambda^2)}\right)\right]. \tag{10.65}$$

利用定义(10.56)和(10.61)式得到下列关系式

$$[\tilde{F}(M^2)] = \hat{B}_M f(Q^2), \quad F(x) = x\frac{d}{dx}f(x), \tag{10.66}$$

这些关系式有助于改进求和规则(10.55)式的近似程度.

现在应用 Borel 变换到(10.55)式两边.左边是色散关系(10.43)式给出的 $\Pi(Q^2)$,对(10.43)式微商并乘以 Q^2 得到

$$Q^2\frac{d}{dQ^2}\Pi(Q^2) = -\frac{Q^2}{\pi}\int_{s_0}^\infty ds\,\frac{\mathrm{Im}\Pi(s)}{(s+Q^2)^2}, \tag{10.67}$$

注意到

$$\begin{aligned}\Pi'(Q^2) \equiv Q^2\left(-\frac{d}{dQ^2}\right)\Pi(Q^2) &= \frac{Q^2}{\pi}\int_{s_0}^\infty ds\,\frac{\mathrm{Im}\Pi(s)}{(s+Q^2)^2} \\ &= \frac{Q^2}{\pi}\int_{s_0}^\infty ds\,\mathrm{Im}\Pi(s)\int_0^\infty\left(\frac{1}{M^2}\right)e^{-(Q^2+s)/M^2} d\left(\frac{1}{M^2}\right)\end{aligned}$$

$$= \int_0^\infty \left[\frac{Q^2}{\pi M^2} \int_{s_0}^\infty \mathrm{d}s \mathrm{Im}\Pi(s) \mathrm{e}^{-s/M^2} \right] \mathrm{e}^{-Q^2/M^2} \mathrm{d}\left(\frac{1}{M^2}\right)$$

$$= \int_0^\infty \widetilde{\Pi}'(M^2) \mathrm{e}^{-Q^2/M^2} Q^2 \mathrm{d}\left(\frac{1}{M^2}\right) \tag{10.68}$$

和 Borel 变换定义(10.57)及(10.66)式将求和规则(10.55)式转变为

$$\frac{1}{\pi M^2} \int_{s_0}^\infty \mathrm{Im}\Pi(s) \mathrm{e}^{-s/M^2} \mathrm{d}s = \hat{B}_M \Pi(Q^2), \tag{10.69}$$

其中算符 $\hat{B}_M$ 作用于(10.55)式右边的算符乘积展开多项式. 利用关系式(10.61)—(10.65)就给出

$$\hat{B}_M \Pi(Q^2) = \hat{B}_M \left[C_I \ln(Q^2/\mu^2) ++ \sum_K \frac{C_K O_K(Q^2)}{(Q^2)^K} \right]$$

$$= - C_I + \sum_K \frac{C_K O_K(M^2)}{(K-1)!(M^2)^K}. \tag{10.70}$$

从(10.69)和(10.70)式可以见到经过 Borel 变换后的求和规则将原来的 Q^2 改变为参量 M^2. (10.69)式在求和规则的左边,参量 M^2 出现在被积函数的指数上,因而对大 s 的积分起压低作用,压低了 $\mathrm{Im}\Pi(s)$ 中连续谱的贡献. 在求和规则(10.70)式的右边,有一个因子 $(K-1)!$ 出现在级数展开的每一项分母上,因而更好地压低了高维量纲凝聚项的贡献. 这样 Borel 变换既压低了高能 $\mathrm{Im}\Pi(s)$ 中连续谱的贡献,又压低了高维量纲凝聚项的贡献,起到了改善求和规则精确度的作用. 然而这里存在对 Borel 参量 M 的选取问题,等式(10.69)的右边为了压低高维量纲凝聚项的贡献要求 M 大,而左边为了压低高能 $\mathrm{Im}\Pi(s)$ 中连续谱的贡献,尽量使基态贡献为主要求 M 小. 因此这两个要求就给出 M 取值的下、上限. 在实际计算中 Borel 参量取值范围依赖于物理过程;在给定的物理过程中,物理结果不应依赖于 Borel 参量 M 才能使得理论预言有价值. 由于 QCD 求和规则的近似性,实际计算中要求物理结果对 Borel 参量 M 的依赖性尽可能地小,或者说要寻找这样的物理量,它对 Borel 参量 M 在取值范围内变动的变化曲线出现平台,平台所对应的物理量的值就是计算的结果. 顺便指出所有过程的计算不仅 Borel 参量 M 而且阈参量 s_0^{h} 都是过程相关的参量.

这样,当应用 QCD 求和规则方法到具体物理过程时,求和规则的左边是待求的强子物理量(如质量、衰变常数、形状因子等),右边是有限的 3—4 个真空凝聚参量(夸克凝聚、胶子凝聚、夸克-胶子凝聚、四夸克凝聚等),它们是过程无关的普适参量. 只要知道这几个凝聚参量值就可以计算各种不同过程的物理量,同时通过对大量物理过程的计算结果与实验作比较从而验证 QCD 求和规则方法的精确程度. 下一节讨论如何确定这几个普适的凝聚参量.

§10.5　普适的真空凝聚参量

上一节已指出不同物理过程都依赖于几个过程无关的真空凝聚参量，问题是如何确定这几个普适的凝聚参量以便输入到物理过程的求和规则. 原则上这些普适的凝聚参量是由 QCD 非微扰理论确定，即应从 QCD 的格点规范理论计算出来. 而目前做不到如此，大家将它们作为唯象参量输入.

首先确定夸克凝聚参量. 本章 §10.1 曾由(10.10)式估计出(10.17)式给出的夸克凝聚值为

$$\langle 0 | \bar{\psi}\psi | 0 \rangle = -\frac{f_\pi^2 m_\pi^2}{(m_u + m_d)} \cong -(240 \pm 10\,\mathrm{MeV})^3,$$

其中 $\psi = u, d$, $(m_u + m_d) = 11\,\mathrm{MeV}$. 对于 s 夸克，通常考虑到 SU(3)破坏效应约为20%左右，取近似为

$$\langle 0 | \bar{s}s | 0 \rangle \cong 0.8 \langle 0 | \bar{\psi}\psi | 0 \rangle. \tag{10.71}$$

对于其他真空凝聚参量目前尚无法从 QCD 理论本身确定，本质上需要通过某一过程拟合获得的凝聚参量值再去计算另一些过程得到验证. 例如胶子凝聚值

$$\langle 0 | \frac{\alpha_s}{\pi} G^a_{\rho\nu} G^{a\rho\nu} | 0 \rangle = 0.012\,\mathrm{GeV}^4 \tag{10.72}$$

最早是 M. A. Shifman, A. I. Vainshtein 与 V. I. Zakharov (简称 SVZ)从粲偶素求和规则中获得的[1]. 所谓粲偶素求和规则就是在矢量流的关联函数中选取 $J_\mu = \bar{c}\gamma_\mu c$，求和规则的左边强子谱函数密度在低能处由粲偶素 $J/\psi, \psi', \cdots$ 的质量和衰变常数确定，在高能处由夸克-强子对偶性确定；右边是夸克的真空凝聚和胶子凝聚的贡献(忽略高量纲 $d \geqslant 6$ 凝聚项). SVZ 由粲偶素的质量和衰变常数实验数据拟合，而可定出胶子凝聚值，式(10.72)，并预言了 η_c 的质量得到实验证实. 尽管后来有的文章考虑了高量纲 $d=6$ 凝聚项贡献，从分析粲偶素和底偶素的质量分裂以及 τ 衰变的实验数据拟合中定出的胶子凝聚值要比(10.72)式大接近一倍，但由于胶子凝聚值本身就是小量和高量纲 $d=6$ 凝聚项贡献的不确定性，人们仍宁愿选取 SVZ 最早定出的(10.72)式或者允许 30%范围的不确定性.

一般地讲计算中出现 $\langle 0 | G^a_{\mu\nu} G^b_{\rho\sigma} | 0 \rangle$，写出它的协变形式

$$\langle 0 | G^a_{\mu\nu} G^b_{\rho\sigma} | 0 \rangle = B\delta^{ab}(g_{\mu\rho}g_{\nu\sigma} - g_{\mu\sigma}g_{\nu\rho}),$$

在此式两边乘以 $\delta^{ab} g^{\mu\rho} g^{\nu\sigma}$ 就得到

$$\langle 0 | G^2 | 0 \rangle = 8(16-4)B = 96B,$$

因此上式就导致

$$\langle 0 | G^a_{\mu\nu} G^b_{\rho\sigma} | 0 \rangle = \frac{1}{96} \langle 0 | G^2 | 0 \rangle \delta^{ab}(g_{\mu\rho}g_{\nu\sigma} - g_{\mu\sigma}g_{\nu\rho}), \tag{10.73}$$

其中$\langle 0|\frac{\alpha_s}{\pi}G^2|0\rangle$就是(10.72)式给出的参量值.

对于四夸克凝聚参量$\langle 0|\bar{\psi}\Gamma_A\psi\bar{\psi}\Gamma_B\psi|0\rangle$,其中$\Gamma_A,\Gamma_B$是任意$\gamma$矩阵

$$\langle 0|\bar{\psi}\Gamma_A\psi\bar{\psi}\Gamma_B\psi|0\rangle=(\Gamma_A)_{\alpha\beta}(\Gamma_B)_{\gamma\delta}\langle 0|\bar{\psi}_\alpha\psi_\beta\bar{\psi}_\gamma\psi_\delta|0\rangle,$$

一般采取真空为主近似,将四夸克凝聚近似地表达为夸克凝聚参量的平方,即所谓因子化形式[1]

$$\langle 0|\bar{\psi}^a_\alpha\psi^b_\beta\bar{\psi}^c_\gamma\psi^d_\delta|0\rangle=\langle 0|\bar{\psi}^a_\alpha\psi^b_\beta|0\rangle\langle 0|\bar{\psi}^c_\gamma\psi^d_\delta|0\rangle-\langle 0|\bar{\psi}^a_\alpha\psi^d_\delta|0\rangle\langle 0|\bar{\psi}^c_\gamma\psi^b_\beta|0\rangle,\tag{10.74}$$

其中色指标$a,b,c,d=1,2,3$和Lorentz指标$\alpha,\beta,\gamma,\delta=1,2,3,4$被明显标示.注意到真空凝聚是Lorentz空间和色空间中的标量,

$$\langle 0|\bar{\psi}\psi|0\rangle=\langle 0|\bar{\psi}^a_\alpha\psi^{a\alpha}|0\rangle,$$

为此首先写出$\langle 0|\bar{\psi}^a_\alpha\psi^d_\delta|0\rangle$的协变形式

$$\langle 0|\bar{\psi}^a_\alpha\psi^d_\delta|0\rangle=A\delta^{ad}g_{\alpha\delta},$$

在上式两边乘以$\delta^{ad}g^{\alpha\delta}$,左边就是Lorentz空间和色空间中的标量,真空凝聚$\langle 0|\bar{\psi}\psi|0\rangle$,右边为$4N_cA=12A$($N_c$=颜色数目),因此

$$\langle 0|\bar{\psi}^a_\alpha\psi^d_\delta|0\rangle=\frac{1}{12}\langle 0|\bar{\psi}\psi|0\rangle\delta^{ad}g_{\alpha\delta}.\tag{10.75}$$

将此式代入到四夸克凝聚就得到

$$\langle 0|\bar{\psi}\Gamma_A\psi\bar{\psi}\Gamma_B\psi|0\rangle=\frac{1}{(12)^2}[(\mathrm{tr}\Gamma_A)(\mathrm{tr}\Gamma_B)-\mathrm{tr}(\Gamma_A\Gamma_B)]\langle 0|\bar{\psi}\psi|0\rangle^2\tag{10.76}$$

$$=\frac{1}{16N^2}[(\mathrm{tr}\Gamma_A)(\mathrm{tr}\Gamma_B)-\mathrm{tr}(\Gamma_A\Gamma_B)]\langle 0|\bar{\psi}\psi|0\rangle^2.\tag{10.77}$$

从矢量流和轴矢流求和规则拟合实验数据可得

$$\alpha_s\langle 0|\bar{\psi}\psi|0\rangle^2\simeq -1.8\times 10^{-4}\,\mathrm{GeV}^6.\tag{10.78}$$

利用夸克凝聚值(10.17)式可估计出相应的$\alpha_s=0.7$,并以(10.78)式作为四夸克凝聚参量输入到一系列物理过程验证,但不确定性仍很大,例如,某些过程的分析倾向于此参量值应乘以2—3倍因子.

对于夸克-胶子混合凝聚参量$\langle 0|g_s\bar{\psi}\sigma_{\mu\nu}\frac{\lambda^a}{2}G^{a\mu\nu}\psi|0\rangle$采取下述近似

$$\langle 0|g_s\bar{\psi}\sigma_{\mu\nu}\frac{\lambda^a}{2}G^{a\mu\nu}\psi|0\rangle\simeq m_0^2\langle 0|\bar{\psi}\psi|0\rangle,\tag{10.79}$$

在此近似下它依赖于夸克凝聚参量和参数m_0,其中m_0可以由重子流关联函数物理过程的实验值抽取出来,早在20世纪80年代初确定为[15]

$$m_0^2(1\,\mathrm{GeV})\simeq(0.8\pm 0.2)\,\mathrm{GeV}^2,\tag{10.80}$$

虽然后来确定的值精度有所提高，但中心值基本未变.

更高维的凝聚参量在物理过程中将被幂次压低而变得不重要，甚至可忽略.有时会用到三胶子凝聚参量，它的值从实验中拟合约为[1]

$$\langle 0 \mid g_s^3 f_{abc} G^a_{\mu\nu} G^{b\nu}_{\sigma} G^{c\sigma\mu} \mid 0 \rangle \simeq 0.045\ \mathrm{GeV}^6, \tag{10.81}$$

实际应用上大多数输入的是两个重要的凝聚参量：夸克凝聚和胶子凝聚.至于量纲 $d \geqslant 6$ 的高量纲凝聚参量常被略去.

从上面的讨论可以见到真空凝聚参量并不能精确地从 QCD 理论计算确定，作为唯象参量不能期望它们的精度很高，本身就存在不确定性；同时由于忽略了高量纲凝聚参量的贡献以及强子谱连续态的近似处理，一定会影响 QCD 求和规则计算物理量结果的精确性，其不确定性程度可能达到 20%—30%.因此，精确地确定真空凝聚参量和改善对强子谱连续态以及高量纲凝聚项的处理，仍是改进 QCD 求和规则方法计算物理量的精确程度的重要方面.

从物理上来讲，真空凝聚参量的存在源于物理真空的复杂性质，即真空不空.湮灭算符作用于微扰真空为零但作用于非微扰真空不为零，揭示 QCD 物理真空的本质才能确定表征真空的这些凝聚参量.最终依赖于 QCD 理论中夸克禁闭难题的解决.为了描述物理真空的复杂性质，人们曾尝试利用背景场方法，即将真空设想为填满了可能的各种夸克-反夸克对和胶子的气体，它们可以用经典背景场来描述，满足经典运动方程.QCD 非微扰性质就是由这些背景场的相互作用决定的，背景场的真空平均值就给出各种相应的真空凝聚参量.QCD 微扰效应是围绕背景场的量子涨落产生的，夸克和胶子是在充满夸克-反夸克对和胶子的物理真空中传播，相应的夸克、胶子的量子场与真空中背景场不断相互作用.背景场方法具体实现办法就是将 QCD 拉氏函数或 Green 函数中的胶子场 $A^a_\mu(x)$ 和夸克场 $\psi(x)$ 作下述替代[16,22]，

$$\begin{aligned} A^a_\mu(x) &\rightarrow A^a_\mu(x) + \phi^a_\mu(x), \\ \psi(x) &\rightarrow \psi(x) + \eta(x), \end{aligned} \tag{10.82}$$

其中 $A^a_\mu(x)$ 和 $\psi(x)$ 代表胶子和夸克的背景场，$\phi^a_\mu(x)$ 和 $\eta(x)$ 代表胶子和夸克的量子场、背景场下的量子涨落.QCD 拉氏函数在做(10.82)式替代后生成 QCD 等效拉氏函数，它既包含背景场又包含量子场.背景场作为外场处理但它们的真空平均值不为零，背景场描述夸克和胶子凝聚参量，即认为夸克和胶子凝聚是在背景场的相互作用下形成的.量子场在背景场存在下实现量子化，Wick 定理仅应用于量子场，由此可以获得一套新的 Feynman 规则，它包含了胶子和夸克量子场 $\phi^a_\mu(x)$，$\eta(x)$ 之间的相互作用顶角，也包含了量子场和背景场 A^a_μ，$\psi(x)$ 之间的相互作用顶角.在任一 Green 函数中应用此有效拉氏量下的 Feynman 规则后，可将量子场收缩并在此框架中自然地计算微扰展开的 Wilson 系数，以及保留下背景场的真空平

均值. 这样利用背景场方法给出了 SVZ 求和规则等式右边包含真空凝聚参量和微扰展开系数的计算结果，无需像 § 10.2 中人为地从微扰圈图中切断夸克胶子内线办法计算真空凝聚的贡献，且消除了早期文献中 SVZ 求和规则中图形计算含混不清的地方. 例如，由于背景场遵从经典运动方程使得量子场与背景场相互作用顶角中至多只包含一个背景场，而不会出现包含两个背景场的顶角. 此外背景场方法中可对量子和背景规范场采用不同的规范条件使得计算大为简化. 需要详细了解应用背景场方法计算 QCD 求和规则的读者可以参阅文献[16,22]. 因此背景场方法提供了系统的物理图像和方法去说明 QCD 物理真空和 SVZ 求和规则方法，由此也导致人们尝试构造背景场 QCD 理论体系[16]. 但由于夸克禁闭这一难题的存在，目前尚不能回答 QCD 物理真空本质以及由 QCD 如何确定这些真空平均值.

§ 10.6　QCD 求和规则应用举例

前面几节介绍了 QCD 物理真空凝聚、算符乘积展开、色散关系和 Borel 变换，它们构成了 QCD 求和规则的几个主要要素. 三十年来 QCD 求和规则方法被广泛地应用到各种物理过程，取得了很大的成功. 它的应用包括轻强子谱、各种强子衰变常数和形状因子、重夸克(粲和底夸克)组成的重强子谱和衰变常数、强子的分布振幅和结构函数、非普通强子(胶球、多夸克态、混杂态)的谱和性质、K 介子和 B 介子混合相关的强子矩阵元、轻重夸克质量的确定、核物质中强子性质等. 这一节不可能一一介绍，只以简单两点关联函数为例，选择较经典的介子质量和衰变常数计算来介绍 QCD 求和规则应用的主要思想[1—4].

前几节已用两个矢量流为例介绍了在 Borel 变换以后获得的求和规则(10.69)式，

$$\frac{1}{\pi M^2}\int_{s_0}^{\infty}\mathrm{Im}\Pi(s)\mathrm{e}^{-s/M^2}\,\mathrm{d}s = \hat{B}_M\Pi(Q^2),$$

其中等式左边的虚部可以利用夸克-强子对偶性来表示

$$\mathrm{Im}\Pi(q^2) = 2\pi f_{\mathrm{V}}^2\delta(q^2-m_{\mathrm{V}}^2)+\pi\rho^{\mathrm{h}}(q^2)\theta(q^2-s_0^{\mathrm{h}}),$$

而等式右边在 QCD 计算中依赖于真空凝聚参量表示(见(10.38)式)

$$\begin{aligned}\Pi(Q^2) =& -\frac{1}{4\pi^2}\left(1+\frac{\alpha_{\mathrm{s}}}{\pi}\right)\ln\frac{Q^2}{\mu^2}+\frac{1}{Q^4}\langle 0\,|\,m_{\mathrm{u}}\bar{u}u+m_{\mathrm{d}}\bar{d}d\,|\,0\rangle \\ &+\frac{1}{12Q^4}\langle 0\,|\,\frac{\alpha_{\mathrm{s}}}{\pi}G^2\,|\,0\rangle-\frac{224\pi}{81Q^6}\alpha_{\mathrm{s}}\langle 0\,|\,\bar{\psi}\psi\,|\,0\rangle^2+\cdots.\end{aligned}$$

经过 Borel 变换后

$$\begin{aligned}\hat{B}_M\Pi(Q^2) =& \frac{1}{4\pi^2}\left(1+\frac{\alpha_{\mathrm{s}}(M)}{\pi}\right)+\frac{1}{M^4}\langle 0\,|\,m_{\mathrm{u}}\bar{u}u+m_{\mathrm{d}}\bar{d}d\,|\,0\rangle \\ &+\frac{1}{12M^4}\langle 0\,|\,\frac{\alpha_{\mathrm{s}}}{\pi}G^2\,|\,0\rangle-\frac{112\pi}{81M^6}\alpha_{\mathrm{s}}\langle 0\,|\,\bar{\psi}\psi\,|\,0\rangle^2+\cdots,\end{aligned}$$

上述求和规则变为下式，

$$\frac{1}{\pi M^2}\int_{s_0}^{\infty}\mathrm{Im}\Pi(s)\mathrm{e}^{-s/M^2}\mathrm{d}s=\frac{1}{4\pi^2}\left(1+\frac{\alpha_s(M)}{\pi}\right)+\frac{1}{M^4}\langle 0\mid m_u uu+m_d\bar{d}d\mid 0\rangle$$
$$+\frac{1}{12M^4}\langle 0\mid\frac{\alpha_s}{\pi}G^2\mid 0\rangle-\frac{112\pi}{81M^6}\alpha_s\langle 0\mid\bar{\psi}\psi\mid 0\rangle^2+\cdots. \tag{10.83}$$

如果我们不仅限于两矢量流，还进一步考虑两轴矢流，为了区分起见，分别标记为VV和AA. 将(10.36)的关联函数式改写为具有矢量流标记的形式，

$$\Pi_{\mu\nu}^{\mathrm{VV}}(q)=\mathrm{i}\int\mathrm{d}^4x\mathrm{e}^{\mathrm{i}qx}\langle 0\mid T(J_\mu(x)J_\nu(0))\mid 0\rangle=(q_\mu q_\nu-q^2g_{\mu\nu})\Pi_{\mathrm{VV}}(q^2), \tag{10.84}$$

其中矢量流 $J_\mu(x)=\bar{\psi}\gamma_\mu\psi$，矢量流既可以在电磁相互作用中出现，又可在弱相互作用中出现，当考虑弱作用时将会在矢量流中加入同位旋 $T^{\mp}$ 算符. 由于矢量流守恒，其关联函数具有(10.84)式的结构，用分离出张量结构后的 $\Pi_{\mathrm{VV}}(q^2)$ 重写(10.38)式为($q^2=-Q^2$)

$$\Pi_{\mathrm{VV}}(q^2)=-\frac{1}{4\pi^2}\left(1+\frac{\alpha_s}{\pi}\right)\ln\frac{Q^2}{\mu^2}+\frac{1}{Q^4}\langle 0\mid m_u\bar{u}u+m_d\bar{d}d\mid 0\rangle$$
$$+\frac{1}{12Q^4}\langle 0\mid\frac{\alpha_s}{\pi}G^2\mid 0\rangle-\frac{224\pi}{81Q^6}\alpha_s\langle 0\mid\bar{\psi}\psi\mid 0\rangle^2+\cdots. \tag{10.85}$$

考虑两轴矢流的关联函数，由(10.1)式定义轴矢流，$A_\mu^i(x)=\bar{\psi}\gamma_\mu\gamma_5T^i\psi$，一般地讲轴矢流是在弱作用中出现，按照§10.1的约定写出它的明显结构作为轴矢流的定义，

$$A_\mu(x)=A_\mu^1(x)+\mathrm{i}A_\mu^2(x)=\bar{\psi}(x)\gamma_\mu\gamma_5T^-\psi(x)=\bar{u}(x)\gamma_\mu\gamma_5d(x). \tag{10.86}$$

对于轴矢流，它不像矢量流有守恒条件，它的 Lorentz 结构为

$$\Pi_{\mu\nu}^{\mathrm{AA}}(q)=\mathrm{i}\int\mathrm{d}^4x\mathrm{e}^{\mathrm{i}qx}\langle 0\mid T(A_\mu(x)A_\nu(0))\mid 0\rangle=-g_{\mu\nu}\Pi_{\mathrm{AA}}^{(1)}(q^2)+q_\mu q_\nu\Pi_{\mathrm{AA}}^{(2)}(q^2), \tag{10.87}$$

其中 $\Pi_{\mathrm{AA}}^{(i)}(q^2)(i=1,2)$ 满足色散关系(10.43)式

$$\Pi_{\mathrm{AA}}^{(i)}(q^2)=\frac{1}{\pi}\int_{s_0}^{\infty}\mathrm{d}s\frac{\mathrm{Im}\Pi_{\mathrm{AA}}^{(i)}(s)}{s-q^2-\mathrm{i}\varepsilon}, \tag{10.88}$$

经过类似的计算可得

$$\Pi_{\mathrm{AA}}^{(1)}(q^2)=\frac{1}{4\pi^2}\left(1+\frac{\alpha_s}{\pi}\right)Q^2\ln\frac{Q^2}{\mu^2}+\frac{1}{Q^2}\langle 0\mid m_u\bar{u}u+m_d\bar{d}d\mid 0\rangle$$
$$-\frac{1}{12Q^2}\langle 0\mid\frac{\alpha_s}{\pi}G^2\mid 0\rangle-\frac{352\pi}{81Q^4}\alpha_s\langle 0\mid\bar{\psi}\psi\mid 0\rangle^2+\cdots, \tag{10.89}$$

$$\Pi_{\mathrm{AA}}^{(2)}(q^2)=-\frac{1}{4\pi^2}\left(1+\frac{\alpha_s}{\pi}\right)\ln\frac{Q^2}{\mu^2}+\frac{1}{Q^4}\langle 0\mid m_u\bar{u}u+m_d\bar{d}d\mid 0\rangle$$
$$+\frac{1}{12Q^4}\langle 0\mid\frac{\alpha_s}{\pi}G^2\mid 0\rangle+\frac{352\pi}{81Q^6}\alpha_s\langle 0\mid\bar{\psi}\psi\mid 0\rangle^2+\cdots. \tag{10.90}$$

从(10.89)和(10.90)式可以见到存在一个等式

$$\Pi_{AA}^{(1)}(q^2)+Q^2\Pi_{AA}^{(2)}(q^2)=\frac{2}{Q^2}\langle 0|m_u\bar{u}u+m_d\bar{d}d|0\rangle, \tag{10.91}$$

而且由(10.88)色散关系式给出(10.91)式左边满足

$$\Pi_{AA}^{(1)}(q^2)+Q^2\Pi_{AA}^{(2)}(q^2)=\frac{1}{\pi}\int_{s_0}^{\infty}\mathrm{d}s\,\frac{\mathrm{Im}\Pi_{AA}^{(1)}(s)-s\mathrm{Im}\Pi_{AA}^{(2)}(s)}{s-q^2-\mathrm{i}\varepsilon}. \tag{10.92}$$

将表达式(10.85)、(10.89)和(10.90)代入到求和规则 $\frac{1}{\pi M^2}\int_{s_0}^{\infty}\mathrm{Im}\Pi(s)\mathrm{e}^{-s/M^2}\mathrm{d}s=\hat{B}_M\Pi(Q^2)$(作 Borel 变换)就得到下列表达式,

$$\int\mathrm{Im}\Pi_{VV}(s)\mathrm{e}^{-s/M^2}\mathrm{d}s=\frac{1}{4\pi}M^2\left[1+\frac{\alpha_s(M)}{\pi}+\frac{4\pi^2}{M^4}\langle 0|m_u\bar{u}u+m_d\bar{d}d|0\rangle+\frac{\pi^2}{3M^4}\langle 0|\frac{\alpha_s}{\pi}G^2|0\rangle-\frac{448\pi^3}{81M^6}\alpha_s\langle 0|\bar{\psi}\psi|0\rangle^2+\cdots\right], \tag{10.93}$$

$$\int\mathrm{Im}\Pi_{AA}^{(2)}(s)\mathrm{e}^{-s/M^2}\mathrm{d}s=\frac{1}{4\pi}M^2\left[1+\frac{\alpha_s(M)}{\pi}+\frac{4\pi^2}{M^4}\langle 0|m_u\bar{u}u+m_d\bar{d}d|0\rangle+\frac{\pi^2}{3M^4}\langle 0|\frac{\alpha_s}{\pi}G^2|0\rangle+\frac{704\pi^3}{81M^6}\alpha_s\langle 0|\bar{\psi}\psi|0\rangle^2+\cdots\right], \tag{10.94}$$

$$\int\mathrm{Im}\Pi_{AA}^{(1)}(s)\mathrm{e}^{-s/M^2}\mathrm{d}s=\frac{1}{4\pi}M^4\left[1+\frac{\alpha_s(M)}{\pi}+\frac{4\pi^2}{M^4}\langle 0|m_u\bar{u}u+m_d\bar{d}d|0\rangle-\frac{\pi^2}{3M^4}\langle 0|\frac{\alpha_s}{\pi}G^2|0\rangle-\frac{1408\pi^3}{81M^6}\alpha_s\langle 0|\bar{\psi}\psi|0\rangle^2+\cdots\right]. \tag{10.95}$$

进一步,对(10.93)—(10.95)式左边被积函数的虚部采用夸克-强子对偶性假定(10.53)式并分离出低能极点,以及用 QCD 微扰计算结果解析延拓表达高于阈值连续谱的贡献,

$$\mathrm{Im}\Pi_{VV}(s)=2\pi f_\rho^2\delta(s-m_\rho^2)+\frac{1}{4\pi}\left(1+\frac{\alpha_s}{\pi}\right)\theta(s-s_0^h), \tag{10.96}$$

$$\mathrm{Im}\Pi_{AA}^{(1)}(s)=2\pi m_{A_1}^2f_{A_1}^2\delta(s-m_{A_1}^2)+\frac{s}{4\pi}\left(1+\frac{\alpha_s}{\pi}\right)\theta(s-s_0^h), \tag{10.97}$$

$$\mathrm{Im}\Pi_{AA}^{(2)}(s)=2\pi f_\pi^2\delta(s-m_\pi^2)+2\pi f_{A_1}^2\delta(s-m_{A_1}^2)+\frac{1}{4\pi}\left(1+\frac{\alpha_s}{\pi}\right)\theta(s-s_0^h), \tag{10.98}$$

其中 s_0^h 的选取依赖于选择分立极点相应的高能阈值,例如在(10.98)式中也可粗略地只取 π 介子极点而将轴矢介子 A_1 放入连续谱中,这时 s_0 选取将与(10.98)式中 s_0 不同.(10.96)—(10.98)式中已在中间态求和定义了相应粒子的衰变常数,

$$\left.\begin{aligned}&\langle 0\,|\,\bar{u}\gamma_\mu d\,|\,\rho^-\rangle=\sqrt{2}m_\rho f_\rho\varepsilon_\mu,\\&\langle 0\,|\,u\gamma_\mu\gamma_5 d\,|\,\pi^-\rangle=\mathrm{i}\sqrt{2}f_\pi p_\mu,\\&\langle 0\,|\,\bar{u}\gamma_\mu\gamma_5 d\,|\,\mathrm{A}_1^-\rangle=\mathrm{i}\sqrt{2}m_{\mathrm{A}_1}f_{\mathrm{A}_1}\varepsilon_\mu.\end{aligned}\right\}\tag{10.99}$$

将(10.97)—(10.98)式代入到(10.92)式的右边并注意到关系式(10.91)就得到

$$m_\pi^2 f_\pi^2=-\langle 0\,|\,m_{\mathrm{u}}\bar{u}u+m_{\mathrm{d}}\bar{d}d\,|\,0\rangle=-(m_{\mathrm{u}}+m_{\mathrm{d}})\langle 0\,|\,\bar{\psi}\psi\,|\,0\rangle,\tag{10.100}$$

这正是由流代数给出的结果(10.17)式($\langle 0|\bar{u}u|0\rangle=\langle 0|\bar{d}d|0\rangle=\langle 0|\bar{\psi}\psi|0\rangle$). 两者相自洽.(10.100)式也意味着手征极限下($m_{\mathrm{u}},m_{\mathrm{d}}\to 0$)有 $m_\pi^2=0$. 如果$\langle 0|\bar{\psi}\psi|0\rangle=0$,那么有 π 介子的质量 $m_\pi^2=0$. 这意味着夸克凝聚参量$\langle 0|\bar{\psi}\psi|0\rangle$是手征对称性破缺的特征参量. 它的数值可以用 π 介子的质量和衰变常数来确定,人们可以用(10.17)式作为夸克凝聚参量的输入值.

现在考虑求和规则(10.93),将上一节的真空凝聚值代入就得到

$$\int \mathrm{Im}\Pi_{\mathrm{VV}}(s)\mathrm{e}^{-s/M^2}\mathrm{d}s=\frac{1}{4\pi}M^2\left[1+\frac{\alpha_{\mathrm{s}}(M)}{\pi}+\frac{0.04\,\mathrm{GeV}^4}{M^4}-\frac{0.03\,\mathrm{GeV}^6}{M^6}\right].\tag{10.101}$$

我们在上一节的讨论中就指出 Borel 参量的选取既要保证求和规则右边算符乘积展开成立,所得到的幂级数收敛好,可忽略高量纲凝聚参量(要求 M^2 大),又要保证求和规则左方高能连续谱贡献小(要求 M^2 小). 从上式就可以见到当 $M^2=m_\rho^2$ 时(10.101)式右边的高幂次($d=6$)修正就很小,大约不超过 10%左右,同时又要使等式左边连续谱贡献很小. 综合两者要求,M^2 有一个合适取值的窗口,例如在两矢量流关联函数(10.101)情况下可取 $1.2\,\mathrm{GeV}^2>M^2\geqslant m_\rho^2$.

为了获得 m_ρ^2 的求和规则,在(10.101)式两边求 M^2 的导数得到

$$\int \mathrm{Im}\Pi_{\mathrm{VV}}(s)\mathrm{e}^{-s/M^2}s\mathrm{d}s=\frac{1}{4\pi}M^4\left[1+\frac{\alpha_{\mathrm{s}}(M)}{\pi}-\frac{0.04\,\mathrm{GeV}^4}{M^4}+\frac{0.06\,\mathrm{GeV}^6}{M^6}\right],\tag{10.102}$$

将(10.96)式代入到(10.101)、(10.102)式做积分后以(10.102)式两边除以(10.101)式,就得到 m_ρ^2 的求和规则

$$m_\rho^2=M^2\,\frac{\left\{\left(1+\frac{\alpha_{\mathrm{s}}(M)}{\pi}\right)\left[1-\left(1+\frac{s_0^{\mathrm{h}}}{M^2}\right)\mathrm{e}^{-s_0^{\mathrm{h}}/M^2}\right]-\frac{0.04\,\mathrm{GeV}^4}{M^4}+\frac{0.06\,\mathrm{GeV}^6}{M^6}\right\}}{\left[\left(1+\frac{\alpha_{\mathrm{s}}(M)}{\pi}\right)(1-\mathrm{e}^{-s_0^{\mathrm{h}}/M^2})+\frac{0.04\,\mathrm{GeV}^4}{M^4}-\frac{0.03\,\mathrm{GeV}^6}{M^6}\right]},\tag{10.103}$$

此式表明 ρ 介子质量 m_ρ^2 依赖于阈参量 s_0^{h} 和 Borel 参量 M^2. 阈参量 s_0^{h} 的选取应远高于 ρ 介子的质量又接近于 ρ 介子第一激发态质量,可选取 $s_0^{\mathrm{h}}\sim 1.5$—$2.0\,\mathrm{GeV}^2$. 这样在阈参量 s_0^{h} 和 Borel 参量 M^2 取值范围内由(10.103)式取不同 s_0^{h} 值可以画 $m_\rho^2\sim M^2$ 图,寻找 m_ρ^2 对 M^2 相对最稳定平台区域来确定 s_0^{h} 值,约为 $1.5\,\mathrm{GeV}^2$. 由于

平台区域的存在使得 m_ρ^2 对 M^2 的依赖性很小，就得到了理论上的 m_ρ^2 值，$m_\rho^2 \cong 0.59\ \mathrm{GeV}^2$，已非常接近实验值 $0.60\ \mathrm{GeV}^2$. 这也是 QCD 求和规则成功之处，如果不存在稳定平台区域，那么理论预言将很大地依赖于 M^2，使得理论计算结果无意义. 因此寻找物理量计算结果对 Borel 参量的稳定平台是很重要的. s_0^{h} 的不同取值会轻微影响计算结果，这也是 QCD 求和规则中计算不确定性的来源之一.

下一步由求和规则(10.101)计算 ρ 介子衰变常数 f_ρ. 首先作最粗糙的近似，忽略所有幂次修正和连续谱贡献，取 Borel 参量可能取的最低值 $M^2 = m_\rho^2$，那么在此近似下求和规则(10.101)左边和右边分别变为

$$2\pi f_\rho^2 \mathrm{e}^{-1} \approx \frac{1}{4\pi} m_\rho^2,$$

由此可得

$$f_\rho^2 \approx \frac{\mathrm{e}}{8\pi^2} m_\rho^2. \tag{10.104}$$

将前面计算得到的 $m_\rho^2 \cong 0.59\ \mathrm{GeV}^2$ 代入到(10.104)式得到 $f_\rho \cong 143\ \mathrm{MeV}$，这与实验值 $f_\rho^{\exp} \cong 153\ \mathrm{MeV}$ 已相差不远. 当计及幂次修正和连续谱贡献时，ρ 介子衰变常数 f_ρ 应有所修正. 将(10.96)式代入到(10.101)式左边积分就得到 ρ 介子衰变常数 f_ρ 的求和规则，

$$f_\rho^2 = \frac{1}{8\pi^2} M^2 \mathrm{e}^{m_\rho^2/M^2} \left\{ \left(1 + \frac{\alpha_s(M)}{\pi}\right)\left[1 - \left(1 + \frac{s_0^{\mathrm{h}}}{M^2}\right)\mathrm{e}^{-s_0^{\mathrm{h}}/M^2}\right] - \frac{0.04\ \mathrm{GeV}^4}{M^4} + \frac{0.06\ \mathrm{GeV}^6}{M^6} \right\}, \tag{10.105}$$

类似地作 $f_\rho \sim M^2$ 图找出平台区域定出衰变常数中心值 $f_\rho \cong 150\ \mathrm{MeV}$，接近于实验值，如图 10.9 所示. 这也意味着表征非微扰效应的真空凝聚参量是必须考虑的，否则理论计算结果与实验值不符. 衰变常数 f_ρ 值可以通过 $\rho^0 \to \mathrm{e}^+\mathrm{e}^-$ 过程的衰变宽度来确定，利用附录 B 中的标准公式，忽略电子质量得到衰变宽度

$$\Gamma_{\rho\to\mathrm{ee}} = \frac{4}{3}\pi\alpha^2 \frac{f_\rho^2}{m_\rho}. \tag{10.106}$$

实验上 $\Gamma_{\rho\to\mathrm{ee}} = 6.77 \pm 0.32\ \mathrm{KeV}$，由(10.106)给出 $f_\rho^{\exp} \cong 153 \pm 4\ \mathrm{MeV}$.

类似地由求和规则可以计算 π 介子的衰变常数 f_π，为简便起见取(10.98)式的粗糙近似，将轴矢介子 A_1 放入连续谱中，即

$$\mathrm{Im}\Pi_{\mathrm{AA}}^{(2)}(s) = 2\pi f_\pi^2 \delta(s - m_\pi^2) + \frac{1}{4\pi}\left(1 + \frac{\alpha_s}{\pi}\right)\theta(s - s_0^\pi). \tag{10.107}$$

将(10.107)式代入到求和规则(10.94)式就得到

$$f_\pi^2 = \frac{1}{8\pi^2} M^2 (1 - \mathrm{e}^{-s_0^\pi/M^2})\left[\left(1 + \frac{\alpha_s(M)}{\pi}\right) + \frac{\pi^2}{3M^4}\langle 0 | \frac{\alpha_s}{\pi} G^2 | 0\rangle + \frac{704\pi^3}{81M^6}\alpha_s \langle 0 | \bar{\psi}\psi | 0\rangle^2\right]. \tag{10.108}$$

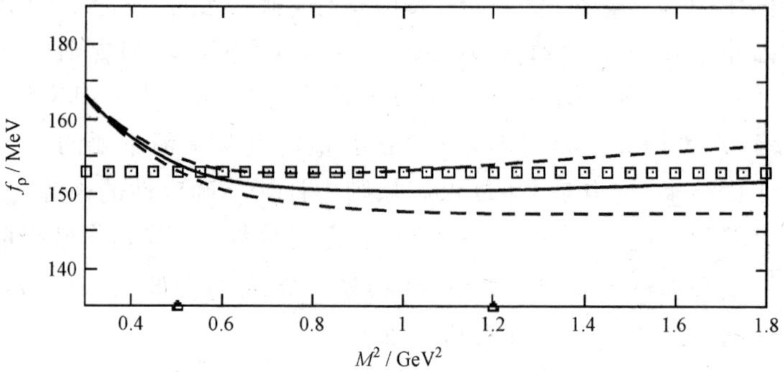

图 10.9 $f_\rho \sim M^2$ 图

其中实线相当于 $s_0^h = 1.7\ \mathrm{GeV}^2$，上、下两条虚线分别相当于取 $s_0^h = 2.0\ \mathrm{GeV}^2$ 和 $s_0^h = 1.5\ \mathrm{GeV}^2$，小方格相当于实验中心值.

将真空凝聚参量值代入，取相应于 π 介子的阈值 $s_0^\pi = 0.7\ \mathrm{GeV}^2$，作 $f_\pi \sim M^2$ 图找出平台区域定出衰变常数中心值 $f_\pi \cong 90\ \mathrm{MeV}$，接近于实验值，如图 10.10 所示. 类似的方法可以求出轴矢介子 A_1 的质量 $m_{\mathrm{A}_1}^2$ 和衰变常数 f_{A_1}.

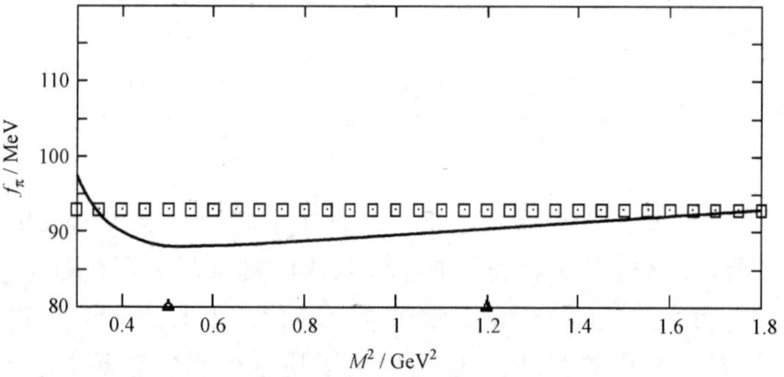

图 10.10 $f_\pi \sim M^2$ 图

其中实线相当于 $s_0^\pi = 0.7\ \mathrm{GeV}^2$，小方格相当于实验中心值.

从上述讨论可以见到 QCD 求和规则所涉及到的真空凝聚、算符乘积展开、色散关系和 Borel 变换完全是理论的普遍性质，但在 QCD 求和规则的应用中需要做一些必要的近似，存在下述不确定性：(1) Borel 参量 M^2 和阈参量 s_0^h 的依赖性. 寻找物理量相对于 Borel 参量的稳定平台并估算不确定性是很重要的. (2) 夸克、胶子等真空凝聚参量变化对物理量带来的不确定性. (3) 忽略高量纲真空凝聚项带来的误差. (4) 计算 QCD 微扰贡献的不确定性，包括 α_s 对标度的依赖性和忽略高阶修正对物理量带来的不确定性. 综合这些不确定性，得出物理量计算结果的误差估计. 例如对 ρ 介子衰变常数 f_ρ 的计算，其误差大约在 10%左右，$f_\rho \cong (150 \pm 15)\ \mathrm{MeV}$，表明计算结果很好地与实验值相符.

§ 10.7 QCD 光锥求和规则的基本思想

前几节中讨论了 QCD 求和规则的基本思想及它对具体过程的应用. 取计算质量和衰变常数为例,因为它们仅需要两点关联函数即可,例如(10.84)和(10.87)式所定义的关联函数,它们仅有一个独立变量 $q^2=-Q^2$,所用到的算符乘积展开、色散关系、谱函数都比较简单. 然而如果进一步应用到强子电磁形状因子和弱形状因子时,人们需要从三点关联函数出发. 例如为了获取 π 介子电磁形状因子 $\gamma^*\pi\to\pi$,定义三点关联函数

$$T^{\mu}_{\rho\sigma}(P_1,P_2)=\mathrm{i}\int \mathrm{d}^4x\mathrm{d}^4y\mathrm{e}^{-\mathrm{i}P_1x+\mathrm{i}P_2y}\langle 0\mid\{A_\sigma(y)J^\mu(0)A^+_\rho(x)\}\mid 0\rangle,\quad(10.109)$$

其中电磁流

$$J^\mu(0)=\frac{2}{3}\bar{u}\gamma^\mu u-\frac{1}{3}\bar{d}\gamma^\mu d,\quad(10.110)$$

轴矢流 $A_\mu(x)=\bar{u}(x)\gamma_\mu\gamma_5 d(x)$(见(10.86)式),其流散度 $\partial_\mu A^\mu(x)$的量子数与 π 介子是相同的. 如果在(10.109)式插入中间态取 π 介子贡献就可以从等式(10.109)右边的矩阵元

$$\langle 0\mid A_\sigma(y)\mid P_2\rangle\langle P_2\mid J^\mu(0)\mid P_1\rangle\langle P_1\mid A^+_\rho(x)\mid 0\rangle$$

抽出

$$\langle P_2\mid J^\mu(0)\mid P_1\rangle=(P_1+P_2)^\mu F_\pi(q^2),\quad(10.111)$$

其中 $q=P_2-P_1$,$F_\pi(q^2)$是 π 介子电磁形状因子.(10.109)式定义的三点关联函数中三个变量 P_1,P_2,q 中,独立变量有两个. 由算符乘积展开给出的幂次修正将依赖于这三个宗量 P_1^2,P_2^2,q^2 的相对大小,因此将影响到幂次级数的收敛性. 另一方面也不能应用单个变量的单重色散关系;而必须应用双重色散关系,而双重色散关系的 Madelstam 表示只是一个假定. 因此当应用 QCD 求和规则到三点关联函数时会遇到一些复杂的情况需逐一解决. 为此人们发展了一种 QCD 光锥求和规则,将处理三点关联函数转化为处理在真空态与一个强子态之间的两点关联函数问题[17—19,4].

为了介绍 QCD 光锥求和规则的基本思想,选择一个最简单的物理过程;π 介子电磁跃迁形状因子 $\gamma^*\to\pi e^+e^-$(与图 8.8 不同是将 π 介子从初态改变为终态). 在真空态和 π 介子态之间定义关联函数

$$\begin{aligned}T_{\mu\nu}(P,q)&=\mathrm{i}\int\mathrm{d}^4x\mathrm{e}^{-\mathrm{i}qx}\langle\pi(P)\mid T(J^{\mathrm{em}}_\mu(x)J^{\mathrm{em}}_\nu(0))\mid 0\rangle\\&=\mathrm{i}e^2\varepsilon_{\mu\nu\rho\sigma}P^\rho q^\sigma T(Q^2,(P-q)^2),\end{aligned}\quad(10.112)$$

其中电磁流 $J^{\mathrm{em}}_\mu=\bar{\psi}Q\gamma_\mu\psi=e_\mathrm{u}\bar{u}\gamma_\mu u+e_\mathrm{d}\bar{d}\gamma_\mu d$. 变量 P,q 分别是 π 介子和光子的四动

量，$P-q$ 是另一个光子的四动量，$Q^2=-q^2$，$Q'^2=-(P-q)^2\neq 0$. 在 § 8.3 定义的 $\gamma^*\pi\gamma$ 跃迁形状因子即(8.52)式的 $F_{\pi\gamma}(Q^2)$，终态光子是实光子，即 $Q'^2=-(P-q)^2=0$，因此 $\gamma^*\pi\gamma$ 跃迁形状因子 $F_{\pi\gamma}(Q^2)$ 与(10.112)式定义的振幅具有下列关系：

$$F_{\pi\gamma}(Q^2) = T(Q^2, Q'^2 = 0). \tag{10.113}$$

注意到定义(10.112)代替了通常 QCD 求和规则中在两真空态之间的三点关联函数. 这一定义非常类似于深度非弹过程中定义的(2.46)式. 在深度非弹过程中当 $Q^2=-q^2$ 大时主要贡献来自于算符乘积在光锥附近($x^2\approx 0$)按扭度展开的质子平均值. 这里当 $Q^2=-q^2$ 大时主要贡献来自于算符乘积在光锥附近($x^2\approx 0$)按扭度展开在真空态和 π 介子态之间的矩阵元. 自然地关联函数 $T_{\mu\nu}(P,q)$ 将依赖于 π 介子光锥波函数. 选择不变量 Q^2 和 ν，

$$\begin{aligned} Q^2 &= -q^2, \\ \nu &= P\cdot q = \frac{1}{2}[q^2-(P-q)^2], \end{aligned} \tag{10.114}$$

这里已略去了 $P^2=m_\pi^2=0$. 考虑 Q^2 和 ν 同时足够大且有

$$\nu \sim Q^2 \gg \Lambda_{\mathrm{QCD}}^2, \tag{10.115}$$

$$\xi = 2\nu/Q^2 \sim 1, \tag{10.116}$$

类似于深度非弹性过程对(2.46)，(7.46)和(7.47)式的讨论，主要贡献来自于 $x^2\sim 1/Q^2$ 区域. 注意到(10.112)式中 $J_\mu^{\mathrm{em}}=e_{\mathrm{u}}\bar{u}\gamma_\mu u+e_{\mathrm{d}}\bar{d}\gamma_\mu d$，将夸克 $q=u,d$ 分别收缩(由于两不同收缩贡献相同，倍乘一个因子 2)

$$\begin{aligned} &\int \mathrm{d}^4x\mathrm{e}^{-\mathrm{i}qx}\langle\pi(P)\,|\,T(J_\mu^{\mathrm{em}}(x)J_\nu^{\mathrm{em}}(0))\,|\,0\rangle \\ &= 2\int \mathrm{d}^4x\mathrm{e}^{-\mathrm{i}qx}\langle\pi(P)\,|\,\frac{4}{9}\bar{u}(x)\gamma_\mu \mathrm{i}S(x,0)\gamma_\nu u(0)+\frac{1}{9}\bar{d}(x)\gamma_\mu \mathrm{i}S(x,0)\gamma_\nu d(0)\,|\,0\rangle, \end{aligned} \tag{10.117}$$

并利用自由传播子的光锥展开式(7.54)和(7.56)

$$S(x,0) = \int \frac{\mathrm{d}^4p}{(4\pi)^4}\frac{\mathrm{e}^{-\mathrm{i}px}}{\not{p}-m+\mathrm{i}\varepsilon}\quad (m=m_{\mathrm{u}}=m_{\mathrm{d}}),$$

$$S(x)\xrightarrow[x^2\to 0]{}\frac{1}{4\pi^2}\frac{\mathrm{i}\not{x}}{[x^2-\mathrm{i}\varepsilon]^2},$$

和 γ 矩阵公式

$$\begin{aligned} \gamma_\mu\gamma_\sigma\gamma_\nu &= -\mathrm{i}\varepsilon_{\mu\sigma\nu\rho}\gamma^\rho\gamma_5+S_{\mu\sigma\nu\rho}\gamma^\rho, \\ S_{\mu\sigma\nu\rho} &= g_{\mu\sigma}g_{\nu\rho}+g_{\mu\rho}g_{\sigma\nu}-g_{\mu\nu}g_{\sigma\rho}, \end{aligned} \tag{10.118}$$

就得到关联函数，

$$T_{\mu\nu}(P,q) = -\mathrm{i}\varepsilon_{\mu\nu\sigma\rho}\int \mathrm{d}^4x\,\frac{x^\sigma}{2\pi^2x^4}\mathrm{e}^{-\mathrm{i}q\cdot x}\langle\pi^0(P)\,|\,\frac{4}{9}\bar{u}(x)\gamma^\rho\gamma_5u(0)+\frac{1}{9}\bar{d}(x)\gamma^\rho\gamma_5d(0)\,|\,0\rangle. \tag{10.119}$$

显然等式右边与 π 介子的光锥波函数相关，对右边矩阵元作 $x^2=0$ 展开，取领头阶贡献项

$$\begin{aligned}\langle\pi^0(P)\,|\,\bar{u}(x)\gamma^\rho\gamma_5 u(0)\,|\,0\rangle &= -\langle\pi^0(P)\,|\,\bar{d}(x)\gamma^\rho\gamma_5 d(0)\,|\,0\rangle\\ &= -\mathrm{i}P_\mu f_\pi\int_0^1 \mathrm{d}u\,\mathrm{e}^{\mathrm{i}uP\cdot x}\varphi_\pi(u,\mu),\end{aligned}\tag{10.120}$$

其中 μ 是光锥展开引入的标度参量，可以选择 $\mu=Q$. $\varphi_\pi(u,Q)$ 与(8.35)式定义的分布振幅 $\phi_\pi(u,Q)$ 有如下关系，

$$\phi_\pi(u) = \frac{f_\pi}{2\sqrt{3}}\varphi_\pi(u),\tag{10.121}$$

这里为了区别于坐标 x，将积分变量(纵向动量分量 x_i)记为 u，它满足归一条件(8.121)，

$$\int_0^1 \mathrm{d}u\phi_\pi(u,Q) = \frac{1}{2\sqrt{3}}f_\pi,\quad \int_0^1 \mathrm{d}u\varphi_\pi(u,Q) = 1.\tag{10.122}$$

将(10.120)式代入到(10.119)式可以得到在领头阶近似下[20]

$$T(Q^2,Q'^2) = \frac{2f_\pi}{3}\int_0^1 \mathrm{d}u\,\frac{\varphi_\pi(u,Q)}{(1-u)Q^2+uQ'^2},\tag{10.123}$$

其中 $Q'^2=-(P-q)^2$，当 $Q'^2=0$ 时就得到 $\gamma^*\to\pi\gamma$ 跃迁形状因子 $F_{\pi\gamma}(Q^2)$，

$$F_{\pi\gamma}(Q^2) = \frac{2f_\pi}{3}\int_0^1 \mathrm{d}u\,\frac{\varphi_\pi(u,Q)}{(1-u)Q^2},\tag{10.124}$$

这正是(8.81)式. 这里领头阶将夸克 $q=u,d$ 分别收缩，相当于第八章中的价夸克贡献为主，即包括了光锥微扰论下图 8.9 两个图形的贡献. 在(8.77)式中的两项，第二项等于第一项指标中交换 1,2($1\leftrightarrow2$)，在这里是交换 $u,1-u$($u\leftrightarrow1-u$). 由于分布振幅的同位旋对称性，$\varphi_\pi(u,Q)$ 在变换 $u\leftrightarrow1-u$ 下是不变的，(10.124)式可以记为

$$F_{\pi\gamma}(Q^2) = \frac{2f_\pi}{3}\int_0^1 \mathrm{d}u\,\frac{\varphi_\pi(u,Q)}{(1-u)Q^2} = \frac{2f_\pi}{3}\int_0^1 \mathrm{d}u\,\frac{\varphi_\pi(u,Q)}{uQ^2} = \frac{f_\pi}{3}\int_0^1 \mathrm{d}u\,\frac{\varphi_\pi(u,Q)}{u(1-u)Q^2},$$

显然最后一个等式就是(8.81)式. 第八章中是在大 Q^2 下 QCD 光锥微扰论计算的领头阶下获得的(8.81)式，这里是在光锥展开下领头阶近似下的结果，两者相一致. 而且从(10.123)和(10.124)可以见到由 QCD 光锥展开给出的结果同样具有第八章中 QCD 光锥微扰论计算的卷积形式，

$$T(Q^2,Q'^2) = \frac{2f_\pi}{3}\int_0^1 \mathrm{d}u\varphi_\pi(u,Q)\,T_{\mathrm{H}}(u;Q,Q'),\tag{10.125}$$

这里只给出领头阶的结果，进一步可以考虑次领头阶的修正. 因此，人们认为 QCD 光锥求和规则是将微扰 QCD 应用到遍举过程与 QCD 求和规则相结合的产物.

前面的讨论只涉及关联函数(10.112)的 QCD 领头阶微扰计算，已显示了它的威力，给出了(10.123)和(10.124)式的跃迁形状因子理论公式，只要输入合理的 π

介子的光锥波函数就给出理论预言；另一方面类似于QCD求和规则中关联函数的计算，(10.112)式还可以利用色散关系得到强子谱表示，两者相匹配给出新的求和规则.为此，利用幺正性在(10.112)式的两个流算符之间插入强子态完备集，分离出ρ介子和ω介子极点贡献，写出固定Q^2的对变量$(P-q)^2$的色散关系，

$$T_{\mu\nu}(p,q)=2\frac{\langle\pi^0(P)\,|\,j_\mu^{\mathrm{em}}\,|\,\rho^0(P-q)\rangle\langle\rho^0(P-q)\,|\,j_\nu^{\mathrm{em}}\,|\,0\rangle}{m_\rho^2-(P-q)^2}+\frac{1}{\pi}\int_{s_0^{\mathrm{h}}}^{\infty}\mathrm{d}s\,\frac{\mathrm{Im}T_{\mu\nu}(Q^2,s)}{s-(P-q)^2},\tag{10.126}$$

这里已取了近似，ρ介子和ω介子极点贡献相同，所以第一项多了一个因子2.这是一个单重色散关系，其中s_0^{h}是阈值参量，它大于m_ρ^2,m_ω^2，色散积分包含了$s>s_0^{\mathrm{h}}$激发态和连续态的贡献.至于(10.126)式第一项的分子中包括两个因子，一是与ρ介子衰变常数相关的矩阵元

$$\langle\rho^0(P-q)\,|\,J_\nu^{\mathrm{em}}\,|\,0\rangle=ef_\rho m_\rho\varepsilon_\nu^*,\tag{10.127}$$

另一个是与$\gamma^*\rho\to\pi$跃迁形状因子$F^{\rho\pi}(Q^2)$相关的矩阵元，

$$\langle\pi^0(p)\,|\,J_\mu^{\mathrm{em}}\,|\,\rho^0(P-q)\rangle=\mathrm{i}e\varepsilon_{\mu\nu\sigma\rho}\varepsilon^\nu q^\sigma P^\rho m_\rho^{-1}F^{\rho\pi}(Q^2).\tag{10.128}$$

将(10.127)和(10.128)式代入到(10.126)式就得到

$$T(Q^2,(P-q)^2)=\frac{2f_\rho F^{\rho\pi}(Q^2)}{m_\rho^2-(P-q)^2}+\frac{1}{\pi}\int_{s_0^\rho}^{\infty}\mathrm{d}s\,\frac{\mathrm{Im}T(Q^2,s)}{s-(P-q)^2}.\tag{10.129}$$

这两种计算结果应相等，由(10.123)和(10.129)式相等就得到一个求和规则，

$$\frac{2f_\rho F^{\rho\pi}(Q^2)}{m_\rho^2-(P-q)^2}+\frac{1}{\pi}\int_{s_0^\rho}^{\infty}\mathrm{d}s\,\frac{\mathrm{Im}T(Q^2,s)}{s-(P-q)^2}=\frac{2f_\pi}{3}\int_0^1\mathrm{d}u\,\frac{\varphi_\pi(u,Q)}{(1-u)Q^2-u(P-q)^2}.\tag{10.130}$$

现在求(10.130)中的强子谱密度$\mathrm{Im}T(Q^2,s)$，利用强子-夸克对偶性假定它可以近似地从微扰QCD计算得到.直接从领头阶近似下的(10.123)式取虚部(注意$\frac{1}{x\pm\mathrm{i}\varepsilon}=\frac{P}{x}\mp\mathrm{i}\pi\delta(x)$)，

$$\frac{1}{\pi}\mathrm{Im}T(Q^2,s)=\frac{2f_\pi}{3}\int_0^1\mathrm{d}u\varphi_\pi(u,Q)\delta((1-u)Q^2-us),\tag{10.131}$$

将此式代入到(10.130)式右边就得到

$$\frac{1}{\pi}\int_{s_0^\rho}^{\infty}\mathrm{d}s\,\frac{\mathrm{Im}T(Q^2,s)}{s-(P-q)^2}=\frac{2f_\pi}{3}\int_0^{u_0^\rho}\mathrm{d}u\,\frac{\varphi_\pi(u,Q)}{(1-u)Q^2-u(P-q)^2},\tag{10.132}$$

其中阈参量s_0^ρ的存在使得对u的积分只能积到u_0^ρ，

$$u_0^\rho=\frac{Q^2}{s_0^\rho+Q^2}.\tag{10.133}$$

将(10.132)式代入到(10.130)式并作Borel变换就得到领头阶近似下$F^{\rho\pi}(Q^2)$的

求和规则[20]，

$$F^{\rho\pi}(Q^2)=\frac{f_\pi}{3f_\rho}\int_{u_0^\rho}^1\mathrm{d}u\,\frac{\mathrm{d}u}{u}\varphi_\pi(u,Q)\exp\Big(-\frac{(1-u)Q^2}{uM^2}+\frac{m_\rho^2}{M^2}\Big).\qquad(10.134)$$

这里 M 是 Borel 参量. 可以见到光锥波函数(分布振幅)作为输入可以确定 $\gamma^*\to\pi\gamma$ 跃迁形状因子 $F_{\pi\gamma}(Q^2)$ 和 $\gamma^*\rho\to\pi$ 跃迁形状因子 $F^{\rho\pi}(Q^2)$. 关键是如何确定光锥波函数.

从上面的讨论可以见到 QCD 光锥求和规则与通常的 QCD 求和规则不同有三点：(1) 以一个真空态和一个强子态相夹定义关联函数代替两真空态平均值定义关联函数；(2) 以光锥展开代替了小距离展开；(3) 以强子光锥波函数(分布振幅)代替真空凝聚参量作为输入. 正是这三点不同简化了原来 QCD 求和规则中三点关联函数的计算. 这一节为了介绍 QCD 光锥求和规则的主要思想做了领头阶近似，即取了光锥展开的领头项(见(10.131)和(10.132)式). 领头阶的光锥波函数被称为扭度为 2(twist-2)的光锥波函数. 显然在(10.132)式右边可以计及次领头阶项的光锥波函数的贡献，这就需要对强子矩阵元按扭度展开给出高扭度光锥波函数的贡献，下一节将详细讨论.

§10.8 赝标介子领头阶和非领头阶光锥波函数

上一节在解释 QCD 光锥求和规则主要思想时是在领头阶近似下得到的，其结果依赖于光锥展开下的领头阶分布振幅，即扭度为 2 的光锥波函数 $\varphi_\pi(u)$，$\phi_\pi(u)=\frac{f_\pi}{2\sqrt{3}}\varphi_\pi(u)$(顺便指出这一节采用强子在终态时定义的波函数与第九章定义的波函数互为共轭波函数)，

$$\langle\pi(P)\,|\,\bar{d}(x)\gamma_\mu\gamma_5u(0)\,|\,0\rangle=-\,\mathrm{i}\sqrt{2}P_\mu f_\pi\int_0^1\mathrm{d}u\mathrm{e}^{\mathrm{i}uP\cdot x}\varphi_\pi(u),\qquad(10.135)$$

实际上从 Lorentz 协变性分析除了此项以外还应有正比于 x_μ 的项

$$x_\mu f_\pi\int_0^1\mathrm{d}u\mathrm{e}^{\mathrm{i}uPx}g_2(u),$$

此项在大 Q^2 或光锥($x^2=0$)上，相对于(10.135)定义的扭度为 2 的光锥波函数 $\varphi_\pi(u)$要多一个 Q^2 压低，因此 $g_2(u)$是扭度为 4 的光锥波函数. 这样对(10.135)的右边也应保持到扭度为 4 的光锥波函数，即在取扭度为 4 近似下有

$$\langle\pi(P)\,|\,\bar{d}(x)\gamma_\mu\gamma_5u(0)\,|\,0\rangle=-\,\mathrm{i}\sqrt{2}P_\mu f_\pi\int_0^1\mathrm{d}u\mathrm{e}^{\mathrm{i}uP\cdot x}[\varphi_\pi(u)+x^2g_1(u)]$$
$$+\Big(x_\mu-\frac{x^2P_\mu}{P\cdot x}\Big)f_\pi\int_0^1\mathrm{d}u\mathrm{e}^{\mathrm{i}uPx}g_2(u),\qquad(10.136)$$

其中 $g_1(u)$和 $g_2(u)$是扭度为 4 的光锥波函数. 对(10.136)式左边光锥展开领头阶

贡献来自于最低扭度的分布振幅 $\varphi_\pi(u)$. 一般地讲(10.135)式左边矩阵元应写成规范不变的形式

$$\begin{aligned}&\langle\pi(P)\,|\,\bar{d}(x)\gamma_\mu\gamma_5 u(0)\,|\,0\rangle\\&\rightarrow \psi(x)=\langle\pi(P)\,|\,\bar{d}(x)\gamma_\mu\gamma_5\exp\left\{\mathrm{i}g\int_0^x \mathrm{d}\sigma^\mu A_\mu(\sigma)\right\}u(0)\,|\,0\rangle,\end{aligned}\tag{10.137}$$

其中 $A_\mu=gA_\mu^a T^a$. 这里规范不变因子在取了光锥规范 $n\cdot A=0$ 后实际不会产生附加贡献. 将上述非定域算符展开为定域算符之和

$$\begin{aligned}\psi(x)&=\sum_n^\infty\frac{1}{n!}\langle\pi(P)\,|\,\bar{d}(0)\gamma_\mu\gamma_5(x^\nu\overleftarrow{D}_\nu)^n u(0)\,|\,0\rangle_{\mu^2}\\&=-\sqrt{2}f_\pi P_\mu\sum_{n=0}\frac{\mathrm{i}^{n+1}}{n!}(x^\nu P_\nu)^n\varphi_n(\mu^2)+\text{其他张量结构},\end{aligned}\tag{10.138}$$

这里其他张量结构是指比第一项至少多一个度规张量项 $g_{\nu_1\nu_2}$, 例如

$$\sum_{n=2}\frac{\mathrm{i}^{n+1}}{n!}f_\pi P_\mu x^{\nu_1}x^{\nu_2}g_{\nu_1\nu_2}(x^\nu p_\nu)^n\varphi_n'(\mu^2)$$

以及含更多的度规张量的展开项. 这些其他张量结构项显然要比领头项 Q^2 幂次压低,或称为高扭度项. (10.138)式中非微扰矩阵元 $\varphi_n(\mu^2)$ 与领头阶(扭度为 2)分布振幅 $\varphi_\pi(u)$ 具有如下关系式,

$$\varphi_n(\mu^2)=\int_0^1\mathrm{d}u\,u^n\varphi_\pi(u,\mu^2),\tag{10.139}$$

特别地称 $\varphi_n(\mu^2)$ 为分布振幅的矩,它是对分布振幅倍乘以纵向动量分量 u^n 的积分. 将此式代入到(10.138)式给出

$$\begin{aligned}\psi(x)&=\mathrm{i}\sqrt{2}f_\pi P_\mu\int_0^1\mathrm{d}u\sum_n\frac{\mathrm{i}^n}{n!}(x^\nu P_\nu)^n u^n\varphi_\pi(u,\mu^2)\\&=\mathrm{i}\sqrt{2}f_\pi P_\mu\int_0^1\mathrm{d}u\mathrm{e}^{\mathrm{i}u(x\cdot P)}\varphi_\pi(u,\mu^2),\end{aligned}\tag{10.140}$$

如果将(10.138)式中其他张量结构考虑进去准确到扭度 4 就有(10.136)式. (10.136)式是对矩阵元 $\langle\pi(p)\,|\,\bar{d}(x)\gamma_\mu\gamma_5 u(0)\,|\,0\rangle$ 展开给出的, QCD 光锥求和规则应用到具体过程,还会涉及其他有贡献的矩阵元,在准确到扭度为 4 的情况下,

$$\langle\pi(P)\,|\,\bar{d}(x)\mathrm{i}\gamma_5 u(0)\,|\,0\rangle=\frac{\sqrt{2}m_\pi^2 f_\pi}{m_\mathrm{u}+m_\mathrm{d}}\int_0^1\mathrm{d}u\ \mathrm{e}^{\mathrm{i}uP\cdot x}\varphi_\pi^p(u),\tag{10.141}$$

$$\langle\pi(P)\,|\,\bar{d}(x)\sigma_{\mu\nu}\gamma_5 u(0)\,|\,0\rangle=\mathrm{i}(P_\mu x_\nu-P_\nu x_\mu)\frac{m_\pi^2 f_\pi}{6(m_\mathrm{u}+m_\mathrm{d})}\int_0^1\mathrm{d}u\ \mathrm{e}^{\mathrm{i}uP\cdot x}\varphi_\pi^\sigma(u),\tag{10.142}$$

其中 $\varphi_\pi^p(u)$ 和 $\varphi_\pi^\sigma(u)$ 是扭度为 3 的光锥波函数. 在得到(10.141)和(10.142)式时已用到了夸克场的运动方程. 这里对光锥波函数的 Lorentz 结构分析类似于第九章中对赝标介子价夸克态波函数的一般形式分析(9.117)式,并取了相应 γ 矩阵的投影.

对于领头阶 $\varphi_\pi(u)$和非领头阶 $\varphi_\pi^P(u)$，$\varphi_\pi^\sigma(u)$，$g_1(u)$和 $g_2(u)$的分布振幅的具体形式本质上由非微扰矩阵元确定，涉及到夸克禁闭的难题. 对于领头阶分布振幅 $\varphi_\pi(u)$有较多的研究，例如§8.4 中讨论了它的演化方程(8.112)，其方程的一般解(8.113)和当 $Q\to\infty$时的渐近解(8.116)式. 对于 π 介子和其他轻介子来讲，在 $Q^2\to\infty$其渐近解

$$\phi_\pi(u)\to a_0u_1u_2=\sqrt{3}f_\pi u_1u_2,\tag{10.143}$$

$$\varphi_\pi(u)\to 6u_1u_2.\tag{10.144}$$

实际上它是一般解(8.113)的第一项，因为其余项随着 Q^2 增大被对数压低趋于零. (8.113)式中展开系数 a_n 由分布振幅的初始条件 $\phi(x_i,Q_0\sim 1\ \text{GeV})$确定

$$a_n=\frac{2(2n+3)}{(2+n)(1+n)}\int_{-1}^{1}\mathrm{d}(u_1-u_2)C_n^{3/2}(u_1-u_2)\phi(u_i,Q_0),\tag{10.145}$$

目前唯一能从实验上确定的是 $a_0=\sqrt{3}f_\pi$，其他系数取决于 $\phi(x_i,Q_0)$的形式. 反过来说，只有知道所有系数 a_n 才能确定 $\phi(x_i,Q_0)$的形式. 当 Q^2 为有限但足够大时一般解(8.113)的级数可以取前面几项做近似，即

$$\phi_\pi(u,Q)=u_1u_2\left[\sqrt{3}f_\pi+a_1C_1^{3/2}(u_1-u_2)\ln\left(\frac{Q^2}{\Lambda^2}\right)^{\gamma_1}\right.$$
$$\left.+a_2C_2^{3/2}(u_1-u_2)\ln\left(\frac{Q^2}{\Lambda^2}\right)^{\gamma_2}+\cdots\right],\tag{10.146}$$

其中 Gegenbauer 多项式 $C_n^{3/2}(x_1-x_2)$的前三项的表达式为

$$C_1^{3/2}(t)=3t,\quad C_2^{3/2}(t)=\frac{3}{2}(5t^2-1),\quad C_3^{3/2}(t)=\frac{1}{2}(35t^3-15t),\tag{10.147}$$

(10.146)式中 $a_1,a_2,\cdots$系数也有待确定. 对于 $Q^2\sim Q_0^2\sim 1\ \text{GeV}^2$ 时，此展开收敛性差，取前几项近似可能不是好的近似.

为了更好地确定分布振幅的初始条件 $\phi(x_i,Q_0)$，注意到(10.138)式就不难想到利用 QCD 求和规则计算分布振幅的矩 $\varphi_n(\mu^2)$. 仍以 π 介子为例首先定义两点关联函数 $\Pi_{\mu\nu}(x)$，

$$\Pi_{\mu\nu}(x)=\langle 0|T(J_\mu^{(2n)}(x)J_\nu^{(0)}(0)|0\rangle,\tag{10.148}$$

其中流 $j_\mu^{(2n)}(x)$对于赝标介子定义为

$$J_\mu^{(2n)}(x)=u(x)\gamma_\mu\gamma_5(\mathrm{i}x\cdot\overleftrightarrow{D})^{2n}d(x).\tag{10.149}$$

对于矢量介子，(10.149)式定义的流中 γ 矩阵将取 γ_μ，其方法是相同的. 利用第九章中讨论的 QCD 求和规则方法计算两点关联函数(10.148). 一方面从强子唯象计算关联函数，对(10.148)式插入完备集，第一个极点贡献就是 π 介子的矩阵元，从(10.138)式知它与分布振幅的矩 $\varphi_n(\mu^2)$相联系. 另一方面从算符乘积展开计算关

联函数,它将表达为一系列非微扰的真空凝聚值.令以上两者相等并应用Borel变换就获得分布振幅的矩 $\varphi_n(\mu^2)$ 的求和规则.输入普适的真空凝聚参量值,可以求出 π 介子分布振幅的矩 $\varphi_n(\mu^2)$.对于 π 介子由于同位旋对称性分布振幅只有偶次矩,例如有些文献中在忽略连续谱和高量纲算符真空平均值贡献后(若取归一的 $\langle\xi_\pi^0\rangle=1$)得到[21—23]

$$\langle\xi_\pi^2\rangle = 0.46,\quad \langle\xi_\pi^4\rangle = 0.30, \tag{10.150}$$

其中 $\xi=u_1-u_2$ 和分布振幅矩 $\langle\xi_\pi^n\rangle_{\mu^2}$,

$$\langle\xi_\pi^n\rangle_{\mu^2} = \varphi_n^\pi(\mu) = \frac{1}{2}\int_{-1}^{1} \mathrm{d}\xi\, \xi^n \varphi_\pi(\xi,\mu). \tag{10.151}$$

这里应该指出的,表面上看应用QCD求和规则方法从非微扰的夸克和胶子凝聚值获得了有兴趣的分布振幅的矩值,但由于QCD求和规则方法的不确定性,很大地影响了(10.150)式结果的精确度和计算值的可信度.此外从定义(10.139)或(10.151)式可以看到只有得到所有的矩 $\langle\xi_\pi^n\rangle_\mu$ 值才能得到分布振幅的函数行为.人们也尝试应用QCD求和规则方法计算了K介子和 ρ 介子扭度为2分布振幅的矩以及它们的高扭度分布振幅的矩[25—28],虽然不确定性大(例如至少有30%的不确定性),但仍有一定的参考价值.有的文献试图从严格的格点规范理论出发计算两点关联函数,但由于条件限制也很难给出精确的矩值.此外,在某些物理过程中如果在定义关联函数时选择合适的流算符(例如对于赝标介子选择手征流构造关联函数)也可消去部分高扭度分布振幅的贡献,减少计算结果的不确定性[24].

为了理解矩值对分布振幅性质的影响,这里列出介子分布振幅渐近行为所对应的矩值,

$$\langle\xi_\pi^{2n}\rangle_{\mu^2} = \frac{3}{(2n+1)(2n+3)},\quad \langle\xi_\pi^2\rangle = 0.20,\quad \langle\xi_\pi^4\rangle = 0.09,\quad \cdots. \tag{10.152}$$

人们可以用此值作为参考,获知理论计算结果或者构造的模型分布振幅对渐近行为的偏离.例如由满足(10.150)式的矩值构造的分布振幅要比渐近行为宽.

参考文献

[1] Shifman M A, Vainshtein A I, Zakharov V I. Nucl. Phys., 1979, B147: 385,448.

[2] Reinders L J, Rubinstein H, Yazaki S. Phys. Report, 1985, 127: 1.

[3] Shifman M A. Vacuum structure and QCD sum rules. North-Holland, 1992.

[4] Colangelo P, Khodjamirian A. hep-ph/0010175.

[5] Adler S L, Dashen R. Current algebras and applications to particle physics. Benjamin, New York, 1987.

[6] Nambu Y. Phys. Rev. Lett. , 1960, 4: 380;
Nambu Y, Jona-Lasinio G. Phys. Rev. ,1961,122: 345.

[7] Gell-Mann M, Levy M. Nuovo Cimento, 1960, 16: 705.
Gell-Mann M, Oakes R, Renner B. Phys. Rev. , 1968, 175: 2195.

[8] Chou K C. J. Expt. and Theor. Phys. (USSR), 1960, 39: 703(Soviet Phys. ,JETP, 1961, 12: 492).

[9] Wilson K G. Phys. Rev. , 1969, 179: 1499.

[10] Polilzer H D. Nucl. Phys. , 1976, B117: 397;
Pascual P, Rafael E de. Z. Phys. , 1982, C12: 127;
Larsson T L. Phy. Rev. , 1985, D32: 956.

[11] Kallen, G. Helv. Phys. Acta, 1952, 25: 417.

[12] Lehmann H. Nuovo Cimento, 1954, 11: 342.

[13] Lehmann H, Symanzik K, Zimmermann W. Nuovo Cimento, 1955, V1: 205;1957, VVI: 319.

[14] Kroll N M, Lee T D, Zumino B. Phys. Rev. , 1967, 157: 1376.

[15] Belyaev V M, Ioffe B L. Sov. Phys. JETP, 1982, 56: 493.

[16] Huang T, Huang Z. Phys. Rev. , 1989, D39: 1213. 应用背景场方法计算细节也可参见[22].

[17] Chernyak V L, Zhitnitsky I R. Nucl. Phys. , 1990, B345: 137.

[18] Braun V M, Filyyanov I E. Z. Phys. , 1989, C44: 157.

[19] Balitsky I I, Braun V M, Kolesnichenko A V. Nucl. Phys. , 1999, B312: 509; 1990, B345: 137.

[20] Khodjamirian A. Eur. Phys. J. , 1999, C6: 477.

[21] Chernyak V L, Zhitnitsky I R. Nucl. Phys. , 1982, B201: 492;Phys. Rep. , 1984, 112: 173.

[22] Xiang X D, Wang X N, Huang T. Commu. Theor. Phys. , 1986, 6: 117.

[23] Huang T, Wang X N, Xiang X D. Phys. Rev. , 1987, D35: 1013.

[24] Huang T, Li Z H, Wu X Y. Phys. Rev. , 2001, D63: 094001.

[25] Braun V M, Filyyanov I E. Z. Phys. , 1990, C48: 239.

[26] Balitsky I I, Braun V M. Nucl. Phys. , 1989, B311: 541.

[27] Ball P, Braun V M, Koike Y, Tanaka K. Nucl. Phys. , 1998, B529: 323.

[28] Ball P, Braun V M. Nucl. Phys. , 1999, B543: 201.

附录 A　符号和约定

(1) 自然单位制，约定$\hbar=c=1$，其中 c 是光速，$\hbar=\frac{h}{2\pi}$，h 是 Planck 常数. 在此规定下有下列等式，

$$\hbar c = 0.197\,327\text{fm}\cdot\text{GeV}^{-1}(\text{国际单位制}) = 1(\text{自然单位制}),$$

其中 $1\,\text{fm}=10^{-13}\,\text{cm}$，$1\,\text{fm}=\hbar c/(0.197\,327\,\text{GeV})$. 此式有助于还原物理量的度量单位.

(2) 四矢量和度规($\mu=0,1,2,3$)

逆变矢量

$$x^\mu = (x^0, x^1, x^2, x^3) = (t, \boldsymbol{x}), \tag{A.1}$$

$$p^\mu = (p^0, p^1, p^2, p^3) = (E, \boldsymbol{p}). \tag{A.2}$$

协变矢量

$$x_\mu = g_{\mu\nu}x^\nu = (t, -\boldsymbol{x}), \tag{A.3}$$

$$p_\mu = g_{\mu\nu}p^\nu = (E, -\boldsymbol{p}), \tag{A.4}$$

其中度规张量

$$(g_{\mu\nu}) = (g^{\mu\nu}) = \begin{bmatrix} 1 & 0 & 0 & 0 \\ 0 & -1 & 0 & 0 \\ 0 & 0 & -1 & 0 \\ 0 & 0 & 0 & -1 \end{bmatrix}, \tag{A.5}$$

标积

$$x^2 = x^\mu x_\mu = g_{\mu\nu}x^\mu x^\nu = t^2 - x_1^2 - x_2^2 - x_3^2 = t^2 - \boldsymbol{x}^2, \tag{A.6}$$

$$p^2 = p^\mu p_\mu = g_{\mu\nu}p^\mu p^\nu = E^2 - p_1^2 - p_2^2 - p_3^2 = E^2 - \boldsymbol{p}^2, \tag{A.7}$$

$$p\cdot x = p^\mu x_\mu = g_{\mu\nu}p^\mu x^\nu = Et - \boldsymbol{p}\cdot\boldsymbol{x}. \tag{A.8}$$

时间-空间微分的协变矢量和逆变矢量

$$\partial_\mu \equiv \frac{\partial}{\partial x^\mu}(p_\mu = \mathrm{i}\partial_\mu), \quad \partial^\mu \equiv \frac{\partial}{\partial x_\mu}(p^\mu = \mathrm{i}\partial^\mu), \tag{A.9}$$

d'Alembert 算符

$$\Box = \partial^2 = \partial^\mu\partial_\mu = g_{\mu\nu}\partial^\mu\partial^\nu = \partial_t^2 - \nabla^2. \tag{A.10}$$

(3) Dirac γ 矩阵 $\gamma^\mu=(\gamma^0,\gamma^1,\gamma^2,\gamma^3)$和 γ_5

满足反对易关系

$$\{\gamma^\mu, \gamma^\nu\} = 2g^{\mu\nu}, \tag{A.11}$$

$$\gamma_5 = \mathrm{i}\gamma^0\gamma^1\gamma^2\gamma^3 (\gamma_5 = \gamma^5) \quad 或 \quad \gamma_5 = \frac{\mathrm{i}}{4!}\varepsilon_{\mu\nu\alpha\beta}\gamma^\mu\gamma^\nu\gamma^\alpha\gamma^\beta, \tag{A.12}$$

$$\{\gamma_5, \gamma^\mu\} = 0. \tag{A.13}$$

由(A.11)—(A.13)可以得到

$$(\gamma^0)^2 = 1, \quad (\gamma^1)^2 = (\gamma^2)^2 = (\gamma^3)^2 = -1, \quad (\gamma_5)^2 = 1, \tag{A.14}$$

γ 矩阵的厄米共轭

$$\gamma_5^\dagger = \gamma_5, \quad \gamma^{\mu\,\dagger} = \gamma^0\gamma^\mu\gamma^0. \tag{A.15}$$

在 γ^0 对角的表象里写出 γ 矩阵的明显表示

$$\gamma^0 = \begin{bmatrix} 1 & 0 \\ 0 & -1 \end{bmatrix}, \quad \gamma^i = \begin{bmatrix} 0 & \sigma_i \\ -\sigma_i & 0 \end{bmatrix}, \quad \gamma_5 = \begin{bmatrix} 0 & 1 \\ 1 & 0 \end{bmatrix}, \tag{A.16}$$

$$\gamma^\pm = (\gamma^0 \pm \gamma^3), \quad \boldsymbol{\gamma}_\perp = (\gamma_1, \gamma_2).$$

其中 σ_i 为 Pauli 矩阵

$$\sigma_1 = \begin{bmatrix} 0 & 1 \\ 1 & 0 \end{bmatrix}, \quad \sigma_2 = \begin{bmatrix} 0 & -\mathrm{i} \\ \mathrm{i} & 0 \end{bmatrix}, \quad \sigma_3 = \begin{bmatrix} 1 & 0 \\ 0 & -1 \end{bmatrix}. \tag{A.17}$$

一些有用的公式：

$$\sigma^{\mu\nu} = \frac{\mathrm{i}}{2}[\gamma^\mu, \gamma^\nu] = \frac{\mathrm{i}}{2}(\gamma^\mu\gamma^\nu - \gamma^\nu\gamma^\mu), \tag{A.18}$$

$$\gamma^\mu\gamma^\alpha\gamma^\nu = S^{\mu\alpha\nu\beta}\gamma_\beta - \mathrm{i}\varepsilon^{\mu\alpha\nu\beta}\gamma_\beta\gamma_5, \tag{A.19}$$

$$\gamma_5\gamma^\mu\gamma^\nu = \gamma_5 g^{\mu\nu} + \frac{1}{2\mathrm{i}}\varepsilon^{\mu\nu\alpha\beta}\gamma_\alpha\gamma_\beta, \tag{A.20}$$

其中对称张量 $S^{\mu\nu\alpha\beta}$ 和全反对称张量(Levi-Civita 张量)$\varepsilon^{\mu\nu\alpha\beta}$

$$S^{\mu\nu\alpha\beta} = g^{\mu\nu}g^{\alpha\beta} + g^{\mu\beta}g^{\nu\alpha} - g^{\mu\alpha}g^{\nu\beta}, \tag{A.21}$$

$$\varepsilon^{\mu\nu\alpha\beta} = -\varepsilon_{\mu\nu\alpha\beta} \quad (\varepsilon^{0123} = -1, \varepsilon_{0123} = 1). \tag{A.22}$$

(4) Dirac γ 矩阵求迹公式

$$\mathrm{tr}(\gamma^\mu\gamma^\nu) = 4g^{\mu\nu}, \tag{A.23}$$

奇数个 γ 矩阵的迹为零，　(A.24)

$$\mathrm{tr}(\gamma_5\gamma^\mu\gamma^\nu) = 0, \tag{A.25}$$

$$\mathrm{tr}(\gamma^\mu\gamma^\nu\gamma^\alpha\gamma^\beta) = 4S^{\mu\nu\alpha\beta}, \tag{A.26}$$

$$\mathrm{tr}(\gamma_5\gamma^\mu\gamma^\nu\gamma^\alpha\gamma^\beta) = 4\mathrm{i}\varepsilon^{\mu\nu\alpha\beta}, \tag{A.27}$$

$$\mathrm{tr}(\not{a}\not{b}) = 4ab, \quad \not{a} = \gamma^\mu a_\mu. \tag{A.28}$$

(5) Dirac 方程和旋量波函数 $u_\lambda(p), v_\lambda(p)$

$$\begin{aligned} (\not{p} - m)u_\lambda(p) &= 0, \\ (\not{p} + m)v_\lambda(p) &= 0, \end{aligned} \tag{A.29}$$

其中波函数 $u_\lambda(p), v_\lambda(p)$ 的归一化为

$$\bar{u}_\lambda(p)u_{\lambda'}(p) = 2m\delta_{\lambda\lambda'},$$
$$\bar{v}_\lambda(p)v_{\lambda'}(p) = -2m\delta_{\lambda\lambda'}. \tag{A.30}$$

投影算符

$$\sum_\lambda u_\lambda(p)\bar{u}_\lambda(p) = (\not{p}+m),$$
$$\sum_\lambda v_\lambda(p)\bar{v}_\lambda(p) = (\not{p}-m). \tag{A.31}$$

Fermi 子传播子

$$S(x) = \int \frac{d^4 p}{(2\pi)^4} \frac{1}{\not{p}-m} e^{-ip\cdot x}, \quad S(p) = \not{p}-m. \tag{A.32}$$

(6) 零质量矢量粒子极化矢量 ε_μ^λ

沿 z 方向运动

$$k_\mu = (k_0, 0, 0, k_3),$$
$$\varepsilon_\mu^\lambda(\lambda = \pm 1) = \frac{1}{\sqrt{2}}(0, 1, \pm i, 0), \tag{A.33}$$
$$k \cdot \varepsilon_\mu = 0, \tag{A.34}$$

在计算未极化截面时需对零质量矢量介子极化求和，由于存在 Ward 等式，其极化求和式作下列替换

$$\sum_\lambda \varepsilon_\mu^{\lambda *} \varepsilon_\nu^\lambda \Rightarrow -g_{\mu\nu}. \tag{A.35}$$

对于质量为 M 的矢量粒子还有纵向极化矢量

$$\varepsilon_\mu^{\lambda=0} = \frac{1}{M}(k_3, 0, 0, k_0). \tag{A.36}$$

(7) 态归一化（四动量为 p，其他量子数为 α 的态 $|\boldsymbol{p},\alpha\rangle$）

$$\langle \boldsymbol{p}', \alpha' | \boldsymbol{p}, \alpha \rangle = 2p_0(2\pi)^3\delta^3(\boldsymbol{p}'-\boldsymbol{p})\delta_{\alpha'\alpha}. \tag{A.37}$$

(8) 量纲

物理学中基本量纲是质量、长度和时间的量纲，分别标记为[M]，[L]，[T]（或dim[M]，dim[L]，dim[T]）．其他物理常数或物理量的量纲都可以用这三个基本量纲表示出来．在自然单位制下（$\hbar=c=1$），这三个基本量纲

$$[M] = 1, \quad [L] = -1, \quad [T] = -1, \tag{A.38}$$

判断物理方程和物理量的正确与否时，分析量纲是一个很有用的方法．

附录B　S 矩阵、跃迁矩阵元、截面和衰变宽度

以散射过程 $a(p_1)+b(p_2)\to c(k_1)+d(k_2)$ 为例，它的 S 矩阵元定义为

$$\langle c(\boldsymbol{k}_1), d(\boldsymbol{k}_2) \mid S \mid a(\boldsymbol{p}_1), b(\boldsymbol{p}_2)\rangle = \langle \boldsymbol{k}_1, \boldsymbol{k}_2, \mathrm{out} \mid \boldsymbol{p}_1, \boldsymbol{p}_2, \mathrm{in}\rangle, \tag{B.1}$$

其中 $|\mathrm{in}\rangle$ 和 $|\mathrm{out}\rangle$ 态分别表示为入射态和出射态. 这里选择动量为 $\boldsymbol{p}$ 和自旋或极化为 λ 的态矢归一化，

$$\langle \boldsymbol{p}, \lambda \mid \boldsymbol{k}, \lambda'\rangle = (2\pi)^3 2p_0 \delta^3(\boldsymbol{p}-\boldsymbol{k})\delta_{\lambda\lambda'}, \tag{B.2}$$

按照 Lehmann-Symanzik-Zimmermann (LSZ) 约化公式定义跃迁矩阵元（或称散射振幅）$\langle \boldsymbol{k}_1\lambda_1, \boldsymbol{k}_2\lambda_2 \mid T \mid \boldsymbol{p}_1\sigma_1, \boldsymbol{p}_2\sigma_2\rangle$，

$$\begin{aligned}&\langle \boldsymbol{k}_1\lambda_1, \boldsymbol{k}_2\lambda_2 \mid S-1 \mid \boldsymbol{p}_1\sigma_1, \boldsymbol{p}_2\sigma_2\rangle \\ &\quad = (2\pi)^4 \mathrm{i}\delta^4(k_1+k_2-p_1-p_2)\langle \boldsymbol{k}_1\lambda_1, \boldsymbol{k}_2\lambda_2 \mid T \mid \boldsymbol{p}_1\sigma_1, \boldsymbol{p}_2\sigma_2\rangle.\end{aligned} \tag{B.3}$$

为了方便起见，定义

$$\begin{aligned}M_{\mathrm{fi}} &= (2\pi)^4 \mathrm{i}\langle \boldsymbol{k}_1\lambda_1, \boldsymbol{k}_2\lambda_2 \mid T \mid \boldsymbol{p}_1\sigma_1, \boldsymbol{p}_2\sigma_2\rangle, \\ \langle \boldsymbol{k}_1\lambda_1, \boldsymbol{k}_2\lambda_2 \mid S-1 \mid \boldsymbol{p}_1\sigma_1, \boldsymbol{p}_2\sigma_2\rangle &= M_{\mathrm{fi}}\delta^4(k_1+k_2-p_1-p_2),\end{aligned} \tag{B.4}$$

相应的跃迁几率为

$$W_{\mathrm{f}} = |M_{\mathrm{fi}}|^2 \delta^4(0)\delta^4(k_1+k_2-p_1-p_2).$$

其中

$$\delta^4(0) = \frac{1}{(2\pi)^4}\int \mathrm{d}^4 x = \frac{1}{(2\pi)^4} VT, \tag{B.5}$$

V 和 T 是散射过程的空间体积和时间间隔. 那么单位时间和单位体积的跃迁几率

$$\frac{1}{(2\pi)^4}|M_{\mathrm{fi}}|^2\delta^4(k_1+k_2-p_1-p_2).$$

对于过程 $a(p_1)+b(p_2)\to c(k_1)+d(k_2)$，跃迁到终态两粒子所有相空间的几率 W 为

$$\begin{aligned}W &= \frac{1}{(2\pi)^4}\int \frac{\mathrm{d}^3\boldsymbol{k}_1}{(2\pi)^3 2k_{10}}\frac{\mathrm{d}^3\boldsymbol{k}_2}{(2\pi)^3 2k_{20}}|M_{\mathrm{fi}}|^2\delta^4(k_1+k_2-p_1-p_2) \\ &= (2\pi)^4\int \frac{\mathrm{d}^3\boldsymbol{k}_1}{(2\pi)^3 2k_{10}}\frac{\mathrm{d}^3\boldsymbol{k}_2}{(2\pi)^3 2k_{20}}|\langle \boldsymbol{k}_1\lambda_1, \boldsymbol{k}_2\lambda_2 \mid T \mid \boldsymbol{p}_1\sigma_1, \boldsymbol{p}_2\sigma_2\rangle|^2 \\ &\quad \cdot \delta^4(k_1+k_2-p_1-p_2).\end{aligned} \tag{B.6}$$

如果散射过程是未极化的，那么对上式的初态极化指标求平均，末态极化指标求和，即在(B.6)前面加上

$$\frac{1}{2J_{\mathrm{a}}+1}\frac{1}{2J_{\mathrm{b}}+1}\sum_{\lambda_1\lambda_2\sigma_1\sigma_2}\cdots,$$

再除以流通量因子 I,

$$I = 4\sqrt{(p_1 \cdot p_2)^2 - m_a^2 m_b^2}$$
$$= 2\sqrt{[s-(m_a+m_b)^2][s-(m_a-m_b)^2]}, \tag{B.7}$$

就得到实验上测量截面 σ

$$\sigma = \frac{1}{2J_a+1}\frac{1}{2J_b+1}\sum_{\lambda_1\lambda_2\sigma_1\sigma_2}\frac{W}{I}. \tag{B.8}$$

式(B.7)中 $s=(p_1+p_2)^2$. 为了说明流通量因子 I 的物理意义,取此散射过程的实验室系,即靶粒子 b 静止,$\boldsymbol{p}_2=0(p_2=(p_{20},0,0,0)=(m_b,0,0,0))$. 由(B.7)可以推出

$$I|_{\text{Lab}} = 4m_b|\boldsymbol{p}_1|_{\text{Lab}} = 4m_b p_{10}|\boldsymbol{v}_1|, \tag{B.9}$$

其中 $\boldsymbol{v}_1=\boldsymbol{p}_1/p_{10}$是入射粒子的速度. 式(B.9)中在入射粒子的速度前的因子 $2m_b$ 来自于靶粒子态矢归一化条件(见(B.2)),因为式(B.2)意味着单粒子态密度 $\rho=2p_0$, $\rho_a\rho_b=4m_b p_{10}$. 所以流通量因子 I 是入射粒子流与靶粒子态密度的乘积,即表示初态入射粒子和靶粒子间在单位时间、单位面积内碰撞的次数. 将(B.6)代入到(B.8)式就得到散射截面的公式,

$$\sigma = \frac{1}{I}\frac{1}{2J_a+1}\frac{1}{2J_b+1}\sum_{\lambda_1\lambda_2\sigma_1\sigma_2}(2\pi)^4\int\frac{d^3\boldsymbol{k}_1}{(2\pi)^3 2k_{10}}\frac{d^3\boldsymbol{k}_2}{(2\pi)^3 2k_{20}}\delta^4(k_1+k_2-p_1-p_2)$$
$$\times|\langle\boldsymbol{k}_1\lambda_1,\boldsymbol{k}_2\lambda_2|T|\boldsymbol{p}_1\sigma_1,\boldsymbol{p}_2\sigma_2\rangle|^2. \tag{B.10}$$

如果在质心系中,$\boldsymbol{p}_1+\boldsymbol{p}_2=0$, $|\boldsymbol{p}_1|=|\boldsymbol{p}_2|=p_{\text{cm}}$,其流通量因子为

$$I_{\text{cm}} = 4p_{\text{cm}}\sqrt{s}. \tag{B.11}$$

从(B.10)可以见到如果对终态相空间不作全部积分而保留某一粒子的角度部分 $d\Omega$,例如选择终态的 c 粒子,

$$\int d^3k_1\cdots = \int k^2 dk d\Omega\cdots \quad (k=|\boldsymbol{k}_1|),$$

在(B.10)中将 $d^3\boldsymbol{k}_2$ 三维 δ 函数积掉($\boldsymbol{k}_1+\boldsymbol{k}_2=\boldsymbol{p}_1+\boldsymbol{p}_2$)并令 $E=k_{10}+k_{20}=p_{10}+p_{20}$,再积第四维 δ 函数就得到微分截面,

$$\frac{d\sigma}{d\Omega} = \frac{1}{I}\frac{1}{2J_a+1}\frac{1}{2J_b+1}\sum_{\lambda_1\lambda_2\sigma_1\sigma_2}\frac{1}{(2\pi)^2}\frac{\rho_E}{4k_{10}k_{20}}|\langle\boldsymbol{k}_1\lambda_1,\boldsymbol{k}_2\lambda_2|T|\boldsymbol{p}_1\sigma_1,\boldsymbol{p}_2\sigma_2\rangle|^2, \tag{B.12}$$

其中能量密度定义为

$$\rho_E = k^2\frac{dk}{dE} \quad (k=|\boldsymbol{k}_1|). \tag{B.13}$$

如果具有多于两个粒子的终态,可重复上述推导,对其他粒子所有相空间积分和对自旋极化求和.

不难将以上讨论应用到一个粒子衰变到两个粒子和多个粒子终态的情况. 同样以终态为两粒子为例 $\mathrm{a}(p)\rightarrow\mathrm{b}(k_1)+\mathrm{c}(k_2)$，其衰变宽度(几率)为

$$\Gamma=\frac{(2\pi)^4}{2E_{\mathrm{a}}}\int\frac{\mathrm{d}^3\boldsymbol{k}_1}{(2\pi)^3 2k_{10}}\frac{\mathrm{d}^3\boldsymbol{k}_2}{(2\pi)^3 2k_{20}}|\langle\boldsymbol{k}_1\lambda_1,\boldsymbol{k}_2\lambda_2|T|\boldsymbol{p}\sigma\rangle|^2\delta^4(k_1+k_2-p), \tag{B.14}$$

其中分母 $2E_{\mathrm{a}}$ 是初态粒子的态密度，如果在初态粒子静止参考系中，$2E_{\mathrm{a}}=2M_{\mathrm{a}}$. 而衰变寿命反比于衰变宽度

$$\tau=(\Gamma)^{-1}. \tag{B.15}$$

注意到式(B.14)并没有考虑到终态是全同粒子的情况，如果它们是全同粒子，衰变的相空间积分将重复应除以 2! 因子，对于内部自由度(如自旋和色空间)还需对矩阵元中内部自由度指标求和. 如果终态多于两个粒子，还应对所有终态粒子相空间积分和对内部自由度指标求和.

附录C　基本过程 $e^+e^-\to\mu^+\mu^-$ 的截面

QED中基本过程 $e^+e^-\to\mu^+\mu^-$ 是很有用的过程，其结果很容易推到 $e^+e^-\to\tau^+\tau^-$ 和 $e^+e^-\to q\bar{q}$ 过程. 特别是能量很大时所有参与过程的粒子的质量都可以被忽略，这些过程都具有相同的特点和结果. 按照附录 B 中(B. 3)定义，过程 $e^+(k_2)e^-(k_1)\to\mu^+(p_2)\mu^-(p_1)$ 的振幅

$$\langle \boldsymbol{p}_1,\boldsymbol{p}_2|T|\boldsymbol{k}_1,\boldsymbol{k}_2\rangle = e^2\bar{u}_{s_1}(\boldsymbol{p}_1)\gamma_\mu v_{s_2}(\boldsymbol{p}_2)\frac{d_{\mu\nu}(q)}{q^2}\bar{v}_{\lambda_2}(\boldsymbol{k}_2)\gamma^\nu u_{\lambda_1}(\boldsymbol{k}_1), \tag{C.1}$$

其中 $u_{\lambda_1}(\boldsymbol{k}_1)$ 是动量为 $\boldsymbol{k}_1$ 自旋为 λ_1 的电子旋量波函数，$v_{\lambda_2}(\boldsymbol{k}_2)$ 是动量 $\boldsymbol{k}_2$ 自旋为 λ_2 的正电子旋量波函数. $u_{s_1}(\boldsymbol{p}_1)$ 是动量为 $\boldsymbol{p}_1$ 自旋为 s_1 的 μ 子旋量波函数，$v_{s_2}(\boldsymbol{p}_2)$ 是动量 $\boldsymbol{p}_2$ 自旋为 s_2 的反 μ 子旋量波函数. 这里

$$q = k_1 + k_2,\quad d_{\mu\nu}(q) = g_{\mu\nu} - (1-\alpha)\frac{q_\mu q_\nu}{q^2}.$$

由于正、负电子遵从 Dirac 运动方程，$d_{\mu\nu}$ 中 $q_\mu q_\nu$ 项的贡献正比于电子质量可以忽略($m_e=0$)，因此(C. 1)可简化为

$$\langle \boldsymbol{p}_1,\boldsymbol{p}_2|T|\boldsymbol{k}_1,\boldsymbol{k}_2\rangle = e^2\bar{u}_{s_1}(\boldsymbol{p}_1)\gamma_\mu v_{s_2}(\boldsymbol{p}_2)\frac{1}{q^2}\bar{v}_{\lambda_2}(\boldsymbol{k}_2)\gamma^\mu u_{\lambda_1}(\boldsymbol{k}_1). \tag{C.2}$$

按照(B. 6)—(B. 12)需计算对初态自旋求平均和对终态自旋求和的振幅绝对值平方值，即

$$\begin{aligned}\frac{1}{4}\sum_{s_1s_2\lambda_1\lambda_2}&|\langle \boldsymbol{p}_1,\boldsymbol{p}_2|T|\boldsymbol{k}_1,\boldsymbol{k}_2\rangle|^2\\ &= \frac{e^4}{4q^4}\mathrm{tr}[(\not{k}_2-m_e)\gamma^\mu(\not{k}_1+m_e)\gamma^\nu]\mathrm{tr}[(\not{p}_2-m_\mu)\gamma_\mu(\not{p}_1+m_\mu)\gamma_\nu],\end{aligned} \tag{C.3}$$

其结果为($m_e=0$)

$$\begin{aligned}\frac{1}{4}\sum_{s_1s_2\lambda_1\lambda_2}&|\langle \boldsymbol{p}_1,\boldsymbol{p}_2|T|\boldsymbol{k}_1,\boldsymbol{k}_2\rangle|^2\\ &= \frac{8e^2}{q^4}[(p_1\cdot k_1)(p_2\cdot k_2)+(p_1\cdot k_2)(p_2\cdot k_1)+m_\mu^2(k_1\cdot k_2)].\end{aligned} \tag{C.4}$$

通常正、负电子对撞机实验中，比较方便的参考系是选取质心系，$\boldsymbol{k}_1+\boldsymbol{k}_2=\boldsymbol{p}_1+\boldsymbol{p}_2=0$. 在质心系中计算流通量因子和能量密度就可得到质心系中微分截面和总截面，

$$\frac{d\sigma}{d\Omega}=\frac{\alpha^2}{4S}\sqrt{\frac{S-4m_\mu^2}{S}}\left[1+\frac{4m_\mu^2}{S}+\left(1-\frac{4m_\mu^2}{S}\right)\cos^2\theta\right], \tag{C.5}$$

$$\sigma=\frac{4\pi\alpha^2}{3S}\sqrt{\frac{S-4m_\mu^2}{S}}\left(1+\frac{2m_\mu^2}{S}\right), \tag{C.6}$$

其中 $S=(k_1+k_2)^2=(p_1+p_2)^2$，在质心系中 $S_{cm}=4E^2$，E 是质心系中电子的能量. 在高能下忽略 μ 子的质量，角度 θ 是质心系中出射的 μ 子与入射电子的夹角. 这样质心系中微分截面和总截面就变为

$$\frac{d\sigma}{d\Omega}=\frac{\alpha^2}{4S}(1+\cos^2\theta), \tag{C.7}$$

$$\sigma=\frac{4\pi\alpha^2}{3S}=\sigma_0. \tag{C.8}$$

由(C.7)给出的微分截面的角分布的特点是$(1+\cos^2\theta)$.

以上计算是在初态电子、正电子不极化的情况下得到的. 如果初态电子极化或者初态电子、正电子都极化的情况下，必须分别考虑具有极化时截面的计算. 由于 $m_e=0$ 是很好的近似，人们可以选择螺旋度(helicity)作为电子、正电子极化态的基，左、右手螺旋度按照 Lorentz 群的不同表示变换. 为了简便起见，考虑高能极限下不仅 $m_e=0$ 而且忽略 μ 子的质量，令 $m_\mu=0$，终态 μ 子也可很好地以螺旋度标记极化态. 引入投影算符$\left(\frac{1\pm\gamma_5}{2}\right)$，

$$u(\boldsymbol{k})=\left(\frac{1+\gamma_5}{2}+\frac{1-\gamma_5}{2}\right)u(\boldsymbol{k})=u_R(\boldsymbol{k})+u_L(\boldsymbol{k}), \tag{C.9}$$

其中 $u_R(\boldsymbol{k})$，$u_L(\boldsymbol{k})$分别是右手电子(螺旋度为$+1$)和左手电子(螺旋度为-1)旋量. 在矩阵元$(\bar{v}(\boldsymbol{k}_2)\gamma^\mu u(\boldsymbol{k}_1))$中插入投影算符，

$$\bar{v}(\boldsymbol{k}_2)\gamma^\mu u(\boldsymbol{k}_1)\to\bar{v}(\boldsymbol{k}_2)\gamma^\mu\left(\frac{1+\gamma_5}{2}\right)u(\boldsymbol{k}_1).$$

由于$(1+\gamma_5)(1-\gamma_5)=0$，上式中电子的左手部分为零，仅有右手电子振幅. 将$(1+\gamma_5)$移到左边

$$\bar{v}(\boldsymbol{k}_2)\gamma^\mu\left(\frac{1+\gamma_5}{2}\right)u(\boldsymbol{k}_1)=v^\dagger(\boldsymbol{k}_2)\left(\frac{1+\gamma_5}{2}\right)\gamma^0\gamma^\mu u(\boldsymbol{k}_1),$$

这表明 $v(\boldsymbol{k}_2)$也是右手旋量，由于正电子是电子的反粒子相当于是左手正电子. 这意味着正、负电子湮灭振幅$(\bar{v}(\boldsymbol{k}_2)\gamma^\mu u(\boldsymbol{k}_1))$仅在电子和正电子具有相反螺旋度时才不等于零. 因此不同螺旋度组合的 16 个振幅仅有 4 个不为零. 这四个振幅分别相应于下列四种过程，

$$e_R^-e_L^+\to\mu_R^-\mu_L^+,$$
$$e_R^-e_L^+\to\mu_L^-\mu_R^+,$$

$$e_L^- e_R^+ \to \mu_R^- \mu_L^+,$$
$$e_L^- e_R^+ \to \mu_L^- \mu_R^+.$$

以第一种过程为例，

$$\langle \boldsymbol{p}_1, \boldsymbol{p}_2 \mid T(e_R^- e_L^+ \to \mu_R^- \mu_L^+) \mid \boldsymbol{k}_1, \boldsymbol{k}_2 \rangle$$
$$= e^2 \bar{u}_{s_1}(\boldsymbol{p}_1)\gamma_\mu\left(\frac{1+\gamma_5}{2}\right)v_{s_2}(\boldsymbol{p}_2)\frac{1}{q^2}\bar{v}_{\lambda_2}(\boldsymbol{k}_2)\gamma^\mu\left(\frac{1+\gamma_5}{2}\right)u_{\lambda_1}(\boldsymbol{k}_1),$$

对自旋求和后

$$\sum_{\text{自旋}} |\langle \boldsymbol{p}_1, \boldsymbol{p}_2 \mid T(e_R^- e_L^+ \to \mu_R^- \mu_L^+) \mid \boldsymbol{k}_1, \boldsymbol{k}_2 \rangle|^2 = e^4(1+\cos\theta)^2,$$

因此得到此过程的微分截面

$$\frac{d\sigma}{d\Omega}(e_R^- e_L^+ \to \mu_R^- \mu_L^+) = \frac{\alpha^2}{4S}(1+\cos\theta)^2. \tag{C.10}$$

类似的计算可以得到

$$\frac{d\sigma}{d\Omega}(e_R^- e_L^+ \to \mu_L^- \mu_R^+) = \frac{\alpha^2}{4S}(1-\cos\theta)^2, \tag{C.11}$$

$$\frac{d\sigma}{d\Omega}(e_L^- e_R^+ \to \mu_R^- \mu_L^+) = \frac{\alpha^2}{4S}(1-\cos\theta)^2, \tag{C.12}$$

$$\frac{d\sigma}{d\Omega}(e_L^- e_R^+ \to \mu_L^- \mu_R^+) = \frac{\alpha^2}{4S}(1+\cos\theta)^2. \tag{C.13}$$

显然将(C.10)—(C.13)加起来除以4(平均)就得到没有极化的微分截面(C.7). 从这四个微分截面可以见到它们在 $\theta=0°$, $180°$时有显著的特点：对于第一类过程和第四类过程，当 $\theta=0°$时最大，当 $\theta=180°$时为零；对于第二类过程和第三类过程，当 $\theta=0°$时为零，当 $\theta=180°$时最大. 这些特点是角动量守恒的必然结果. 这些特点对于讨论正、负电子具有极化束流时很有帮助.

附录 D SU(3)色空间生成元和相关公式

(1) SU(3)($N_c=3$)色空间生成元 T^a($a=1,2,\cdots,8=N_c^2-1$)

$$[T^a,T^b]=\mathrm{i}f^{abc}T^c, \tag{D.1}$$

$$\{T^a,T^b\}=d^{abc}T^c+\frac{1}{3}\delta^{ab}, \tag{D.2}$$

其中 f^{abc} 是全反对称张量,d^{abc} 是对称张量. 由于(D.1)式,f^{abc} 也称为 SU(3)群的结构常数. 由(D.1)和(D.2)可得

$$d^{abc}=2\mathrm{tr}[\{T^a,T^b\}T^c]. \tag{D.3}$$

$$T^aT^b=\frac{1}{2N_c}\delta^{ab}+\frac{1}{2}d^{abc}T^c+\frac{1}{2}\mathrm{i}f^{abc}T^c, \tag{D.4}$$

$$\mathrm{tr}(T^aT^bT^c)=\frac{\mathrm{i}}{4}f^{abc}+\frac{1}{4}d^{abc}. \tag{D.5}$$

由雅可比(Jacob)恒等式

$$\begin{aligned}&[T^a,[T^b,T^c]]+[T^b,[T^c,T^a]]+[T^c,[T^a,T^b]]\equiv 0,\\&[T^a,\{T^b,T^c\}]+[T^b,\{T^c,T^a\}]+[T^c,\{T^a,T^b\}]\equiv 0\end{aligned} \tag{D.6}$$

可得到结构常数 f^{abc} 和对称张量 d^{abc} 满足的恒等式

$$\begin{aligned}&f^{abe}f^{cde}+f^{cbe}f^{dae}+f^{dbe}f^{ace}=0,\\&f^{abe}d^{cde}+f^{cbe}d^{dae}+f^{dbe}d^{ace}=0,\end{aligned} \tag{D.7}$$

T^a 的基础表示($N_c\times N_c$)可以用 Gell-Mann 矩阵表示,

$$T^a=\frac{1}{2}\lambda^a \quad (\lambda^a=\lambda_a), \tag{D.8}$$

$$\lambda_i=\begin{bmatrix}\sigma_i & 0\\ 0 & 0\end{bmatrix} \quad (i=1,2,3),$$

$$\lambda_4=\begin{bmatrix}0&0&1\\0&0&0\\1&0&0\end{bmatrix},\quad \lambda_5=\begin{bmatrix}0&0&-\mathrm{i}\\0&0&0\\\mathrm{i}&0&0\end{bmatrix},\quad \lambda_6=\begin{bmatrix}0&0&0\\0&0&1\\0&1&0\end{bmatrix},$$

$$\lambda_7=\begin{bmatrix}0&0&0\\0&0&-\mathrm{i}\\0&\mathrm{i}&0\end{bmatrix},\quad \lambda_8=\frac{1}{\sqrt{3}}\begin{bmatrix}1&0&0\\0&1&0\\0&0&-2\end{bmatrix},$$

T^a 的伴随表示($(N_c^2-1)\times(N_c^2-1)$)可以记为

$$(T^a)_{bc}=-\mathrm{i}f^{abc}. \tag{D.9}$$

(2) 几个 SU(3)群的不变量

$$T^a_{ik}T^a_{kj} = (T^aT^a)_{ij} = C_F\delta_{ij}, \quad C_F = \frac{N_c^2-1}{2N_c}, \tag{D.10}$$

$$\mathrm{tr}(T^aT^b) = T_R\delta_{ab}, \quad T_R = \frac{1}{2}, \tag{D.11}$$

$$f^{acd}f^{bcd} = C_G\delta_{ab}, \quad C_G = N_c. \tag{D.12}$$

附录 E　D 维空间代数和相关公式

(1) D 维时空 γ 矩阵代数

$$x^\mu = (x^0, x^1, \cdots, x^{D-1}) \quad (\mu = 0,1,2,\cdots,D-1),$$

$$(g^{\mu\nu}) = (+,-,\cdots,-),$$

$$g^{\mu\nu} g_{\mu\nu} = g^\mu_\mu = D. \tag{E.1}$$

对于 γ 矩阵仍要求满足

$$\{\gamma^\mu, \gamma^\nu\} = 2g^{\mu\nu}, \tag{E.2}$$

$$\{\gamma_5, \gamma^\mu\} = 0. \tag{E.3}$$

定义 D 维空间 γ_5 矩阵，

$$\gamma_5 = \mathrm{i}\gamma^0\gamma^1\cdots\gamma^{D-1}, \tag{E.4}$$

$$\gamma^\mu\gamma_\mu = D, \tag{E.5}$$

$$\gamma_\mu\gamma_\nu\gamma^\mu = (2-D)\gamma_\nu, \tag{E.6}$$

$$\gamma_\mu\gamma_5\gamma^\mu = -D\gamma_5. \tag{E.7}$$

(2) 伽玛(Gamma)和贝塔(Beta)函数

$$\mathrm{B}(p,q) = \int_0^1 \mathrm{d}x\, x^{p-1}(1-x)^{q-1} \tag{E.8}$$

$$= \frac{\Gamma(p)\Gamma(q)}{\Gamma(p+q)}, \tag{E.9}$$

$$\Gamma(p) = \int_0^\infty \mathrm{d}x\ \mathrm{e}^{-x} x^{p-1} \quad (\mathrm{Re}p > 0), \tag{E.10}$$

$$\Gamma(n+1) = n\Gamma(n) = \cdots = n!, \tag{E.11}$$

$$\Gamma\left(-n+\frac{\varepsilon}{2}\right) = \frac{(-)^n}{n!}\left[\frac{2}{\varepsilon} + \psi(n+1) + O(\varepsilon)\right], \tag{E.12}$$

$$\psi(z) = \frac{\mathrm{d}\ln\Gamma(z)}{\mathrm{d}z}, \tag{E.13}$$

$$\psi(z+1) = \psi(z) + \frac{1}{z}, \tag{E.14}$$

$$\psi(1) = -\gamma_\mathrm{E} \cong -0.5772,$$

$$\Gamma(\varepsilon) = \frac{1}{\varepsilon} - \gamma_\mathrm{E} + O(\varepsilon). \tag{E.15}$$

(3) D 维空间积分公式

利用 Feynman 参量公式

$$\frac{1}{AB}=\int_0^1\frac{\mathrm{d}x}{\{xA+(1-x)B\}^2},\tag{E.16}$$

$$\frac{1}{ABC}=2\int_0^1 x\mathrm{d}x\int_0^1\mathrm{d}y\frac{1}{\{(1-x)A+xyB+x(1-y)C\}^3},\tag{E.17}$$

$$\frac{1}{A^nB^m}=\frac{\Gamma(n+m)}{\Gamma(n)\Gamma(m)}\int_0^1\frac{x^{n-1}(1-x)^{m-1}\mathrm{d}x}{\{xA+(1-x)B\}^{n+m}}\quad(n,m>0),\tag{E.18}$$

可以证明下列等式：

(i) $$\int\frac{\mathrm{d}^Dq}{(2\pi)^D\mathrm{i}}\frac{1}{(-q^2+L)^2}=\frac{\mathrm{B}(D/2,2-D/2)}{(4\pi)^{D/2}\Gamma(D/2)}L^{D/2-2}.\tag{E.19}$$

(ii) $$\int\frac{\mathrm{d}^Dq}{(2\pi)^D\mathrm{i}}\frac{1}{(-q^2+L)^n}=\frac{\Gamma(n-D/2)}{(4\pi)^{D/2}\Gamma(D/2)}L^{D/2-n}.\tag{E.20}$$

(E.19)是(E.20)的特殊情况.

(iii) $$\int\frac{\mathrm{d}^Dq}{(2\pi)^D\mathrm{i}}\frac{1}{(-q^2)^\alpha(-(q+k)^2)^\beta}=(4\pi)^{-D/2}(-k^2)^{D/2-\alpha-\beta}\times\frac{\Gamma(\alpha+\beta-D/2)}{\Gamma(\alpha)\Gamma(\beta)}\mathrm{B}\left(\frac{D}{2}-\alpha,\frac{D}{2}-\beta\right).\tag{E.21}$$

(iv) $$\int\frac{\mathrm{d}^Dq}{(2\pi)^D\mathrm{i}}\frac{q_\mu}{(-q^2)^\alpha(-(q+k)^2)^\beta}=-(4\pi)^{-D/2}k_\mu(-k^2)^{D/2-\alpha-\beta}\times\frac{\Gamma(\alpha+\beta-D/2)}{\Gamma(\alpha)\Gamma(\beta)}\mathrm{B}\left(\frac{D}{2}-\alpha+1,\frac{D}{2}-\beta\right).\tag{E.22}$$

(v) $$\int\frac{\mathrm{d}^Dq}{(2\pi)^D\mathrm{i}}\frac{q_\mu q_\nu}{(-q^2)^\alpha(-(q+k)^2)^\beta}=(4\pi)^{-D/2}(-k^2)^{D/2-\alpha-\beta}\frac{\Gamma(\alpha+\beta-D/2)}{\Gamma(\alpha)\Gamma(\beta)}\times\left[k^2g_{\mu\nu}\frac{\mathrm{B}\left(\frac{D}{2}-\alpha+1,\frac{D}{2}-\beta+1\right)}{2(\alpha+\beta-1-D/2)}+k_\mu k_\nu\mathrm{B}\left(\frac{D}{2}-\alpha+2,\frac{D}{2}-\beta\right)\right].\tag{E.23}$$

在证明上述等式时需要将积分从 Minkowski 空间转到 Euclid 空间，即在 q_0 平面做 Wick 转动，使得积分成为 Euclid 空间 D 维积分.

名词索引

（按汉语拼音排列）

C

D

E

F

G

H

J

K

L

M

N

O

P

Q

R

S

T

U

W

Y

Z